Meg Lowman · Der unentdeckte Kontinent

MEG LOWMAN

DER UNENTDECKTE KONTINENT

Mein Leben und Forschen in der Welt der Baumkronen

Aus dem Englischen
von Elsbeth Ranke

Blessing

Originaltitel: *The Arbornaut – A Life Discovering the Eighth Continent in the Trees Above Us*
Originalverlag: Farrar, Straus and Giroux, New York

Der Verlag bedankt sich bei Dr. Alexandra Kehl,
Wissenschaftliche Leiterin des Botanischen Gartens der Universität Tübingen,
für die fachliche Beratung.

1. Auflage 2022

Published by arrangement with Farrar, Straus and Giroux, New York
Umschlaggestaltung: Bauer + Möhring, Berlin
Umschlagabbildung: © plainpicture/robertharding/Matthew Williams-Ellis
Illustrationen: © 2021 by Na Kim
Satz: Uhl + Massopust, Aalen
Druck und Einband: GGP Media GmbH, Pößneck
Printed in Germany
ISBN: 978-3-89667-668-9

www.blessing-verlag.de

Dieses Buch ist den ewigen Helden des Planeten
gewidmet – den Bäumen. Ich hoffe, meine Leidenschaft
für diese Blattriesen lässt meine Leser:innen mitstaunen
über unseren achten Kontinent, und vielleicht können
wir gemeinsam dazu beitragen, ihn zu retten.
Ein dickes Dankeschön an Eddie und James dafür, dass sie
fröhlich mit ihrer Mom in so vielen Wälder geklettert sind.

INHALT

VORWORT VON SYLVIA A. EARLE

Ich werde Bäume nie wieder so sehen wie früher, und der Rest der Welt auch nicht – dank der Autorin dieses Buchs. Es klingt selbstverständlich: Das meiste, was einen Baum ausmacht – und woraus ein Wald besteht –, befindet sich über Augenhöhe, aber bis Meg Lowmans unüberwindbare Neugier sie dazu antrieb, Bäume von oben nach unten zu betrachten, sahen die meisten Menschen sie doch eher von unten nach oben. Verpasst haben sie dabei das meiste, was Baumwipfel nicht nur als Individuen zu Wundern macht, sondern auch als Kollektiv: Sie sind Obdach und Nahrungsgrundlage für die meisten Waldbewohner und werfen auch für die übrigen Geschöpfe auf der Erde noch eine Rendite ab. Ich war sofort fasziniert, als ich von einer Botanikkollegin hörte, die auf ganz eigenen Wegen nicht nur ihr natürliches Klettertalent nutzte (das können schließlich alle Primaten), sondern beim Baumklettern mithilfe genialer Hubtechniken in ungekannte Höhen vorstieß und schließlich sogar Laufstege durch die Blattkronen der Bäume baute. Was sie dabei zu sehen bekam, vermittelt sie uns in diesem packenden Buch mit Geschichten, die schon allein deswegen wahr sein müssen, weil man sich so etwas nicht ausdenken kann!

Für Wissenschaftler und Forscher ist es eine Genugtuung, Neues zu entdecken, Orte, die noch keine Frau (und kein Mann) zuvor betreten hat, Aussichten, die noch niemand gesehen hat, und bedeutungsvolle Puzzlestücke des großen, quirligen Mosaiks des Lebens, das die Welt einmalig macht. Doch Meg Lowman tut noch mehr: Sie kommuniziert ihre Erkenntnisse nicht nur in der obskuren Sprache der Zahlen und Grafiken an die wissenschaftliche Community, sondern vermittelt sie mit ansteckender Begeisterung und Tiefsinn auch an Laien und erklärt in Sprache und Ton ihres Publikums, warum Bäume so wichtig sind und worin die untrennbaren Verbindungen zwischen ihrem und unserem Leben bestehen. Und sie macht uns klar, warum es so unerlässlich ist, die erhaltenen natürlichen Wälder der Erde besser zu schützen, in Klassenzimmern und Chefetagen davon zu sprechen, in Dörfern jenseits der Wolkenkratzer, in den Beamtenstuben der Regierungen, virtuell und im gedruckten Buch, weltweit.

Schon immer hat der Mensch sich aus der Natur von den Böden und Gewässern der Welt genommen, was er brauchte oder wollte. Als wir noch wenige waren und die Natur weitgehend intakt, hinterließen wir dabei kaum relevante Spuren, aber nach 100 000 Jahren eines mehr oder weniger friedlichen Verhältnisses zur Natur markieren die letzten 500 und ganz besonders die letzten 50 Jahre einen Wendepunkt, der für die Zukunft des Lebens auf der Erde nichts Gutes verheißt. Die Fähigkeit des Menschen, die Natur in ihrer Essenz aufzubrauchen und zu verändern, bringt uns heute an gefährliche Kipppunkte für Klima, Biodiversität und die Nutzung von Land und Wasser, die obendrein unter massiver Verschmutzung leiden; das alles führt zu immer massiveren Veränderungen von globalen Prozessen und der Grundlage dessen, was die Erde zu dem bewohnbaren Planeten macht, den wir kennen. Die gute Nachricht ist der andere Kipppunkt: das Wissen. Die Kinder des 21. Jahrhunderts (und auch die Erwachsenen) besitzen wahre Superkräfte. Sie wissen, wie die Erde vom Weltraum aus aussieht, sie sehen und hören in Echtzeit von Ereignissen überall auf der Welt und begreifen die neuen Perspektiven der geologischen Zeit, erkennen die Rolle der Erde im Universum, reisen in die inneren Abläufe von Zellen, auf den Grund der tiefsten Ozeane und in die Wipfel der höchsten Bäume. Noch vor einem halben Jahrhundert dachte man, die Erde wäre *too big to fail.* Inzwischen wissen wir es besser. Wenn die Erde für unsereins bewohnbar bleiben soll, müssen wir uns um die verbliebenen Naturräume kümmern, die in 4,5 Milliarden Jahren entstanden sind und in knapp über 4,5 Jahrzehnten zerstört wurden; wir müssen unser Möglichstes tun, um geschädigte Gebiete zu restaurieren. Noch ist Zeit, die letzten Oasen mit intakten Bäumen zu erhalten und ihre wunderbaren Bewohner zu schützen, die für unser Leben so essenziell sind wie wir für ihres.

Bravo, Meg Lowman, »Eure Hoheit«, dass Sie uns in diesem Buch auf Ihre Reise mitnehmen und dass Sie Mission Green ins Leben gerufen haben, die Initiative, die Erkenntnis und Wissen darüber vermitteln möchte, warum wir die Natur schützen müssen, als würde unser Leben von ihr abhängen. Denn das tut es.

Sylvia A. Earle, »Ihre Tiefheit«, Gründerin und Ozeanografin bei *Mission Blue,* Botanikerin, National Geographic Explorer in Residence

ZEHN FELDBIOLOGISCHE TIPPS FÜR ANGEHENDE ARBORNAUT:INNEN

1. Habe immer eine Stirnlampe dabei, nicht nur im Wald, sondern überall … selbst im Flugzeug oder im Auto.
2. Habe immer ein paar Taschentücher dabei: für Notfallwaschungen hinter einem Baum!
3. Trage Westen mit Unmengen von Taschen.
4. Trinke immer nur die Hälfte deines Wasservorrats, damit du immer noch etwas übrig hast; und es ist immer sinnvoll, jemandem deine Reiseroute mitzuteilen, falls eine Rettung nötig wird.
5. Habe deine Kamera für wunderbare Entdeckungen griffbereit, zur Not geht auch die Handykamera.
6. Trage einen Poncho. Er kann als Bodenplane oder als Regenschutz dienen.
7. Oreo-Kekse sind ein herrlicher Energie-Snack!
8. Wenn du Kinder hast, nimm ein paar Fotos von ihnen mit – sie sind ein prima Eisbrecher in fremden Kulturen, vor allem bei Sprachhürden.
9. Nutze alle fünf Sinne, und das ständig.
10. Führe Tagebuch, damit du dich an unglaubliche Geschichten, die Biodiversität und deine Beobachtungen erinnern kannst.

VORWORT

◇◇◇

Wie man den ganzen Baum sieht (und was das für den Wald bedeutet)

Stellen Sie sich vor, Sie gehen für einen Gesundheitscheck zum Arzt, und der untersucht ausschließlich Ihren großen Zeh. Am Ende erfahren Sie, dass Sie vollkommen gesund sind, dabei wurden Ihre Vitalfunktionen, Puls, Sehkraft oder irgendein anderer Körperteil gar nicht untersucht – sondern nur Ihr großer Zeh. Vielleicht haben Sie einen gebrochenen Arm oder Bluthochdruck und Kopfweh, aber da der Arzt nur die äußerste Extremität eines Ihrer beiden Füße bewertet hat, konnte er das eigentliche Problem gar nicht diagnostizieren. Wie fänden Sie das? Wahrscheinlich würden Sie zumindest einmal den Arzt wechseln.

Jahrhundertelang wurde die Gesundheit von Bäumen, auch die jener uralten Riesen, die haushoch in die Wolken aufragen, genau auf diese Weise begutachtet. Die Wissenschaftler untersuchten die verholzten Stämme auf Augenhöhe, sozusagen die »großen Zehen« ihrer Patienten, und schlossen daraus großzügig auf die Waldgesundheit, ohne die Hauptmasse des Baums, seine Krone, überhaupt in den Blick zu nehmen. Die einzige Gelegenheit, bei der Forstwissenschaftler einen ganzen Baum untersuchen konnten, war der Moment seiner Fällung – als wollte man die gesamte medizinische Geschichte eines Menschen von seinen sterblichen Überresten ablesen. Vor allem in tropischen Wäldern unterscheiden sich die unteren Etagen von den oberen Stockwerken wie Tag und Nacht. Bis auf den Boden dringt gerade einmal ein Prozent des Lichts vor, das auf die Krone scheint. Das Unterholz ist also dunkel, windstill und häufig feucht, während der obere Kronenraum von der Sonne versengt und von Hochwinden gepeitscht wird und zwischen den Regengüssen oft knochentrocken ist. Auf dem dunklen Waldboden tummeln sich ein paar schattenliebende Lebewesen, während die Krone eine üppige Lebensvielfalt beherbergt – Millionen Arten in allen erdenklichen Farben, Formen und Größen, die Blüten bestäuben, Blätter fressen und einander auch gegenseitig vertilgen.

Vor den 1980er-Jahren übersahen die Waldforscher unglaubliche 95 Prozent ihres Sujets; fast niemand beachtete die Baumkronen. Dann kam 1978 eine junge Botanikerin mit einer lebenslangen Leidenschaft für grüne Riesen und einer närrischen Liebe zu ihren Blättern dank eines Forschungsstipendiums über tropische Wälder nach Australien. Sie stammte aus der gemäßigten Klimazone und war in Bezug auf die Tropen völlig grün hinter den Ohren. Bei ihrem ersten Besuch in einem australischen Regenwald starrte sie in die schwindelerregendsten Bäume, die sie je gesehen hatte, und dachte: »Du heilige Scheiße, ich sehe noch nicht mal den Wipfel!« Diese völlig geplättete Botanikerin war ich.

Ich hatte eine grenzenlose Liebe zu Bäumen im Gepäck und plante, meine Zukunft darauf zu verwenden, ihre Geheimnisse zu lüften. Nach ein paar Missgeschicken war mir klar, dass ich, um den ganzen Wald zu verstehen, in seine obersten Etagen vordringen musste. Anfangs hoffte ich, dass ich die Baumwipfel einfach mit dem Fernglas zu mir herunterholen könnte. Doch nach vielen Überlegungen und einigem Herumprobieren fand ich eine Möglichkeit, mich selbst in dieses magische, unerforschte Wunderland aufzuschwingen, das von der sechsbeinigen Geschäftigkeit der Insektenwelt wimmelte und mehr Schattierungen von Grün enthielt, als ich es für möglich gehalten hatte. Ich nannte diese wunderbare neue Welt den »achten Kontinent«. Höhlenforscher steigen an einem Seil in die Tiefe, ich hingegen kletterte nach oben. Bergsteiger treiben Eisenhaken in Felswände, ich umschlang vorsichtig große Bäume, um nur ja keine Blätter zu beschädigen oder Tiere zu verschrecken. Und um meine Seile an den oberen Ästen zu befestigen, baute ich mir aus einer Eisenstange eine spezielle Schleuder. Meine Idee erwies sich als einfache, wenig kostspielige Technik, und sie war der Startschuss für meine Erkundung dieses »achten Kontinents«, einem komplexen Biodiversitäts-Hotspot, der nicht Hunderte oder Tausende Kilometer entfernt war wie der Meeresboden oder das Weltall, sondern praktisch griffbereit direkt über unseren Köpfen. Ich nannte mich eine »Arbornautin«.

Bei diesen ersten Ausflügen in die Blattkronen fand ich mich verzückt Auge in Auge mit Tieren, die ich mir nie hätte vorstellen können und die damals dem Rest der Welt völlig unbekannt waren. Ich staunte über einen hübschen Rüsselkäfer, der mit seiner schwarzen Schnauze Blätter aussaugte, über elegante, farbenfrohe Bestäuber, die durch blühende Ranken huschten, über riesige Nestfarne, die Ameisen ein Obdach boten, und über Abertausende meiner Lieblingsobjekte: Blätter. Auf meinem Weg vom Boden in den Wipfel blieb mir die Sprache weg angesichts der Veränderungen, die ich beobachtete. Das Laub im schattigen unteren Kronenraum war schwarzgrün, größer, schöner und, wie sich später herausstellte, langlebiger (dank der windstillen, geschützten und dunklen Umgebung nah am Waldboden). Die Blätter im hellen Sonnenlicht ganz oben waren klein, ledrig, gelbgrün und sehr robust. Wohin ich auch blickte, offenbarten die Wipfel Geheimnisse, die vom Boden aus nicht zu erahnen waren – glänzende Käfer fraßen junges (aber kein altes) Blattgewebe, Raupen operierten in Gangs, die ganze Äste vom jüngsten bis zum älteren Laub kahl fraßen, Vögel schnappten sich diese arglosen Larven, als bedienten sie sich an einer Salatbar, und plötzliche Regengüsse trieben alle diese wuselnden Geschöpfe auf der Suche nach Unterschlupf unter die nächsten Blätter oder in einen Spalt in der Rinde. In den folgenden Jahren sollte die Baumkronenforschung zu der Erkenntnis gelangen, dass mehr als die Hälfte aller landbewohnenden Tiere dreißig Meter oder noch höher über unseren Köpfen leben und nicht, wie man zuvor angenommen hatte, auf dem Boden. Bald stellte ich fest, dass die meisten Arten in den oberen Baumkronen der Wissenschaft unbekannt waren. Fast jede der über 60 000 Baumarten beherbergt einzigartige Lebensgesellschaften.

Bei der Konfrontation mit neuen Grenzen entwickeln Naturwissenschaftler neue Techniken und neue Geräte, um Lebensräume in Ruhe erforschen zu können. Die Erfindung des Drucklufttauchgeräts (Scuba) in den 1950er-Jahren eröffnete der Wissenschaft die außerordentliche Biodiversität der Korallenriffe. Die Mondlandung in den 1960er-Jahren war nur möglich, weil die NASA die Raketentriebwerke für Weltraumfahrten entwickelt hatte. Festtreibstoffe waren für die Astronauten das, was für Arbornauten meine einfache, selbst gebastelte Schleuder war – eigentlich keine Neuerfindung, sondern eine innovative Art und Weise, eine alte Technik einzusetzen. Und wie die Raumfahrt eine Generation von Astronauten hervorbrachte, schuf der Zugang in die Baumkronen neue Aussichten für Arbornaut:innen. Wenn Sie gerne auf Bäume klettern, aufgepasst: Es gibt einen Beruf für Sie! Ich war eine der ersten Baumerforscher:innen und wohl die einzige, die so verrückt war, auf allen Kontinenten geforscht zu haben (selbst in der Antarktis, auch wenn die Wipfel von Moos und Flechten dort nur wenige Zentimeter hoch sind, sodass man sich hinknien muss, statt zu klettern, um ihre winzigen Kronen zu erreichen). In vierzig Jahren habe ich Tausende Blätter markiert und ihre Lebensgeschichte verfolgt. Manche haben mehr als zwanzig Jahre überdauert trotz der beständigen Bedrohung durch Tiere (meist Insekten), die versuchten, sie zu fressen, zu zerreißen, zu durchtunneln oder sonst wie zu verunstalten. Und dass unser Ansatz in der Waldwissenschaft sich in so luftige Höhen verschoben hat, führte auch zu neuen Erkenntnissen über globale Zyklen wie Wasserkreislauf, Kohlenstoffbindung und Klimawandel.

Es sollte nicht überraschen (überrascht aber so manchen immer noch), dass die Gesundheit des Planeten direkt mit dem Wald zusammenhängt. Sein Kronendach produziert Sauerstoff, filtert Regenwasser, wandelt Sonnenlicht in Zucker um, reinigt unsere Luft, indem es CO_2 absorbiert, und bietet der außerordentlichen genetischen Vielfalt aller erdbewohnenden Tiere Unterschlupf – und das sind noch lange nicht alle seine wichtigen Funktionen. Und anders als für Stromnetz und Wasseraufbereitungsanlagen brauchen wir für die Wartung dieser komplexen Waldindustrie, die unsere Erde gesund hält, keine teuren Steuern und Abgaben. Damit der Wald gut funktioniert, müssen wir ihn allerdings vor der Zerstörung durch den Menschen schützen. In den gut sechzig Jahren meines Lebens hat die Zerstörung des Amazonas-Regenwalds einen Kipppunkt überschritten; dass er sich restaurieren lässt, ist unwahrscheinlich. Länder wie Madagaskar, Äthiopien und die Philippinen haben fast keine primären Wälder mehr, aus denen sie Samen für künftige Bestände gewinnen könnten. Und noch bestehende Waldfragmente von Kalifornien über Indonesien bis Brasilien sind durch Brände, Dürre, Straßenbau und Abholzung stark bedroht. Wir müssen uns noch mehr beeilen, um die Geheimnisse der Baumwipfel zu entschlüsseln, bevor sie verschwinden; oder besser noch, wir müssen eine Möglichkeit finden, diese übrigen grünen Archen Noah zu bewahren. Als ich vor etwa fünfzig Jahren Gartenbäume untersuchte, gehörte »Klimawandel« noch nicht zu meinem Wortschatz, heute macht dieser Begriff es noch dringlicher, Naturräume und insbesondere Wälder zu verstehen und zu erhalten.

Ein Weg, mehr Bäume zu retten, besteht darin, mehr Menschen in ihre Wunder einzuweihen. Nachdem ich sichere Seiltechniken ausgearbeitet hatte, entwarf ich Laufstege durch das Kronendach, sogenannte Baumwipfelpfade oder -Walkways, und Plattformen, von denen aus ganze Gruppen die Baumkronen untersuchen können, wo vorher nur einzelne Beobachter an einem Seil baumelten. Diese Laufstege waren nicht nur ein wichtiges Werkzeug für Forschung und Bildung, sondern auch humanitär wirksam; sie ermöglichen indigenen Gemeinschaften Einkünfte aus dem Ökotourismus statt aus der Holzwirtschaft, und das wiederum animiert sie zu nachhaltigem Artenschutz. Neben Seilen und Skywalks entwarf, bastelte und benutzte ich noch weitere diverse Hilfsmittel zur Baumkronenforschung, etwa Hubarbeitsbühnen, Heißluftballons, Baukräne und Drohnen. Jedes dieser Hilfsmittel erlaubte einen besonders guten Zugang zu jeweils unterschiedlichen Aspekten des Waldes und ermöglichte die Beantwortung diverser Forschungsfragen. Die Erkundung ganzer Wälder und nicht nur des Waldbodens brachte Gemeinschaften in aller Welt – von der malaysischen Regierung bis zu äthiopischen Priestern – dazu, Partnerschaften mit Arbornaut:innen einzugehen, um ihr wertvolles grünes Erbe zu retten, das für das Überleben der Menschheit so entscheidend ist. Meiner Erfahrung nach steht und fällt wirksamer Umweltschutz damit, dass Wissenschaftler:innen und lokale Akteure einander vertrauen, und nicht mit den neuesten Fachveröffentlichungen. Und es kann nie schaden, ein paar Führungspersönlichkeiten aus den Gemeinschaften ins Kronendach einzuladen! Die Menschen liebten es sichtlich, auf Bäume zu klettern – auch die, die dachten, sie wären aus dem Alter heraus.

Keiner hätte gedacht, dass ein schüchternes Mädchen aus dem ländlichen Norden des Staates New York, eine Einzelgängerin, die ihre Kindheit damit verbrachte, am Straßenrand Wildblumen zu sammeln, mit ein paar selbst gebastelten Gadgets unseren Blick auf den Planeten verändern könnte. Mit ein paar einfachen Werkzeugen, die in einen Seesack passen, reise ich jetzt durch die Welt und erforsche den achten Kontinent, lüfte seine Geheimnisse und erzähle jedem, der mir zuhört, von den Wundern der Baumkronen. Meine Geschichte beweist es: Jedes Kind kann große Entdeckungen machen, indem es seine Umwelt erforscht. Dieses Buch soll von diesem Kick erzählen, den die Forschung in den Lüften einem geben kann – bereichert durch Tausende Meter Seil, viele danebengegangene Würfe einer selbst gebastelten Schleuder, jede Menge entlegene Urwälder, Hunderttausende an ihrem Geburtsort untersuchte Blätter (nicht etwa abgeschnitten oder tot auf dem Waldboden liegend), Unmengen von stechenden Ameisen und Abertausenden anderen Geschöpfen in ihren grünen Penthouse-Wohnungen. Nach vier Jahrzehnten als Arbornautin sind und bleiben die Wälder meine besten Lehrer. Wenn Sie durch dieses Buch mit mir ins Blätterdach gestiegen sind, werden garantiert auch Sie das dringende Bedürfnis verspüren, sich für ihren Schutz zu engagieren.

1

VON DER WILDBLUME ZUM MAUERBLÜMCHEN

◇◇◇

Ein Mädchen erforscht die Natur im ländlichen Amerika

Ich hatte mir den Wecker gestellt, aber vor Aufregung wachte ich schon eine halbe Stunde früher auf. Um vier Uhr morgens lag nur ein leichter Lichtschimmer auf dem Horizont, und ich stahl mich auf den Zehenspitzen ins Wohnzimmer unserer Hütte am Seneca Lake, damit ich meine zwei kleinen Brüder nicht weckte.

In unserer Stadt, Elmira im Bundesstaat New York, war es im Sommer so unerträglich heiß, dass wir vierzig Kilometer weit zu einer Hütte flohen, die der Wald mit seinem Zauber der natürlichen Kühlung umgab. Das Gelände, auf dem wir diese Sommerwochen verbrachten, gehörte zu einer aufgelassenen Mühle. Viele Jahre zuvor, vermutlich vor einem Jahrhundert, hatte sich dort eine Ulme angesiedelt. Mein Großvater, ein Steinmetz und Zimmermann, baute mit viel Liebe die Hütte um ihren Stamm herum, der als markantes Element mitten im Wohnzimmer aufragte. Bei Regen tropfte Wasser durch das Dach und an der Rinde entlang auf ein Stück nackte Erde zwischen den Steinplatten. Oft suchte ich in all den Holzspalten nach winzigen Insekten. Die Krone der Ulme überragte das gesamte Hüttendach, spendete unserem Haus im Sommer Schatten und hielt im Winter mit seinen kahlen Ästen Wache. Ich liebte jeden Zentimeter dieses

Baums bis zu den diversen Pilzen, die sich über den Stamm ausbreiteten, als er einer Krankheit, dem Ulmensterben, zum Opfer fiel. Sein besonderer Platz im Inneren unserer Hütte war immer so tröstlich und sein Tod einer der traurigsten Momente in meiner Kindheit. Von einer gefährlich hohen Leiter aus schnitt mein Großvater sorgfältig alle abgestorbenen Äste ab und ließ den geliebten Stamm als Denkmal übrig, das die Hausmitte schmückte. Manchmal erlaubten mir meine Großeltern, einen der dicken, flachen Baumpilze zu ernten, die neben unserem Esstisch hingen. Mit höchster Kreativität zeichnete und malte ich Bilder von Pflanzen auf diese lebenden Leinwände, die manchmal auch als Malerpilz bezeichnet werden. Der Sommer in unserer einfachen Hütte war meine Zuflucht, ein Ort, an dem ich forschen, beobachten und sammeln und alles an Natur aufsaugen konnte, was mein kleiner Körper zu absorbieren vermochte.

Vorsichtig rüttelte ich Mom wach, und noch vor Sonnenaufgang schlichen wir nach draußen und fuhren fünf Meilen weit über einen Feldweg zu meinem Lieblingsteich, um dort Vögel zu beobachten. Für mich war dieser Ausflug in die Natur eine riesige Sache. Mom besaß nicht einmal ein Fernglas, und ihr Wissen über meine gefiederten Freunde beschränkte sich darauf, dass im Frühling manchmal Stare ihre Salatpflänzchen ausrissen. Doch sie wusste, dass ich im zarten Alter von sieben Jahren für mein Leben gerne Vögel beobachtete, und so bot sie mir an, mich an einen besonderen Ort zu bringen, um dem Dämmerchor zu lauschen – einem exklusiven Konzert des geflügelten Chors zu Sonnenaufgang. Unser alter Rambler holperte über eine staubige Piste durch Kirschbaumplantagen, wo mein Bruder und ich ein bisschen Geld mit Obstpflücken verdienten, an einem alten Spukhaus vorbei, von dem ich Gänsehaut bekam, und an einer kleinen Bar, in der die Farmer mit ihrem Mais prahlten. Am Ufer des Teichs standen Weiden, deren Wurzeln den durchnässten Boden vertrugen. An einem Ast war ein löchriger alter Kahn vertäut. Den ganzen Sommer über hatte ich davon geträumt, einmal hinauszurudern, um Silber- oder Graureiher zu beobachten. Wenn sich diese majestätischen Vögel zeigten, würden sie mir fünf große Sterne auf meiner bescheidenen Liste bescheren. Als wir ankamen, machte meine Mutter sich Sorgen, wir könnten unbefugt das Land irgendeines Farmers betreten, obwohl nirgends ein Haus zu sehen war. Nur sehr widerstrebend kletterte sie in das heruntergekommene Boot voller Spinnweben und Staub. Dann ruderten wir los. Ich fühlte mich wie eine Prinzessin in einer Silberkutsche, obwohl die alte Kiste an diversen Stellen leckte! Wir mussten beim Rudern ständig Wasser schöpfen, um nicht unterzugehen. In der Mitte des Teichs hielten wir an, und ich stellte mein riesiges Sears-Fernglas scharf. Es war lächerlich unförmig, wog etwa genauso viel wie ich selbst und ließ sich wahrscheinlich gar nicht scharf stellen, aber ich fühlte mich damit wie eine professionelle Ornithologin. Staunend sah ich einen großen Kanadareiher heranfliegen, der wie gerufen am Ufer landete. Sogar meiner Mutter blieb der Mund offen stehen.

Während die Kinder von heute dem Ansturm der Home-Technologie ausgesetzt sind, und die Bildschirme ihre Augen strapazieren, litt ich wahrscheinlich an einer Überdosis Sauerstoff und Grünblindheit. Seit ich laufen konnte, sammelte ich unermüdlich Dinge aus der Natur. Am See machte ich Häufchen aus besonderen Muscheln und Steinen. Unter meinem Bett in Elmira hortete ich Wildblumen, Zweige, Vogelnester, noch mehr Steine, Federn, tote Zweige (ich wollte Winterknospen untersuchen!) und sogar Schlangenhäute. Meine Eltern gaben meiner Liebe zur Natur ohne großes Tamtam, aber aufmerksam nach; immer hielten sie am Straßenrand, wenn ich dort etwas pflücken wollte, oder lobten mich für die Basteleien aus Stöckchen, Blättern, Rinde oder anderem botanischen Abfall. Ich war ein echter Naturfreak. Keiner meiner Kindheitsfreunde teilte meine Begeisterung – und zumindest in den jüngsten Generationen der Lowmans gab es keine leidenschaftlichen Botaniker (wenngleich mein Großvater die Natur offenbar genug respektierte, um einen

Ulmenstamm in sein Haus zu integrieren). Im ländlichen New York stießen wir nicht gerade an jeder Ecke auf ein Naturkundemuseum, wissenschaftliche Vorbilder oder sonst etwas, womit man die Liebe eines Kindes zur Naturwissenschaft hätte fördern können. Aber wir spielten immer draußen, und dieses einfache Vergnügen machte aus dem Kleinstadtkind eine junge Naturforscherin.

Die langen Tage im Freien lehrten mich die Geduld für einsame Naturbeobachtung, die viele Stunden der Stille mit sich brachte. Vermutlich trugen sie auch zu meiner Schüchternheit bei. Als ich in die Vorschule kam, wurde ich zum Mauerblümchen der Klasse, und ich fühlte mich elend, wenn ich mit den lärmenden Kameraden drinnen eingesperrt war. Wenn ich nicht aufgerufen wurde, brachte ich dort praktisch kein Wort heraus. Die Lehrerin sagte meiner Mutter, dass irgendetwas mit mir nicht stimme. Ich wurde zu unserem Hausarzt geschleppt, der lächelte und mit seinem schroffen deutschen Akzent meinte: »Frau Lowman, haben Sie schon mal überlegt, was die Alternative wäre?« Am letzten Vorschultag bewertete Miss Jones, unsere Lehrerin, unsere Arbeitshefte. Ich bewunderte sie, weil sie uns in aller Schlichtheit erzählt hatte, warum sie Beinstützen tragen musste: Tapfer lebte sie mit Kinderlähmung, nachdem sie von ein paar Jungs in einen Tümpel gestoßen worden war, wo sie brackiges Wasser geschluckt hatte. Die Geschichte der Lehrerin verfolgte mich und steigerte meine Angst vor den Rabauken. Mein Vorschulheft war in diesem Jahr fehlerfrei bis zu dem Tag, an dem meine beste Freundin Mimi eifersüchtig wurde und auf der letzten Seite mit ihrem großen, schwarzen Stift die falsche Antwort umkreiste. Bekümmert gab ich trotzdem pflichtgemäß ab, ohne ein Wort zu sagen. Miss Jones seufzte und sagte: »Ach, Meg, dein Heft war beinahe perfekt, bis zu dem Fehler heute.« Die Tränen strömten, und entsetzt sah ich, wie Miss Jones mir für das Jahr einen silbernen (und keinen goldenen) Stern verlieh. Ich hatte nicht einmal den Mut, meine beste Freundin zu verpetzen. Jahrelang versteckten Mimi und ich das schändliche Arbeitsheft in unserem geheimen Baumhaus und lachten über seine umstrittene Geschichte. (Trotz dieses verpassten Goldsterns ist Mimi bis heute eine meiner engsten Freundinnen!) Später bedauerte ich, dass ich in meiner Kindheit keinen echten Biologen oder professionellen Botaniker kannte, der mich hätte anleiten und inspirieren können.

Nachdem ich in der Bibliothek die Biografien von Rachel Carson und Harriet Tubman gelesen hatte, nahm ich mir die beiden Frauen zum Vorbild. Carson knöpfte sich in ihrem Buch *Der stumme Frühling* die Chemieindustrie vor, denn sie hatte herausgefunden, dass das Singvogelsterben auf den Einsatz von Pestiziden zurückzuführen war. Sie erklärte ihr Anliegen ruhig, aber mit Nachdruck, sodass das Publikum auch dem naturwissenschaftlichen Teil folgen konnte. Tubman verhalf im 19. Jahrhundert durch das Schleusernetzwerk »Underground Railroad« Sklaven zur Flucht in den Norden und orientierte sich auf ihren nächtlichen Wegen am Moos an den Baumstämmen – sie war eine wahre Naturpionierin. Auch ich schloss im Wald gern die Augen, tastete nach dem Moos und versuchte, mich zurechtzufinden. Das war nicht einfach, weshalb ich Harriet Tubman nur noch mehr bewunderte. Meine einzigen beiden Vorbilder waren allerdings längst tot – im Rückblick vermute ich, dass mir also die Bäume als Lehrer dienten und viele Lektionen fürs Leben mitgaben. Sie stehen aufrecht, bieten bereitwillig Schutz, stabilisieren Boden und Gewässer und zeigen sich ihrer Gemeinschaft immer erkenntlich.

Meine drei besten (und einzigen) Vorschulfreundinnen wohnten in der Nähe und spielten mit mir draußen im Wald, wenn auch manchmal nur widerwillig. Heute begreife ich, dass ich meine naturwissenschaftliche Karriere nicht nur meiner Sammelleidenschaft verdanke, sondern auch ein paar loyalen Nachbarinnen, die bereit waren, mit mir den Garten zu erforschen. Mimi war eines von zehn Geschwistern und mein ganzes Ge-

genteil, denn sie war mutig und geradeheraus. Betsy kam aus einer Familie mit neun Kindern und trug die Kleider ihrer älteren Schwestern auf. Sie war unser Modeguru und wurde von sämtlichen Jungen angehimmelt. Außerdem beobachtete sie als einzige meiner Freundinnen gerne Vögel, und das war entscheidend. Maxine war schwungvoll und lustig und heckte oft verrückte Pläne aus. Einmal brachte sie uns dazu, hohle Stöcke zu rauchen, woraufhin wir alle überzeugt waren, in Kürze dem Lungenkrebs zu erliegen. Wir waren ein eingeschworenes Team und dachten uns unsere eigenen kleinen Abenteuerreisen aus, noch bevor es in der Stadt Kabelfernsehen gab, das uns mit National-Geographic-Dokumentarfilmen hätte versorgen können. Dreißig Meter hinter meinem Elternhaus stellten wir uns vor, wir wären auf einer unserer »Hullaballoo-Expeditionen« nach Sibirien – das Wort hatten wir als Geheimcode für unsere Missionen erfunden. Manchmal nahmen wir Wurstbrote, eine Flasche Erdbeermilch (mein Lieblingsgetränk) und eine Picknickdecke mit. Wir hatten immer ein paar Marmeladengläser dabei, in denen wir Insekten sammeln konnten, eine Plastiktüte für Pflanzen und ein paar leere Schuhschachteln, um kleine Tiere zu retten. Jungs waren nicht zugelassen. Damals gehörte das Wort Klimawandel noch nicht zum Wortschatz der Jugend, der Bürger:innen und nicht einmal der Wissenschaftler:innen; die größte Bedrohung für unsere Flora waren Banden von Teenagern, die durch den Sumpf rannten und genau die Blüten zertrampelten, die ich so eifrig sammeln wollte. Um Begegnungen mit diesen wilden Jungs zu vermeiden, lernte ich, still und unsichtbar im Wald zu sitzen – eine wichtige Fertigkeit für eine künftige Feldbiologin.

Die Mädchen und ich wünschten uns einen Ort, an dem wir vor den Erwachsenen, den Jungen und allen anderen Ablenkungen sicher wären. Wir bauten eine simple Hütte in den unteren Ästen von ein paar Birken und Ahornen. Als Baumaterial diente uns anfangs Holz aus dem Brennhaufen meines Vaters und ein nahe gelegenes Dickicht von jungen Bäumen. Ein Architekturwunder war es nicht, nur ein paar festgenagelte Planken und dazu ein paar Zweige und Decken in der Astgabel eines herrlichen Zuckerahorns einen guten Meter über dem Boden (was allerdings für uns Sechsjährige durchaus schon bemerkenswert war). Wir aßen in unserem Versteck, malten und erzählten uns Geschichten. In dieser klapprigen Konstruktion verbrachten wir viele Stunden, versorgten Vogelküken, die aus ihrem Nest gefallen waren, versuchten, Schmetterlinge mit gebrochenen Flügeln zu heilen, oder sammelten einfach Blüten, die ich später presste und unter mein Bett stopfte. Eines Nachmittags retteten wir Regenwürmer, die unsere Väter beim Rasenmähen durchtrennt hatten, und versuchten, sie mit Pflastern wieder zusammenzukleben, doch die armen Tierchen überlebten unsere rudimentäre Chirurgie nicht. Wir stellten uns vor, wir wären Entdecker, Krankenschwestern, Heldinnen, Naturforscherinnen und Schiffbrüchige. Die Birken mit ihrer sich schälenden weißen Borke brachten uns auf die Idee, uns in Mitglieder des ortsansässigen Stamms der Cayuga zu verwandeln, die einst aus Birkenrinde Kanus und andere praktische Gegenstände bauten. In diesem Baumhaus lernte ich die ersten Grundlagen der Waldsukzession, machte mir klar, wo es die größten Bäume gab, die stärksten Äste, die schattigsten Kronen und wie gern jede Art wilde Tiere beherbergte. Wie Essigbaum und Schwarzpappel waren Birken im Staat New York relativ kurzlebig, sogenannte Pionierarten in einem frühen Sukzessionsstadium, weil sie auf einer Waldlichtung als Erstes wuchsen. Aber ihr Holz war so schwach, dass sie bei starkem Wind oder Schneesturm leicht umstürzten. Ersetzt wurden die Birken im Lauf der Sukzession durch Klimaxbäume wie Ahorn, Buche oder Hemlock-Tanne. Meine Eltern hatten unser Haus auf einem kürzlich abgeholzten Grundstück gebaut, daher verbuschte der Garten allmählich; im Verlauf meiner Kindheit wurden mehrere Birken und Schwarzpappeln, die unser Spielgelände gewesen waren, von Ahornen in den Schatten gestellt – ganz nach den Gesetzen der Waldsukzession. Ich beobachtete den Übergang von Schwarzpappel und Birke zu Ahorn und Buche, deren dichte Kronen mit ihrem Schatten wiederum viele der Wildblumen auf dem Waldboden verdrängten.

Meine ganze Kindheit über war ich wie besessen davon, alles über die Natur und vor allem über die Blumen zu lernen. Ich wurde zur örtlichen Expertin in Sachen Phänologie, dem jahreszeitlichen Ablauf der Naturereignisse, bevor irgendwer in Elmira, New York, dieses Wort auch nur gehört hatte. Ich wusste genau, wann und wo im Wald man Dreiblatt-Feuerkolben fand, wo ein paar Wochen später der Ostamerikanische Hundszahn blühte und großartige Veilchen in Farbtönen von Rosa über Lila zu Blau und Weiß. Diese frühen Wildblumen, die blühen, solange das Sonnenlicht noch den Boden erreicht, bevor die Bäume Laub bilden, heißen Frühlingsephemere. Dank dieser schlauen Strategie können sie wachsen und sich vermehren, bevor die Beschattung durch die Baumkrone über ihnen die für die Blüte notwendigen Lichtbedingungen verdirbt. Die Flora des ausgehenden Frühlings und des Sommers gedeiht auf sonnigen Feldern und offenen Wiesen, aber nicht im tiefen Schatten unter dem Blätterdach von Ahorn oder Buche. Mit zehn kannte ich den phänologischen Kalender vieler Wildblumen im Staat New York. Sorgfältig führte ich Tagebuch, um alle Arten von Saisonalität aufzuzeichnen – wann Pflanzen blühten, Bäume grünten, Zugvögel eintrafen, Mücken stachen und Glühwürmchen blinkten.

Meine Blumensammlungen nahmen riesige Ausmaße an. Unter meinem Bett stapelte ich alte Telefonbücher, die ich als Pflanzenpressen zweckentfremdete, und durchsuchte stapelweise Botanikführer aus der Stadtbibliothek, um sie zu bestimmen. Ich weiß nicht, wie ich darauf kam, meine Blumensammlungen zu pressen, denn ein Herbarium bekam ich vor dem College nie zu sehen, und einen echten Botaniker, der mich in die technischen Feinheiten des Pflanzensammelns hätte einweihen können, kannte ich auch nicht. Irgendwie kam ich zu der Feststellung, dass eine gepresste Wildblume etwas besser aussah als ein welkes, vertrocknetes Halmgerippe, nachdem ich zugesehen hatte, wie viele meiner dicken Blumensträuße auf dem Küchentisch traurig verwelkt waren. Bei all ihrer Geduld für meine Betätigung beklagte sich Mom darüber, dass die gepressten Überreste vom Straßenrand unter dem Bett die Mäuse anlockten. Sie stellte Mäusefallen mit Käse auf, aber glücklicherweise waren die Pelztierchen von meinen getrockneten Sammlungen so satt, dass die Fallen nie mitten in der Nacht zuschnappten. Stundenlang hockte ich fast täglich auf dem Boden vor meinem Bett, der mein Labor wurde, und brütete über abgegriffenen *Golden Guides* aus der Bibliothek, mit denen ich Arten zu bestimmen versuchte. Wenn ich nach etwa einem Monat Wartezeit die Seiten der Telefonbücher öffnete, lagen da Dutzende flache braune Leichen. Nach all der Mühe mit dem Pressen und der langen Trocknungsphase musste ich mit großer Enttäuschung feststellen, dass die meisten Pflanzen, wenn sie tot sind, ihre Farbe verlieren. Dass ich so den Tücken der Färbung ausgesetzt war und zudem nicht einmal irgendein technisches Botanikbuch zur Verfügung hatte, machte die Bestimmung vieler Arten extrem mühsam.

Den botanischen Jargon eignete ich mir vor allem mithilfe einer Reihe naturenzyklopädischer Hefte von der Supermarktkasse an, die ich mir kaufen durfte – immer einen Band, jeder kostete einen Dollar –, wenn ich Mom beim Einkaufen half. Ich liebte alle sechzehn Bände. Sie enthielten elementare Definitionen, auch Diagramme von Stempel, Staubblättern und Pflanzensex – zumindest etwas genauer als in den einfachen *Golden Guides.* Mir war unbehaglich dabei, dass das Wort *pistil* (das männliche Geschlechtsteil einer Pflanze, der Stempel) vom Klang her so der tödlichen Waffe *pistol* glich, wo sie sich doch so grundlegend voneinander unterschieden. Ich hatte viel zu lernen! Ich war nur ein Kleinstadtmädchen, das die Natur liebte, mit den Feinheiten der wissenschaftlichen Terminologie aber nichts am Hut hatte.

Als die Lehrerin in der fünften Klasse beiläufig erwähnte, dass der nächste naturwissenschaftliche Schülerwettbewerb des Staates New York nicht weit von uns in Cortland stattfinden würde, war ich zugleich zögerlich und wild entschlossen, meine Sammlung auszustellen. Vielleicht würde ich auf diesem Festival andere Kinder kennenlernen, die die Natur erforschten? Ich zeichnete ein Plakat mit den wichtigsten Bauteilen einer Wildblume: Kronblätter, Kelchblätter, Stempel und so weiter. Es war rudimentär, aber ich fühlte mich meiner Heldin Rachel Carson so nah wie nie, denn ich hatte in den letzten fünf Jahren mehrere Hundert lokale Pflanzenarten zu einer »wissenschaftlichen Sammlung« zusammengefasst, alle sorgfältig gepresst und in lächerlich kleine, 13 mal 18 Zentimeter große Fotoalben eingeklebt. Ich wählte vier Alben aus, also etwa die Hälfte meines selbst gemachten Herbariums. Da ich nicht wusste, dass Pflanzen in einem professionellen Herbarium auf große Papierbögen von 28 mal 35 Zentimeter geklebt wurden, hatte ich im heimischen Drugstore Alben gekauft, die für Babyfotos gedacht waren – jetzt prangten darin getrocknete (und überwiegend braune) Wildblumen mit kleinen Schildern, auf denen Name, Sammeldatum, -ort und Lebensraum verzeichnet waren. Ich versuchte, die besten zu nehmen, also entweder Exemplare mit ein paar Farbresten oder mit wirklich coolen Namen (zum Beispiel Schwarze Schlangenwurzel, Fetthenne oder Indian Pipe), und behielt die weniger attraktiven für mich, etwa einen Rohrkolben, der geradezu explodiert war und seine weißen Samen über die ganze Seite verteilte.

Dad, der zwar bis auf Laub rechen und Rasen mähen von Botanik keine Ahnung hatte, gab sich väterlich-begeistert und stand am Tag des Science-Festivals um fünf Uhr morgens auf, um mich die zwei Stunden nach Cortland zu fahren. Ich tat in der Nacht davor kein Auge zu und zitterte vor Angst, dass irgendjemand mir zu meinem Projekt Fragen stellen könnte. Nicht nur war ich von der Vorstellung, mich bei so einem öffentlichen Auftritt wiederzufinden, ziemlich eingeschüchtert. Ich war auch noch nie einem echten Naturwissenschaftler begegnet. Vorsichtig luden Dad und ich die Alben mit den gepressten Pflanzen und die handgezeichneten Plakate in unseren gebrauchten 1953er Ford Crestline Sunliner und machten uns auf zu unserer großen Expedition. Wir schrieben das Jahr 1964, und Dad tankte immer nur im Sonderangebot. Wahrscheinlich waren die Spritpreise in dieser Woche recht hoch, denn er hatte vergessen zu tanken. Ganz offensichtlich wollte er mich nicht verunsichern, und als wir über die Hügelkuppe in die Stadt fuhren, sagte er: »Halt dich fest.« Das Auto rollte im Leerlauf bergab, raste über rote Ampeln und durch Straßen, die im Morgengrauen noch wie leer gefegt waren. Als die Tankstelle öffnete, standen wir ganz vorne in der Reihe.

Das Science-Festival fand in einer riesigen Turnhalle am staatlichen College statt, wo ich einen kleinen Tisch für meine Ausstellung zugewiesen bekam. Ich war eingezwängt zwischen gefühlt 499 unbändigen Jungen; Mädchen sah ich nicht, hoffte aber, dass sich in der Menge ein paar versteckten. Ich sehnte mich danach, eine verwandte Seele zu finden. Verblüfft registrierte ich, auf wie vielen Tischen Vulkanausbrüche simuliert wurden: Man gieße in der Mitte einer Pyramide aus Pappmaschee Essig auf Backpulver, und voilà: ein Vulkanausbruch! Selbst wenn es im Saal nur 50 solche Vulkane auf 500 Schüler gab, ernteten sie doch lautstarken Beifall und zogen die Gaffer an, was ihre Schöpfer nur noch stolzer machte und mir einfach völlig gegen den Strich ging. Wäre ich nicht so verlegen gewesen, hätte ich es vielleicht witzig finden können – eine Wildblumensammlung, präsentiert von einem vollendeten Mauerblümchen mitten im Chaos von schäumenden Essigvulkanen. Ich aber war überaus nervös als einzige Botanikerin (und eines der ganz wenigen Mädchen) im Saal, wie die Juroren mir später sagten. In der gesamten Ausstellung sah ich auch kein einziges anderes biologisches Projekt. Die Juroren kamen im Rudel und gaben keine Kommentare ab, sahen lediglich ein paar Seiten getrocknete Blumen durch und machten ein paar höfliche Anmerkungen über die Schwierigkeit, Pflanzen zu pressen, ohne sie zu beschädigen. (Ich wollte am liebsten rufen: »Klar, Dummkopf, schon wenn man eine Pflanze pflückt, beschädigt man sie, und am Ende tötet man sie sogar!«) Anders als die meisten Schüler, die ihre Klassenkameraden dabeihatten, war ich das einzige Kind aus meinem Schulbezirk, konnte also nicht mit einer Clique durch die Gänge ziehen und andere Projekte besehen. Ich stand den ganzen Tag neben meinen Wildblumen. Selbst mein ansonsten loyaler Dad machte ein paar Besorgungen, um sich die Zeit zu vertreiben. Nach diesem langen Tag wollte ich nur noch die Ausstellung einpacken und nach Hause in mein sicheres Kinderzimmerlabor zurückkehren. Dann wurde ich zu meinem Erstaunen auf die Bühne gerufen und erhielt einen zweiten Preis. Sprachlos, aber stolz erhielt ich eine kleine Plastiktrophäe und konnte nur hoffen, dass Harriet Tubman und Rachel Carson mit einem zustimmenden Nicken vom Himmel herabsahen. In den Augen meiner Familie kam diese Auszeichnung dem Nobelpreis gleich und thronte mehrere Monate lang auf unserem Küchentisch. Obwohl er mein Ansehen auf dem Schulhof nicht im gleichen Maß steigerte, wie es eine Sportmedaille getan hätte, verlieh er meinen Eltern einen Schimmer von Hoffnung, dass die ungewöhnliche Naturliebe ihrer Tochter sich am Ende vielleicht doch noch irgendwie bezahlt machen würde.

Nachdem ich mit der Wald-und-Wiesen-Botanik das Science-Festival der Fünftklässler erobert hatte, stolperte ich ein paar Jahre später zufällig in ein ornithologisches Projekt. Beim Aufräumen fand ich auf dem Dachboden meiner Großeltern zwei verstaubte alte Kisten mit Vogeleiern, die ein Vorfahre aus dem 19. Jahrhundert gesammelt hatte. (Vielleicht ein Naturliebhaber in meiner Familie, über den nie irgendjemand ein Wort verloren hatte?) Diese wunderschönen Eier hatte der Pinsel von Mutter Natur mit Blau, Grau, Weiß und Zimtbraun besprenkelt. Leider waren die Etiketten dem Fraß der Staubläuse zum Opfer gefallen. Meine Großmutter war eine engagierte Englischlehrerin und perfekte Hausfrau und betrachtete diese Eier bestimmt als schmutziges Gerümpel. Also erlaubte sie mir, diesen Schatz in mein Kinderzimmerlabor mitzunehmen und zu versuchen, sie zu bestimmen.

Ich machte mich auf in die Bibliothek und tauschte Botanikführer gegen Vogelbücher. Es war relativ einfach, Literatur mit Abbildungen der Vögel selbst zu finden, aber schon sehr viel mehr Detektivarbeit war gefragt, um Beschreibungen der Eier aufzutun. Schnell lernte ich, dass ein wichtiges Kriterium für die Klassifizierung die Farbe war, außerdem die Form und die genaue Größe. Ein gewöhnliches Lineal reichte nicht aus; Vogeleier verlangen genauere Messgeräte. Manche Bücher aus der Bibliothek erwähnten spezielle Messschieber, mit denen sich Größe und Dicke der Eierschalen bestimmen ließen. Mutig schrieb ich an eine Firma für biologische Laborausstattung, deren Anzeige ich in einer Ausgabe des *Audubon*-Magazins gesehen hatte, und forderte einen Katalog an. Wenn ich im Haushalt half, bekam ich ein kleines Taschengeld, also überredete ich meine Mom dazu, einen Scheck für diese Bestellung auszustellen – ich würde die Summe aus meinem Sparschwein zurückzahlen. Für nur 13,95 Dollar war ich bald im Besitz eines Messschieber-Sets und verbrachte Hunderte Stunden damit, die Eier von Walddrossel, Baltimoretrupial, Rotkehlchen, Goldzeisig und Keilschwanz-Regenpfeifer zu vermessen.

Die Bestimmung von Vogeleiern war noch vertrackter als die von Pflanzen und mit einfachen Bestimmungsbüchern fast unmöglich. Die Beschreibungen in populären Vogelführern beschränkten sich meist auf »mittelgroß, blau« oder »einzelnes weißes Ei«. Ich tauchte tiefer in die ornithologische Literatur ein und grub in der Bibliothek verstaubte Bände von John Burroughs, John James Audubon und anderen Naturforschern des 19. Jahrhunderts aus. Schließlich brachte ich mir selbst ein neues Vokabular bei: metrische Maße (statt Zoll und Fuß), Muster wie Fäden, Punkte, Flecken, Sprenkel und die Unterscheidung zwischen zimt-, haselnuss-, kastanien- und einfach nur braun. Ich konnte keinen Lehrer um Rat fragen, nicht einmal eine Schulfreundin, die meine Vogelleidenschaft teilte, war also ziemlich einsam. Damals war ich unter den etwa hundert Mitgliedern des

Vogelschutzbunds Audubon Society praktisch die einzige Minderjährige und konnte mir nicht vorstellen, dass irgendeines der anderen Mitglieder auf meinem Kinderzimmerboden Platz nehmen würde, um Vogeleier zu studieren. Meine Mutter hatte mir die Mitgliedschaft in der Audubon Society zum Geburtstag geschenkt, und ich war immer dabei, wenn in einem Saal in der Stadt Naturfilme gezeigt wurden. Manchmal luden die älteren Vogelbeobachter mich freundlich zu einem Sonntagsausflug ein. Sie adoptierten mich quasi, erklärten mir, wie man die Größe eines Zugvogelschwarms schätzte und wie man die verwirrende Vielzahl von Sperlingsvögeln bestimmte – eine der größten Herausforderungen für jeden Amateur-Ornithologen. Obwohl ich blutige Anfängerin war, faszinierte mich die Vogelbeobachtung, aber ich war zu sehr auf den Mund gefallen, um von meiner Eiersammlung zu erzählen.

Hin und wieder fuhr Mom mit mir zum Cornell Laboratory of Ornithology, wo wir die Lehrpfade abschritten und Vögel beobachteten. Dieses Institut, nur eine Stunde von zu Hause entfernt, besaß einen Ausstellungsraum mit einer großen Fensterfront, die einen Teich überblickte, von dem aus Vogelstimmen ins Innere übertragen wurden. Es war sensationell, den Schrei der Kanadagänse, das Quaken der Stockenten oder die Frühlingsgesänge der heimkehrenden Zugvögel zu hören zu bekommen. Zweimal stand ich auch mindestens eine Stunde lang verschüchtert in der Eingangshalle vor den Büros der Wissenschaftler und hoffte, irgendjemand würde ein kleines Mädchen ansprechen, das eine Tupperdose mit Vogeleiern umklammerte. Dazu kam es nie, den hoffnungsfrohen Versuchen zum Trotz. Beide Male hatte ich ein paar problematische Eier dabei und hoffte, ich würde einem Experten begegnen, der sie mir flugs richtig bestimmen würde. Wie traumhaft es gewesen wäre, mit einem Vogelkundler sprechen zu können. In Erinnerung an die maßlose Enttäuschung darüber, dass niemand von mir Notiz nahm, antworte ich heute ohne Ausnahme jedem Kind, das zu mir Kontakt aufnimmt.

Einmal grübelte ich vergeblich über einem großen weißen Ei. Fast ein Jahr später begegnete mir das Rätsel dieses vollkommen weißen Exemplars wieder. Ich verglich es mit den Fotos in allen Führern, vermaß wieder und wieder Länge und Breite und zerbrach mir wochenlang den Kopf. Es war größer als die Eier von Sperlingsvögeln oder Drosseln und wies keinerlei distinktive Färbung auf. Als ich dann eines Samstags zum Frühstück Rührei verquirlte, hatte ich mein Heureka und begriff, dass ich die Antwort die ganze Zeit vor der Nase gehabt hatte! Ich schnappte mir eine Eierschale und rannte nach oben. Wow! Sie war praktisch identisch mit dem rätselhaften Ei. Ein Jahr lang hatte ich mir ausgemalt, ich hätte das Ei eines Riesenalks oder Schreikranichs vor mir liegen – und dann stellte sich heraus, dass es sich um ein ganz gewöhnliches Hühnerei handelte. Ich hatte kurz zuvor noch einmal *Der stumme Frühling* meiner Heldin Rachel Carson gelesen, in dem sie die tödliche Wirkung von Pestiziden auf Singvögel erklärte, und das inspirierte mich, ein bemerkenswert schlichtes wissenschaftliches Projekt zu entwerfen. Mitte des 20. Jahrhunderts hatte Carson entdeckt, dass Vögel (auch Hühner) Pestizide zu sich nehmen. Deren Giftigkeit führt dazu, dass die Eier dünnere Schalen ausbilden, aus denen nie Junge schlüpfen. Meine verstaubten alten Eier waren Mitte des 19. Jahrhunderts gesammelt worden und damit ungefähr einhundert Jahre alt. Ich holte mir aus Moms Kühlschrank mehrere Eier des Jahrgangs 1970 und bestimmte mit meinen Messschiebern, wie dick ihre Schalen waren. Dann brach ich vorsichtig das alte Ei entzwei, vermaß die Schalendicke und verglich sie mit der der modernen Eier. Die hundertjährige Eierschale war 0,019 Zoll dick – also fast einen halben Millimeter –, eine aktuelle Eierschale dagegen durchschnittlich 0,011 Zoll, nur knapp 0,3 Millimeter. (Meine Messschieber waren altmodisch in Zoll statt metrisch geeicht.) Im Grundkurs Statistik erfuhr ich später, dass wissenschaftliche Forschung an nur einem Exemplar nicht gerade als valide gilt, doch damals fühlte es sich an wie ein Durchbruch. Ich archivierte dieses Mini-Forschungsprojekt – Vergleichsstudie an Eierschalen mit einem Altersunterschied von einhundert Jahren – in einer bescheidenen Zigarrenkiste mit handgeschriebenen Etiketten, die die Ergebnisse zusammenfassten. Noch heute thront sie auf meinem Bücherregal und erinnert mich daran, welchen Kick wissenschaftliche Entdeckungen einem geben können.

In der Mittelstufe hatten meine drei Musketier-Freundinnen die Baumhäuser gegen Jungs eingetauscht. Doch in mir wuchs die Leidenschaft für die Natur immer weiter, und unverdrossen verbrachte ich meine Samstage mit der Vogelbeobachtung in den nahe gelegenen Parks. Ich fertigte wie besessen Listen an und hielt alle Sichtungen fest: Ein Highlight waren Abendkernbeißer, außerdem Spechte mit ihrem pausenlosen Getrommel auf all die unterschiedlichen toten Bäume. Dass ich im ländlichen Amerika aufwuchs, hatte seine Vor- und Nachteile. Jeder kannte jeden. Wir gingen zu Fuß zur Schule, spielten draußen, schippten Schnee, pflückten auf den Feldern Brombeeren und fingen Glühwürmchen. Doch in den Schulen gab es nicht wenige Rabauken und Drogenprobleme, und Freunde mit ausgefallenen Interessen wie Vogelbeobachtung zu finden, war schwierig. Ich war so entschlossen, eine Freundin zu finden, die ebenfalls die Natur liebte, dass ich an Duryea Morton schrieb, einen prominenten Vertreter der National Audubon Society, dessen Name ich im Magazin gefunden hatte. Ich erklärte ihm, ich sei Vogelbeobachterin, und fragte, ob er mir helfen könne, Kinder mit derselben Leidenschaft kennenzulernen. Wunderbarerweise schrieb Morton aus seinem Loft in New York zurück und hatte eine Lösung parat. Er schlug mir eine Sommerfreizeit in West Virginia vor, die ein mit ihm befreundeter Ornithologe namens John Trott organisierte. Damals war es das einzige naturkundliche Ferienlager für Jugendliche in ganz Amerika, und er meinte, ich könnte dort vielleicht jemanden finden, der auch Vögel mochte. Meine Eltern waren zwar nicht begeistert, dass sie mich bis nach West Virginia bringen sollten, und die Teilnahmegebühr war eine ziemliche finanzielle Belastung, aber trotzdem meldeten sie mich für den nächsten Sommer zum Burgundy Wildlife Camp an – in der dringenden Hoffnung, ich müsste meine Sozialkontakte dann nicht mehr ausschließlich auf die über siebzigjährigen Vogelfreunde aus Elmira beschränken. Wir traten also die lange Tagesreise nach Capon Bridge, West Virginia, an. Die letzte Schotterstraße zum Lager führte um eine Brennerei herum, vor der eine bunte Menge Einheimische ihren selbst gebrannten Fusel genoss. Nachdem wir noch einen Bach durchquert hatten, kamen wir auf das Lagergelände, und es grenzte an ein Wunder, dass Dad nicht auf der Stelle kehrtmachte. Das Lager war primitiv, aber großartig gelegen mitten im Wald – ein Bach, in dem man Wassertiere fangen konnte, Baumkronen voller Singvögel, meilenweit Wanderwege, Netze für die Vogelberingung, eine Feuerstelle, rundherum Hütten mit allem möglichen Material zur Naturbeobachtung, und das Allerbeste: neunzehn andere jugendliche Naturliebhaber.

In den zwei Wochen Sommercamp, die mein Leben veränderten, fand ich Freunde, die einen Blick für Ameisen, Felsen, Wildblumen, Salamander, Moose und, ja, Vögel hatten! Für mich war es der Himmel auf Erden, und die Campleiter, John und Lee Trott, wurden für mich und viele andere Teilnehmer:innen zu lebenslangen Mentoren. Ich bekam eine obere Liege im Mädchenquartier zugewiesen, eine einfache Konstruktion aus Zeltplanen und grob behauenen Holzblöcken, in der ein Dutzend Mädchen unterkamen. In der ersten Nacht spürte ich einen Luftzug wenige Zentimeter vor meinem Gesicht und verkroch mich erschrocken unter die Decke, fragte mich, was da wohl auf mich losging. Als ich am nächsten Tag diesen Angreifer erwähnte, erklärte die Betreuerin, in den Dachsparren direkt über meiner Liege wohne eine Fledermaus; ich könne mich glücklich schätzen, weil sie alle Mücken auffresse. Das linderte meine Panik, allerdings nur ein bisschen. Den ganzen Tag über verdaute ich nach und nach ihre Erklärung und ließ mich letztlich davon überzeugen, dass eine Fledermaus in der Tat eine ganz außergewöhnliche Mitbewohnerin war.

Das Wildlife-Lager veränderte meinen Blick auf die Natur in vielerlei Hinsicht, nicht nur in Sachen Fledermäuse. Im Zelt für die Vogelberingung hielt ich einen lebenden Goldzeisig in der Hand, eine unglaubliche spirituelle Erfahrung für eine Vogelliebhaberin wie mich. Ich lernte die Sterne am Nachthimmel des unbesiedelten West Virginia kennen, wo keinerlei künstliche Lichtquellen störten. Unser einziger Sport war es, in einem schlammigen Weiher zu schwimmen, und als ich unter meinem Badeanzug eine platt gedrückte Kaulquappe fand, beglückwünschte der Lagerleiter mich für den Fang eines wertvollen Stückchens aquatischer Biodiversität. Ich war immer noch schüchtern und zog besonders ausgiebig die Bettlaken glatt, um bei der täglichen Inspektion nicht aufzufallen, wenn die Schlafräume auf Sauberkeit geprüft wurden. Ich sehnte mich danach, in diesen Naturclub aufgenommen zu werden. Im Lager galten alle Kinder ungeachtet von Herkunft und Geschlecht als Naturforscher, weshalb ich zum ersten Mal im Leben engere Beziehungen zu Jungen (und Mädchen) knüpfte. Die meisten wurden zu Freund:innen fürs Leben, viele wurden Biolog:innen, und wir gehen auch als Erwachsene noch gemeinsam zur Vogelbeobachtung oder zum Botanisieren.

Jeder im Lager hatte sein eigenes Forschungsprojekt, und ich beschloss, die Moose eines Waldes in West Virginia zu bestimmen. Nachdem ich Wildblumen und Bäume im Staat New York abgehakt hatte, fühlte ich mich bereit für eine neue Herausforderung – Pflanzen ohne Blüten. Außerdem suchte ich einen Vorwand, um das fabelhafte Mikroskop zu benutzen, das man zur Bestimmung der Moose brauchte. Harriet Tubman hatte sich dank der Moose im Wald in ihrem Schleusernetzwerk zurechtgefunden, und ich war entschlossen, als Lager-Bryologin (Moos-Expertin) in ihre Fußstapfen zu treten. Meine Begeisterung für diese kleinen Fussel Grün war so groß, dass die Trotts mich, nachdem ich eine detaillierte Moossammlung zusammengestellt hatte, fragten, ob ich im nächsten Sommer als Teammitglied wiederkommen wolle. Eine Dreizehnjährige im Team? Ich war sprachlos. Die Campleiter waren absolut überzeugt, dass das Modell »Kinder lehren Kinder« das Lernen am effektivsten förderte, weshalb sie Teenager anstellten, die den Teilnehmenden etwas beibringen sollten. Finanziell belief sich der Lohn für diesen ersten Ferienjob auf schlappe 25 Dollar, aber ich fühlte mich reich entlohnt. Diese Summe konnte ich in Elmira mit nur einem langen Babysitting-Abend verdienen, aber das Lager entlohnte mich ja noch auf andere Weise. Dank eines einzigen Briefs an die National Audubon Society hatte ich jetzt eine Riege von Freunden, die genauso gern wie ich über Zugvögel und Baumbestimmung redeten, und außerdem lernte ich noch ein paar Grundbegriffe davon, wie man jüngeren Schülern etwas über die Natur beibringen konnte.

Bei meiner ersten Lehrprobe als Jugendleiterin ging es um Bäume (Dendrologie). Natürlich war ich wortkarg und unerfahren, aber die Lagerleiterin beruhigte mich: Gemeinsam mit den Schülern zu lernen, sei eine sehr viel effektivere Lehrmethode als in einem Klassenzimmer Fakten zu präsentieren. Trotzdem war ich extrem nervös. Im vorausgehenden Winter hatte ich einen dicken Stapel Bücher über Bäume in der Bibliothek ausgeliehen und Seite für Seite mehrmals gelesen. Mit Karteikarten in der Tasche kehrte ich im nächsten Sommer als offizielle Dendrologie-Lehrerin ins Camp zurück. Ich unterrichtete draußen unter einer grandiosen Rot-Eiche und versuchte, die Campteilnehmer zu Baumdetektiven zu machen, indem sie Eicheln sammelten, Stammumfänge maßen und Blätter nach Anzeichen von Insektenfraß untersuchten. Meine Liebe zu Bäumen, kombiniert mit der Unterstützung der Campleiter, verwandelte mich in eine begeisterte Lehrerin. Sechs Sommer arbeitete ich im Burgundy Wildlife Camp und leitete Workshops zu Spinnen (Arachnologie), Insekten (Entomologie) und Geologie. Dreißig Jahre später kam ich wieder ins Camp und baute einen Walkway in genau derselben grandiosen Eiche – jetzt können die Campteilnehmer:innen auch deren erhabene Geheimnisse lüften. Die nächste Generation Jungforscher:innen im Sommercamp meiner Kindheit sind jetzt Arbornaut:innen!

Zu Hause in der Highschool hatte ich zwar jede Menge Felder und Wälder zu erforschen, aber ich konnte am Wochenende nicht ins Naturkundemuseum gehen (wie die meisten meiner Campfreunde, die nahe Washington und der Smithsonian Institution wohnten) und bekam keine Schülerpraktika in Technologiefirmen oder Umweltorganisationen. In Elmira stellten die Schüler häufig auf dem Hügel hinter unserer Schule ein Bierfass auf, rauchten auf dem Parkplatz, prahlten mit schlechten Noten oder hingen im Keller eines verwahrlosten Ladens namens People's Place herum, der Schlaghosen verkaufte und von einem wunderbar aufsässigen Schulkameraden namens Tommy Hilfiger betrieben wurde.

Ich war ein schmächtiger Sämling in nährstoffarmem Boden und begriff, dass Pflanzen mir sehr ähnelten, weil auch sie nicht sprachen. Ein umgängliches Kleinkind fühlt sich vielleicht zu verspielten Welpen hingezogen und baut für ein naturwissenschaftliches Experiment später einen Vulkan; ich aber war hingerissen von Wildblumen und untersuchte all ihre botanischen Bauteile einschließlich Stempel – die Eingeweide der Blüten und Spielstätte für den Pflanzensex. Statt Matchbox-Käfern sammelte ich sechsbeinige Käfer. Statt meine Nägel rosa zu lackieren oder auf Übernachtungspartys neue Frisuren zu diskutieren, fragte ich, ob jemand Lust hatte, früh aufzustehen und Vögel zu beobachten. Es galt als »cool«, die Schule zu schwänzen und Auszeichnungen für gute Leistungen zu verschmähen. Das waren die Sorgen von ganz normalen Highschool-Schülern in einer wirtschaftlich nicht sonderlich prosperierenden Stadt in den 1960er-Jahren. Der Norden des Staates New York gehörte zu den Landstrichen in Amerika, die immer weiter abgehängt wurden, wo Arbeitslosigkeit und Lebensmittelmarken grassierten, während andere Städte dank Innovation und Technologie zu dynamischen Wirtschaftsstandorten heranwuchsen. Eine Jugend in den USA ist eine Lotterie, bei der sich aus der Postleitzahl schon häufig die Zukunft prognostizieren lässt.

Als ich beschloss, mich am Williams College zu bewerben, meinte der Studienberater an meiner Schule, das gebe es nicht – ich meinte wohl das College of William and Mary. Doch ich wusste es besser, denn ich hatte mir ein paar College-Kataloge beschafft und gelesen, dass das Williams College in Massachusetts eine der wenigen kleinen Einrichtungen mit eigenem Wald war. Beim Bewerbungsgespräch war ich ein nervöses Wrack und zitterte wie Espenlaub. Der für die Immatrikulation zuständige Beamte entnahm meiner Bewerbung, dass ich bei einem Natur-Feriencamp Spinnen unterrichtet hatte. Er sah mich sehr ernsthaft an und fragte: »Margaret, was genau haben Sie da den Spinnen beigebracht?« Ganz offensichtlich machte er keine Witze. Ich war erschüttert, dass ich mich in meiner Bewerbung offenbar nicht vollkommen klar ausgedrückt hatte, und erklärte schnell, dass ich Kindern etwas über Spinnen beigebracht hatte und nicht den Spinnen. Dieses Missverständnis überzeugte mich, dass ich die Bewerbung ans Williams College vergessen konnte. Ein paar Monate später erhielt ich verblüffenderweise das Zulassungsschreiben.

Als der Schuldirektor verkündete, dass ich nicht als Jahrgangsbeste, sondern nur Zweitbeste abgeschnitten hatte, waren meine Klassenkameraden sehr aufgebracht – die Beste hatte nicht die anspruchsvollste Fächerkombination gewählt, was ihre guten Noten in ihren Augen schmälerte. Zu meiner großen Überraschung votierte die Klasse in einer gesonderten Abstimmung dafür, dass trotzdem ich die Abschiedsrede halten sollte. Plötzlich zahlten sich diese Jahre schulischen Fleißes doch aus. Die Abschlussfeier war in einer Kleinstadt eine große Sache, und alle zählten die Tage, bis es so weit war; mir dagegen raubte die Aussicht, vor einem vollen Saal eine Rede halten zu müssen, wochenlang den Schlaf. Ich probte in der Dusche, wachte schweißgebadet aus Träumen auf, in denen ich deklamierte, und hatte kurz vor der Feier beinahe einen Nervenzusammenbruch. Doch dann regnete es … und regnete und regnete. Das Hochwasser von 1972 ist in die Geschichte des Susquehanna-Tals eingegangen; der Fluss Chemung, der durch Elmira fließt, ist ein Zufluss des Susquehanna. Gegen 2 Uhr morgens am 23. Juni trat der Fluss über die Ufer. Viele Highschool-Absolventen wachten an einem ihrer letzten Schultage auf und stellten fest, dass in der Küche und im Wohnzimmer meterhoch das Wasser stand. Familien wurden evakuiert. Schulen geschlossen. Straßen überflutet. In der Schule wurde ein Notfallzentrum des Roten Kreuzes eingerichtet. Aus dem steigenden Flusswasser wurden Leichen geborgen. Der Schlamm in den Häusern und der Schimmel in den Wänden verströmten einen Gestank, den ich nie vergessen werde. Die trüben wirtschaftlichen Aussichten in unserer Stadt wurden noch trüber. Plötzlich meldeten sich meine Klassenkameradinnen und ich uns freiwillig zum Verabreichen von Tetanusspritzen, statt uns für eine Gala in Schale zu werfen. Was für ein bittersüßes Ende unserer Highschool-Zeit! Wir hatten nie eine offizielle Abschlussfeier, unsere Zeugnisse bekamen wir ein paar Monate später per Post. Elmira und Umgebung hat sich von dieser Hochwasserkatastrophe nie mehr wirklich erholt. Die Immobilienpreise fielen in den Keller, besonders für Häuser in Flussnähe. Durch den Wegzug von Familien sanken die Schülerzahlen; unsere frühere Highschool gibt es heute nicht mehr. Dads Bank verkleinerte sich, er wurde entlassen. Das Hochwasser war ein letzter Sargnagel für die schon wankende lokale Wirtschaft. Mutter Natur kennt kein Erbarmen. Damals galten solche Extremwetterlagen als Jahrhundertkatastrophe, für uns war das Hochwasser von 1972 eine Anomalie. Kaum zwanzig Jahre später sollte das rasche Fortschreiten des Klimawandels dafür sorgen, dass Hochwasserereignisse – wie auch Dürren, Waldbrände und Hitzewellen – in vielen Regionen normal wurden. Unser Hochwasser in Elmira war ein Vorbote für das, was uns noch bevorstand.

In den letzten fünfzig Jahren hat sich viel verändert, nicht nur der Klimawandel und die Häufigkeit von Überflutungen und Waldbränden, sondern auch die Botanik. Wie wir Pflanzen sammeln, schützen und bestimmen, wie die Agrarwissenschaft sie verändert, um robustere Nutzpflanzen oder widerstandsfähigere Ulmen zu züchten – das alles hat große Fortschritte gemacht. Doch zwei meiner größten Lektionen für mein Leben als Naturwissenschaftlerin begannen mit diesen Pflanzensammlungen, die ich als Kind im ländlichen Staat New York angelegt hatte: 1. »Die Macht des Einzelnen« – meine meist einsamen Beobachtungen erschlossen mir die heimischen Wildblumen und machten mich zum Laienexperten für Vogeleier, und das ebnete mir den Weg zum Beruf als Feldbiologin; und 2. »start local, but go global« – ein persönlicher Gedanke im Rückblick: Indem ich zunächst die Landschaft hinter meinem Haus kennenlernte und mich später in globale Ökosysteme vorarbeitete, konnte ich als Feldbiologin breitere Wirkung erzielen. Dreißig Jahre später hatte sich das Baumhaus meiner Kindheit in tropische Walkways auf mehreren Kontinenten verwandelt. Die Liebe zu einer einzigen großen Ulme in unserer Hütte am See wuchs sich zu einem Beruf im internationalen Waldschutz aus. Die Freude, mit der ich als Kind draußen gespielt und dabei meine fünf Sinne beim Finden, Ertasten, Riechen und Bestimmen von Pflanzen geschult hatte, inspirierte mich noch Jahre später an der Hochschule, und nicht nur mich, sondern auch andere Frauen und Angehörige von Minderheiten, die ich mentorierte. All diese Leidenschaften meiner Kindheit fügten sich wie eine Patchworkdecke zusammen und machten aus mir schließlich einer der ersten Arbornautinnen der Welt. Wahrscheinlich wäre ich keine professionelle Feldbiologin geworden, hätte ich nicht diese glückliche Kindheit des Forschens im Freien gehabt. Vor allem Bäume. Vor allem Einsamkeit. Und vor allem Blumen, Blätter und Neugier darauf, wie die Natur funktioniert.

Amerikanische Ulme

(Ulmus americana)

DIE AMERIKANISCHE ULME ODER WEISS-ULME (*Ulmus americana*) wurde erstmals 1753 von Carl von Linné klassifiziert, und zwar in dessen berühmtem Werk *Species Plantarum,* die Grundlage für alle nachfolgenden Klassifizierungen von Organismen. Dieser Baum gehört zur Familie der Ulmaceae mit 6 Gattungen und 40 Arten. Heimisch ist er in Nordamerika, wo sein Lebensraum sich entlang der Ostküste von Maine bis Florida erstreckt und westlich bis North Dakota und Texas. Die britische Verwandte, die Englische Ulme (*Ulmus procera*), war früher so allgegenwärtig, dass sie einen eigenen, nicht gerade schmeichelhaften Spitznamen trug: »Wiltshire weed«, das »Unkraut«, das die Landschaft von Wiltshire mit seiner Silhouette entscheidend prägte. Die Amerikanische Ulme war einst ähnlich weitverbreitet, sie wuchs in Talauen, an Flussufern, im Sumpfland, an Hügelflanken und auf durchlässigen

Böden. Kurz, sie wuchs fast überall! Da ihre Samen vom Wind verstreut werden, konnten Ulmen sich rasch ausbreiten und keimten dann auch fast auf der Stelle. Die indigenen Einwohner Amerikas nutzten Ulmenrinde zu verschiedenen medizinischen Zwecken, und das Holz war begehrt für Möbel, Dielen, Schatullen und große Kisten. Die Laubkrone der Ulme war Lebensraum für Vögel und Schmetterlinge, außerdem diverse Phytophagen wie Minierer, Bohrfliegen, Schmier- und Schildläuse. Die Amerikanische Ulme ist Wappenbaum der Bundesstaaten Massachusetts und North Dakota. Früher war sie ein schnellwüchsiger, robuster Baum, der im urbanen Gelände gut zurechtkam, weshalb sie in ihrem gesamten Verbreitungsgebiet häufig als Alleebaum anzutreffen war. Eine Verwandte der Amerikanischen Ulme, die Rot-Ulme (*Ulmus rubra*), wurde vielerorts gegen Darmbeschwerden eingesetzt, und die rauen Blattoberflächen nutzten die Siedlerinnen als natürliches Rouge: Rieb man die Wangen kräftig mit dem Laub der Rot-Ulme ab, reizte das die Haut, die errötete und dadurch angeblich hübscher aussah. Als Kinder traktierten meine Freundinnen und ich uns gerne die Wangen und taten so, als hätten wir Make-up aufgelegt.

Ulmen waren um die Wende zum 20. Jahrhundert die am weitest verbreitete Baumart in den Dörfern New Englands, wenngleich natürlich keine Satellitendaten vorliegen, die exakte Zählungen erlaubt hätten. Mitte des 20. Jahrhunderts gingen über 99 Prozent der Amerikanischen Ulmen durch eine Pilzerkrankung ein; das sogenannte Ulmensterben wurde aus Europa eingeschleppt und ließ den Baum von Nordosten aus in seinem gesamten Verbreitungsgebiet aussterben. Überleben konnten nur einzelne isolierte Individuen, besonders in Florida und British Columbia, wo die Krankheit sich nicht über die normalen Lebensräume von Ulmen hinaus ausgebreitet hatte. Das Ulmensterben raffte nicht nur die Amerikanische Ulme dahin, sondern tötete in den 1970er-Jahren auch die Englische Ulme in Europa. Der Schlauchpilz *Ophiostoma novo-ulmi* (oder *Ceratocystis ulmi*) wurde von Borkenkäfern der Gattung Splintkäfer (*Scolytus*; später auch von anderen Borkenkäfern der Gattung *Hylurgopinus*) verbreitet. Deren Weibchen wählten bereits geschwächte Ulmenstämme, um dort ihre Brutgänge zwischen Borke und Holz zu graben. War das Weibchen Trägerin des Pilzes, wurden dort Pilzsporen eingelagert. Die frisch geschlüpften Jungkäfer infizierten sich damit und verteilten die Sporen auf gesunde Ulmen, indem sie ausflogen und sich von deren Laub ernährten. Die Sporen infizierten wiederum das Xylem und reproduzierten sich innerhalb dieser wasserführenden Leitbündel ähnlich wie Backhefe. Eine frisch infizierte, geschwächte Ulme wurde wiederum anfälliger für Borkenkäfer, die sich absterbende Stämme zur Eiablage suchten. Um das Ulmensterben aufzuhalten, hätte man die Käfer vollständig ausrotten müssen, was sehr kostspielig und unter natürlichen Bedingungen praktisch unmöglich gewesen wäre.

Das ganze 20. Jahrhundert über wurde die Amerikanische Ulme genetisch als tetraploid beschrieben, hatte also doppelt so viele Chromosomen wie ihre als diploid klassifizierten Verwandten. Allerdings zeigen jüngere genetische Analysen nun, dass einige Ulmen diploid sind, und diese Individuen scheinen gegen das Ulmensterben eine höhere Resistenz aufzuweisen. Da nun zwei Subspezies zur Verfügung stehen, könnten vielleicht genetisch resistente Ulmen entwickelt werden, die man in Zukunft verbreiten könnte. Auch Hybridarten aus Amerikanischer und Sibirischer Ulme weisen eine erhöhte Widerstandskraft gegen den Pilz auf und nähren die Hoffnung auf eine künftige Restauration von Ulmenwäldern.

Ulmen waren – der raffinierten Konstruktion unserer Hütte am See sei Dank – wahrscheinlich mein erster Anreiz, mich mit Botanik zu beschäftigen. Von meiner kindlichen Baumliebe ausgehend, studierte ich für meine Bachelorarbeit die Phänologie des sommergrünen Laubwalds in kühl-gemäßigten Klimazonen. In diesen Jahren tat es mir immer wieder im Herzen weh, wenn auf dem Campus die Ulmen gefällt wurden. Das Ulmensterben war ein unglaublicher Rückschlag nicht nur für die Wälder, sondern auch für urbane Gegenden, wo der Schatten von Bäumen Immobilienpreise steigen lässt und erhebliche ökologische Dienstleistungen erbringt. Man spricht hier auch von »Naturkapital«. Neben Schatten sorgen Stadtbäume auch für die Reinigung des Wassers, stabilisieren den Boden und speichern Kohlenstoff, sie reinigen die Luft und sind Heimat für viele Vögel und andere Tiere. Die Ökosystem-Dienstleistungen von Bäumen sind Milliarden Dollar wert, wenn wir sie einfach nur wachsen lassen. In meiner Heimatstadt Elmira säumten riesige Ulmen die Straßen, bis sie vom Ulmensterben dahingerafft wurden. Ich vermisse sie bis heute.

2

WERDEGANG EINER WALDDETEKTIVIN

Erste Forschungen in den Mischwäldern von New England bis Schottland

Während meiner ersten drei Wochen am College stellte ich fest, dass an meiner Fakultät 95 Prozent des Kursangebots in Biologie auf das Medizinstudium ausgerichtet waren und Blutzellen statt Vogelgesang zum Inhalt hatten. Ich wollte nicht Medizinerin werden und durchstöberte daher das Vorlesungsverzeichnis nach einem anderen Hauptfach, das mehr auf die Welt vor den Toren der Universität ausgerichtet war. So kam ich zur Geologie, denn ich fand, ich könnte doch einfach die Landschaft studieren, in der meine geliebten Wälder wuchsen. Ich fand das einen guten Plan B für mein Berufsziel, in der Natur zu arbeiten. Auf den geologischen Exkursionen dieses ersten Jahres fotografierte ich vor allem Wildblumen und Vögel, während alle anderen sich auf das Grundgestein konzentrierten. Ich war begeistert, als ich für eine gemeinsame Sommerexkursion der geologischen Institute der University of Idaho und des Williams College zugelassen wurde. Mein Enthusiasmus schwand, als mir das Verhältnis von einer Frau zu 19 Männern klar wurde. Dennoch wollte ich mir die Gelegenheit nicht entgehen lassen und packte Wanderstiefel, Jeans, Sweatshirts und Fernglas ein, um einen Sommer lang in den großartigen Rocky Mountains zu lernen. Ich war noch nie westlich des Mississippi gewesen und verliebte mich auf der Stelle in die Landschaft, zeichnete glücklich Felsformationen ab und stellte mir vor, wie zwischen diesen gigantischen Steingebilden Dinosaurier herumstanden. Bereits in der ersten Woche, in der wir über metamorphe Gebirgskämme kletterten, musste ich dann aber hilflos zusehen, wie meine Kommilitonen in der Mittagspause mit ihren Geologenhämmern nach Alpenschneehühnern warfen. Diese Hämmer haben einen sehr scharfen Schlagdorn, mit dem sich extrem harter Basalt spalten lässt. Die Jungs fanden es witzig, sie diesen prächtigen, bodennah lebenden Vögeln nachzuwerfen. Zum Glück trafen sie nicht besonders gut, wahrscheinlich weil die Hämmer für Wurfspeere zu schwer waren. Doch ihre Gemeinheit und die Tatsache, dass ich es trotz meiner Vogelleidenschaft nicht wagte, gegen diese Felsentrampel aufzubegehren, versetzten mich in Empörung und zugleich in maßlose Enttäuschung über mich selbst.

Meine Freizeit verbrachte ich mit Joggen, einerseits um den geselligen Runden im Basislager zu entgehen, aber auch wegen der atemberaubenden Erhabenheit der umliegenden Gipfel. Das zusätzliche Training nach dem schon anstrengenden Tag beim Kartieren des Reliefs erschöpfte mich, und ich kroch früh ins Bett, während die anderen bei Bier und Poker noch bis in den frühen Morgen zusammenhockten. Als ich einmal auf einem einsamen Highway lief, fuhr ein Pick-up so nah an mir vorbei, dass der Cowboy auf dem Beifahrersitz mir einen Klaps auf den Hintern gab und dazu eine anzügliche Bemerkung machte. Danach ging ich nicht mehr auf der Straße laufen, sondern spurtete über Wanderwege, die wegen des unebenen Felsenbodens nicht ganz ungefährlich waren. Trotzdem fühlte ich mich sicherer als bei den Spannern auf dem Highway.

Dieser Sommer in Idaho war für mich eine wirklich harte Erfahrung, weil er mir unmissverständlich vor Augen führte, dass die Geologie zumindest damals eine Bastion weißer Männer war.

Ich fühlte mich nicht willkommen und wollte auch gar nicht zu einer Gemeinschaft gehören, in der exzessiver Bierkonsum, versuchter Schneehuhnmord und eine derbe Ausdrucksweise die Regel waren. Als ich im nächsten Herbst ins College zurückkam, schien der Leiter des geologischen Instituts erstaunt, dass ich das Jahr abgeschlossen hatte, noch dazu mit einer guten Note. Er stellte fest, dass er in seinem Seminar, das für den Bachelor-Abschluss belegt werden musste, noch nie eine Studentin gehabt hatte. Er warf mich nicht direkt hinaus, aber seine eindringliche Warnung machte mir klar, dass ich nicht willkommen war. Da ich damals als einzige Frau im Hauptfach Geologie studierte, hatte ich keine Gefährtin, mit der ich mich gemeinsam hätte durchbeißen oder lamentieren können; und auf den Gedanken, diesen Vorfall bei der Verwaltung zu melden, kam ich erst gar nicht. In vielen Colleges war Koedukation noch ganz neu. Ich war am Williams erst im zweiten Jahrgang, der überhaupt Frauen aufnahm. Also schluckte ich die Enttäuschung einfach hinunter und suchte nach einer Alternative. Fast erleichtert wechselte ich zurück zum Hauptfach Biologie. Schließlich hatte ich mich ursprünglich am Williams beworben, weil es dort einen Wald gab.

Neben den Schwierigkeiten mit dem Geschlechterverhältnis in Geologie fiel ich in Mineralogie beinahe durch – irgendwie hatte die Highschool mich nicht auf die Feinheiten des College-Studiums und der Prüfungs-Essays vorbereitet. Ich klemmte mich dahinter und lernte das Lehrbuch quasi auswendig. Als ich in diesem Kurs nur eine mittelmäßige Note bekam, wuchsen mein Zweifel, ob ich für eine naturwissenschaftliche Laufbahn gemacht war. Ich dachte zurück an die Tage, an denen ich in der Cornell University vor den Bürotüren von Ornithologie-Professoren gestanden hatte, und begriff, dass ich noch nie einer leibhaftigen Naturwissenschaftlerin begegnet war (auch am Williams war die naturwissenschaftliche Fakultät durchgehend männlich besetzt). Die Lehrbücher für Biologie lieferten genau wie die Geologiebücher durchgehend männliche Vorbilder. Mir sank zunehmend der Mut... Gab es in der Feldbiologie überhaupt irgendeinen Platz für eine Frau?

Als Quereinsteigerin im Hauptfach Biologie musste ich schnell ein Thema für meine Bachelorarbeit entwickeln, wenn ich weiterhin Feldforschung betreiben wollte, denn dafür muss man mehrere Jahre lang saisonale Daten sammeln, um Anomalien wie Dürren oder extrem kalte Winter vernachlässigen zu können. Ich ging also zurück zu meinen Wurzeln, weitete meine Kindheitsbeobachtungen an Wildblumen aus und reichte als Themenvorschlag eine Untersuchung der Phänologie der größten Pflanzen ein: der Bäume. Meine letzten zwei Jahre am College verbrachte ich im Zelt draußen im Wald, eingetaucht in die Freuden der Natur und umgeben von meinen alten Freunden: Ahorn, Birke, Eiche und Buche! Es gab überhaupt nur einen Botanikprofessor, ich brauchte also nicht lange nachzudenken, um ihn als Betreuer anzufragen. Angesichts der Überzahl von Medizinern war er sichtlich begeistert, eine werdende Pflanzenökologin unter seinen Fittichen zu haben. Eifrig sammelte ich Daten, und zwar nach einem wissenschaftlichen Protokoll, nicht in einem laienhaften Tagebuch. Die Lektüre in meinem Ökologiekurs hatte mir eine grobe Vorstellung von professioneller Forschungsarbeit verschafft, und die Methodologie für die Feldforschung eignete ich mir schnell an: eine Frage stellen, ein Untersuchungsgebiet eingrenzen, Daten sammeln, in der vorhandenen Literatur ähnliche Arbeiten recherchieren, die Ergebnisse analysieren und zum Schluss eine Arbeit schreiben. Von klein auf hatte ich zugesehen, wie die Blätter mit der Regelmäßigkeit eines Uhrwerks jedes Frühjahr sprossen und jeden Herbst abfielen, und ich fragte mich, ob das Holzwachstum im sommergrünen Laubwald genauso saisonal verlief wie der Laubaustrieb. Zu Beginn sah es ganz einfach aus, ein feldbiologisches Forschungsprojekt zu entwerfen, fast wie ein Kochrezept. Ich wählte 16 Bäume und formulierte die Hypothese, dass ihre Stämme jeweils im Frühjahr wuchsen und im Herbst herunterfuhren, genau wie das saisonale Blattwerk. Unbeabsichtigt folgte ich der Tradition von zweihundert Jahren Waldwissenschaft und beschränkte meinen Blick auf den »großen Zeh« des Baums auf Bodenhöhe, statt über den ganzen Wald nachzudenken. Damals war die Bodenperspektive für Wissenschaftler auch der einfachste Weg, einen Baum zu betrachten – man konzentrierte sich auf den Stamm. Diese großen braunen Pfeiler, die die Laubkrone da oben tragen, bestehen zu 99 Prozent aus Holz (tote Zellen, die eine mechanische Stütze bilden) und zu etwa 1 Prozent aus lebenden Zellen in einer schmalen Schicht aus sogenanntem Leitgewebe direkt unter der Borke. Das Leitgewebe besteht aus zwei mageren, nur eine Zelle dicken Hauptverkehrsstraßen: Das Xylem transportiert Wasser von den Wurzeln zu den Blättern, und das Phloem befördert Zucker aus den Chloroplasten in den Blättern hinunter in die Wurzelhaarzone. Als einziger lebender Teil eines Stammes wächst das Leitgewebe jedes Jahr neu und stirbt wieder ab, ein saisonaler Prozess, der zur Bildung der Jahresringe führt – und die sind für Wissenschaftler heute eine Art Strichcode der Klimageschichte. Auf lange Sicht können Jahresringe nicht nur vom Leben eines Baums berichten, sondern auch von seiner Umwelt. Experten für Jahresringe, die Dendrochronologen, können die Umweltgeschichte der Erde nachzeichnen, mit all ihren episodischen Dürren, Bränden und guten Wachstumsjahren. Als angehende Feldökologin wollte ich allerdings Fragen zur kurzfristigen Dynamik des Stammwachstums im Verlauf von Monaten und Jahreszeiten beantworten und nicht zu einem ganzen Baumleben. In meinem Eifer, endlich meine erste echte botanische Feldforschung zu betreiben, fühlte ich mich wie ein Rennpferd in der Startbox.

Mit Feuereifer las ich, was an waldwissenschaftlichen Veröffentlichungen über das Stammwachstum im sommergrünen Laubwald vorhanden war. Die ökologische Literatur war nicht gerade üppig, aber ich fand viele Abhandlungen über die Steigerung des Baumwachstums in Kieferplantagen, denn die am besten finanzierte Sparte der Baumwissenschaft war damals die Holzproduktion. Kein Wunder also, dass das Gros der Baumforschung sich auf Industrieholz und die Vermarktung von Raummetern konzentrierte. In der biologischen Fachbibliothek im College standen reihenweise Regale voller naturwissenschaftlicher Zeitschriften, jeweils jahrgangsweise in farbenfrohes Leder von rot über hellorange bis pink gebunden. In vielen nächtlichen Besuchen – die Bibliothek war rund um die Uhr geöffnet – kämmte ich die staubigen Regale durch. Ich wurde zur Stammleserin, gemeinsam mit all den Medizinern, die in der Bibliothek geradezu zu wohnen schienen. Meine feldbiologischen Zeitschriften mit Titeln wie *Botanical Gazette, Plant Physiology* und *Botanical Review* waren im Vergleich zu Titeln wie *Cell Physiology* oder *Blood and Cells* extrem untergenutzt. Wahrscheinlich zerfledderte ich jede einzelne Ausgabe von Fachzeitschriften über Bäume aus den Jahrgängen 1950 bis 1974. Für Veröffentlichungen, die vor 1950 verfasst worden waren, reichten wir Studierenden eine schriftliche Magazinanfrage ein, da die Zeitschriften außerhalb des Campus eingelagert waren. Die Bereitstellung dieser Ausleihen dauerte normalerweise ein oder zwei Wochen. Natürlich gab es keine digitalen Kopien von wissenschaftlichen Zeitschriften, sondern nur riesige gebundene Konvolute.

Zum ersten Mal im Leben würde ich echte Daten erheben. Dazu brauchte ich eine spezielle Ausrüstung. Beim Studium der waldwissenschaftlichen Methoden stieß ich auf ein sehr cooles Gerät, den Messuhr-Dendrometer, mit dem sich die Zunahme des Stammumfangs erfassen lässt. Er war nicht allzu teuer, daher bestellte ich gleich zwei (einen in Reserve, falls der erste kaputtging) und machte mich daran, vorsichtig in Brusthöhe ein Set von Schrauben an den Stämmen von sechzehn Bäumen anzubringen. »Brusthöhe« ist ein ungefährer Begriff aus den Waldwissenschaften, der so definiert ist, um verschiedene Stammumfänge in ähnlicher Höhe über dem Boden zu vergleichen. (Natürlich war meine Brusthöhe wohl tiefer als die des durchschnittlichen Waldarbeiters, den die meisten Menschen sich wohl vorstellen wie den legendären Holzfäller-Riesen Paul Bunyan.) Die vier Schrauben an jedem Baum bildeten eine quadratische Anordnung, eine Schablone, auf der das Messgerät aufsaß, das dann die Entfernung von den Köpfen der Schrauben bis zur Rinde erfasste; damit konnte ich das Wachstum des Stamms messen, also den Wert, um den die Borke um die Schrauben herum zugenommen hatte. Man kann an einem Baum eine Hängematte befestigen oder kleine Schrauben in den lebenden Stamm drehen, ohne ihn zu schädigen, denn wie gesagt bestehen 99 Prozent des gesamten Holzes unter der Rinde aus toten Holzzellen, dem sogenannten Kernholz. (Außer indem man den gesamten Baum fällt, kann man einen Stamm nur beschädigen, indem man ihn stranguliert, also die dünne Schicht Leitgewebe direkt unter der Borke abschnürt, sodass das Wasser nicht mehr von den Wurzeln nach oben und Zucker nicht mehr von den Blättern nach unten transportiert werden kann.) Das Dendrometer hat eine Messgenauigkeit von 0,001 Zoll, erfasst also sehr kleine Zuwächse und ist damit sensibel genug für das extrem langsame Baumwachstum. Schon aus meinen Beobachtungen als Kind wusste ich, dass die Blätter an Eichen früher sprießen als bei Buche und Ahorn – aber würden ihre hölzernen Stämme genauso auf die frühesten Anzeichen des Frühlings reagieren? Dank meiner Lektüre all der waldtechnischen Zeitschriften wusste ich auch, dass Stämme sich je nach Umweltbedingungen ausdehnen und zusammenziehen, und das sowohl kurzfristig (über Monate) als auch langfristig (über Jahre); ich musste also länger als ein Jahr messen, um auch nur ungefähr Muster des Stammwachstums herausarbeiten zu können. Mein fabelhaftes Dendrometer war so sensibel, dass es nicht nur Ausdehnungen, sondern auch Rückgänge erfassen konnte. Bei Dürre oder in sehr hohem Alter nimmt der Umfang eines Baumstamms ab, wie bei Menschen, die abnehmen, wenn sie hungern, und schrumpfen, wenn sie älter werden.

Ich hatte nur zwei Jahre, und in denen machte ich Messungen, Messungen und nochmals Messungen. Über 24 Monate hinweg vermaß ich 16 Bäume zweimal pro Woche, in Schnee und Eis, Regen und Blitz und in den größten Hitzewellen. (Es gab zwei einwöchige Lücken in meinen Messdaten: Thanksgiving und Weihnachten.) Die meisten meiner Mediziner-Kommilitonen hockten gemütlich in einem Labor, wo es bequeme Sofas, Getränkeautomaten und Pizza-Lieferdienste gab, und führten dort für ihre Bachelorarbeit Experimente an Mäusen oder Zellkulturen durch. Ich dagegen verbrachte meine Tage im College-Wald, hockte unter 20 Meter hohen Bäumen, rationierte meine Viertelliter-Trinkflasche und mampfte Studentenfutter, während ich in den zwei Jahren meine 736 Messwerte erhob (um genau zu sein) und meine Beobachtungen zur Phänologie des Laubaustriebs festhielt. Im Winter froren mir die Finger ab, während ich ausführliche Notizen in mein Protokollbuch schrieb, und meine Füße wurden taub, während ich am Fuß eines jeden Baums im Schnee stand. Der Hopkins Memorial Forest, der Wald des Williams College, wurde mein zweites Zuhause. Auf dem Fahrrad fuhr ich die fünf Meilen bergauf zu meiner Untersuchungsfläche und trampelte einen Pfad zu meinen 16 Bäumen. Manchmal brachte ich große Zweige mit Frühlingslaub nach Hause, um Knospen- oder Blattgrößen zu messen, woraufhin sich meine Mitbewohnerinnen über die ganze Vegetation in unserer Wohnheimküche lustig machten. Es sprach sich herum, dass ich Expertin für den College-Wald war, und schon bald hatte sich ein Event etabliert, das man einmal erlebt haben musste: die Naturfanatikerin begleiten, wenn sie ihre Bäume vermaß. Sogar ein paar Mediziner wagten sich in den Wald und fanden es zauberhaft, Vogelstimmen kennenzulernen oder die Wildblumen des Frühlings zu bestimmen. Wir durchstreiften den Wald auf Skiern, in Schneeschuhen, zu Fuß und sogar barfuß. Ein Freund behauptete, auch er hege eine Leidenschaft für die Botanik (allerdings für Pflanzen, die sich rauchen ließen), und er bettelte mich mehrmals an, ich solle ihn um sechs Uhr morgens für einen Beutezug in die Natur wecken. Also klopfte ich eines Morgens an seine Tür. Er wankte mit tief unterlaufenen Augen herbei, lachte laut auf, als er mich in Kakihose und mit Fernglas in der Hand da stehen sah, und fiel in sein Bett zurück.

In den zwei Forschungsjahren für meine Bachelorarbeit interessierte ich mich nie für die Baumwipfel. Wie etliche Generationen von Waldwissenschaftlern vor mir übersah ich damit etwa 95 Prozent des Waldes. Ich begeisterte mich für Holz – nicht für Raummeter, sondern dafür, um wie viele Millimeter es in einem gesunden sommergrünen Laubwald wuchs und wie die saisonalen Wachstumsmuster unter benachbarten Arten variierten. Die bestehende waldwissenschaftliche Literatur beschrieb zwei Arten von Holzwachstum, die jeweils zu unterschiedlichen Mustern von Jahresringen führten: zerstreutporiges Holz von Baumarten wie Ahorn, Birke und Buche, die Ringe aus Gefäßen von gleichmäßiger Größe bilden; und ringporiges Holz, in dem sich im Frühjahr weitlumige Gefäße bilden und später in der Wachstumsphase kleinere; das ist zum Beispiel bei Ulmen, Eschen und Robinien der Fall. Als ich die ökologische Stellung zerstreutporiger Arten betrachtete, stellte ich fest, dass sie durchgehend in einem späteren Stadium der Sukzession auftreten. Sie sind also Sieger im langfristigen Wachstumswettkampf um ein dichtes Kronendach. Die ringporigen Arten dagegen finden sich in der Sukzession eher früh: Auf einem frisch abgeholzten Hang wachsen sie zuerst und recht schnell, doch am Ende unterliegen sie den Arten, die langsam und gleichmäßig wachsen und sie im Lauf der Sukzession schließlich überragen. Die Korrelation zwischen Holzwachstumsmustern und Sukzessionsstatus einer Baumart war eine neue Entdeckung, zumindest für mich. In den verstaubten Zeitschriftenbänden aus der College-Bibliothek war mir diese Information nirgends begegnet. Ob es sie anderswo gab, konnte ich nicht sagen, aber ich hoffte inständig, dass es sich um eine neue Erkenntnis handelte. Mein Betreuer bestätigte mir einen vielversprechenden Anfang. Jedenfalls führte mich diese Erkenntnis zu der Frage, ob die Muster von Laubaustrieb und Holzwachstum einander ähnelten. Hatten Bäume, die früh Blätter austrieben, auch zu Beginn des Frühjahrs schon Schübe im Holzwachstum? Im zweiten Jahr achtete ich bei der Messung des Stammwachstums genau auf die Belaubungsmuster jedes Baums. Können einige Arten mit frühem Stammwachstum die anderen aufgrund früherer Wachstumsschübe im Frühling übertreffen? Oder kann spätes, langsames, aber beständiges Wachstum im Sommer Bäume in die Lage versetzen, die Kronenschicht schließlich zu dominieren? Solche langfristigen Forschungsfragen gingen über meine Bachelorarbeit weit hinaus. Auf jeden Fall zeigten sie, wie wichtig es ist, über die gesamte Lebensspanne eines Organismus Daten zu sammeln – und das ist für einen Baum eine lange Zeit! Plötzlich begriff ich, dass ich zwar nur eine Frage gestellt, damit aber sehr viele weitere aufgeworfen hatte. Heureka! Genau das, ahnte ich bereits, ist wissenschaftliche Arbeit, und genau das macht sie so spannend.

Mit ungebrochener Hingabe vermaß ich meine Bäume, und im Gegenzug gaben sie mir ein paar ihrer Geheimnisse preis. Ich lernte, dass der Stammumfang in schwülen Sommerwochen abnimmt. Beide Seiten eines Stamms zeigen zuverlässig dieselben saisonalen Wachstumsreaktionen, allerdings mit täglichen Schwankungen – leichtes Schrumpfen, wenn das Sonnenlicht zu unterschiedlichen Tageszeiten darauf fällt, und winzige Ausdehnungen bei Regen. Meine aufregendste Entdeckung waren aber auf jeden Fall die saisonalen Muster des Stammwachstums, unterschieden nach den physiologischen Wachstumskategorien ring- beziehungsweise zerstreutporiger Arten. Ringporer dehnen zu Beginn des Frühjahrs ihren Stamm kräftig aus und bilden erst spät Blätter; Zerstreutporer dagegen, deren Wachstum sich gleichmäßig über die gesamte Wachstumssaison erstreckt, treiben früh aus. Meine allererste Forschungshypothese – Stammwachstum unterliegt saisonalen Mustern – hatte sich bestätigt. Allerdings machte ich die eigentliche Entdeckung erst, als ich nach Beendigung der gesamten Datenerhebung über meinen Notizen brütete. Aus ihnen leitete ich ab, dass Zerstreutporer (mit frühem Blattaustrieb und gleichmäßig über den ganzen Sommer verteiltem Holzwachstum) ein spätes Sukzessionsstadium aufweisen und die letzten Klimaxbaumarten darstellen. Ringporer dagegen, die auf frühes Holzwachstum setzen, aber später Blätter bilden, gehören einem frühen Sukzessionsstadium an – in einem jungen Wald wachsen sie schnell, geraten aber im langfristigen Wettrennen um Dominanz im Kronendach ins Hintertreffen.

Wieder ergaben sich aus meinen Ergebnissen mehr Fragen als Antworten. Frage eins: Wie viele Stichproben braucht man? Anders gefragt: Welche Schlussfolgerungen konnte ich ziehen, wenn ich pro Art nur zwei Seiten eines Stamms vermaß? Meine Daten gaben alles andere als sichere Schlussfolgerungen her, wenngleich sie künftige Forschung inspirieren sollten. Ich zerbrach mir den Kopf darüber, was als repräsentativ gelten durfte, und das, obwohl ich noch nicht einmal einen guten Kurs in biologischer Statistik belegt hatte. Frage zwei: Wie beeinflussen längerfristige Klimaereignisse Baumbestände über deren Lebenszeit hinweg, und wie sollte ich das innerhalb von lediglich zwei Jahren untersuchen? Ich hatte die unmittelbaren Wetterauswirkungen vor mir: Sommerregen ließ die Stämme wachsen, und in Trockenphasen nahm ihr Umfang ab. Doch es würde mehrere Jahrzehnte (oder noch länger) dauern, um die komplexen Folgen von Klimaschwankungen für die Waldgesundheit aufzuzeigen. Diese Frage stieg langsam in mir auf, während ich stundenlang allein durch die Wälder wanderte. Die ökologische Bedeutung des Klimawandels war außerhalb von Expertenkreisen unter Geochemikern und Klimatologen noch kein Thema, ich hatte also kaum Kontext. Schließlich Frage drei: Was darf man von einem einzigen Forstbestand auf einem Collegegelände für den gesamten sommergrünen Laubwald der amerikanischen Ostküste ableiten? Ich wusste, dass es ähnliche Eichen-, Buchen-, Ahorn- und Hickory-Bestände nicht nur in Massachusetts, sondern auch in sechs weiteren nordöstlichen Bundesstaaten gab. Es lag nahe, dass in anderen Regionen im Verbreitungsgebiet dieser Baumarten ähnliche Wachstumsmuster vorherrschten. Gleichzeitig war ich neugierig, ob und wie sich wohl Temperaturen (etwa die Kälte auf exponierten Bergkämmen im nördlichen Vermont oder wärmere Täler im südlichen Connecticut) auf die phänologischen Muster von Stammwachstum und Laubaustrieb auswirkten. Und was war mit großen Dürren? Oder mit frühem Schneefall? All diese Fragen erforderten jahrelange Datenerhebungen, die über eine Bachelorarbeit weit hinausgingen. Und es war klar, dass ich unbedingt mehr über statistische Stichprobenerstellung lernen musste, um valide Feldforschungsprojekte entwerfen zu können.

In diesen beiden Jahren musste ich es irgendwie bewerkstelligen, den ganzen Sommer in der Nähe des Campus zu verbringen, damit ich auch in der vorlesungsfreien Zeit meine monatlichen Messungen würde vornehmen können. Ich hatte diverse Jobs von Tellerwäscherin über Lohnbuchhalterin und Barkeeperin bis zu Babysitterin. Den bedeutsamsten Job ergatterte ich, als mein wissenschaftlicher Betreuer ein paar Studierende anstellte, die berechnen sollten, wie viel Holz in New England wuchs. Das Projekt war Teil einer Studie, die erfassen sollte, wie viel Brennstoff für Holzöfen im Winter verfügbar war. Zu fünft schwangen wir den Sommer über die Kettensäge, was mir Schuldgefühle einbrachte, aber auch wichtige Erkenntnisse über die »großen Zehen« des sommergrünen Laubwalds. Für das Projekt mussten wir 24 einzelne Bäume fällen, die Biomasse ihrer Stämme wiegen und davon ausgehend die Holzmenge pro Waldfläche hochrechnen. Ring für Ring fraß die Kettensäge sich durch die ganze Lebensspanne der Holzriesen, die wir ernteten. Mit gemischten Gefühlen sah ich zu, wie Schichten von Xylem und Phloem sich in Sägemehl auflösten. Ein junger Mann in unserem Team machte an einer nahe gelegenen Schule eine Ausbildung zum Waldarbeiter. Er liebte die Arbeit mit der Kettensäge und ölte und schliff eifrig unser Zahnmonster. Es half mir, seine Sichtweise kennenzulernen, die sich ganz um Raummeter und profitorientierte Holzproduktion drehte. Aus dieser Holzfällerperspektive besaß er eine Begeisterung für Bäume, die ich ehrlich bewunderte. Mir lag es wahrscheinlich mehr, Bäume zu umarmen, als zu zerfetzen, und der ökonomische Aspekt stand für mich nicht im Vordergrund. Aber Jahre später war ich dankbar, dass mir dieser bodenständige Blick auf den Wert von Bauholz nicht fremd war, weil er nach wie vor ein wichtiger Aspekt des Waldmanagements ist. Wir erstellten auftragsgemäß unser Energiemodell, und diese Erfahrung stärkte mich in der Überzeugung, dass ich lebende Wälder untersuchen wollte und nicht Wald*produkte*. Außerdem fachte sie lebhafte Diskussionen an, weil Holzöfen, die man als wichtigen Beitrag zur Energieunabhängigkeit in Teilen Nordamerikas betrachtet hatte, schon kurz darauf in Verruf gerieten. Feinstaub gilt Wissenschaftler:innen heute als eine der größten Bedrohungen des Klimawandels. Wenn Holz verbrennt, entsteht Feinstaub, und dessen winzigen Partikel führen nicht nur bei Frauen und Kindern, die sich häufig in der Nähe dieser Öfen aufhalten, zu Atembeschwerden, er lagert sich im Winter auch auf der Landschaft ab und lässt durch seine dunkle Färbung Gletscher und Schneedecken schneller abschmelzen.

Neben dem Vermessen von Bäumen verbrachte ich meinen letzten Sommer am College als wissenschaftliche Hilfskraft am biologischen Institut, wo ich unter anderem ein verstaubtes und in Vergessenheit geratenes Herbarium sichtete. Es war im Keller des Biologiegebäudes untergebracht und bestand aus mehreren Tausend getrockneten Belegen. Ich liebte es, über diesen toten braunen Skeletten zu brüten, es erinnerte mich an mein altes Kinderzimmerlabor. Die Bedingungen waren etwas besser – ich war vom Fußboden aufgestiegen an einen Kartentisch mit einer winzigen weißen Tischlampe in einem dunklen Raum. Doch bald musste ich feststellen, dass ich mich in einem Hochrisikogebiet befand, weil ich diesen Raum mit dem Taxidermisten des Instituts teilen musste, dessen Verhalten überaus fragwürdig war. Er war vor Jahrzehnten vom College eingestellt worden – zu Zeiten, als die Studierenden noch ganze Organismen untersuchten und keine Zellen –, hauste seitdem im Keller und stopfte Tiere aus. Während des Semesters schlichen sich Biologiestudenten, die um Mitternacht eine Ablenkung von der Bibliotheksarbeit brauchten, in den höhlenartigen Keller des Gebäudes, wo sich in dunklen Sälen Hunderte räudige ausgestopfte Tiere drängten. Keiner von uns hatte den nächtlichen Streifzügen entnommen, dass die staubige Sammlung tagsüber von einem lebenden Menschen kuratiert wurde. Wie sich herausstellte, war der Taxidermist selbst ein Räuber – er hatte es auf mich abgesehen. Getrocknete Pflanzen zu katalogisieren, während sein schwerer Atem und die tastenden Hände hinter mir lauerten, war einfach nicht tragbar. Nach mehreren sehr unschönen Konfrontationen fasste ich mir ein Herz und zeigte ihn beim Lehrstuhl an, der mich schnell an einen Schreibtisch im Obergeschoss »versetzte«.

Während ich so für das College die getrockneten Pflanzen in Ordnung brachte, hatte ich noch Zeit, den ganzen Sommer über Messungen vorzunehmen und meine 24 Monate Stammwachstumsdynamik voll zu bekommen. Mein Betreuer versprach, mir eine erste wissenschaftliche Veröffentlichung zu verschaffen, weil er die Messdaten für durchaus außergewöhnlich hielt. Ich war hellauf begeistert und schrieb brav gleich nach dem Abschluss meinen Teil. Dann wartete ich ein halbes Jahr, bevor ich mich nach unserer gemeinsamen Veröffentlichung bei ihm erkundigte. Wahrscheinlich war ihm etwas dazwischengekommen, und er vergaß sie, denn ich hörte nie wieder davon. Später im Masterstudium beneidete ich Kommilitonen, die gemeinsam mit den Betreuern ihrer Bachelorarbeit einen Artikel publiziert hatten und an Konferenzen teilnahmen, wo sie Plakate mit ihren Forschungsergebnissen präsentierten – mir blieb beides versagt.

All die Baumstämme brachten mir die Grundlagen der Datenerfassung, die Kopfschmerzen der Stichprobenerstellung und den Weg von der Formulierung einer Hypothese zu deren Überprüfung nahe. Danach sah ich sommergrüne Laubwälder mit anderen Augen – ich wusste, dass ihre Stämme dynamische Zentren von Wachstum und Rückgang sind und dass die Saisonalität des Blattwachstums fein mit dem beginnenden Stammwachstum abgestimmt ist. Ein paar Jahrzehnte später sollten Feldbiologinnen wie ich herausfinden, dass der globale Klimawandel das Holz um etwa zehn Prozent schwächt, weil die Pflanzen bei höheren Temperaturen schneller wachsen (und weniger dichte Zellstrukturen aufweisen). Solche Veränderungen an den Stämmen wirken sich unweigerlich auf Höhe, Gesundheit und Wachstum der Bäume aus. Bäume sind die größten, ältesten und emblematischsten Pflanzen überhaupt. Ihre globale Biomasse enthält mehr als 400 Gigatonnen (Gt) Kohlenstoff, verglichen mit nur 2 Gt für wild lebende Säugetiere und gerade einmal 0,06 Gt für Menschen. Der ganze Baum ist eine komplexe, von unten bis oben verschaltete Maschinerie, und nachdem ich in die Forschung zum Holzwachstum hineingeschuppert hatte, entbrannte meine Neugier auf den ganzen Wald – und nicht nur die Stämme.

Nach dem College war ich wild entschlossen, sofort weiterzustudieren. Insgeheim hatte ich Angst, ich würde ansonsten heiraten und Hausfrau werden wie die meisten meiner Highschool-Freundinnen. Ich hatte auf dem College einen wunderbaren Freund, ebenfalls Biologe, der aber weiter Medizin studierte. Wir konnten doch zusammenziehen und heiraten, schlug er vor. Ich konnte ja einen Master in der Nähe seines Studienortes wählen. Ich war hin- und hergerissen. Ein bequemes Leben, ein Mann mit einer Praxis, sodass ich nie selbst würde arbeiten müssen. Doch die Bäume zogen mich geradezu magisch an. Ich war entschlossen, neue botanische Entdeckungen zu machen. Und dafür brauchte ich Erfahrung außerhalb der Komfortzone im sommergrünen Laubwald von New England. Ich weinte. Er weinte. Betrübt gingen wir unserer eigenen Wege, mit dem vagen Versprechen, in ein paar Jahren wieder zusammenzufinden, obwohl jedes Paar weiß, dass so etwas selten passiert.

Wir schrieben das Jahr 1976: Wer damals Umweltwissenschaften studierte, neigte dazu, Bäume zu streicheln und zu glauben, dass Wälder immer wachsen würden, dass sie die Menschheit überleben und den Planeten stabilisieren würden, wenn wir sie nur schützten, indem wir sie einzäunten oder ein paar politische Maßnahmen trafen. Das Wort »Klimawandel« kannten wir noch nicht, und wir ahnten nicht, dass Bäume weltweit durch etwas anderes bedroht sein könnten als durch Abholzung, Brandrodung oder gelegentlichen Insektenbefall. Nur zwanzig Jahre später sollten sich die Wälder der ultimativen Bedrohung einer zunehmend unbewohnbaren Erde ausgesetzt sehen – extremer Hitze, Dürre, Waldbränden und Insektenplagen in einem immer wärmeren Klima. Meine Liebe zu den Bäumen brachte mich dazu, mich für zwei Masterstudiengänge in Waldwissenschaften zu bewerben, und einer davon lockte mit einem vollständigen Stipendium. Ich entschied mich nach rein finanziellen Gesichtspunkten, denn ich zahlte bereits ein fürs College aufgenommenes Darlehen ab. Da war es geradezu ein Wunder, dass ich an der Duke University ein Stipendium erhalten sollte. Ich, das Kleinstadtmädchen, dachte auch, ein Umzug in die Berglandschaften von North Carolina käme der Entdeckung eines neuen Kontinents gleich und würde mir ganz neue große grüne Forschungsobjekte zur Verfügung stellen. Leider ging es am waldwissenschaftlichen Institut der Duke University 1976 nicht sehr viel anders zu als in meinem Geologiejahr. Zufrieden schrieb ich mich für ein paar Botanik-Kurse ein, von denen es hier ein paar mehr gab. Einer meiner Lieblingskurse befasste sich mit arktischer Ökologie, geleitet von einem kultigen Botaniker namens Dwight Billings. Trotz seiner Begeisterung für Pflanzen schüchterte er mich ein, und das taten auch meine Kommilitonen aus Städten wie Washington, Santa Barbara und Chicago. Würde ich mit all diesen Studierenden aus großen Universitäten mithalten können, die bereits als Co-Autoren veröffentlicht hatten und in ihrem Bachelorstudium wie Profis durch wissenschaftliche Konferenzen getingelt waren? Jeden

Freitagabend sprinteten sie in die Bibliothek, um als Erste die neu eingetroffenen Zeitschriften zu lesen. Obendrein verlangte Dr. Billings, dass wir im Seminar zwei Referate hielten. Vor meinen beiden mündlichen Präsentationen in diesem Semester musste ich mich in der Toilette übergeben, meine Schüchternheit raubte mir fast die Sprache. Unterdessen berechneten wir in den forstwissenschaftlichen Kursen Raummetermengen von Nutzholz in Weihrauch-Kiefer-Plantagen. Für die Berechnungen lernte ich eine Computersprache, Fortran, auf einem riesigen IBM-Computer, dessen Metallgehäuse einen ganzen Seminarraum füllte. Jeder Studierende erstellte eine Serie Lochkarten zur Berechnung unterschiedlicher Aufträge. Wir schleppten riesige Karteikartenboxen in den Kurs. Ich fühlte mich überfordert und war nicht besonders begeistert von dem Konzept, Raummeter zu berechnen, und so suchte ich im Freien Trost – entweder in den Duke Gardens oder einfach auf der Suche nach Wildblumen am Straßenrand.

Um den Kopf freizubekommen, ging ich immer noch am liebsten laufen. Angefangen hatte ich damit zu Collegezeiten, weil es ein prima Vorwand war, um Bäume gucken zu gehen. Auf der Highschool gab es keine Sportteams für Mädchen, ich hatte also keine große athletische Erfahrung, aber vermutlich gefiel mir das Laufen, weil es auch eine Solobeschäftigung war – wie das Pressen von Wildblumen oder das Erfassen des Baumstammwachstums. Hinter dem Biologiegebäude der Universität schlängelte sich ein Joggingpfad durch den Wald. Ich war regelmäßig dort, am liebsten morgens, wenn die Vögel zwitscherten und nur wenige menschliche Füße durch den Staub trampelten. An einem herrlich sonnigen Samstag genoss ich in vollen Zügen die frische Luft, während ich alleine durch den Wald lief. Ich war überrascht, zu so früher Stunde einen großen, athletischen Läufer entgegenkommen zu sehen. Wir liefen auf dem engen Pfad aneinander vorbei. Ich dachte mir nichts dabei, bis ich hinter mir plötzlich ein Schnaufen hörte. Der Läufer war umgekehrt und lief mir nach. Bei mir schrillte eine innere Alarmglocke. Ich sah mich nach Fluchtwegen um, und da grapschten schon seine riesigen Hände nach meiner Brust. Schreien wäre nutzlos gewesen – niemand hätte es gehört. Aber ich war schließlich ein Naturfreak und kannte mich im Unterholz aus. Unter einem massiven Adrenalinschub schoss ich links in einen Hohlweg unter Essigbaum, Hartriegel und wildem Wein. Ich war nicht besonders schnell, aber ich war klein, und die dichte Vegetation bot mir die beste Chance zu entkommen. Der Angreifer war schlaksig und über 1,80 Meter groß, er stolperte über Ranken, die Zweige im Unterholz schlugen ihm ins Gesicht und griffen nach seinen athletischen Gliedmaßen – die Schlingfallen von Mutter Natur. Ich verwirrte den Angreifer mit meinem Zickzackkurs und konnte ihn im dichten Laubwerk abschütteln, dann sprintete ich noch bis in mein Büro. Mit klopfendem Herzen saß ich dort ganze drei Stunden lang am Schreibtisch und zitterte, bis ich mir ein Herz fasste und die Campus-Security anrief. Sie schrien mich an, warum ich so lange für die Meldung gebraucht hätte – seit drei Monaten gebe es Berichte von Angriffen eines Vergewaltigers auf dem Campus. Ich fragte zurück, warum nirgends Warnschilder aufgehängt worden seien. Stille in der Leitung.

Ich brauchte diese schlimme Erfahrung, um mich zu dem radikalen Entschluss zu bringen, dass eine von Männern dominierte forstwissenschaftliche Fakultät nichts für mich war. Mit einem Teilzeitjob in der Forschungsabteilung der US-Umweltschutzbehörde (EPA) im Research Triangle Park hatte ich genug verdient, um mir ein Sabbatjahr leisten zu können. Manchmal fallen Entscheidungen nicht strategisch oder nach ausgiebiger Planung. Dieser Entschluss, ausgelöst durch einen sexuellen Übergriff, führte mich schließlich zu einem völligen Neuanfang jenseits des Atlantiks. Die University of Aberdeen in Schottland bot einen zwölfmonatigen Master in Ökologie an. Das Programm war mir schon ein Jahr zuvor im Büro der Studienberatung am Williams College ins Auge gefallen. Damals überstieg die Studiengebühr von 5000 Dollar absolut mein Budget, und für ausländische Studierende gab es in Aberdeen keine Unterstützung – ein Jahr später hatte ich mit meinem Job gerade genug verdient. Mein unerwarteter Absprung von der Duke University gab nicht etwa Anlass zu Fragen oder irgendeinem finalen Gespräch über Gender-Probleme, Angreifer, Vorbilder oder fehlendes Mentoring, wie es in der heutigen Hochschullandschaft üblich ist. Meine Kündigung in der Umweltschutzabteilung veranlasste dagegen meinen Arbeitgeber, mir einen Vollzeitjob anzubieten. Ich hatte in der Abteilung für die Regulierung der Luftqualität gearbeitet, eine einsame Frau zwischen mehreren Hundert männlichen Ingenieuren. Für die Arbeit musste ich dicke Stapel Akten lesen und im Detail vergleichen, welche Grenzwerte für Luftverschmutzung in verschiedenen Bundesstaaten galten, um vorherzusagen, wo es zu Konflikten kommen könnte, wenn etwa ein Staat lockere Regelungen hatte, ein angrenzender Staat aber strenger war. Damals wurden solche Vergleiche per Hand angestellt, nicht mithilfe einer ausgetüftelten Software wie heute. Das Angebot setzte mir die Pistole auf die Brust: Sollte ich mich auf einen Polsterstuhl setzen und mein ganzes Berufsleben lang auf Regelwerke zur Luftverschmutzung starren? Damit würde ich nach vierzig Jahren mit einer soliden staatlichen Rente rechnen können, aber mich langweilten schon jetzt die Stunden, die ich stocksteif in einem Büro hocken musste. Ich konnte mir keinen Beruf vorstellen, bei dem ich nicht mit frischer Luft und Wäldern zu tun hatte. Also löste ich meinen Gehaltsscheck ein und schrieb mich für den Master in Ökologie an der University of Aberdeen ein.

Ich packte warme Kleider ein und umarmte meine unglücklichen Eltern, für die es sich anfühlte, als wollte ich auf den Mond fliegen. Die Reise von Elmira nach Schottland war nicht nur emotional ein großer Einschnitt, sondern auch physisch. Von oben gesehen, war der Staat New York ein kompliziertes Mosaik aus Feldern und Wald, die einzigen wirklich karierten Strukturen meiner Vergangenheit: diese quadratischen Felder, im Winter weiß, und dazwischen die dunklen Quadrate Waldland. Das

Schachbrettmuster war aus dem Flugzeug besonders gut sichtbar, weil auf den Feldern Schnee lag, nicht aber auf den Bäumen, wo die Wärme der Baumkronen das kalte Weiß schmelzen ließ. Sinnbildlich illustrierte das winterliche Karomuster von Feldern und Wäldern den Gegensatz zwischen dem Niedergang der Wirtschaft in meiner Heimat und der unverdorbenen Schönheit der noch intakten Natur. Ich hatte kurz vor dem Schulabgang die Nachfolgen der großen Überschwemmung miterlebt, und fünf Jahre später waren fast alle Fabrik- und Firmensitze aus unserer Region weiter in den Süden gezogen. Immer häufiger musste man mit schleichendem Unbehagen über Autowracks in den Gärten hinwegsehen, um im Hintergrund die üppigen Wälder des ländlichen Staates New York zu erkennen.

Als mein Flug in Aberdeen landete, war der Himmel kalt und grau, was ich schnell als Normalfall kennenlernte. Ein Jahr in Schottland lässt sich zusammenfassen zu 364 Tagen grauem Himmel, was meine über tausend Fotos von sonnenfreien Landschaften bestätigen. Trotz all dieser grauen Aussichten machte ich als Masterstudentin in Europa Erfahrungen, die mein Leben von Grund auf veränderten. Die University of Aberdeen lag an der Nordseeküste in Sichtweite der Ölbohrinseln, weshalb der Strand mit Ölklumpen gesprenkelt war. Die in Aberdeen tätigen US-amerikanischen Erdölunternehmen waren Segen und Fluch zugleich. Wenn die Verkäufer im Laden meinen Akzent hörten, hielten sie mich meistens für eine reiche Ölgattin, aber sie ließen sich schnell eines Besseren belehren, wenn sie meine staubige Kakihose, das Ölzeug und die verbeulte Thermoskanne sahen, die aus meinem altersschwachen Rucksack herausspitzte. Damit mein bescheidenes Budget irgendwie für die Studiengebühren reichte, lebte ich weit unten in der Nahrungskette und musste unbedingt eine sehr günstige Unterkunft finden. Gemeinsam mit zwei Kommilitonen entdeckte ich ein altes Bauernhaus etwa 25 Kilometer nördlich der Stadt, in dem wir umsonst wohnen konnten, wenn wir den Besitzern bei der Gerstenernte halfen.

Im Kamin meines Zimmers im ersten Stock hauste eine Dohle, und die Nordseestürme fegten kalte Luftzüge durch den Schornstein. Von meinem Fenster aus sah ich direkt hinter den Gerstenfeldern die eisgraue Dünung, die in diesem endlosen Nordwind wilde Tänze aufführte. Meine beste Anschaffung in Schottland war eine elektrische Heizdecke, die mich saftige fünf Pfund kostete. Meine ganze Masterarbeit schrieb ich in diesem elektrifizierten Kokon, der mir in einem kalten Bauernhaus ohne Heizung und Warmwasser buchstäblich das Leben rettete. Ich setzte wöchentlich etwa fünf Pfund für die Verpflegung ein, was kaum für Fisch, Kohl, Tee und ein paar Packungen Kekse reichte. Meine Mitbewohner waren genauso knapp bei Kasse, weshalb wir uns beim Einkauf zusammentaten. Ein großer schottischer Kohlkopf reichte uns dreien etwa eine Woche, und ich wurde Expertin im Abmessen der exakt richtigen Menge Salz im Kochtopf, die das Aroma hervorbrachte. Fast jede Woche wagte ich mich zum Fischereihafen, um vom Tagesfang zu kaufen, was direkt vom Boot herunter sehr billig war. Meine beiden Mitbewohner, Alan und Peggy, besaßen einen klapprigen Morris Minor, der so alt war, dass in seiner Außenverkleidung Moos wuchs, und waren sehr geschickt darin, zum Hauptgericht überfahrenes Wild aufzufinden. Wenn ein totes Kaninchen bereits erkaltet war, nahmen sie an, dass es an Myxomatose krepiert war, einer Krankheit, die damals in den Hasenpopulationen in den Highlands wütete. War das Kaninchen noch warm, so gingen sie davon aus, dass es gesund gewesen, aber von einem Auto angefahren worden war, man es also essen konnte. Alan schwang seine scharfe Machete und fuhr damit wie ein verrückter Dirigent durch die Luft, um den Kadaver zu Gulasch zu zerhacken. Wir gaben ein paar Zwiebeln dazu, ließen das Fleisch stundenlang kochen und bekamen ein herzhaftes Essen. Meinen Kindern ist es peinlich, dass ihre Mom als Studentin aus Kostengründen überfahrenes Wild aß, und zugegebenermaßen war das wahrscheinlich nicht ganz ungefährlich. Ich würde ihnen davon abraten.

Nach Semesterbeginn sah ich am Schwarzen Brett des Instituts einen winzigen Aushang: Gesucht wurde jemand, der am Wochenende eine gefährdete kleine Seeschwalbenkolonie überwachte, die etwa fünf Meilen weiter die Küste hoch brütete. Es ging darum, Wanderer und Hunde von den Nistplätzen fernzuhalten. Ich bekam den Job, kaufte mir ein altes Fahrrad und verbrachte jeden Samstag vom Morgengrauen bis zur Abenddämmerung mit einer Thermoskanne Kaffee in einer Sandkuhle. Die Tage waren lang und kalt, ständig peitschte dieser Nordseewind über das eisige Wasser, aber ich liebte es, die Seeschwalben zu beobachten und die heiseren Rufe zu hören, mit denen sie ihre Eier beschützten. Ich bekam für jeden Samstag in der Nistzeit fünf Pfund, was mir einen bescheidenen Einkauf ermöglichte und hin und wieder ein Busticket für eine Wandertour in die Highlands. Das schottische Wetter konnte fast jeden zum Trinker machen. Und das tat es auch; schon ab 16 Uhr sah ich die Einwohner des nahe gelegenen Fischerdorfs ins Pub wandern, wenn ich zitternd vor Kälte von der Seeschwalbenkolonie nach Hause radelte.

Die Aberdeen University verlangte für den Masterabschluss Ökologie eine wissenschaftliche Forschungsarbeit. Ich war sofort hingerissen von den schottischen Birken, sie erinnerten mich an meine Kindheit im Staat New York; hier wuchsen sie in den Highlands und waren die zähesten Bäume, die ich je zu Gesicht bekommen hatte. Winde mit Sturmstärke und fast das ganze Jahr über Schneefallrisiko können noch die robustesten Knospen und Blätter einschüchtern. Aufgrund dieser extremen Umgebung sind die Bäume auf den Gipfeln der Hügel viel niedriger und magerer als im Tal. Mich interessierte die Phänologie der Birke entlang ihres Höhengradienten vom warmen, beinahe subtropischen Klima in den geschützten Tälern bis hinauf in die Eiseskälte der arktischen Winde. Ich beschloss also, die saisonale Variation in den Mustern ihrer Belaubungs- und Blühstadien auf verschiedenen geografischen Höhen zu untersuchen, was sehr regelmäßige Bergwanderungen (die Schotten nannten es *Hillwalking*) erforderte. Mein Betreuer, ein enthusiastischer Tropenbotaniker, wusste, warum er einen Großteil der Wintermonate mit der Erforschung tropischer Bäume in Malaysia verbrachte. (Er konnte derart über die Mysterien des Regenwalds ins Schwärmen geraten, dass seine Geschichten mich schließlich dazu brachten, selbst in diesen Teil der Welt zu übersiedeln.)

Im Lauf des Jahres freundete ich mich mit einem mürrischen alten Förster an, der offenbar den Standort jeder einzelnen Birke im Land kannte. Ich hatte Richard auf einer Exkursion in die westlichen Highlands kennengelernt, wo wir einige der von ihm bewirtschafteten öffentlichen Forste besucht hatten. Später kam ich dann öfters während meiner Birkenexpeditionen bei ihm unter, und wahrscheinlich rettete er mir mehrfach das Leben, als wir versuchten, Baumbestände in den größten Höhen ausfindig zu machen. Fast jedes Wochenende fuhr ich mit dem Bus auf die Isle of Skye, nach Inverness oder zum Loch Ness, kaufte mir an der Tankstelle Fish and Chips in der traditionellen Zeitungstüte, und dann traf ich Richard, um in entlegenen Gegenden der Highlands die Birkenbelaubung zu studieren. Ich reiste mit leichtem Gepäck – Schlafsack, Bergsteigerzelt und ein winziger Campingkocher, mit dem man in fünf Minuten Tee aufbrühen konnte. Richard hatte seine eigene Ausrüstung, vor allem aber hatte er einen inneren Kompass, mit dem er sich in den Bergen zurechtfand. Hin und wieder steckten wir plötzlich in einem Whiteout, einem gefährlichen Sturm, der den Schnee aufwirbelte und die gesamte Landschaft in einen weißen Kokon hüllte. Darin ist schon so mancher Bergsteiger ums Leben gekommen. Doch Richard brachte mich immer sicher von meinen hoch gelegenen Birkenbeständen hinunter, und wenn wir auch blind und benommen vor Kälte herumwanderten, erreichten wir doch immer ein Tal, in dem wir unsere Zelte aufstellen konnten. Insgesamt wanderte ich wahrscheinlich mehrere Tausend Kilometer durch das schottische Bergland und untersuchte Hunderte Birken, notierte eifrig ihr Belaubungs- und Blühstadium, entwickelte aber vor allem enormen Respekt vor ihrer Zähigkeit. Es war immer ein großartiges Gefühl, nach einem langen Tag in den eisigen Bergen die dicken Wollstrümpfe aus den ledernen Wanderstiefeln zu ziehen und mir die Zehen zu massieren, um sicherzugehen, dass sie auch nicht erfroren waren.

Neben der Beobachtung der Phänologie von Birkenkronen in den westlichen Highlands beschäftigte mich auch, ob Einzelbäume über ihre gesamte Höhe hinweg gleichzeitig Blätter trieben. Vielleicht war das Mikroklima im geschützten Unterwuchs ja wärmer als im windgepeitschten oberen Kronenraum? In den Tälern wuchsen die Bäume bis zu neun Meter hoch, weiter oben dagegen nur drei bis fünf. Mein Betreuer, Peter Ashton, sah in dieser Frage eine hervorragende Gelegenheit, den ganzen Baum zu untersuchen statt nur den unteren Stamm nach Art der konventionellen Waldwissenschaft. Er half mir, ein paar alte Pfosten und Bretter zu finden, und gemeinsam zimmerten wir ein einfaches, etwas wackeliges Gerüst, von dem aus ich in etwa sieben Metern Höhe die Baumkronen begutachten konnte. Damals fand ich das nicht besonders toll, aber unser behelfsmäßiges Bauwerk stand am Anfang meines Aufstiegs in die Baumkronen und meines Lebenswegs als Arbornautin. Mein erstes Projekt in der Baumkronenforschung begann mit verkrüppelten schottischen Birken und einem klapprigen Gerüst! Ich karrte das Monstrum mit Peters Kombi an verschiedene Berghänge – wahrscheinlich sah ich aus, als hätte ich irgendwo altes Bauholz und Metallstreben aus dem Sperrmüll gefischt. Aber ich konnte dank dieses Schrottgebildes die Knospen in Baumkronen ausmessen. Die Gerüstmethode funktionierte nur zwei Monate, denn dann verfrachteten ein paar Mitarbeiter aus dem technischen Dienst das metallene Konstrukt, das sie in Stücke zerlegt und ordentlich gestapelt in einer Ecke des Botanik-Parkplatzes gefunden hatten, auf die Müllhalde der Universität. Zum Glück hatte ich da schon genügend Daten, um einen tiefen Einblick in die Saisonalität einer einzelnen Birke zu erhalten, die tatsächlich, so bestätigte sich, von unten nach oben variiert: Die unteren Zweige werden früher grün als der obere Kronenraum, und sie nutzen dazu das Sonnenlicht, bevor die weiter oben hängenden Äste sie beschatten.

Meine Messdaten zeigten auch, dass Birken in größeren Höhen mindestens einen Monat später Blätter treiben als im Tal. Und, keine Überraschung: Die Bäume auf den Gipfeln sind von dem rauen Klima so verkrüppelt, dass sie kaum größer werden als drei Meter. Ihre Knospen öffnen sich dann in der gesamten Krone gleichzeitig. In den geschützten Tälern dagegen, wo die Bäume mindestens 7,5 Meter groß werden, erfolgt der Blattaustrieb im Frühling im unteren Kronenraum zwei oder drei Wochen früher als oben in der Krone. Und obwohl mir das damals noch nicht klar war: Zum Ende des Sommers leiten sommergrüne Laubwälder aus der saisonalen Tageslänge ab, wann sie sich daranmachen müssen, sich für den Winter »abzuhärten«. Wenn die Tage kürzer werden, bereiten sich Bäume strategisch auf die Kälte vor, indem sie ihre gesamte Maschinerie winterfest machen, damit die Holzzellen nicht zu viel Wasser enthalten, das in den ersten kalten Nächten gefrieren und die Zellwände zum Platzen bringen könnte. Seit der zunehmende Klimawandel immer stärkere Schwankungen und Extremwetterereignisse produziert, ist etwa auf die saisonale Temperaturentwicklung tatsächlich weniger Verlass, und das wirkt sich verheerend auf die natürlichen Systeme aus. Das Sonnenlicht aber, das seit Jahrtausenden regelmäßige Zyklen in der Tageslänge (der sogenannten Photoperiode) bietet, bleibt eine Konstante, die den Bäumen signalisiert, wann es Zeit ist, ihre Aktivitäten für den Winter herunterzufahren und im Frühling wieder heraufzusetzen. Würden Pflanzen sich zum Erkennen des Jahreszeitenwechsels ausschließlich auf die Temperatur und nicht auf das Sonnenlicht verlassen, so hätte das mit Sicherheit bereits zu großer Konfusion und einer noch größeren Sterblichkeit geführt, vor allem seit in jüngster Zeit die Erwärmung noch erheblich an Fahrt aufgenommen hat.

Nach diesem kurzen schottischen Sommer stolperte ich über eine ganz neue Beobachtung, die spätere Forschungsarbeiten anstieß. Direkt nach dem Austrieb des gesamten neuen Laubs wurden die Birken massiv von Blattläusen befallen. Es war ein furchtbares Massaker – Blätter wurden ausgesaugt, entstellt und zu trockenen, schrumpeligen Leichen zerknüllt. Das war meine erste Begegnung mit den sechsbeinigen Blattfeinden, die im Fachjargon als Phytophagen bezeichnet werden. Wie ich entsetzt beobachtete, fraßen die Blattläuse das Laub nicht auf, sondern saugten ihm den Saft aus und hinterließen nur klapprige Skelette. 85 Prozent des Laubs in den Tälern war von Blattläusen befallen, aber nur 35 Prozent in den exponierten, windgepeitschten Bergen. Dann ist es also für Birken vielleicht eine gute Abwehrstrategie gegen Insektenfraß, oben in den Bergen zu leben, wo das Wetter für ihre Feinde zu extrem ist? Ich hätte mein Leben in Schottland verbringen und das Schicksal der Gattung *Betula* im Tal und auf den Gipfeln studieren können, um die Interaktionen von Laubaustrieb, Wetter und Blattläusen zu verstehen. Wie so oft in der Ökologie war ein Jahr viel zu kurz, um gesicherte Schlussfolgerungen ziehen zu können. Und wie ich später von tropischen Bäumen lernen sollte, reichen manchmal nicht einmal mehrere Jahrzehnte, um ökologische Fragen wirklich genau zu beantworten.

Obwohl das ganze Jahr über miserables Wetter war, liebte ich meine feldbiologische Erforschung der schottischen Birken. Es war das erste Mal in meiner gesamten Ausbildung, dass mein Geschlecht für mich kein Nachteil war, denn der Studiengang und die Fakultät für Ökologie in Aberdeen waren extrem diversifiziert. Die zwölf Studierenden meines Jahrgangs verteilten sich nicht nur gleichmäßig auf die Geschlechter, sondern kamen auch aus fünf verschiedenen Kulturen. Nachdem ich meinen schottischen Betreuer so viel von seiner Forschung in Malaysia hatte erzählen hören, packte auch mich das Tropenfieber. Peter Ashton war ein weltweit anerkannter Experte für eine große Baumfamilie namens Dipterocarpaceae. Über diese großen Bäume, die viele Wälder in Südostasien dominieren, hatte er einen Großteil der biologischen Grundlagenarbeit geleistet. Er konnte wunderbar von Ausflügen in malaysische Urwälder erzählen, in denen man von Flora und Fauna umgeben war, von denen ich keine Ahnung hatte – Malaienbären, Haubenlanguren, Nashornvögel und Plumploris –, und wo es jederzeit zu Begegnungen mit diversen Arten giftiger Kobras kommen konnte. Peter zuzuhören, wie er von schwüler Hitze und Wassermangel in Malaysia erzählte, während wir in einem schottischen Pub saßen, an dessen Fenstern der kalte Nordseesturm rüttelte, war mehr als genug, um mich davon träumen zu lassen, in einem tropischen Lebensraum zu arbeiten. Ein unglaublicher Zufall wollte, dass ich mehrere Wochen später einen australischen Botaniker kennenlernte, der ein Sabbatjahr an der Cambridge University verbrachte. Neben Belize war Australien das einzige englischsprachige Land mit tropischen Wäldern. Bei diesem Zufallstreffen erfuhr ich, dass die University of Sydney großzügige Stipendien an internationale Studierende vergab.

Plötzlich war ich ganz auf den australischen Urwald fixiert, obwohl ich darauf denkbar unvorbereitet war. Ich bewarb mich für das Programm, wurde angenommen und kaufte fröhlich das billigste Ticket, flog also für 200 Dollar mit der People Express Airline von London nach Sydney. Mein Masterzeugnis aus Aberdeen schickte ich per Post nach Hause. Mom weinte, als ich sie von der Telefonzelle aus anrief. Sie konnte sich einfach nicht vorstellen, dass ihre einzige Tochter jetzt noch weiter von Elmira, New York, wegziehen wollte, um Blätter zu studieren. Wir hatten eine enge Beziehung, aber irgendwie waren wir nie einer Meinung bei wegweisenden Entscheidungen über die Wahl von Hochschulen, Partnern oder den Inhalt von College-Arbeiten. Meine Eltern liebten mich und vertrauten mir bedingungslos, aber meine Entscheidungen überließen sie vollständig mir. Ich kann mir nicht vorstellen, wie meine Mutter reagiert hätte, wenn sie gewusst hätte, dass ich erst dreizehn lange Jahre später wieder in Amerika wohnen würde. In London bestieg ich das Flugzeug mit zwanzig Kilo Büchern im Handgepäck, weil ich die Gebühren für einen zusätzlichen Koffer sparen wollte. Da ich außerdem meine zerknitterte Kakihose und Wanderstiefel trug, empfing die Stewardess mich mit gerunzelter Stirn – ihr war auch schon meine schwere wissenschaftliche Bibliothek aufgefallen. Die meisten Frauen an Bord hatten Make-up-Koffer oder Schmuckkästchen als Handgepäck, ich hingegen schleppte stolz meine Botanikbücher mit, als ich um die halbe Welt reiste, um exorbitant große Pflanzen zu untersuchen.

Damals dauerte ein Flug von London nach Sydney beinahe zwanzig Stunden und erforderte einen Tankstopp. Ich tat kein Auge zu und grübelte, was mich wohl erwartete. Ein Trupp betrunkener junger Australier saß in den letzten Reihen des Flugzeugs. Die fanden es witzig, von den Mädchen zu verlangen, als Pfand für den Zutritt zur Toilette das T-Shirt auszuziehen. Ich fand das gar nicht witzig, und allmählich dämmerte mir, dass ich gerade davor stand, wieder in eine neue Kultur einzutauchen. »Stone the bloody crows« – diesen Ausdruck brachten die betrunkenen Australier mir bei. Man gebrauchte ihn offenbar, wenn man etwas Verrücktes erlebte, so ziemlich im Sinne von »Da brat mir einer 'nen Storch!«. Der Flieger machte eine Zwischenlandung in Kuala Lumpur, Malaysia, dem Land, das ich nur als tropenökologische Winterzuflucht meines Aberdeener Betreuers kannte. Die Wälder dort sind mit die größten der Welt, und die dominanten Bäume die Flügelfruchtgewächse, die wirtschaftlich bedeutendste Baumfamilie der Welt – trotzdem hatte ich bis zum Bachelor in meinem gesamten Botanikstudium noch nie davon gehört.

War ich wirklich gemacht für eine Promotion im »Lucky Country«, wie Australien liebevoll genannt wurde? Ich wusste nicht einmal aus eigener Anschauung, wie ein tropischer Wald aussah, erinnerte mich gerade mal an Bilder aus einer Ausgabe des

National Geographic, die ich als Kind gelesen hatte. Die Aussicht, unter jeder Baumkrone wimmelnde Knäuel von Giftschlangen anzutreffen, wie es auf diesen Hochglanzseiten geschildert wurde, begeisterte mich nicht unbedingt, und ganz bestimmt war ich auch keine Bierliebhaberin wie all die lärmenden Australier im Heck das Langstreckenfliegers. Doch selbst wenn ich an der University of Sydney durchfiel, wäre es ein kleiner Trost, einen Koala gesehen zu haben und einen Kontinent auf meiner wachsenden Liste der botanischen Wunder abhaken zu können.

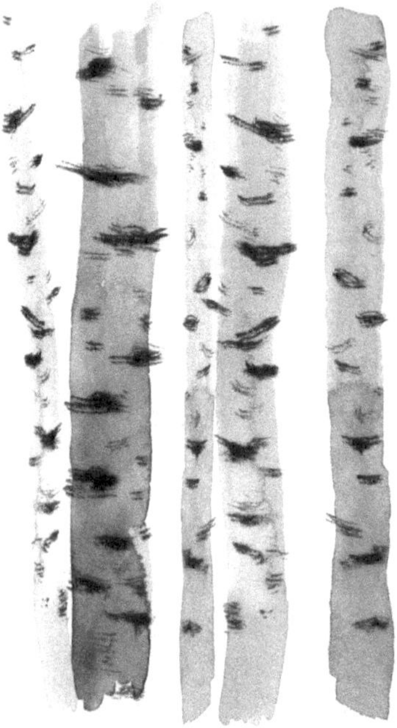

Meine Lieblingsbirken

(Betula papyrifera, B. pendula und *B. pubescens)*

DIE MÄCHTIGE AMERIKANISCHE WEISS- ODER PAPIERBIRKE wächst in den Gärten des nördlichen New York und verschönert viele Wälder und Straßenränder von New England. Ihre charakteristische weiße Borke schält sich leicht und ist ein wichtiger Rohstoff für den Kanubau der Stämme der Onondaga, Cayuga und Seneca, die in meiner Heimatregion ansässig sind. Der berühmte amerikanische Biologe Donald Culross Peattie würdigte Birkenrindenkanus so:

> Für jeden Amerikaner der älteren Generation (heute werden ja leider sogar Kanus aus Aluminium gebaut) gab es keine glückseligere Erfahrung als den Moment, in dem er bei seinem ersten Besuch in den Wäldern des Nordens in ein Birkenkanu stieg, das wohl kaum mehr als zwanzig Kilo

> wog, aber so robust war, dass es zwanzigmal so viel tragen konnte. Beim ersten Schlag mit dem Paddel schoss es über den See wie ein Vogel, sodass man reinstes Glücksgefühl atmete, denn kein Gewässer dieser Welt trägt ein schöneres Fahrzeug.

Wer liebt nicht den Anblick der anmutigen Papierbirken, deren Zweige in der Brise wehen? Doch aufgepasst – diese Bäume mit ihren flachen Wurzeln und dem schnellen Holzwachstum sind bei Sturm oft die Ersten, die umstürzen. Ihre Wurzeln dringen kaum mehr als sechzig Zentimeter tief in den Boden, und eine Beschattung durch andere Bäume tolerieren Birken nicht. Daher gelten sie als Pionierbäume aus einem frühen Sukzessionsstadium, das heißt, sie wachsen schnell in den ersten Phasen der Waldentwicklung, gehen aber ein, wenn größere Bäume wie Buche und Ahorn über sie hinauswachsen – diese Arten belegen dann spätere Sukzessionsstadien. Man kann in New England Walddetektiv spielen und das Alter eines Walds bestimmen, indem man sich ansieht, aus welchen Arten das Kronendach besteht und ob sie einem frühen oder einem späten Sukzessionsstadium angehören.

Birkenholz wird für Furniere, Schichtholz, als Möbel- und Brennholz verwendet. Die Native Americans benutzten diese Baumart nicht nur für ihre Kanus, sondern auch für Körbe, Babytragen, Fackeln, Hirsch- und Vogelpfeifen und zum Flechten von Matten. Als Heilpflanze kam die Birke bei Hautkrankheiten und Durchfall zum Einsatz, außerdem sollte sie die Milchproduktion stillender Mütter anregen. Im Frühling wurden Birken oft angezapft, weil ihr Saft aromatisches Bier, Sirup, Wein oder Essig hergibt. Als Kinder freuten wir uns mit unserer Familie an vielen knisternden Lagerfeuern, die von ihren papiergesäumten Scheiten genährt wurden.

Wie die meisten Bäume im sommergrünen Laubwald hat die *Betula* ihre Insektenschädlinge. Der Birkenprachtkäfer bedroht die Stämme, während der Befall durch Blattminierer die Kronen entlaubt, und mehrere Pilzarten verursachen Baumkrebs. Birkenrinde abzuziehen, war für Kinder schon immer verlockend – aber wenn die hübsche weiße Borke von lebenden Stämmen gezupft wird, wächst sie nie mehr nach. Stattdessen erscheinen dann hässliche schwarze Ringe – es ist also besser, die weiße Haut nur von umgestürzten Bäumen abzuschälen.

Birken treiben männliche und weibliche Kätzchen aus, die botanisch als Blütenähren definiert sind. Die männlichen Kätzchen erscheinen im Sommer zunächst als Knospen in den Blattachseln, und im darauffolgenden Winter stehen sie als aufrechte Ähren sichtbar in den blattlosen Kronen. Im Vorfrühling werden sie länger und hängen nach unten, und schließlich blühen sie, wobei jede Einzelblüte ihren eigenen vierblättrigen Blütenkelch besitzt. Die weiblichen Kätzchen sind dicker, ihre Einzelblüten haben keinen Blütenkelch, sind aber von überlappenden Schuppen bedeckt, die hellgelb mit einem gelegentlichen Hauch Rot gefärbt sind und später braun und holzig werden. Birkenfrüchte enthalten winzige Nüsschen in kegelförmigen, knapp vier Zentimeter langen Köpfchen und setzen vom Wind verteilte Samen frei, die sich weit verbreiten und an sonnigen, durchlässigen Standorten schnell keimen – typisch für eine Pionierart.

Wie viele Baumarten hat auch die *Betula* in anderen Regionen Verwandte aus der Frühzeit der Evolution, in der die Kontinente noch zusammenhingen. In Schottland etwa wachsen mehrere Birkenarten, darunter die Ballerina in der Familie, die Hängebirke, deren Hängezweige im Wind wehen wie eine Tänzerin nach einer Choreografie. Die Europäer nennen diese Schönheit auch *Lady of the Woods.* Eine weitere Art, die ich ebenfalls bei meiner Forschungsarbeit in Schottland untersuchte, ist die zähe Moor- oder Haarbirke (*B. pubescens*), deren Lebensraum sich auch auf die ungemütlichen Bergregionen erstreckt. Belegt mit dem doppelten Fluch von extremem Wetter und durstigen Blattläusen, weisen diese kleinen, zerklüfteten Bäume eine außerordentliche Zähigkeit auf und stehen als vorherrschende Wächter der Kronendächer in den meisten alpinen Regionen Europas, nicht nur in Schottland.

Sowohl in Nordamerika als auch in Europa können ein paar schöne Birken mit einem Nest voller Vogeleier in ihrem Astwerk ein guter Einstieg für jeden werdenden Botaniker sein – in meiner eigenen Kindheit war das definitiv der Fall.

3

DREISSIG METER HOCH IN DER LUFT

Das Blätterdach im australischen Urwald – wer es studieren will, muss erst mal hinaufkommen

Ich fühlte mich ein bisschen wie eine erwachsene Version von Tom Sawyer, als ich mein Auge zukniff und sorgfältig zielte. Feuer frei! Meine improvisierte Schleuder schoss die Angelschnur mit Bleigewicht nach oben und über einen hohen, kräftigen Ast eines Coachwood-Baums (*Ceratopetalum apetalum*) etwa fünfundzwanzig Meter über dem Boden. Während ich vom feuchten Boden des australischen Regenwalds aus zufrieden nach oben blickte, spürte ich weder die Legionen von Blutegeln, die mir beide Beine emporkrochen, noch die Schmalbienen, die mir in die Augen flogen, und ich verwendete keinen Gedanken auf die giftigen braunen Schlangen, die unter meinen Füßen lauerten.

Kaum zu glauben: Dieser Schuss war mein erster Versuch. Die Einseiltechnik funktionierte! Fast 16 000 Kilometer entfernt von jeder Freundin oder Verwandten brachte ich mir selbst bei, mithilfe von selbst gebautem Haltegurt und Schleuder auf Bäume zu klettern, und ich hatte ziemliche Angst. Als die Angelschnur in dieser luftigen Höhe über den kräftigen Ast katapultiert worden war, zog ich das Nylonseil nach und dann das schwerere Kletterseil. Ich schlang das eine Ende des Kletterseils um den Stamm eines Nachbarbaums und verknotete es mindestens dreimal, was völlig übertrieben war. Dann packte ich das lose Ende des Seils und war bereit zum Abheben. Zwei-, dreimal überprüfte ich Klettergurt und Fußschlingen; später checkte ich meine gesamte Ausrüstung immer nach einem genauen Protokoll, fast wie eine Astronautin vor dem Raketenstart. Nach der Sicherheitsinspektion befestigte ich meine beiden Steigklemmen am Seil, achtete darauf, dass die Handsteigklemme über der Bruststeigklemme saß, weil ich mir sonst die Gliedmaßen verknoten würde. Ich ging in die Knie, setzte mich in den Klettergurt und verlagerte zuerst die Handsteigklemme am Seil nach oben, dann schob ich mich an der Bruststeigklemme hinterher wie im Raupenkriechgang. Langsam wich der Boden zurück, und ich war umgeben von Laub. Die dunkelgrünen Blätter des unteren Kronenraums verschluckten mich. Zwei meiner Höhlenforscherfreunde, Al und Julia, sahen vom Boden aus zu und hofften, dass ich mich an all die Anweisungen erinnern würde, die sie mir für den sicheren Umgang mit ihrem Equipment gegeben hatten. Ich wagte kaum einen Blick zur Seite und erst recht nicht nach unten, während ich mitten in der Luft um das einen Zentimeter dicke Rettungsseil kreiselte und mich fühlte wie eine winzige Raupe, die an einem Seidenfaden durch ein riesiges grünes Reich wehte. Ich schaukelte vor und zurück, eine torkelnde Anfängerin mit wenig Gespür für das Gleichgewicht, rumpelte gegen den Baumstamm und umklammerte in Todesangst das Seil. Doch je höher ich kam, desto einfacher wurde der Aufstieg … Übung macht den Meister! Die ersten Lichtstrahlen zuckten über mein Gesicht, als ich dem Wipfel des Coachwoods näher kam. Dann brach rund um mich plötzlich Chaos aus. Ich hatte die sonnenbeschienenen Blätter des mittleren Kronenraums erreicht und erlag einer Reizüberflutung: Um mich herum mampfte, flog, krabbelte, bestäubte, schlüpfte, grub es, man sonnte sich, verdaute, sang, paarte sich und balzte. Das Leben, das mich hier umgab, war vom Waldboden aus fast vollständig unsichtbar.

Der Baum reichte weitere fünfzehn Meter – ich war erst dreißig Meter weit gekommen – in den wimmelnden, summenden Biodiversitäts-Hotspot, den sogenannten oberen Kronenraum. Mindestens eine Stunde lang hing ich so in der Luft – es kam mir vor wie eine Ewigkeit, so überwältigt war ich von dem ganzen Betrieb um mich herum. Ich hatte eine neue Welt betreten. Ich hörte den melodischen Gesang von Pennantsittichen, durchzogen vom Peitschenknallen der Schwarzkopf-Wippflöter in einem anderen Baumwipfel, aber näher hörte ich Schwärme summender Bestäuber, bunte Käfer, die mit ihren Mundwerkzeugen junge Blätter anknabberten, und Schmetterlinge, die in den Sonnenflecken herumhuschten, um sich zum Frühstück den Nektar von blühenden Lianen zu suchen. Ich war keine Entomologin – und selbst dann hätte ich keine Ahnung gehabt, was die meisten dieser Tiere hier taten, denn bislang war noch nie jemand hier oben gewesen! Es machte mich demütig, in ihre Welt einzutreten und mir vorzustellen, wie unbekannt all diese Geschöpfe der gesamten Naturwissenschaft waren, und noch demütiger, als ich merkte, dass keines von ihnen Angst vor mir hatte und davonflog. Ich schaute mich um. Hielt sprachlos die Luft an. Ich drehte mich um das Seil, staunte in alle Richtungen. Wie sollte ich hier jemals durchblicken? Ich tastete nach meiner plumpen Kamera, hatte Mühe, sie aus dem Rucksack zu ziehen, ohne sie fallen zu lassen oder irgendeine Sicherung zu lösen, und knipste ein paar Bilder – wie ich später feststellte, waren es hilflose Versuche, diese neue Welt einzufangen. Ich wollte schon ein Notizbuch zücken und ein paar Beobachtungen festhalten, konnte aber dem Ganzen gar nicht gerecht werden. Ich konnte nur stumm umherschauen. Irgendwann stieg ich wieder hinunter in den dunklen, relativ stillen und leeren unteren Kronenraum, schwindelig vor Staunen und beinahe wie im Rausch.

Ich hatte einen gesunden Respekt vor der Höhe, wenn auch keine wirkliche Höhenangst, daher kletterte ich vorsichtig, aber entschlossen. Ich war in guter körperlicher Verfassung, aber dank der Ausrüstung brauchte ich gar nicht außerordentlich sportlich zu sein, um am Seil emporzukriechen. Nach diesem ersten Aufstieg war ich nicht einmal außer Atem, weil die Steigklemmen mit ihren spitzen Zähnen über das Seil nach oben, aber nicht nach unten gleiten konnten und mich sicherten, wenn ich innehielt. Bald lernte ich, Pausen einzulegen und die Aussicht zu genießen, dankbar, dass das Equipment mich verlässlich trug. Trotzdem musste ich am nächsten Tag beinahe das Bett hüten, so taten mir alle Bein- und Armmuskeln weh, weil ich instinktiv versucht hatte, den Baumstamm mit den Knien zu umklammern, und mit den Armen ständig nach dem nächstbesten Ast gegriffen hatte wie ein Affe. Nach mehreren Aufstiegen zwang ich mich, daran zu denken, dass das nicht nötig war, weil das Equipment und der Klettergurt mich hielten. Obwohl ich erschöpft war, stand vor lauter Begeisterung über all dieses Leben im Laub der Krone jede meiner Gehirnzellen unter Strom, und mein Enthusiasmus überstieg bei Weitem jede besonnene Einsicht über die Bedeutsamkeit dieser ersten Klettergänge in wissenschaftlicher Hinsicht. Mich durchfuhr gewissermaßen wieder die Aufregung, die ich als Kind erlebt hatte, als ich erste Entdeckungen im sommergrünen Laubwald mit seinen Baumhäusern und Vogelnestern gemacht hatte, nur dass die tropischen Baumwipfel mindestens zehnmal so viele Arten zur Beobachtung und Bewunderung boten. Und statt mit fünfzehn Meter hohen Birken hatte ich es mit grünen Riesen zu tun, die beinahe fünf*zig* Meter hoch aufragten, was auch erklärt, warum von all dem luftigen Treiben vom Waldboden aus nichts zu hören und zu sehen war. Mit dieser Entdeckung einer ganzen neuen Welt in tropischen Baumriesen hatte ich meinen nächsten Schritt in der Entwicklung vom Kleinstadt-Naturfreak zu einer der ersten Arbornautinnen der Welt gemacht.

Monate bevor ich auch nur auf die Idee kam, jemals eine Schleuder zu bauen oder mir Seile zu leihen, um damit auf große Bäume zu klettern, malte ich mir mein naives Bild vom Regenwald: Groß. Grün. Dicht. Gefährlich. Überall Schlangen. Lauernde Jaguare. Einzelne Lichtstrahlen. Moder und Zersetzung. Schwirrende Schmetterlinge. Vogelgesang in vollen Chören. In den 1970er-Jahren war nur wenigen Luftbildern oder landesweiten Erhebungen überhaupt zu entnehmen, dass diese kostbaren Ökosysteme von einer schleichenden Entwaldung bedroht waren. Als Neuling hatte ich im Grunde keinerlei realistische Vorstellung von der Höhe oder der Komplexität dieses Waldsystems, und Australien samt seinen Urwäldern war im Begriff, mich für mehrere Jahrzehnte zu verschlucken. Und als ich im Morgengrauen aus dem Flugzeug auf die Sydney Harbor Bridge blickte, sah ich nicht nur die tropischen Bäume vor mir, sondern hatte obendrein eine der schönsten Stadtsilhouetten vor Augen, die ich je zu Gesicht bekommen hatte. Ich umklammerte meinen Pass, schleppte meine übergroße Büchertasche aus dem Flugzeug und nahm meine zwei kleinen Koffer voller schottischer Wollsachen entgegen – ich wusste nicht, dass die in den australischen Tropen nutzlos sein würden. Die halbe Welt trennte mich von Freunden und Verwandten, und peinlicherweise wusste ich nicht einmal, wie ein Regenwald aussah. Konnte ich als einfache Doktorandin in Australien überhaupt irgendetwas dazu beitragen, die Geheimnisse des Waldes zu lüften? Ich wurde von einem anderen amerikanischen Studenten empfangen, der mich schnell in irgendeine provisorische Unterkunft verfrachtete, bevor er sich auf zu den Korallenriffen und seinem eigenen Forschungsprojekt machte. Ich weiß nicht mehr viel von diesen ersten Tagen, außer dass ein Gleitbeutler vom Dachstuhl aus auf das Bett glotzte, in dem ich schlief. Wahrscheinlich ein Willkommensgruß der australischen Wildfauna!

Ich schlief meinen Jetlag aus und trat hinaus ins Gewimmel der Stadt, wo ich beim Überqueren der Straße ein paarmal beinahe totgefahren wurde, bis ich mich erinnerte, dass man auch hier auf der anderen Straßenseite fuhr. Für ein Mädchen aus dem winzigen Elmira war Sydney ein fremder Planet – voller exotischer Bäume (überwiegend Eukalypten), erstaunlichem Vogelgesang und Verkehrslärm, einem hervorragenden öffentlichen Nahverkehr, Unmengen von Parks und Stränden und Massen von unbeschwerten Australiern mit merkwürdigen Ausdrücken wie *fair dinkum* (etwa »echt wahr«). Nach dem eisigen Wind und den spartanischen Lebensbedingungen in Schottland schien Sydney wie eine üppige tropische Oase. An die Universität kam ich am folgenden Montag – genau gesagt am 3. November 1978 –, und ich ging auf direktem Weg zu meinem neuen Chef, dem Leiter der biologischen Fakultät. Sein Büro lag im Institut für Botanik in einem klassisch-altmodischen Gebäude mit abgenutzten Bodenfliesen, nach Chemikalien muffelnden Korridoren und reihenweise alten Schränken, in denen Jahrzehnte von Archiven lagerten, die inzwischen längst verstorbene Professoren angelegt hatten. Bei dieser ersten Begegnung wurde ich sofort mit dem Blick konfrontiert, mit dem man in australischen Unis auf die Frauen sah. »Warum verschwendet ein hübsches Mädchen wie Sie seine Zeit für eine Dissertation, wenn Sie dann doch nur heiraten und Kinder kriegen?« Es war mein erstes Gespräch mit dem Dekan der Naturwissenschaften, der mein Großvater hätte sein können, und ich war so verblüfft, dass mir die Sprache wegblieb. Zudem hatte ich heimliche Angst, dass er recht haben könnte; doch ich war auch empört über seine beschränkten Vorstellungen von der Rolle der Frau, erinnerten sie mich doch an meine Zeit in der Geologie und in der Waldwissenschaft. An diesem ersten Tag lernte ich auch schon sämtliche Frauen in der Fakultät kennen. Das war keine große Leistung, denn sie ließen sich an einer Hand abzählen. Es gab eine einsame weibliche Dozentin, zwei Doktorandinnen und ein Häufchen Sekretärinnen und technische Assistentinnen, die für etwa zwei Dutzend Professoren und ihre (männlichen) Doktoranden arbeiteten.

Die Entscheidung für die University of Sydney war angesichts der nahen Regenwälder und großzügigen, internationalen Stipendien alternativlos gewesen. Ich bekam drei ganze Jahre Kost und Logis, außerdem zahlte ich keine Studiengebühren. Weitere

Bedingungen gab es nicht. Doktoranden mussten nicht einmal unterrichten oder im Labor assistieren. Doch unter meiner Aufregung darüber, eine ganz neue Klimazone, einen fremden Kontinent samt seinen Vogelbeständen, Vegetation und allem anderen kennenzulernen, nagten in mir die Zweifel, ob ich dieses schwindelerregende Ziel eines Doktortitels wirklich erreichen konnte. Ich hatte mich für Botanik beworben und vor, in tropischen und subtropischen Regenwäldern zu forschen: Ökosysteme, die ich noch nie gesehen hatte, eine halbe Weltreise entfernt von jedem Baum, den ich in meinem Leben gekannt hatte. Damals, im Jahr 1978, war die Entwaldung der Tropenwälder noch kein drängendes Problem, was man sich vierzig Jahre später kaum noch vorstellen kann. In der Tat war die industrielle Holznutzung in Afrika, dem Amazonas-Becken und in Asien Anfang der 1980er-Jahre gerade erst im Aufschwung, doch die Technologie, mit der man sie aus der Luft hätte dokumentieren können, existierte noch nicht. Und Australien, wo damals schon viele Bäume gefällt worden und nur noch relativ kleine Regenwaldbestände übrig waren, wurde von den meisten Programmen zur internationalen Regenwaldinventur erst gar nicht berücksichtigt. Das sollte sich im Verlauf meiner Doktorarbeit ändern.

Jeden Morgen fand sich im Institut eine Teerunde ein, wo die Doktoranden in Kontakt kommen, informell mit den Dozenten sprechen und Informationen austauschen konnten. Als ich vorgestellt wurde als neue Studentin, die gerade eingetroffen war, um die australischen Regenwälder zu erforschen, spürte ich eine unsichtbare Mauer. Niemand in dieser Runde aus fast ausschließlich männlichen Dozenten und Studierenden hieß mich irgendwie herzlich willkommen. Ich war nervös und enttäuscht, aber es gab ein paar andere amerikanische Studenten, die mir später zu Hilfe kamen und erklärten, dass es hier kulturell nicht akzeptabel war, mit einem »Blaustrumpf« (abwertende Bezeichnung für Frauen mit intellektuellen Ambitionen) warm zu werden. Bald schon war klar, dass ich mich nicht nur akademisch als Baumwissenschaftlerin auszeichnen musste, sondern auch zu beweisen hatte, dass Frauen auf diesem Gebiet eine Rolle zustand.

Da ich unter Bäumen aufgewachsen war, die im Herbst ihre Blätter verloren, und danach in Schottland mit Birken gearbeitet hatte, die ebenfalls ihr Laub abwarfen, schien es mir angebracht, mich auf etwas Ähnliches, aber doch anderes zu verlegen – also auf tropische Blätter. Es mag banal klingen, aber ich war völlig überrumpelt von der Tatsache, dass die meisten tropischen Bäume das ganze Jahr über grün waren. Dementsprechend herrschte in ihren Blätterkronen keine klar erkennbar definierte Saisonalität des Laubfalls. Trieb also jedes Mal, wenn ein Blatt abfiel, eine neue Knospe aus? Gab es doch irgendwelche feinen saisonalen Impulse, die vom Boden aus nicht zu erkennen waren? Dieses Immergrün verblüffte mich, und ich wollte mich als Blattdetektivin betätigen, um die tropischen Laubkronen mit der Belaubung in meinem vertrauten sommergrünen Laubwald zu vergleichen. In ein anderes Ökosystem einzutauchen, ist für jede junge Biologin eine Herausforderung, aber um die halbe Welt nach Australien zu ziehen, war noch mal eine ganz andere Hausnummer des Schreckens. Selbst in meinen besten Momenten war ich immer noch sprach- und hilflos der neuen Kultur und der unbekannten Landschaft ausgesetzt. In Schottland hatte es immerhin Baumarten gegeben, die ich aus meiner Kindheit kannte. Das Einzige, was ich hier sicher wusste, war, dass ich auf der Hut sein musste, weil so viele Tiere in den Tropen giftig waren.

Ich hatte vor, auf meiner Birkenforschung in Schottland aufzubauen und mit entsprechenden Fragen an tropische Bäume heranzutreten. Wie lange lebten Blätter in einem großen immergrünen Regenwald-Kronendach? Welche Feinde bedrohten dieses langlebige Laub? Litten diese Blätter unter Blattlausbefall wie das schottische Birkenlaub? Noch im ersten Monat nach meiner Ankunft machte ich mich überstürzt daran, Baumarten für meine Untersuchungen auszuwählen, und legte dafür Gebiete in verschiedenen, weit voneinander entfernt liegenden Regenwaldbeständen fest. Das war entschieden zu ehrgeizig. Mein Doktorvater, ein Gentleman-Botaniker, der aus England ausgewandert war, um Feuerökologie zu erforschen, überzeugte mich, einen Gang herunterzuschalten. (Er war keinesfalls Regenwaldexperte, kannte sich aber gut mit Hartlaubbäumen aus, besonders mit Eukalyptus, der zur Fortpflanzung auf Feuer angewiesen ist.) Ich hatte ein paar Veröffentlichungen zum australischen Regenwald gelesen und gelernt, dass er in sage und schreibe vierundzwanzig Typen gegliedert wurde, die einer der beiden australischen Experten jeweils nach Bodentyp, Vegetation und geografischer Lage aufgestellt hatte. Es war unmöglich, in drei Jahren alle vierundzwanzig Typen zu untersuchen, aber zum Glück gab es vier Haupttypen, die sich durch Höhenlage und geografische Breite unterschieden: tropisch, subtropisch, warm-temperiert und kühltemperiert.

Die Auswahl der Untersuchungsflächen ist für ein Forschungsprojekt eine sehr wichtige Etappe. Mein Doktorvater bot an, mir ein Fahrzeug und einen Fahrer zu verschaffen, wenn ich ein paar Flächen besuchen wollte, bevor ich mich endgültig festlegte. Er betraute einen wenig begeisterten Botanikstudenten damit, mich auf einer Erkundungsfahrt über die Forststraßen zu lotsen, um diese vier Regenwaldtypen im nördlichen New South Wales und im südlichen Queensland zu besichtigen.

Die Vorfreude darauf, endlich in den Busch zu kommen, raubte mir den Schlaf – *bush* nennen die Australier jeden dichten Pflanzenbestand. Besucher staunen oft, wenn sie hören, dass Australiens Landfläche mit 7692000 Quadratkilometern nur etwas kleiner ist als die der USA (mit 9834000 Quadratkilometern). Regenwälder findet man nur an einem schmalen Küstenstreifen von bis zu achtzig Kilometer landeinwärts, wo die überwiegend vom Pazifik her wehenden Winde die nötigen Regenfälle hereintragen. Der steile Gebirgszug parallel zur Küste hält den Regen vom Innenland des Kontinents ab, dem sogenannten Outback, diesen Hunderttausenden Quadratkilometern trockenes Grasland, wo ein paar Rinder und viele Kängurus ihr Dasein fristen. Im ausgedehnten Inneren des australischen Kontinents verteilt finden sich Trockenwaldbestände, die vor allem aus Vertretern der Gattung *Eucalyptus* bestehen. Regenwälder bedecken in diesem riesigen Land etwa 3300 Quadratkilometer, gerade einmal drei Prozent der gesamten Waldflächen, aber mit Abstand die feuchtesten Standorte. Sie enthalten 60 Prozent der Pflanzenarten Australiens, außerdem 35 Prozent der Säugetiere und 60 Prozent der Vogelarten. Zu meiner Zeit Ende der 1970er-Jahre wurden die meisten kleinen Waldbestände zur Holzgewinnung geschlagen. Die Entschlossenheit, mit der das Land die Regenwälder ausrottete, spielte in meinen Doktorandenjahren durchaus eine Rolle, denn dieses Jahrzehnt war geprägt von umweltpolitischen Kontroversen, Wilderei und politischen Demonstrationen. Doch um es kurz zu machen: Heute sind 32 Prozent der erhaltenen Waldbestände Teile des UNESCO-Welterbes, worauf die meisten Australier sehr stolz sind. Viele ehemalige Holzfäller haben nur widerwillig auf Ökotourismus umgesattelt, sind aber inzwischen Millionäre mit nachhaltig gesichertem Einkommen.

Um meine Datenerhebung bewältigen zu können, musste ich eine Serie wichtiger Baumarten in jedem Waldtyp auswählen und ihre Blätter langfristig beproben. Die Entscheidung, an welchen Arten, auf welchen Untersuchungsflächen und über welchen Zeitraum die Erhebungen vorgenommen werden sollen, sind für gute Geländearbeit maßgeblich. Wenn eine Forschungsarbeit über mehrere Jahre hinweg wiederholte Beobachtungen erfordert, ist es schwierig, irgendwann mittendrin von vorne anzufangen, daher sollte man die Datenerhebung von Anfang an gut vorbereiten. Und die Zuverlässigkeit solcher Studien steht und fällt mit einem guten Stichprobenplan. Ich entschied mich dafür, die Belaubungsdynamik von drei Baumarten an drei Standorten in jeder der vier großen Regenwaldregionen zu vergleichen, nämlich: 1. subtropisch – warm, feucht, Ähnlichkeiten zum echten tropischen Regenwald, allerdings wegen etwas größerer Entfernung zum Äquator weniger artenreich; 2. warm-temperiert – warm und feucht, aber in gemäßigten Breiten, daher weniger artenreich als die Subtropen; 3. kühl-temperiert oder montan (Bergregenwald) – feucht in Berglagen, geringere Artenvielfalt; und 4. tropisch – größte Vielfalt, am nächsten am Äquator gelegen, von Sydney aus also eine Zwei- bis Dreitagesfahrt entfernt.

Um mich fürs Gelände vorzubereiten, verbrachte ich eine Woche in der Botanik-Bibliothek und verschlang alles, was es über die australischen Regenwälder zu lesen gab. Leider hatten bisher nur ganz wenige Biologen dieses Ökosystem überhaupt erforscht. Ein Botaniker hatte die technische, auf dem Bodentyp fußende Klassifizierung der vierundzwanzig Regenwaldtypen vorgenommen, und ein anderer hatte eine Einführung über Sämlinge und deren Taxonomie erstellt. Ein dritter verfasste mehrere Bestimmungsschlüssel für Bäume, und ein vierter lebte zwar in Kalifornien, reiste aber jedes Jahr nach Australien, um die Artenvielfalt im Regenwald und auf den Korallenriffen zu dokumentieren. Es dauerte nicht lange, bis ich sämtliche Veröffentlichungen gelesen hatte und feststellte, dass meine Forschung ziemlich einsam werden würde. Die vorhandene Literatur bestätigte, dass die meisten Tropenbiologen in Panama und Costa Rica arbeiteten, was logisch klang – diese Länder waren nur einen kurzen Flug von US-amerikanischen Universitäten entfernt und besaßen große Forschungsstationen mit Annehmlichkeiten wie Klimaanlagen und Kantinen. Australien war entweder zu entlegen oder zu unbekannt, um ähnlich große wissenschaftliche Neugier bei finanzstarken US-amerikanischen oder europäischen Universitäten hervorzurufen. Das beunruhigte mich ziemlich. Ich hatte keinen Kollegenkreis, keine Bibliothek mit umfangreichen Forschungsergebnissen und relativ wenig Mittel für meine Regenwaldforschung, und das bedeutete, dass ich wirklich auf mich selbst gestellt war. Immer klarer wurde auch, wie riskant es war, Feldforschung in Wäldern betreiben zu wollen, die schnell abgeholzt wurden.

Obwohl ich bei meiner Reisegarderobe immer sehr sparsam bin, verbrachte ich Stunden damit, für diese erste Regenwaldexpedition zu packen. Meine ausgetretenen schottischen Gummistiefel kamen gerade recht, außerdem mehrere Kakihosen, etliche langärmelige Hemden, Regencapes, Taschenlampen und Campingausrüstung. Niemand beriet mich, aber ich hatte ja schon einige Erfahrung aus Schottland und konnte mir alles mehr oder weniger zusammenreimen. Trotz der Affenhitze in Australien packte ich langärmelige Hemden ein, um mich möglichst vor Insektenstichen zu schützen. Ich kaufte mehrere Protokollbücher und ausreichend Kodak-Filme. Ich hatte noch meinen winzigen Campingkocher, der fast in eine Jackentasche passte und mir schon buchstäblich das Leben gerettet hatte, weil ich mir auf vielen eiskalten Ausflügen in die schottischen Highlands darauf Tee oder Suppe hatte kochen können. Für den australischen Busch plante ich also genauso, packte mehrere Tütensuppen ein, Spaghetti, Haferflocken und andere einfache Campinggerichte. Die Australier machen vormittags und nachmittags ein »Smoko«, ursprünglich eine Rauchpause, die aber inzwischen zu einer Teepause mit Keksen mutiert war. Ich kaufte also tunlichst diverse australische Kekssorten, um den Fahrer bei Laune zu halten. Obwohl ich aus meinem Jahr in Schottland schon gewohnt war, links zu fahren, saß am Steuer, wie in Australien immer noch üblich, mein männlicher Begleiter. Wir verließen den Großraum Sydney und fuhren dann den ganzen Tag nordwärts, bevor wir in eine Forststraße einbogen. Mein Fahrer und Mit-Doktorand behauptete, er habe die Karte im Kopf, sodass ich wirklich unmöglich verfolgen konnte, wo wir hinfuhren – nur eben »in den Busch«.

Am späten Nachmittag irgendwo zwischen Sydney und Brisbane verwandelten die Farben der Vegetation sich plötzlich vom silbrigen Blaugrau der Eukalypten zu leuchtendem Smaragdgrün. Wir bogen auf eine sehr entlegene Forststraße mit massiven Bäumen ein. Ihre Stämme waren über 1,20 Meter dick, und sie ragten über dreißig Meter in die Luft. Zu beiden Seiten stand dichtes, dunkelgrünes Laub. Ich jauchzte vor Freude und musste mich in den Arm zwicken, denn jetzt wurde es ernst. Die Bäume waren ziemlich groß und zudem geformt wie Lollis, mit einer dichten kugelförmigen Laubkrone ganz oben und Girlanden aus Lianen und Epiphyten – sogenannten Aufsitzerpflanzen, die auf anderen Pflanzen wachsen –, die über die Stämme herunterhingen. Diese Form war ulkig, aber einleuchtend, denn in solchen dichten und artenreichen Wäldern herrscht extreme Konkurrenz um Licht. Tropische Bäume befinden sich ständig im Wettstreit, und größere Bäume gewinnen, weil ihre Kronen direktes Sonnenlicht einfangen können. Ich reckte den Hals, um die Form der Blätter zu erkennen, aber die hingen viel zu weit oben. Und da war auch schon Schluss mit der Freude: Mein Fahrer raste um die nächste Kurve und versenkte die Schnauze des Jeeps in einem dreckigen Matschloch, und zwar so tief, dass nicht einmal mehr die Vorderräder zu sehen waren. Fluchend versuchte er, den Wagen vom Fleck zu bekommen, aber die Reifen versanken nur noch tiefer in dem braunen Schlamm. An diesem ersten Nachmittag lernte ich einiges an australischen Kraftausdrücken, bis mein Fahrer mich energisch ein Stück ins subtropische Gebüsch hineinschickte, damit er in meiner Abwesenheit ungestörter fluchen konnte. Wir schrieben das Jahr 1979, lange bevor Handys und GPS-Geräte zur Standardausrüstung jeder Expedition gehörten.

Als ich den Regenwald zum ersten Mal zu Gesicht bekam, war ich völlig geplättet (und verängstigt), weil die Bäume so hoch und so unzugänglich waren. In Australien reicht die Kronenschicht zwischen fünfzehn und sechzig Metern hoch, und diese Höhe lässt sich unmöglich vom Boden aus abschätzen, es sei denn, man befindet sich in einer jener Schneisen, die für den Straßenbau in den Dschungel geschlagen werden. Der Überfluss an üppigem Grün überstieg all meine Erwartungen – in einem Wettstreit um den Ort mit dem meisten reinsten Sauerstoff würden die oberen Schichten des Regenwalds locker gewinnen. Ich sah nach oben – grün. Ich sah nach rechts und links neben der Piste – grün. Ich sah nach unten – braun, wo die Überreste der (einst grünen) Blätter auf dem Waldboden verrotteten. Kurz gesagt, diese Rundum-Laubwelt erfüllte meine kühnsten Blattforschungsträume, aber zugleich offenbarten sich auch umgehend mehrere logistische Schwierigkeiten. Erstens: Wie zum Teufel sollte ich die Blätter erreichen, wenn die Laubkrone so weit oben lag? Und zweitens: Konnte ich mich in diesen großen, dichten Baumbeständen zurechtfinden, die überall gleich aussahen und praktisch völlig weglos zu sein schienen? Außerdem sah ich überall Hänge, die erst kürzlich kahl geschlagen worden waren und direkt neben üppigen primären (also ursprünglichen) Beständen lagen, die wahrscheinlich auch bald an die Reihe kommen würden. Ich war wütend, aber zugleich wollte ich sofort mit der Arbeit loslegen. Bald schon sollte ich lernen, dass australische Regenwälder schneller verschwanden, als man ihre Geheimnisse aufdecken konnte.

Mein Doktorvater hatte gut daran getan, mich in den Busch zu schicken, bevor ich irgendwelche Forschungspläne festlegte. Dank dieser ersten Fahrt konnte ich mir hochgesteckte, aber realistische Ziele setzen. Und jetzt wollte ich da rauf zu diesen Millionen grünen Maschinen (also Blättern), die das Sonnenlicht verarbeiteten. Ich ging wieder in die Botanik-Bibliothek und las eifrig, wie Waldwissenschaftler in anderen Erdteilen auf tropische Bäume gelangt waren (meist, so lernte ich bald, indem sie sie umlegten), und ich belegte Seminare, in denen andere Doktoranden erzählten, wie sie ihre Untersuchungsflächen auswählten (das klang immer ganz einfach). Ich tauchte in die Sammlungen im Herbarium der University of Sydney ein und arbeitete mich in die Grundlagen der Bestimmung von Regenwaldbäumen ein. Von den meisten Arten lagen nur Blätter des unteren Kronenraums vor, und das geplättet, braun, zerquetscht und trocken. Beim Brüten über Hunderten gepressten Pflanzen fluteten Namen in mein Gehirn, darunter Gattungen, die ich kaum aussprechen konnte: *Acmena, Doryphora, Dendrocnide, Elaeocarpus, Sloanea, Orites* und der beste Zungenbrecher, *Pseudoweinmannia.* Wie wild machte ich Notizen und legte Journale zu Baumarten, geografischen Lagen und Feldmethoden an. Ich versuchte, mir selbst einen Crashkurs zur Ökologie des australischen Regenwalds zu erteilen, aber es gab dazu nahezu keine Veröffentlichungen, und null Komma null zur Kronenschicht oder den Blättern dort oben. Auch vorhandene wissenschaftliche Literatur zu anderen Tropenregionen begrenzte sich auf den Unterwuchs oder gelegentlich auf einen umgestürzten Baum. Wie sollte ich da eine verlässliche Methodologie entwickeln, um die Blätter eines gesamten Baums im Regenwald zu untersuchen, die sich, wie ich nun feststellte, über dreißig Meter Höhe verteilten? Wie konnte ich entscheiden, welche der Hunderte Baumarten ich betrachten sollte, welche geografischen Lagen, über welchen Zeitraum und wie viele? Es gab nicht einmal genügend Literatur oder Beratung, die mir auch nur geholfen hätte, diese Bereiche wenigstens einzuschränken.

Ich freundete mich mit ein paar Doktoranden aus dem Institut für Meeresbiologie an, die eine wahre Goldmine an Informationen und Hinweisen zur Erstellung eines Erhebungsplans waren. Sie beschäftigten sich allerdings entweder mit Populationen von Rankenfußkrebsen und deren Räubern in der Gezeitenzone oder mit der komplizierten Ökologie von Korallenriffen. Besonders die Korallenriffler standen vor ähnlichen Schwierigkeiten damit, ihre feldbiologischen Erhebungen innerhalb einer riesigen Biodiversität einzugrenzen. Auch für sie war die Versuchung groß, zu viel zu wollen. Anders als Laborstudien, die häufig in der Sicherheit kontrollierter Bedingungen anhand von ein oder zwei Arten theoretische Fragen beantworten wollen, stößt die Feldbiologie überall auf Hindernisse: Wetter, Überflutung, umstürzende Bäume, Schädlingsbefall, Dürre, Waldbrand, Randeffekte, menschlicher Einfluss und nicht repräsentative Stichproben, außerdem noch ein paar Faktoren, die ich noch gar nicht im

Blick hatte. Wahrscheinlich hätte ich einen Ehrendoktor für die Populationsdynamik bei Rankenfußkrebsen oder die Ökologie der Falterfische verdient, wenn man bedenkt, wie viele Stunden ich Kommilitonen bei ihrer Forschung half. Mir dagegen halfen unsere vielen Diskussionen dabei, meine Geländearbeit mit den Bäumen genauer und effizienter zu planen. Im dreidimensionalen Lebensraum eines Korallenriffs Tropenfische zu erforschen, ist im Prinzip nichts wesentlich anderes als die Beobachtung von Insekten in einer dreidimensionalen Baumkrone, nur dass ich nicht mit Gezeitenströmen und Haien zu kämpfen hatte, sondern mit der Schwerkraft und Schlangen. Als einzige Doktorandin aus dem Bereich der Regenwaldökologie und eine von zwei Frauen unter den etwa fünfundzwanzig Kollegen musste ich mich außerdem in einem männlich dominierten und auf Meeresbiologie konzentrierten Umfeld beweisen. Zum Glück freundete ich mich mit ein paar wunderbaren Doktoranden an und bekam als einzige Regenwaldforscherin wahrscheinlich mehr (und nicht weniger) Aufmerksamkeit. Zum Beispiel begegnete ich an einem Freitagnachmittag am Kopierer Hugh – beide kopierten wir wie wild den neuesten Artikel des weltberühmten Ökologen Joe Connell von der University of California in Santa Barbara, der die Artenvielfalt in Korallenriffen und tropischen Wäldern untersuchte. Hugh sah mich eine Ausgabe des *New Yorker* umklammern und lächelte. Er war selbst Abonnent des Magazins und wusste, dass es in ganz Australien davon gerade einmal hundert Stück gab, was uns beide, so sein Kommentar, zu etwas Besonderem machte. Fast das gesamte Wochenende über diskutierten wir die Janzen-Connell-Hypothese, die viele unserer Kollegen dazu inspirierte, Hypothesen zur Biodiversität empirisch zu testen. Connell hatte auf Korallenriffen und dem Boden des australischen Regenwalds Flächen für Langzeitversuche abgesteckt; nun überwachte er den jeweiligen Erfolg einzelner Arten und traf die wichtige Feststellung, dass Konkurrenz in Ökosystemen mit hoher Artenvielfalt das System stützt und nicht etwa dazu führt, dass eine einzelne Art zunehmend dominant wird. Hugh und ich interessierten uns beide sehr für die Artenvielfalt und besonders für ihren Einfluss auf die Gesundheit verschiedener gezeitenabhängiger Ökosysteme beziehungsweise Regenwaldbäume. Hugh untersuchte Saisonalität und Konkurrenz von Rankenfußkrebsen an der Küste von New South Wales. Er transferierte verschiedene Arten von Rankenfußkrebsen auf künstliche Unterlagen, arbeitete aber im Gelände inmitten der tosenden Brandung. Seine Arbeit blieb weitgehend unbeachtet, lieferte aber erfolgreiche Ergebnisse. Dank solcher Zufallsbegegnungen in den glücklichen Tagen der intellektuellen Grundsatzdiskussionen war meine Zeit als Doktorandin eines der schönsten Kapitel meines Lebens.

In den angeregten Gesprächen mit Hugh und anderen Mitdoktoranden kristallisierten sich in diesen ersten Wochen allmählich Fragestellungen für meine Forschung und Messprotokolle für die großen Regenwälder Australiens heraus. Und als dieser hochverehrte amerikanische Ökologe tatsächlich einmal an der Sydney University ein Seminar über seine innovative Forschung zur Artenvielfalt gab, fragte er, ob irgendjemand sich mit dem Regenwald beschäftige. Eine einzige Hand ging hoch. Er brauchte eine Feldassistentin, um seine Bäume und Sämlinge zu bestimmen, und diesen Job bekam ich sofort – es gab keine Konkurrenz. Bei der Aussicht, mit diesem eminenten Wissenschaftler arbeiten zu dürfen, fühlte ich mich wie im siebten Himmel, und tatsächlich erstreckte sich unsere Zusammenarbeit letztlich über mehr als zehn Jahre. Wie ich hatte Joe Connell in Schottland gearbeitet und richtete seine Feldforschung jetzt auf Australien aus. Über Jahre hinweg war er mein Mentor, und von ihm bekam ich meinen ultimativen Spitznamen, Margaret Number 2 (Number 1 war seine Frau), weil wir gemeinsam so viele Abenteuer erlebten und viele tausend Stunden lang Sämlinge und Bäume bestimmten. (Irgendwann schreibe ich vielleicht noch ein Buch darüber, wie viel Blut wir den Egeln spendeten, während wir über den Waldboden krochen und all diese Sämlinge markierten … Manchmal denke ich mir, dass diese bodenbasierte Forschung eine Beschäftigung für meinen Ruhestand werden könnte, wenn ich nicht mehr klettern kann.)

Meine ersten Fragestellungen zur Belaubung in den Tropen entsprangen meinen Erfahrungen mit Blättern aus sommergrünen Laubwäldern: Was löst hier überhaupt Laubfall aus, wo es doch gar keine kalten Winter gibt? Wie können die Blätter unten am Baum bei so wenig Licht überleben? Und wie schaffen das die obersten Blätter in der gnadenlos heißen Sonne? Aus diesen Fragen entwickelte sich der Plan für meine Dissertation: Ich wollte beobachten, wie die Blätter austreiben, wachsen und absterben. (Heimlich hoffte ich, dass das ganz einfach werden würde.) Anders als bei der Saisonalität von Wildblumen und Bäumen im Staat New York, wo nach dem ersten Herbstfrost alles wie auf Kommando herunterfährt, musste ich hier nach anderen Faktoren Ausschau halten, die das Lebensende eines tropischen Blatts bestimmten. Alles Lebendige, auch immergrünes Laub, hat eine begrenzte Lebensdauer, die durch physische und biologische Faktoren definiert wird. Aus meiner Lektüre wusste ich, dass die meisten tropischen Bäume immergrün sind; ihre Blätter fallen also nicht alle auf einmal ab, sondern immer nur ein paar gleichzeitig. Ich vermutete, dass auch der Laubaustrieb das ganze Jahr über stattfand und nicht nach gut abgegrenzten Jahreszeiten. Das schien nur logisch. Und angesichts der feuchtwarmen Bedingungen im Regenwald nahm ich auch an, dass ein kraftloses Blatt nicht allzu lange leben konnte, wenn es am Ende seines zarten Blattstiels in dieser schwülen Luft hing und ständig von Monsunstürmen durchgeschüttelt wurde. Einer groben Schätzung nach tippte ich also darauf, dass ein Laubblatt im Regenwald zwei Jahre lang lebt. Die Hypothese, die ich überprüfen wollte, war also ganz einfach: Immergrüne Blätter treiben das ganze Jahr über aus, aber jedes von ihnen hat eine durchschnittliche Lebensdauer von zwei Jahren.

Als Nächstes musste ich Erhebungsmethoden konzipieren, um meine Annahme zu testen. Ich stellte mir vor, dass ich in einem hübschen tropischen Dekor in einer Hängematte im Dschungel herumliegen und mehrere Jahre lang den Blättern beim Herunterfallen zusehen würde, bis ich daraus eine Dissertation verfassen konnte. Doch als ich dieses Szenario wie beiläufig meinem Doktorvater schilderte, reagierte er mit einem höflichen Kichern. Ihm gefiel die Hypothese zur Lebensdauer des Laubs, aber er war nicht überzeugt von meinem Vorschlag, als passive Beobachterin auf dem Waldboden den Laubfall zu dokumentieren. Er meinte, für eine valide Datenerhebung müsste ich auf die Bäume klettern und die Blätter dort untersuchen, wo sie wuchsen. Ich hatte keine besonderen sportlichen Ambitionen und schlug daher zunächst ein paar bodengebundene Methoden vor, um den Kronenraum indirekt zu erschließen: Vielleicht könnte ich einen Affen trainieren? Ein superstarkes Fernglas benutzen? Am Rand einer Schlucht auf einer Felskante sitzen, vor der sich ein paar Kronen ausbreiteten? Mit einer Schrotflinte Blätter herunterschießen? Nein, erklärte mein Doktorvater, wenn Sie die Blätter untersuchen wollen, müssen Sie Zugang zum gesamten Baum haben, nicht nur zum unteren Kronenraum. Und wenn Sie ihre Lebensdauer erforschen wollen, müssen die Blätter am Baum hängen bleiben. Als Experte für Trockenwälder und insbesondere Eukalypten, die meist etwa zehn Meter hoch wachsen, konnte er mir keine Klettertricks verraten und schien auch absolut keine Ahnung von der Höhe mancher dieser Regenwaldriesen zu haben. Er war kein Regenwaldexperte, aber eben der einzige Botaniker an der Uni, der sich überhaupt mit Bäumen beschäftigte. Er tat seinen Job als Doktorvater und dirigierte mich bei all meiner Euphorie zu einer soliden Hypothese und zu verlässlichen Methoden der genauen Datenerhebung. Er zwang mich, kreativ über die Geländearbeit nachzudenken – von einer klaren Hypothese auszugehen und dann zu überlegen, wie ich exakte Daten erheben konnte, um sie zu überprüfen. Erstens: Ich wollte die Blätter erforschen. Zweitens: Wenn ich das Blattwachstum an hohen Bäumen dokumentieren wollte, musste ich hinaufklettern – und zwar immer wieder. Das Problem war offensichtlich. Ich brauchte Strategien, um diese luftigen Forschungsgegenstände zu erreichen. Zufällig hatte ich bereits den Höhlenforscherclub der Universität ausfindig gemacht, um mir dort Rat und Ausstattung zu holen.

Meine Einführung in die Höhlenforschung erhielt ich in meinem ersten Monat an der Sydney University. Es gab für die Doktoranden im Fach Ökologie Stipendien für die Teilnahme an einer Konferenz in Neuseeland. Als einsame Regenwaldforscherin wurde ich mit all den Meeresbiologen in einen Stipendientopf geworfen. Mike, der Amerikaner, der mich bei meiner Ankunft in Sydney empfangen hatte, schlug vor, wir könnten ein Auto mieten und nach der Konferenz ein bisschen durch Neuseeland fahren. Auf der Konferenz lauschte ich gebannt, wie unterschiedlich verschiedene Forscher ihre Geländearbeit konzipierten. Das Themenspektrum reichte von der Kartierung von Seetangbeständen über die Zählung von Fischen in Korallenriffen bis zum Abfischen von winzigem Phytoplankton in der Wassersäule. Stumm saß ich im Publikum und grübelte, wie ich mein eigenes Experiment designen und in einem statt im Wasser hoch in der Luft gelegenen dreidimensionalen Raum Daten erheben konnte.

Nach den Vorträgen sollten Mike und ich uns eigentlich bei unserem Mietauto treffen, aber er kam nicht. Ich fragte ein paar andere, die mir kichernd rieten: »Versuch's mal in Zimmer 122.« Es stellte sich heraus, dass er beim Abschlussbuffet ein Mädchen kennengelernt hatte. Als ich höflich an die Tür des Motelzimmers klopfte, warf er mir betreten die Autoschlüssel zu und meinte: »Schau dir Neuseeland alleine an.« Plötzlich entdeckte ich im Alleingang ein neues Land. Ich hatte kein Problem damit, links zu fahren, das hatte ich ja schon in Schottland gelernt, aber mir war etwas unwohl damit, allein in der Fremde zu campen. Dennoch wanderte ich allein durch den Tongariro National Park und zeltete neben einer heißen Quelle, und ich machte einen Halt bei den Waitomo Caves, um mir die berühmten lumineszenten Langhornmückenlarven anzusehen. Zufällig begegnete ich dort dem Parkmanager, und wir machten Bekanntschaft. Er plante gerade einen Höhlengang, um nach alten Moa-Knochen zu suchen. Moas sind flugunfähige Vögel, die um das Jahr 1300 infolge der Bejagung durch die Maori ausgerottet wurden. Er lud mich ein mitzukommen, denn je mehr Augen bei dem nächtlichen Ausflug dabei waren, desto besser. Ich war keine Speläologin, aber es klang eigentlich witzig. Und so bekam ich einen Helm aufgesetzt und wurde eine Stunde lang in den Gebrauch von Klettergurten und das Abseilen eingewiesen, und dann ging es los zu einer nächtlichen Höhlenexpedition. Ich erinnere mich nicht mehr an den eigentlichen Abstieg, weil mich im Dunkeln das Entsetzen packte. Aber wir fanden auf dem Boden der Höhle jede Menge Knochen, und diese Einführung in einen vertikalen Transekt am Seil erwies sich wenige Monate später für die frischgebackene Arbornautin als sehr nützlich.

Nach der Höhlenbegehung in Neuseeland machte ich die Speläologen an der Sydney University ausfindig, die erst einmal lachten bei der Vorstellung, nach oben zu klettern, wo sie sich doch immer nach unten abseilten. Aber dann erkannten sie, dass ich ernsthaft entschlossen war, die Baumwipfel zu erklimmen. Zum Glück hatte ich diese Erfahrung aus den Waitomo Caves und war zuversichtlich, dass das Equipment von Höhlenforschern sich an die Bedürfnisse einer Arbornautin anpassen ließ. Baumkletterer, die Stadtbäume besteigen, um sie zu pflegen oder zu fällen, benutzen eine ganz andere Ausstattung mit Schwerlastklemmen, um Äste abzuseilen und durch Baumkronen zu flitzen. Ihre Ausrüstung würde mir nicht dabei helfen, vorsichtig durch einen Baum zu klettern, ohne dabei ein Blatt zu beschädigen. Höhlenforscher dagegen verwenden leichteres Gerät, das man auch viele Kilometer weit über entlegene Pfade zum Höhleneingang tragen kann – auf einer Expedition wird es häufig einen ganzen Tag lang herumgeschleppt. Im Höhlenforscherclub der Sydney University stellten sie ihr Material selbst her, weil es Amateurausrüstung damals noch nicht zu kaufen gab. Eines der wenigen weiblichen Mitglieder, Julia, lieh mir ihre Nähmaschine und ein Stück leuchtend orangenes Gewebeband (wahrscheinlich von einem Militärausstatter, denn Autos hatten damals noch keine Sicherheitsgurte). Ich vermaß meine Taille und meine Schenkel und nähte mir nach ihrer Vorlage einen einfachen Klettergurt. Ich hätte nie gedacht, dass ich noch einmal dankbar an den Hauswirtschaftsunterricht in der siebten Klasse zurückdenken würde, wo ich gelernt hatte, wie ein Profi die Original-Singer-Zickzack-Nähmaschine zu bedienen, und sogar einen ganzen Hosenanzug samt Reißverschluss gefertigt hatte. Im Vergleich dazu war ein Klettergurt ein Kinderspiel. Doch ich brauchte noch weiteres technisches Equipment. Julias Kletterfreund Al verkaufte mir freundlicherweise zwei Steigklemmen (gezähnte Metallklemmen zum Aufstieg am Seil), ein paar Karabinerhaken, um Seile und Klemmen zu verbinden, und einen sogenannten *Whale's tail,* ein Abseilgerät, bestehend aus einer Metallschiene mit vier Löchern, durch die man das Seil fädelte und damit den Abstieg bremste. Perfekt für eine Blattliebhaberin, denn so würde ich nie ungebremst nach unten donnern. Außerdem war mir doch mulmig bei der Vorstellung, mit einem Seil an einem Ast zu baumeln, von dem ich nicht wusste, wie stabil er war, sodass mir alle Ausrüstung, die mich bremste oder mir mehr Kontrolle gab, sehr willkommen war. Al brachte mir auch ein paar wichtige Knoten bei, etwa den Liebling aller Kletterer, den Prusikknoten, und den sehr fest sitzenden Mastwurf. Zum Glück blieben viele Knoten ständig am Gerät, ich musste sie also nie lösen. Und dann fehlte noch das Wichtigste: Ich brauchte ein Kletterseil, das über zweimal so lang sein musste wie mein höchster Aufstieg, damit das Seil über den obersten sicheren Ast gelegt und wieder nach unten geführt werden konnte. Mit knapp über sechzig Meter Seil konnte ich dann auf jeden etwa dreißig Meter hohen Baum steigen und hatte noch genug Länge übrig, um das Seil an einem Nachbarstamm auf Bodenniveau zu sichern. Anhand meiner Schätzungen von den ersten Besichtigungen nahm ich an, dass das für eine Anfängerin eine gute Höhe war. Schließlich kaufte ich noch einen Fahrradhelm, leuchtend orange wie mein karottenfarbener Klettergurt.

Aber wie sollte ich das Seil über die Äste da oben bringen? Höhlenforscher lassen ihre Seile einfach in ein schwarzes Loch fallen. Die größte Schwierigkeit ist für sie die Orientierung in der Dunkelheit. Doch mein Seil musste buchstäblich fliegen, ich brauchte also eine Schleuder: Nur dieses Gerät konnte ein Seil in die Luft befördern und ließ sich von einer Anfängerin wie mir auch bedienen. Schnell stellte ich fest, dass der Kauf von Schleudern in Australien verboten war – ich musste mir also selbst eine bauen. Die meisten Feldbiologen müssen dauernd irgendwelche Geräte basteln, zum Beispiel Metallrahmen für Fischzählungen oder spezielle Käfige, um kleine Säugetiere zu fangen, ich hatte also schon freundliche Bekanntschaft mit der uni-internen Metallwerkstatt gemacht. Ein grauhaariger Bastelveteran namens Basil half mir, eine Stange im genau richtigen Durchmesser zu finden. Gemeinsam schweißten wir daraus eine klassische Y-förmige Schleuder, als Gummi diente ein zurechtgeschnittenes Stück Reifengummi. Dann band ich ein Senkblei an eine Rolle Angelschnur und setzte einen ersten Schuss über einen fünfzehn Meter hohen Ast vor dem Botanik-Gebäude. Es funktionierte. Eine Woche später draußen im Regenwald sah das allerdings ganz anders aus. All die Lianen und toten Äste in den Baumkronen kreuzten bei den meisten Versuchen die Fluglinie der Angelschnur. Nur Übung macht den Meister! Mit der Zeit verwandelte ich mich in die Botaniker-Ausgabe von Tarzans Jane und lernte, eine freie Schussbahn zu einem stabilen Ast zu erkennen. Außer Ast und freiem Luftraum mussten meine vertikalen Seiltransekte dann noch auf verschiedenen Höhen durch Laub führen, das sich für meine Datenerhebung eignete. Die richtige Baumart ausfindig machen, einen sicheren Ast in der Krone finden und dann noch entlang der Strecke des Seils den Zugang zu den gewünschten

Blättern ermöglichen – diese Fähigkeiten musste ich da draußen im Wald beherrschen, und zwar schnell und ohne unnötige Risiken.

Wenn ich einen Ast der gewünschten Baumart mit der passenden Laubverteilung gefunden hatte, machte ich meine neue Schleuder bereit. Der sogenannte Einbau des Kletterseils war ein dreischrittiger Prozess: 1. mit der Schleuder eine Angelschnur hochschießen, 2. die Angelschnur an ein Nylonseil knoten und dieses auf demselben Weg hinaufziehen und 3. ein schwereres Kletterseil hissen, das an das Nylonseil gebunden und über den tragenden Ast hinaufgezogen wird. Ist das Kletterseil erst angebracht, benutzt das eine Ende die Arbornautin, das andere wird an einem Nachbarbaum gesichert. Voilà – freier Zugang zu einem vertikalen Transekt durch die Baumkrone.

In den folgenden Monaten besserte ich mit einigem Herumprobieren meine Ausrüstung nach. Ich machte mir eine Gussform, um Blei zu schmelzen und Gewichte zu gießen, die die ideale Form besaßen, um eine Angelschnur durch dichte Lianen zu schießen, und ich brachte die Gummis an der Schleuder auf die exakt richtige Länge und Breite. Außerdem bastelte ich mir einen speziellen Gürtel, an dem ich Material befestigen konnte – Bleistifte, Notizblock, wasserfeste Filzstifte zur Markierung von Blättern, Gewebeband zur Markierung von Ästen, Fotoapparat sowie Oreo-Kekse zum Überleben. Und schließlich entwarf ich einen Hut mit Netzschleier, um Schmalbienen und anderes schwärmendes Ungeziefer fernzuhalten, wenn ich stundenlang am Seil baumelte. Am Klettergurt besserte ich nichts nach, obwohl er mir wirklich unbequem in den Hintern schnitt – ich konnte es einfach nicht erwarten, endlich in die Bäume zu kommen. Im Rückblick stelle ich fest, dass ich präzises wissenschaftliches Arbeiten sehr viel mehr im Blick hatte als meinen persönlichen Komfort. Klettergurt, Schleuder, Klemmen und Seile passten alle in einen einzigen Seesack und wurden schon bald alles, was ich brauchte, um weltweit fast jede Baumkrone zu erreichen. Als letztes und vielleicht wichtigstes Instrument in meinem Werkzeugkasten musste ich viel inneren Mut fassen, von dem ich gar nicht wusste, dass ich ihn besaß, bis ich tatsächlich am Seil hing. Und so baumelte ich dann plötzlich als frischgebackene Arbornautin in einem Coachwood-Baum und stieg vorsichtig in den oberen Kronenraum auf, wo mich die Kakofonie der Artenvielfalt erwartete. Zu meiner Überraschung wollten viele meiner Doktorandenkollegen (alles Männer) mich ins Gelände begleiten und Seile in Bäumen hängen, weil das Schießen mit der Schleuder solchen Spaß machte. Manche schafften es auf Anhieb, andere dagegen brauchten viele Versuche, bis sie eine Schnur über den richtigen Ast brachten. Kletter-Handbücher gab es nicht, zumindest nicht in Australien – für Ratschläge blieb mir nur der Höhlenforscherclub. Doch wenn ich auf sicherem Weg Blätter am gesamten Baum erreichen konnte, dann würden sich meine anspruchsvollen Forschungsfragen beantworten lassen.

Als die Ausrüstung da war und ich ein erstes Gefühl für die Logistik hatte, die man zum Erklettern großer Bäume braucht, musste ich noch festlegen, auf welche Bäume ich genau klettern sollte, auf wie viele und warum. Für Exkursionen in den Busch zur Lokalisierung von geeigneten Exemplaren musste ich ein Auto der Universität reservieren, eine vollständige Campingausrüstung einpacken, Karten unter die Lupe nehmen und mich an die Feinheiten des Autoverkehrs im ländlichen Australien gewöhnen – man musste nicht nur links fahren, sondern auch auf Kängurus, Holztransporter und Schlammlöcher gefasst sein. Meine zweite Reise unternahm ich glücklich und allein. Ich besuchte drei Nationalparks – Dorrigo, New England und Royal –, alles primäre Regenwälder in New South Wales, deren Status als Naturschutzgebiete sie vor Wilderern und vor dem Abholzen bewahrt hatte. Für den ersten Tag hatte ich ein Treffen mit einem pensionierten Waldwirt des Dorrigo-Parks vereinbart, dessen Name wiederholt die Feldführer in der Botanik-Bibliothek zierte. Alex Floyd war der Verfasser der damals einzigen

Bestimmungsbücher für Bäume im australischen Regenwald. Ich schickte ihm einen handgeschriebenen Brief, wie es Ende der 1970er-Jahre üblich war, und er bestätigte in seiner Antwort unsere Verabredung zum Bäume-Gucken. Vor allem wollte ich lernen, im Gelände Arten zu identifizieren, und Alex erklärte sich freundlicherweise bereit, mich einzuweihen.

Wir trafen uns auf dem Parkplatz des Dorrigo National Park im triefenden Regen. Er war leicht zu erkennen, denn sonst war niemand dort. Die Regenwälder, die in Australien noch erhalten sind, haben ein Jahrhundert des Kahlschlags meist nur deshalb überlebt, weil sie an extrem steilen Hängen liegen, die den Abtransport von Holz erschweren würden. Daher marschierten wir zwei triefenden Botaniker über glitschige Hänge und versuchten immer wieder, zu den Umrissen verschiedener Bäume aufzublicken, während wir uns ständig Regentropfen von den Brillen wischten. Dank unserer gemeinsamen Leidenschaft für Regenwälder wurde Alex ein treuer Kollege, vielleicht auch, weil es im ganzen Land nur eine Handvoll Leute wie uns gab, die lernten, diese Bäume zu bestimmen. (Später unterrichtete ich seinen Sohn am College in Botanik!) Gleich am Rand des Parkplatzes brachte Alex mir bei, Sassafras-Bäume zu bestimmen: Er zerrieb ein Blatt, sodass ich den angenehmen Duft roch, der dem des nordamerikanischen Sassafras (Nelkenzimtbaum) ähnelt. Anders als dieses strauchartige Gewächs in Waldbodennähe, das mir aus meiner Kindheit vertraut war, wächst die australische Version als hoher Baum. Tatsächlich ist der Duft die einzige Ähnlichkeit zwischen den beiden Arten, die eine halbe Weltreise voneinander entfernt leben. (Notiz für ein künftiges Forschungsprojekt: die getrennte Evolution der Aromastoffe von Sassafras in einer Strauchschichtpflanze der gemäßigten Zonen und einem tropischen Baum.) Als Nächstes standen wir vor der Australischen Red Cedar, die für ihr wertvolles Holz geschätzt wird. Das begehrte Möbelholz erreichte lokale Berühmtheit als die Art, die für die Abholzung des australischen Regenwalds verantwortlich ist (obwohl die Entwaldung von Menschen vorgenommen wurde und nicht von Bäumen). Und als einer der einzigen laubabwerfenden Bäume Australiens machte die Red Cedar mich besonders neugierig, wenngleich Alex mich warnte, dass sie wegen anhaltender Wilderei relativ selten war.

Während wir durch den Wald stapften und munter nach oben in die Baumwipfel und dann wieder nach unten sahen, um unsere Füße auf den abschüssigen, matschigen Weg zu setzen und dabei nicht auszurutschen, sah ich durch den Stoff meines tropfnassen Hemds Blut sickern. Hatte ich mich irgendwie geschnitten? Vorsichtig spähte ich darunter. Zwischen meinen Brüsten saß ein schleimiges, aufgedunsenes Tier von mehr als zwei Zentimetern Länge. Ich hatte keine Ahnung, was mich da befallen hatte. Vor Entsetzen verschlug es mir die Sprache, und nur stockend beschrieb ich meinem erfahrenen Kollegen diesen Eindringling. Er kicherte und meinte: »Das ist bloß ein Blutegel.« Alex wirkte sehr abgeklärt, ich dagegen war in Panik. In meiner Ignoranz über die Tropen hatte ich noch nie gehört, dass es im australischen Regenwald Blutegel gab, und ich wusste auch nicht, wie ich einen von meiner Brust entfernen sollte. Alex schlug vor, ihn einfach in Ruhe zu lassen, denn wenn er sich mit Blut vollgesaugt hatte, würde er von selbst loslassen. Das war nicht gerade beruhigend, vor allem weil dieser große Blutegel mir buchstäblich an der Brust lag. Doch am Ende dieses Tages hatte ich mindestens einem Dutzend Egel eine Blutmahlzeit verschafft und hörte irgendwann auf, sie zu beachten – Alex hatte unterdessen seine eigene Population gefüttert. Willkommen im australischen Regenwald!

Als ich am Ende dieses nassen Tages noch viel mehr dieser glitschigen Blutsauger auf diversen Körperteilen vorfand, schnipste ich sie angewidert aus dem Fenster des Motels. Obwohl ihr Biss und der anschließende Aderlass nicht bedrohlich sind, waren ihre Angriffe ein persönlicher Affront, und ich begann einen lebenslangen Kampf, um sie mir möglichst vom Leib zu halten. Anfangs bestand meine Methode einfach darin, sie abzustreifen, sobald ich sie entdeckt hatte. Allerdings gilt es im Busch als unhöflich, sie beim Gehen wegzuwerfen, weil sie sich dann normalerweise an den oder die hängen, die hinter einem geht. Mit den Jahren griff ich zu immer kreativeren Methoden der Blutegelbeseitigung: Ich verbrannte, zerschnitt, salzte, zerquetschte sie und nähte mir sogar die Segeltuchschuhe an die Hosen, damit sie nicht hineinkamen – normalerweise krabbeln Blutegel nämlich über die Schuhe und Socken und dann im Hosenbein bis in die Leistengegend, wo sie sich die wärmsten, gemütlichsten Hautfalten für eine leckere Blutmahlzeit suchen. Wie so oft bei der Regenwaldforschung hatte ich am Ende mehr Fragen als Antworten: Warum gibt es in den amerikanischen Tropen keine Blutegel? Ist ihre ökologische Nische von einem anderen Organismus besetzt? Leben diese Tiere auch im australischen Blätterdach oder nur auf dem Waldboden?

Alex machte mich mit mehreren Dutzend Baumarten bekannt und gab mir praktische Tipps zu ihrer Bestimmung im Gelände, etwa besagten Geruch der Sassafrasblätter oder die roten Blüten des Australischen Flammenbaums (*Brachychiton acerifolius*). Lückenhaftes Wissen kann manchmal gefährlich sein, und diese Exkursion bereitete mir viele schlaflose Nächte, in denen ich zu entscheiden versuchte, welche Bäume sicher meine Seile halten würden und zugleich einzigartige Laubmerkmale aufwiesen, die ich untersuchen konnte. Ich forschte ganz allein und war eine Frau, ich musste also auch meine Sicherheit im Gelände bedenken. Die australischen Regenwälder sind wirklich wild und sehr abgelegen. Ehrlich gesagt war mir ein bisschen mulmig bei dem Gedanken, allein dort herumzufahren, zu schlafen und Daten zu sammeln. Doch ich musste mir eben ein Herz fassen und über diese Kleinstadtängste vor dem Unbekannten hinwegkommen.

Für ein effektives Forschungsprojekt ist eine Diskussionsphase ganz entscheidend. Wie konnte ich in den Kronen Äste markieren und sie jeden Monat wiederfinden? Konnte ich meine

Kletterplätze vor menschlichen Plünderern schützen? Welche Baumart wies die interessantesten Laubmerkmale auf? Auf welche Bäume konnte man möglichst ungefährdet klettern? Die Freunde im Höhlenforscherclub hatten mir mit der grundlegenden Logistik sehr geholfen, aber jetzt brauchte ich Einblicke in die wissenschaftliche Arbeit. Also wandte ich mich an die Bande Korallenriffdoktoranden, die nebenan im Institut für Zoologie saßen. In ihrer großen Artenvielfalt stellen Regenwälder auf dem Land genau das dar, was Korallenriffe in den Ozeanen sind. Die Meereskundler und ich hatten immer Gesprächsstoff, weil wir es bezüglich Biodiversität und sauberen Datenerhebungen in unseren komplexen Ökosystemen mit ähnlichen Problemen zu tun hatten. Ich wollte herausfinden, wie viele Blätter ich in welcher Höhe beobachten sollte, um die Belaubung zu dokumentieren, und sie mussten festlegen, wie viele Fische in welchen Bereichen eines Korallenriffs Rückschlüsse auf marine Ökosysteme zuließen. Ich brauchte ein Versuchsdesign (im Grunde eine Art Kochrezept), um über mehrere Jahre hinweg im Gelände Messdaten zu erheben und dann die Ergebnisse zu analysieren. Doch gleichzeitig musste ich mit diversen Störfaktoren fertigwerden – Schlangen, Blutegel, matschige Straßen, beißende Ameisen, morsche Äste, knappes Trinkwasser, abgenutzte Seile und weitere Unbekannte. Das war etwas völlig anderes als die geschützte Blase eines Labors in vier Wänden. Wie Korallenriffe war die Welt der Baumwipfel nicht kartiert – eine Expedition ins Ungewisse. Wahrscheinlich ging die Hälfte meiner Zeit allein dafür drauf, neue Methoden zu entwickeln, und nur die andere Hälfte für die eigentliche Feldforschung.

Nach meiner Lektüre wusste ich auch, dass 1979, als ich in Australien ankam, weniger als zehn Prozent der ursprünglichen Regenwälder des Landes erhalten waren. Regierungen wie die im Bundesstaat Queensland waren wild entschlossen, sie umzulegen und das Holz zu nutzen, ohne jegliches Verständnis für Belange wie Biodiversität, Artensterben oder Renaturierung. Von den geschätzten zehn Millionen Quadratkilometern Regenwald weltweit standen weniger als 0,25 Prozent (nämlich 22 500 Quadratkilometer) in Australien, die aber enthielten Arten, die nirgends sonst auf der Erde vorkamen. Weniger als zehn Prozent dieses winzigen Anteils waren als Nationalparks geschützt, weshalb ich es als sehr dringend einstufte, diese letzten verbleibenden Bestände zu erforschen, bevor auch sie verschwanden.

Ich wählte fünf Baumarten aus, um langfristig ihr Blattwachstum und -sterben zu beobachten. Die Stichprobe war groß genug, um verschiedene Muster zu umfassen, aber zugleich klein genug, um sie im Alleingang bewältigen zu können. Jede Art war entweder repräsentativ für einen der hauptsächlichen Regenwaldtypen und/oder wies ein ungewöhnliches Laubmerkmal auf. Es waren:

Australische Riesenbrennnessel (*Dendrocnide excelsa*) mit ihren extrem dichten, scharfen, stechenden Brennhaaren auf den Blatt- und Blattstieloberflächen; ich war neugierig, wie sie sich mit dieser Rüstung gegen hungrige Phytophagen verteidigt.

Australische Red Cedar (*Toona ciliata*), einer der wenigen Bäume im australischen Regenwald, der saisonal sein Laub abwirft; es stellte sich die Frage, ob diese völlig unterschiedliche Phänologie irgendwelche Überlebensvorteile im Vergleich zu benachbarten immergrünen Arten bietet.

Sassafras (*Doryphora sassafras*), die einzige Baumart, die in allen australischen Regenwaldtypen verbreitet ist, sodass sich untersuchen lässt, wie ihr Laub sich an verschiedene Umweltgegebenheiten adaptiert.

Coachwood (*Ceratopetalum apetalum*) mit länglichen, weichen, wachsigen Blättern, was für die meisten Regenwaldarten typisch ist – es war mir wichtig, das »Durchschnittsblatt« zu untersuchen.

Antarktische Südbuche (*Nothofagus moorei*), die entgegen den sonst geltenden Regeln der Baumvielfalt im Regenwald in monodominanten Beständen wächst, was mich zu der Frage führte, warum ein so homogenes Blattangebot nicht von Insekten kahl gefressen wird.

Einen ersten Test für Datenerhebungsmethoden im Gelände führte ich an meinem ersten Coachwood durch. Ich markierte nach einem sorgfältigen Protokoll junge Blätter an drei Ästen in drei unterschiedlichen Höhen. Ich kletterte bis zur ersten Laubebene, dem sogenannten unteren Kronenraum, der stark verschattet ist und bis etwa zehn Meter Höhe reicht. Um die exakte Distanz zum Boden festzustellen, benutzte ich ein spezielles, besonders breites Forstmaßband. Dieselbe Prozedur wiederholte ich im mittleren Kronenbereich (zehn bis zwanzig Meter Höhe, vereinzelte Sonnenflecken von Strahlen, die durch das obere Laub dringen) und dann im oberen Kronenbereich, wo die Blätter im vollen Sonnenlicht stehen (normalerweise oberhalb von zwanzig Metern). Auf jeder Ebene wählte ich drei Äste, jeder mit fünf bis fünfzehn Blättern, und markierte den ersten mit einem lockeren Ring aus Angelschnur sowie mit gelbem Isolierband mit der Aufschrift »Ast 1-1«. In ein gelbes, wasserfestes Notizbuch übertrug ich die Erklärung für diese Beschriftung: Ast Nummer 1, Höhe 1 (zum Beispiel 1,50 Meter). Jedes Blatt erhielt eine Nummer und wurde zu einem Datenpunkt zu 1-1; damit konnte ich die Veränderungen über die Lebensdauer eines Blatt aufzeichnen. Genauso verfuhr ich mit Ast Nummer 2 und 3 auf derselben Höhe und in denselben Lichtverhältnissen, sie waren also einfach Replikationen, die Kontrollwerte lieferten.

Die Schwierigkeit bei der jeweils ersten Besteigung eines Baums bestand darin, auf alle Blätter jedes Asts eine lesbare Zahl zu schreiben, während ich an einem Kletterseil baumelte. Ich musste darauf achten, kein Blatt zu zerbrechen, wenn ich es berührte, und keinen Ast zu stark zu belasten, auch wenn die Seile im Wind schaukelten. Das Blatt an der Astbasis erhielt jeweils die Nummer 1, und dann fortlaufend bis zur Astspitze; damit konnte ich die Zahlensequenz einfach fortsetzen, wenn in der nächsten Saison neue Blätter austrieben. Knospen sitzen bei Pflanzen immer an der Astspitze, neue Blätter treiben also außen an der Krone aus. Manchmal war es eine ziemliche Akrobatik, mich vom schaukelnden Seil aus an jedem Ast entlangzuhangeln, manchmal musste ich im Klettergurt auch fast kopfüber den Arm recken, um die äußersten Blätter vorsichtig zu fassen zu bekommen. Bald entwickelte ich ein gewisses Geschick für die Blattmarkierung, und bis heute habe ich nach mehreren Jahrzehnten der Baumwipfelforschung nie ein Blatt oder einen Ast abgebrochen. Diese ersten Äste aber waren eine echte Zitterpartie, denn ich musste lernen, wie man an einem Seil hängend Notizen macht. Gut erinnere ich mich an meinen monatlichen Besuch beim Coachwood-Ast 2-2, also die Kronenmitte von Baum Nummer 2, wo ich lernte, mich mit dem linken Fuß am Baumstamm abzustützen, mit der linken Hand vorsichtig nach dem Ast zu greifen und dann beinahe waagrecht im Klettergurt zu liegen, um an die neuesten Blätter heranzukommen, die vom ursprünglichen Seiltransekt weg wuchsen.

Nach ein paar Wochen im Gelände kaufte ich einen billigen orangefarbenen Putzeimer, der bald unersetzlich wurde. Er enthielt ein immer umfangreicheres Sammelsurium von Gegenständen, die nicht mehr an meinen Gürtel passten: wasserfeste Filzstifte, Notizbücher, Bleistifte, Lineale, Millimeterpapier, gelbes Isolierband, Maßband, Schere, Angelschnur, Acetat-Folien (um Blätter abzupausen), Probeflaschen (für Insekten), meinen Lieblingsexhaustor (ein abgefahrener Becher, mit dem man gefahrlos ein Insekt in ein Gefäß saugen kann), Fotoapparat, Oreos (immer!) und Wasser. Ich hängte den Eimer an einen Karabiner, der an meinem Gürtel festgeklipst wurde, damit ich gut drankam. Auf den Boden legte ich eine billige, einen halben Quadratmeter große Plane, damit die Seile und meine übrige Ausrüstung nicht zu sehr im Matsch hingen. Wir Feldforscher sind stolz auf unseren Einfallsreichtum und unser Improvisationstalent. Laborforscher brauchen meist umfangreiche Fördergelder für den Kauf und die Wartung teurer Maschinen – Feldforschung dagegen wird normalerweise mit relativ bescheidenen finanziellen Mitteln und wenigen zusammengebastelten Instrumenten betrieben.

Für die Geländearbeit an diesem ersten Baum brauchte ich einen ganzen Tag, um die Seile anzubringen und an drei Ästen in drei Höhen jedes Blatt zu nummerieren. Weitere zwei Tage vergingen mit derselben Arbeit an Baum 2 und 3. Als die Blätter markiert waren, setzte ich Datenblätter auf. Jedes Baumblatt bekam seine eigene Zeile und für vierundzwanzig Monate leere Kästchen, wo monatliche Veränderungen festgehalten werden konnten – Insektenfraß, Austrocknung, Farbwechsel oder Tod.

Als ich mit dieser Methodik zufrieden war, wiederholte ich die Prozedur an allen fünf Baumarten mit insgesamt drei Ästen in drei Höhen an drei Bäumen an drei Standorten in drei Regenwaldtypen, die alle nicht weiter als eine Tagesfahrt entfernt waren. Als an den Bäumen die Seile einmal befestigt und die Blätter in den verschiedenen Höhen markiert waren, gingen die monatlichen Besuche zum Ablesen viel schneller. Ich ließ in jedem Baum Pilotschnüre aus Nylon hängen, mit denen sich das Kletterseil jeden Monat ganz einfach wieder in Position bringen ließ. Diese feinen Schnüre waren dunkelgrün und so harmlos, dass sie unsichtbar blieben und kein Tier sich darin verfing. Ich kaufte mehrere 300-Meter-Rollen davon, damit ich sie in jedem meiner Bäume hängen lassen konnte. Zum Glück wurde nie eine Leine aus einer Astgabel gezogen. Jeden Monat inspizierte ich jedes Blatt und dachte mir Abkürzungen aus, die in meine Datenblätter passten. *E* bedeutete jung *(emerging); G* hieß Gallen; *Y* stand für gelb *(yellow)*. Andere Buchstaben markierten verschiedene ökologische Hinweise zum Beispiel auf Insektenfraß (erkennbar an Kot), die Anwesenheit von Spinnen (Netze) oder von Käferbanden. Hugh, mein treuer Kollege aus der Meeresbiologie, diente freiwillig als Bodencrew, die Daten aufzeichnete. Heute könnte man solche Arbeiten mithilfe eines Tablets sehr viel einfacher erledigen, wir dagegen verwendeten altmodische Bleistifte und wasserfestes Papier, später übertrugen wir die gesammelten Daten mühsam in Tabellen. In diesen ersten Monaten der Feldforschung war mein Gehirn total reizüberflutet, und ich war erschöpft. Ich konnte gar nicht beschreiben, wie aufregend es an vorderster Front wissenschaftlicher Entdeckungen war. Wie verblüffend, dass noch nie irgendjemand die Lebensdauer eines immergrünen Blattes in der Krone des Regenwalds untersucht hatte. Fast jeden Monat fiel mir, während ich Daten sammelte, ein neuer Ausrüstungsgegenstand oder eine Anpassung ein, die meine Arbeit effizienter oder sicherer machten.

Auf meinem zweiten monatlichen Kontrollgang stellte ich schockiert fest, dass viele meiner sorgfältig nummerierten Blätter angefressen waren. Kleine Löcher, große Löcher, sogar sichtbare Gallen auf den meisten Blättern. Was für ein Affront: Irgendwelche Biester wagten es, diese Blattproben zu beschädigen – manche hatten sich sogar durch die gerade erst angebrachte Schrift gefressen. Es zeigte sich, dass Blattfraß in erheblichem Maße das Überleben insbesondere junger Blätter bedroht. Ich lernte, verschiedene Typen von Phytophagie zu erkennen: Es wurde gefressen (sichtbar an Löchern im Blattgewebe), miniert (die Bohrung kunstvoller Tunnelnetze zwischen die Schichten des Blattgewebes), es gab Gallen (kleine infizierte Schwellungen, wo Insekten Eier abgelegt hatten) und Pilzbefall (mit schwarzen Flecken auf dem Laub). Ein junges Blatt ist extrem anfällig für die Schädigung durch Phytophagen, nicht nur wegen seines weichen Gewebes, das sich leicht zerkauen lässt, sondern auch, weil es häufig noch besser verdaulich ist, da noch keine Chemikalien zur Verteidigung eingelagert wurden. Pflanzen und Insekten befinden sich in einem ständigen Wettrüsten – die Pflanzen versuchen, Blätter zu entwickeln, die gegen Blattfraß immer resistenter werden, und die Insekten adaptieren sich so, dass sie sie trotzdem verdauen können. Die Überlebensstrategien der Blätter bestehen darin, Toxine zu produzieren, Zähigkeit zu entwickeln und den saisonalen Austrieb so zu timen, dass die Schlüpfzeit der Insekten vermieden wird. Pflanzenfressende Insekten versuchen, im Wettlauf mit den Verteidigungsstrategien mitzuhalten: Sie passen ihre Verdauung den Chemikalien an und lernen, härtere Blätter zu zerkauen, sie schlüpfen rechtzeitig, um junges Laub fressen zu können, und umgehen sämtliche physischen oder saisonalen Mechanismen, die Pflanzen ausbilden. Indem ein Baum über einen langen Zeitraum hinweg Blätter nach und nach austreibt, kann er den Ansturm bestimmter Raupen, die alle gleichzeitig schlüpfen, minimieren. Genauso wichtig: Ein Phytophage muss sein Lieblingsblatt im unendlichen Grün auch erst einmal finden. In tropischen Wäldern besteht dieses Grün aus Tausenden unterschiedlichen Baumarten, deren Blätter weich oder hart sind, nahrhaft oder nicht, alt oder jung, verbreitet oder selten, bereits angefressen oder noch unversehrt, durch Ameisen geschützt oder nicht, besonnt oder im Schatten und weit oben oder tief unten. Das Kronendach kam mir plötzlich vor wie die abwechslungsreichste Salatbar der Welt. Genau wie Menschen sich aus unterschiedlichem Grünzeug einen Salat zusammenstellen, stehen phytophage Insekten in den Baumwipfeln vor einer gigantischen Auswahl vegetarischer Kost, doch mit ihrer speziellen Veranlagung können sie nur einige Sorten davon auch tatsächlich verdauen. Käfer fliegen manchmal kilometerweit, bis sie einen Coachwood-Baum finden, dessen junge Blätter ihnen munden und der Kraft ihrer Mundwerkzeuge entsprechen. In Costa Rica ziehen Blattschneiderameisen (*Atta* sp.) manchmal kilometerweit senkrecht über viele Bäume, bis sie einen Vorrat von *Virola*-Blättern in der exakt richtigen Textur finden, die ihre Arbeiterinnen dann zu Tausenden in die unterirdischen Pilzgärten transportieren. Eine Rüsselkäferart krabbelt von vorn bis hinten über einen Sassafras-Ast, bis sie genau die idealen Bedingungen mit den passenden Sonnenflecken und Blättern in der passenden Textur findet, damit ihr Rüssel den Saft aus den Blatt saugen kann.

Eine andere Entdeckung dieser ersten Ausflüge auf dem achten Kontinent war, wie erheblich die Blätter in unterschiedlichen Höhen sich in Größe, Farbe und Dicke unterschieden. Wenn man senkrecht an einem Baum emporstieg, fühlte man sich wie in einem Wolkenkratzer, denn auch dort gibt es erhebliche Unterschiede zwischen Penthouse und der Mietwohnung im Tiefparterre – und das nicht nur wegen der Aussicht, sondern auch in Bezug auf Licht, Luftqualität, Wind und so ziemlich jeden anderen Umweltfaktor. Während ich das braune, schlangenartige Seil hinaufkletterte (für mich sah es wenigstens so aus, als würde eine Schlange durch die Blattschichten baumeln), traf ich in geringer Höhe zuerst auf die Blätter des unteren Kronenraums, die im Schatten, ohne Wind und bei hoher Luftfeuchtigkeit wuchsen. Diese unteren Blätter klatschten mir beim Klettern häufig ins Gesicht, weil sie groß, biegsam und dünn waren. Ihre dunkelgrünen Blattflächen waren von Fraßlöchern durchzogen und mit kunstvoll gewundenen Gängen der Blattminierer markiert. Manchmal waren die Blätter mit Pollen oder einer Staubschicht bedeckt, weil es hier weder starken Wind noch prasselnden Regen gab. Häufig trugen sie eine Schicht Moos, Flechten und diverse andere Miniaturpflanzen, alles, was sich im dunklen Schatten auf einem feuchten Blatt wohlfühlt. Diese lebende Schicht auf einem Blatt bezeichnet man als Epiphyllos: eine echte Gemeinschaft von Kleinstlebewesen, die alle auf einer Phylloplane leben (ein abgehobenes Wort für die Blattoberfläche). Bis heute haben erst zwei Wissenschaftler ihre Karriere deren Erforschung gewidmet.

Der mittlere Kronenraum enthält alle möglichen Blattgrößen und Texturen – etwas kleiner als im vollständigen Schatten, aber größer als oben in der Sonne, dünner in schattigen Ecken und dicker, wenn sie häufig Sonnenflecken ausgesetzt waren. Im oberen Kronenraum wurden die Blätter verblüffend klein, dick, kräftig, heller grün und zäher – passend zu den warmen, trockenen, windigen Bedingungen am Wipfel. Fachsprachlich ausgedrückt besitzen Regenwaldbäume je nach Lichtverhältnissen zwei physiologische Blatttypen: Schattenblätter weiter unten und Sonnenblätter oben, dazwischen aber im gesamten Mittelbereich viele Zwischenformen. (Um es noch komplizierter zu machen: Manchmal finden sich auch unten an einem Baum Sonnenblätter, nämlich am Rand zu einer Lücke oder einer Straße, wo direktes Sonnenlicht auch auf die unteren Äste trifft.) Die größten Bäume, sogenannte Überhälter oder Emergenten, die sich über die anderen Bäume erheben, erhalten von allen Seiten Licht, ihr Laub besteht also fast ausschließlich aus Sonnenblättern. Bäume in den Tropen besitzen manchmal wohl Millionen Blätter und damit unendlich viel Grün, aber dieses Grün ist alles andere als homogen. Als jahrzehntelange Blattliebhaberin kann ich bestätigen, wie komplex das Mosaik der Grüntöne im Kronendach ausfällt – verschiedene Arten, Höhen, Alters-, Gesundheits- und Lichtverhältnisse, unterschiedliche Anfälligkeit für Insektenfraß und unterschiedliche Exposition für Wind und Regen. Wie bei allen Immobilien ist die Lage alles, sie hat erheblichen Einfluss auf das Schicksal eines Blatts. Auch Zufallsereignisse, etwa die Nähe zu dichten Beständen von Lianen oder Luftpflanzen (in denen sich vielleicht Insekten tagsüber verstecken und nachts zum Fraß herausgekrochen kommen) oder die Entfernung zu den Schlafplätzen von Fledermäusen (die nachts ausschwärmen und in der ganzen Umgebung jede Menge Insekten vertilgen), können sich auf die Langlebigkeit eines Blatts auswirken.

Neben den vielen Phytophagen raubte mir in diesen ersten Monaten der Datenerhebung noch eine andere Angst den Schlaf: Fraßen Insekten womöglich besonders gern die schwarze Tinte, mit der ich die Blätter nummerierte? Oder umgekehrt, fraßen sie die mit Tinte markierten Blätter gerade nicht? Damit würde ich mich der Ursünde der Feldbiologie schuldig machen – dem systematischen Fehler der Stichprobenverzerrung. Also konzipierte ich einen kurzen Feldversuch, um herauszufinden, wie die Tinte selbst sich auf den Insektenfraß auswirkte. Drei Monate lang markierte ich Hunderte Blätter jeden Alters mit einer Nummer an verschiedenen Stellen der Blattoberfläche. Monat für Monat kam ich wieder und zählte, auf wie vielen Blättern Insekten sich durch die Tinte oder an der Tinte vorbei gefressen hatten. Zum Glück erwiesen die Ergebnisse keine statistische Vorliebe für oder gegen

Tinte bei den Phytophagen. Trotzdem entwickelte sich meine ursprünglich angedachte geradlinige Untersuchung der Lebensspanne von Blättern unversehens zu einem komplexen Datendickicht.

Neben der Mühe mit den Daten selbst wurde die Geländearbeit nach wie vor von logistischen Problemen erschwert. An einem subtropischen Standort wuchsen zwei meiner Bäume direkt nebeneinander, eine Australische Riesenbrennnessel und ein Coachwood. Eines sonnigen Oktobertags im zweiten Jahr wanderte ich, meine Seile in der Hand, munter in den Wald und erfreute mich an dem von allen Seiten her klingenden Konzert der Leierschwänze. Diese eleganten, auf dem Boden lebenden australischen Vögel mit langen, wie eine Leier geformten Schwanzfedern tragen ganze Symphonien vor und imitieren dabei auch die Geräusche ihrer Umwelt, normalerweise den Gesang anderer Vögel. Was ich heute zu hören bekam, war aber leider eine perfekte Wiedergabe von brummenden Lkws, die auf einer Bergstraße die Gänge herunterschalteten. Ich hatte noch nie gehört, dass ein Leierschwanz etwas anderes imitierte als einen anderen Vogel, und diese Bestätigung für die Übergriffigkeit des Menschen in die Natur machte mich traurig.

Als ich am selben Tag auf eine kleine Lichtung trat und aufsah, um meine Kletteräste zu inspizieren, merkte ich plötzlich, dass sich unter meinen Füßen der Boden bewegte. Im schattengesprenkelten Sonnenlicht wanden sich junge und alte Braunschlangen, freuten sich über eine frisch geschlüpfte Brut und genossen vielleicht die Wärme der Sonne auf ihren glatten Leibern. Fast wäre ich ohne Seil am Stamm hochgeklettert, so erschrak ich beim Anblick so vieler hochgiftiger Schlangen. Später erfuhr ich, dass einige australische Schlangenarten den Frühjahrsbeginn mit einem komplizierten Balzritual begehen und auch das Schlüpfen ihrer Jungen feiern. Dabei bilden sie einen sich windenden, bebenden Knoten wie zu einer Sinnesorgie. Ich machte auf dem Absatz kehrt und beschloss, die Datenerhebung für diesen Monat auszulassen, denn ich wusste, wie tödlich der Biss einer Braunschlange ist. In Australien gelten über 90 Prozent der Schlangen als giftig. Daher ist es ein kleiner Trost zu wissen, dass man in den Bäumen sicherer baumelt, als man auf dem Boden steht – trotzdem muss man erst mal an den Schlangen vorbei auf den Baum kommen!

Sehr anstrengend waren auch die langen Anfahrtswege zwischen den erhaltenen Regenwaldbeständen. In diesen drei Jahren erhöhte ich den Kilometerstand der Uni-Dienstwagen jeden Monat um über 1500 Kilometer, von Sydney an der Küste entlang ins südliche Queensland und zurück. Auf der Rückfahrt kurbelte ich manchmal alle Fenster herunter und sang laut zur Musik aus dem Radio, um wach zu bleiben. Häufig hüpften Kängurus auf die dunklen Straßen, wo die Autoscheinwerfer sie blendeten. Sie verursachten erhebliche Schäden an australischen Autos, ganz abgesehen von ihrem eigenen unglücklichen Verenden. Ich hatte Glück – während meiner Geländearbeit kam es nie zu Kollisionen mit Kängurus, aber die Angst davor hielt mich wach. Die andere große Gefahr auf der Straße waren die Steine, die entgegenkommende Lkws aufspritzten. In Australien waren die Autos noch nicht mit so hochwertigem Sicherheitsglas ausgerüstet wie in den USA, weshalb ein kleiner Sprung in der Windschutzscheibe binnen Sekunden zu einem Haufen scharfer Splitter zerspringen konnte. Ich fühlte mich auf diesen groben australischen Straßen nie wohl, vor allem nicht am Abend nach der anstrengenden Arbeit im Gelände. Ich war immer erleichtert, wenn ich in meiner Garagenwohnung in Sydney ankam und all meine Datenblätter auf dem Boden ausbreitete, um zu grübeln, welche Geheimnisse das Laub in diesem Monat preisgab.

Mit dem Budget eines Promotionsstipendiums über die Runden zu kommen, blieb eine tägliche Herausforderung. Ich dachte mir ein paar Tricks aus, um meine Ausgaben zu senken, die im Rückblick nicht ganz ungefährlich waren. Nach meinen Exkursionen öffnete ich die Backofentür und heizte meine winzige Wohnung mit der Gasflamme, was natürlich riskant, aber sehr billig war. Meine Unterkunft kostete zwar nur 40 Dollar pro Woche, dafür wartete sie aber mit einer bedenklich in die Jahre gekommenen Elektrik und einer uralten Matratze auf, die in ihrem schimmeligen Inneren wahrscheinlich eine ganz spezielle Artenvielfalt beherbergte. Das Türschloss ließ sich mit einem einfachen Skelettschlüssel öffnen, aber außer meinen Daten besaß ich ja keine Wertsachen. Im Vergleich zu Schottland, wo ich mich von überfahrenen Tieren ernährt hatte, lebte ich in Sydney wirklich komfortabel. Zum Mittagessen gab es meistens Omelett, denn Eier waren spottbillig. Meine Vermieterin war 96 und ab vier Uhr nachmittags immer von Sherry angesäuselt. Sie arbeitete als Wachhund und Schnüffelnase zugleich. Zu allen männlichen Besuchern, die den Fußweg zur Wohnung heraufkamen, gab sie ihre Meinung ab. Ich hatte ständig Besuch, weil ich nahe am Flughafen wohnte und häufig gebeten wurde, Gäste zu empfangen. Einmal beherbergte ich eine der wenigen weiblichen Forscherinnen, die das Institut besuchten, Jean Langenheim, eine Ökologin von der University of California in Santa Cruz. Jean war begeistert von meiner Erfindung, die Segeltuchschuhe an den Kakihosen festzunähen, damit weniger Blutegel hereinkamen, und sie griff sofort zur Nähnadel. Nach mehreren Stunden Handarbeit hielt sie stolz die Hose in die Luft und stellte fest, dass sie die Schuhe verkehrt herum angenäht hatte. Bis zuletzt haben wir über diese Geschichte gelacht. Manchmal kamen Techniker von anderen Universitäten zu Besuch. Einer aus dem ökologischen Labor in Canberra brachte als Gastgeschenk immer eine Flasche seines liebsten australischen Chardonnays mit, die wegen meiner knappen Finanzen praktisch meine einzige Alkoholquelle darstellte. Wenn ich keine Gäste hatte, sparte ich mir das Busticket und fuhr die dreizehn Kilometer zur Uni mit dem Fahrrad, brach morgens vor der Hauptverkehrszeit auf und kam auch vor der Rushhour nach Hause. Meine große Prasserei bestand im Kauf eines gebrauchten Plattenspielers mit ein paar gebrauchten

LPs, sodass ich während der Datenanalyse Musik hören konnte. In den grauen Zeiten vor dem iPhone füllte diese Kiste die Hälfte meines winzigen Wohnzimmers aus!

Den größten Frust und zugleich die meiste Inspiration während meiner Feldforschung im Regenwald brachte mir die Erkenntnis, dass jede Frage fünf weitere aufwarf. Außerdem gebar jede Antwort immer noch mehr Rätsel, und ein jedes erforderte noch mehr Kletterei. Neben kleinen Experimenten mit Tinte und Blättern standen komplizierte Denksportaufgaben über das Verhältnis der Blattfestigkeit zu den Mundwerkzeugen von Insekten an oder auch die Frage, ob die Lebensspanne eines Blatts stärker durch Fraß oder durch Minieren verkürzt wurde, und viele andere Rätsel. Meine Notizbücher strotzten von Beobachtungen, Daten, Zeichnungen und Tausenden Messwerten, die zu vielfältigen neuen Untersuchungsfeldern führten. Ich vermaß Blattlängen und -breiten, Löcher, Miniermuster, Blattränder, Wassergehalt, Lebensdauer, Toxine, Blattdicke, Oberflächenatmung und selbst das Vertrocknen und Verrotten des Laubs. Bevor es Seile und Klettergurte gab, hatten die Waldwissenschaftler weniger als fünf Prozent im Volumen der großen tropischen Regenwälder untersucht und die übrigen 95 Prozent weggelassen, obwohl dort am meisten los war. Ich tat mein Möglichstes, um diese übrigen 95 Prozent in den Griff zu bekommen. Mir eröffnete die Kletterei einen wuselnden Hotspot aus unbekannten Geschöpfen und ihren Interaktionen.

Wie alle Ökolog:innen belegte ich einen Statistikkurs – ich absolvierte ihn sogar zweimal, einmal zu Beginn meiner Geländearbeit und dann noch einmal gegen Ende, weil ich als eine der ersten Arbornautinnen meine empirischen Daten unbedingt nach den besten Protokollen auswerten wollte. (Danke an Tony Underwood für die fantastischen Vorlesungen, in denen er Versuchsdesigns mit seinen eigenen Daten aus der Litoralökologie illustrierte.) Wie konnte ich in einem großen dreidimensionalen Lebensraum genaue Daten von Blättern erfassen, wo ich doch wusste, dass ich nicht jedes einzelne Blatt vermessen konnte? Im Statistikkurs lernte ich, dass in der Natur fast alles von zwei Variablen abhängt: Zeit und Raum. Das hatte ich mir aber noch nicht wirklich zu Herzen genommen, bis ich meine Daten aus den Kronendächern analysierte. Wurde die zeitliche und räumliche Variation bei der Datenerfassung korrekt berücksichtigt, so konnte man aufgrund einer Auswahl von Blättern zu den richtigen Schlussfolgerungen kommen, auch ohne jedes einzelne Blatt zu vermessen. Zeit: Blätter unterscheiden sich nach geringem und höherem Alter, außerdem entwickeln sie sich über die Tage, Wochen, Monate und Jahre. Manche australische Regenwälder weisen nicht nur eine saisonale Blattvariation auf, sondern auch physiologische Unterschiede in der Blattform zwischen Sämling und erwachsenen Pflanzen. Raum: Auch an räumlichen Gradienten unterscheiden sich Blätter – vom Wipfel zum Fuß eines Einzelbaums oder eines ganzen Hangs, zwischen bestimmten Standorten und ganzen Kontinenten, in manchen Fällen sogar zwischen Mikro-Standorten auf verschiedenen Seiten desselben Stamms. Versuchte man, den Lebenszyklus von Blättern nach zeitlichen und räumlichen Kriterien zu bewerten, ergaben sich nicht nur Erkenntnisse zum Überleben der Blätter, es ließen sich daraus auch Rückschlüsse auf die Waldgesundheit insgesamt ableiten.

Der Mensch neigt dazu, in relativ kurzen Zeitspannen zu beobachten, und vergisst dabei häufig die langfristigeren Prozesse, die für manche Organismen, besonders für Bäume, relevant sind. Doch die beiden Säulen der Feldbiologie – Zeit und Raum – erfordern langfristige Messungen, sonst stimmen die Daten nicht. Wenn ich aber bestimmte Blätter über lange Zeiträume hinweg beobachtete, erlaubte das eine genaue Analyse der Veränderungen im Lauf von Tagen, Monaten, Jahren, und sogar das Absterben ganzer Wälder über Jahrzehnte hinweg ließ sich überwachen. Dass ich so hingebungsvoll die räumliche Variation berücksichtigte, indem ich in die Bäume kletterte, offenbarte mir die Komplexität von Bäumen von unten nach oben. Leider war es oft schwierig, langfristige Datenerhebungen durchzuführen. Für Forschungsgelder aus Stipendien oder Drittmitteln musste man normalerweise jährlich Bericht erstatten, und das lief langen Untersuchungszeiträumen zuwider. Forscher werden dazu gedrängt, nach einem oder höchstens drei Jahren Ergebnisse vorzulegen. Doch wenn die zeitliche Variabilität nicht angemessen berücksichtigt wird, sind die Schlussfolgerungen nicht verlässlich. Wenn Geld- oder Arbeitgeber nach kurzen Zeiträumen Ergebnisse verlangten, sammelte ich kurzfristige Beobachtungen, hauptsächlich Momentaufnahmen oder einzelne Messungen aus einem einzigen Beobachtungszeitraum. Nachdem ich in Australien über Jahre hinweg Daten erfasst hatte, konnte ich berechnen, wie ungenau Momentaufnahmen im Vergleich zu Langzeitbeobachtungen waren. Die Abweichung ist verblüffend! Wenn ich zum Beispiel den Blattfraß an Coachwood über einen einzelnen Tag bezifferte, indem ich entweder eine Handvoll Blätter abschnitt oder sie vom Waldboden auflas, wie in der Waldwissenschaft üblich, belief sich der durchschnittliche Blattfraß auf etwa acht Prozent der Blattfläche. Erfasste ich dagegen den Blattfraß über die gesamte Lebensspanne (die bei manchen Coachwood-Blättern über fünf Jahre betrug), gingen durch Schädlinge pro Jahr durchschnittlich 22 Prozent der Blattfläche verloren. Das genauere Ergebnis beruhte auf der Beobachtung eines Blattes über seine gesamte Lebensdauer und zeigte, dass die oberflächliche Methode der Momentaufnahmen für eine Verfälschung um das Dreifache sorgte. Warum diese große Diskrepanz? Ganz einfach: Wenn man eine Handvoll Blätter aufsammelt und vermisst, kann man gar nicht die Blätter berücksichtigen, die von Schädlingen komplett aufgefressen wurden, und auch die Berechnung des Blattfraßes am gesamten Baum einschließlich des Laubs im oberen Kronenraum ist so nicht möglich. Nur indem ich in die Bäume kletterte und über längere Zeiträume hinweg Messungen vornahm, konnte ich die Plünderung der ganzen Salatbar berechnen.

Während meiner Promotionszeit nutzte ich die Gelegenheit, eine Hypothese über Blätter in der sicheren und leicht zu kontrollierenden Umgebung eines Labors zu prüfen. Die Arbeit dort war etwas völlig anderes, und ich genoss die kleinen Annehmlichkeiten, jeden Tag frische Unterwäsche tragen, Pizza bestellen und in meiner eigenen Küche Kaffee kochen zu können. Meine Frage im Labor lautete: Welche Blätter sind giftiger – junge oder alte? Manche Ökologen meinten, chemische Giftstoffe seien in jungen Blättern höher konzentriert und würden sich mit dem Wachstum des Blatts verteilen. Einer anderen Lehrmeinung zufolge akkumulierten Blätter die Toxine schrittweise über ihre Lebensspanne hinweg. Um das zu klären, pflückte, trocknete und analysierte ich junge, mittelalte, reife und alternde Blätter aller fünf Arten. Sie wurden auf Phenole und Tannine untersucht, beides Substanzen, die bekanntermaßen der Verteidigung gegen Phytophagen dienen. Im Gegensatz zur Arbeit im Gelände, wo die Natur das Sagen hat, war ein Analyselabor steril und beherrschbar, ideal für die Datenerhebung. Doch wie meistens bei Blättern waren die Ergebnisse alles andere als eindeutig. Eine Art wies die höchsten Toxinwerte in jungen Blättern auf, während drei andere Arten mit zunehmendem Alter mehr Toxine aufbauten. Eine fünfte Art hatte fast gar keine Toxine und illustrierte damit das breite Spektrum von Verteidigungsstrategien der Regenwaldbäume.

Die Wachstumszyklen der Blätter unterlagen zeitlichen (oder saisonalen) Strategien, die diese kleinen grünen Maschinen schützen sollen, und zwar nicht nur vor hungrigen Schädlingen, sondern zunehmend auch vor den Auswirkungen von Dürre, Überflutungen, Stürmen und dem Klimawandel. Im 21. Jahrhundert finden Laubaustrieb und Blüte in vielen sommergrünen Wäldern der gemäßigten Zonen beinahe einen Monat früher statt als noch vor wenigen Jahrzehnten – eine Reaktion auf das wärmere Klima. Da die Blätter die Gesamtwirtschaft des Baums repräsentieren, könnten diese auffälligen zeitlichen Verschiebungen sich durchaus auf die Gesundheit des ganzen Waldes auswirken. Frisches Laub, das weich und empfindlich ist wie Babyhaut, muss Räuber genauso strategisch meiden wie Klimaextreme, die sein Überleben bedrohen. In den sommergrünen Laubwäldern der gemäßigten Zone konzentriert sich der Blattaustrieb auf eine große Explosion im Frühling. Dabei beträgt die Energieeffizienz dieser durch Solarenergie betriebenen Fabriken (also der Blätter) nur ein Prozent, die übrigen 99 entfallen auf die Versorgung des Blatts. Die Hälfte dieser 99 Prozent wird für den Transpirationsstrom aufgewendet, also den Transport des Wassers von den Wurzeln bis ganz oben in die Kronenblätter, denn neben Sonnenlicht ist Wasser eine unverzichtbare Voraussetzung für die Produktivität eines Blatts. Der ständige Wasserfluss durch den Stamm bis zum Blatt erfolgt gegen die Schwerkraft, und bei manchen Bäumen kann das Wasser bis zu hundert Meter weit aufsteigen! Den kollektiven Wassertransport leisten Xylemzellen, die wie Pumpen funktionieren und die Flüssigkeit von den Wurzelhaaren bis in die Sonnenblätter saugen. Schätzungen zufolge kann ein Maisstängel in nur einer kurzen Wachstumssaison 200 Kilogramm Wasser heben, und große Mammutbäume verdunsten 2000 bis 4000 Kilogramm Wasser täglich! Mit ihrem lautlosen Betrieb ohne fossile Brennstoffe und ohne giftige Abfälle sind Bäume damit weitaus effizienter als jede von Menschen gebaute Fabrik.

In diesen Urzeiten lange vor tragbaren Computern trug ich alle Notizen einzeln in die Spalten meiner Datenblätter ein. Zurück im Büro, verarbeitete ich die Daten für meine statistischen Analysen. Das war sehr zeitaufwendig. An Daten fehlte es mir jedenfalls nicht! Jedes Mal, wenn eine Knospe aufbrach, hatte ich danach fast doppelt so viele junge Blätter. Nach 18 Monaten Kletterei zählte ich an meinen fünf Arten 4183 Blätter. Wie eine Besessene konnte ich nicht aufhören, meine Datenbank zu erweitern, und als ich meine Doktorarbeit schrieb, hatte sich die Anzahl von Blättern im Vergleich zum Anfang mehr als verdoppelt. Nach 36 Monaten Baumklettern begann ich mit der Geschichte, die sich aus den Daten ergab, zu kämpfen. Was waren denn nun die Ergebnisse?

Das meiste Laub im Kronendach des Regenwalds lebt durchschnittlich drei bis fünf Jahre, die Lebensdauer reicht aber von kurzen vier bis sechs Monaten bei der schnell wachsenden, giftigen Australischen Riesenbrennnessel über sechs bis zwölf Monate bei der laubabwerfenden Australischen Red Cedar bis zu über zwanzig Jahre bei den Blättern des Sassafras. (Vielleicht fragen Sie sich, wie ich den Wert für die Sassafras berechnet habe. Um es kurz zu machen: Auch nach Abschluss meiner Dissertation beobachtete ich diese übrigen Blätter noch viele Jahre lang.) An höher gelegenen, also kühleren und windigeren Standorten, wo Sassafras niedriger wachsen, leben ihre Blätter nur zwei bis vier Jahre, unabhängig von ihrer Höhe in der Krone. Ja, die Lage ist alles!

Zu den Hauptverantwortlichen für die Schädigung eines Blatts gehören Insekten. Vor meinen Ausflügen in die Kronendächer hatte man weder in Australien noch anderswo die Fraßschäden an ganzen Bäumen bemessen, nie wurden solche Untersuchungen sorgfältig wiederholt oder dabei die zeitliche und die räumliche Variation berücksichtigt. Das Laub eines Baums bietet Phytophagen viele verschiedene Typen von Nahrung. Obwohl die Kantine durchgehend geöffnet ist, und Bäume vor ihren Feinden nicht weglaufen können, vernichteten Insekten während meines gesamten Forscherinnenlebens erstaunlicherweise nie das gesamte Kronendach eines Regenwalds. (In Trockenwäldern ist das anders – davon wird später die Rede sein.) An Coachwoods vertilgen Insekten etwa 22 Prozent der Blattfläche pro Jahr, meist in den ersten drei Monaten des Blattlebens, also durchschnittlich fast ein Viertel jedes Blatts – heilig's Blättle! An Sassafras leiden die Schattenblätter stärker unter Phytophagie als die Sonnenblätter, die gesamte Krone büßt pro Jahr im Schnitt 15 Prozent ihrer Blattfläche ein. Bei der Australischen Red Cedar beträgt der jährliche Verlust nur 4,5 Prozent, und das überall im Baum – wegen ihrer Lolliform und der kurzlebigen, abfallenden Blätter besitzt diese Art keine klar ausdifferenzierten Sonnen- und Schattenblätter. Die Antarktische Südbuche muss 31 Prozent Blattfraß hinnehmen, wobei erstaunliche 99 Prozent der Schädigung in den ersten drei Monaten des Blattlebens erfolgen, wenn das Gewebe noch weich und verletzlich ist. Für die größte Überraschung sorgten die Australischen Riesenbrennnesseln: Dieser ikonenhafte Teufel des Regenwalds mit seinen aggressiv-defensiven Brennhaaren verliert durchschnittlich 42 Prozent seiner Blattfläche durch Insektenfraß. Diesen Prozentsatz fand ich geradezu umwerfend. Eine Käferart hatte die Fähigkeit erworben, die Brennhaare zu verdauen, und keiner ihrer Räuber wagte sich nahe genug heran, um sie von den giftigen Flächen zu klauben.

Dank meiner bescheidenen, selbst gebauten Ausrüstung konnte ich nicht nur Blätter überall am Baum beobachten. Ich stellte auch fest, dass der Insektenfraß vier- oder fünfmal stärker ausfiel, als es frühere Schätzungen vom Waldboden aus, also am »großen Zeh« eines Baums, nahegelegt hatten. Für eine Feldbiologin war das eine überwältigende Diskrepanz! Das Sammeln all meiner Daten war wie eine Ausbildung zur »Laubärztin«. Die Blätter im Kronendach waren meine »Patienten«. Ich kannte all ihre Vitalfunktionen: Waren sie gesund? Angeknabbert? Intakt? Trocken? Präsenz von Blattminierern? Gelb? Braun? Vom Wind zerrissen? Mit Insektenkot bedeckt? Ein gebrochener Ast (vom Wind oder einem ausgelassenen australischen Vogel wie dem Kakadu)? Knospen? Junge Blätter? Gallen? Ich konnte anhand der Beschädigungen auch die meisten Schädlinge bestimmen. Fliegenlarven hinterlassen auf der Blattoberfläche unverkennbare Fraßgänge. Blattkäfer nagen meist mit mittelgroßen Bissen am Blattrand entlang, manche hinterlassen auch spitzenartige Löcher zwischen den Blattadern. Gespenstschrecken fressen auf einen Schlag 75 oder gar 95 Prozent eines Blatts. Die Raupen einiger Lepidoptera (Schmetterlinge und Nachtfalter) oder die Larven der Diptera (Fliegen) treten in Banden auf und entlauben ganze Äste, lassen aber die Hauptadern stehen, weil die zu schwer zu zerkauen sind. Rüsselkäfer hinterlassen auf der Blattoberfläche braune oder gelbliche Verfärbungen. Zwangsläufig wurde ich zur autodidaktischen

Entomologin, musste ich doch herausfinden, wer oder was meine geliebten Blätter zerfraß. Doch illustrierte Bestimmungsschlüssel, Monografien und Fachbücher über die Gliederfüßer Australiens waren rar, weshalb es praktischer war, Exemplare zu sammeln und sie den Experten zu bringen.

Bei Gelegenheit trug ich Proben ins Australian Museum oder zur CSIRO (Commonwealth Scientific Industrial and Research Organization), wo ein paar der Entomologen die Belege für mich bestimmten und mir wunderbare Geschichten über die Welt der Sechsbeiner erzählten. Eines der Schwergewichte der australischen Entomologie war der Rüsselkäfer-Experte Elwood Zimmerman. Schüchtern zeigte ich ihm meine Sammlungen, und er erkannte sofort fünf neue Arten und eine neue Gattung. Mit leuchtenden Augen erklärte er: »Eine neue Art von Diabathrarinae«, oder: »Eine neue Gattung? Bei den Imathia«, oder: »Neue Art von Tychiinae.« Allen Kuratoren im australischen Naturkundemuseum war klar, dass das Kronendach viele noch unbekannte Insekten beherbergte, und jetzt hatten sie eine Arbornautin kennengelernt, die ihnen Exemplare aus den Wipfeln bringen konnte. Bald war ich ein sehr gern gesehener Gast bei den Taxonomen, die ihre Museumsschubladen eifrig mit meinem Getier befüllten.

Wie das Drucklufttauchgerät in den 1950ern die Korallenriffforschung anstieß, trugen meine feldbiologischen Methoden mit Seilen und Klettergurt dazu bei, die Baumwipfelforschung voranzutreiben. Kronendächer wurden in den 1980er- und 1990er-Jahren zum Hotspot der Tropenforschung, die sich von Australien aus in viele andere tropische Länder ausbreitete. Nachdem ich einen sicheren Weg in die Wipfel gebahnt hatte, fing ich an, Kolleg:innen in Australien und in Nachbarländern wie Indonesien zu Arbornaut:innen auszubilden. In Costa Rica, auf der anderen Seite der Erdkugel, aber zufällig auch im Jahr 1979, benutzte ein anderer Doktorand, Don Perry von der California State University in Northridge, ebenfalls Klettergurte, Seile und Armbrust, um auf Bäume zu steigen. Wie ich brachte Don die Kletterei anderen bei, und unabhängig voneinander förderten wir beide in verschiedenen Weltteilen die Baumwipfelforschung. Fünf Jahre nach unseren ersten Klettergängen begegneten wir uns endlich auf einer wissenschaftlichen Konferenz, als wir beide bereits in einer Zeitschrift unsere ähnlichen Methoden beschrieben hatten. Vor den Zeiten des Internets war Wissenschaftskommunikation unglaublich langsam, und von neuen Erkenntnissen erfuhr man nur, wenn man an großen Konferenzen teilnahm oder Zeitschriften las, die manchmal erst nach Monaten im Briefkasten lagen. In diesen so entdeckungsreichen Jahren war Australien von Mittel- und Südamerika außerdem nicht nur geografisch, sondern auch akademisch weitgehend isoliert. Während ich meine Pionierarbeit im Wald leistete, richtete Australien seine Landnutzungspolitik neu aus, weg vom Kahlschlag des Regenwalds hin zu einer massiven landesweiten Initiative zum Erhalt der verbleibenden Fragmente. Nicht zuletzt die Erkenntnisse der neuartigen Erforschung ganzer Bäume sorgte bei den australischen Medien und Politikern für ein überfälliges Umdenken, und statt für Abholzung setzten sie sich nun lautstark für den Umweltschutz ein. Ich bin stolz darauf, dass meine Forschung in den Kronendächern zu dieser Kurskorrektur beigetragen hat. Heute werden die kleinen erhaltenen Flächen geschützten Regenwalds hoch geschätzt, sowohl in Sachen Ökotourismus als auch wegen ihrer biologischen Dienstleistungen, die viele Millionen Dollar wert sind: Bodenschutz, Kohlenstoffbindung, Produktivität, Biodiversität, Wasserfilterung und Klimakontrolle.

Während dieser ersten wegweisenden Baumwipfelstudien versuchten meine Kollegen von der Meeresbiologie mit ähnlichem Engagement zu verstehen, wie die extrem artenreichen Ökosysteme der Korallenriffe funktionieren. Wir alle waren vom Entdeckergeist getrieben, und der raubte uns den Schlaf, wenn wir uns vorzustellen versuchten, wie so viele Arten an einem einzigen Ort leben können. Das Kronendach des Regenwalds und die

Korallenriffe standen an vorderster Front der ökologischen Feldforschung. Doch in den 1980er-Jahren war uns noch nicht bewusst, dass das Klima sich veränderte und wie sich das auf unsere Messdaten auswirken konnte. Im Jahr 1982 wurde ein außergewöhnlich heftiger El Niño erfasst, und das Wasser im Ostpazifik erwärmte sich sehr stark – darauf folgte die erste große Korallenbleiche, die sich bis nach Panama, Mittelamerika und Galapagos erstreckte. An den Pazifikriffen in Panama starben 70 bis 90 Prozent der Korallen. Die meisten Korallenriff-Ökologen hielten das für ein »Korallenproblem«, bis es 1997/98 am Äquator erneut auftrat. Diesmal nahm das auch die internationale wissenschaftliche Gemeinschaft zur Kenntnis. Ähnlich hielten Regenwaldökologen im 20. Jahrhundert Abholzung, Brandrodung und Kahlschlag für die größten Bedrohungen der Waldgesundheit, vom Klimawandel war bis ins beginnende 21. Jahrhundert relativ wenig die Rede. Während ich in den 1980er-Jahren versuchte, nicht unter die Räder der Holztransporter zu geraten, schlug ich keinen Alarm angesichts diverser schockierender Insektenplagen und der gleichzeitig auftretenden wärmeren, trockeneren Wetterphasen, weil wir Ökolog:innen dachten, dass es sich dabei nur um zyklische, episodische Naturereignisse handele, zu denen der Mensch kaum beitrug. An den Korallenriffen wie im Regenwald konzentrierten die Wissenschaftler:innen sich noch darauf zu verstehen, wie diese hochgradig artenreichen Systeme überhaupt funktionieren, und achteten im Grunde nicht auf die enormen, vom Menschen verursachten Abweichungen, insbesondere den Klimawandel, der doch schon damals immer bedrohlicher Fahrt aufnahm.

Coachwood

(Ceratopetalum apetalum)

MEIN ERSTER COACHWOOD-BAUM war Liebe auf den ersten Blick. Welche Arbornautin träumte nicht davon, in den Ästen dieses kräftigen, wohlproportionierten, weißstämmigen, elegant beasteten Baums mit den glänzend grünen Blättern zu verweilen, dessen Blüten sich mit dem Alter von weiß zu rosa verfärben? Diese Bäume sind eine Einladung zum Klettern, Forschen – und für die Biodiversität. Seine englischen Trivialnamen *(scented satinwood, coachwood)* verweisen auf seine duftende, satinweiche Borke und darauf, dass sein Holz sich gut für den Kutschenbau eignete. Der wissenschaftliche Name setzt sich aus griechisch *keras* (Horn) und *petalo* (Blütenblatt) zusammen – in Anlehnung an die hornförmig gelappten Blütenblätter, der Artenname *apetalum* bedeutet »ohne Blütenblätter«. Die zahllosen weißen Blüten des Coachwoods färben nach dem Austrieb rosa, doch das betrifft die Kelchblätter, die zwar Blütenblättern ähneln, aber eben keine sind – daher die Bezeichnung *apetalum*. Die Blüten bieten einer Vielzahl von Wirbellosen Unterschlupf und Nahrung, die roten Früchte locken Königssittiche und andere fruchtfressende Vögel an. Der Coachwood gehört zur Familie der Cunoniaceae, die diverse Baumverwandte vorweisen kann, so zum Beispiel *Vesselowskya, Pseudoweinmannia* und *Schizomeria* (sämtlich nicht nur Zungenbrecher, sondern auch harte Brocken für die Bestimmung durch ungeschulte Botaniker, da sie sich alle sehr ähneln).

Da Coachwood die erste Art von Bäumen war, die ich im Regenwald bestieg, achtete ich ganz besonders auf die Vielfalt von Lebewesen, die in seinem mittleren und oberen Kronenraum, auf den verschiedenen, unterschiedlich arbeitenden Blatttypen vorkommen. Ein paar von ihnen haben sich mir besonders eingeprägt: Schwarze Spitzmausrüsselkäfer (*Apion* sp.) saugten am Laub im unteren und mittleren Kronenraum. In seinen Ästen hielt ein Riesenkauz (*Ninox strenua*) Mittagsrast. Weiter oben turnten lärmende Sittichschwärme und schlugen sich mit Früchten die Mägen voll. Die Käfer der Gattungen *Edusella* sp. und *Colaspoides* sp. taten sich an jungen Blättern gütlich (aber nicht an alten). Meinen Studierenden bläue ich immer wieder ein: Die meisten Entdeckungen führen zu mehr Fragen als Antworten. Noch immer bergen die Kronen der Coachwoods für uns auf den Boden beschränkte Zweibeiner viele Geheimnisse.

Coachwood ist im australischen warm-temperierten Regenwald in ganz New South Wales und im südlichen Queensland verbreitet, er wächst auf relativ nährstoffarmen Böden und auch in den bewaldeten Schluchten im Stadtgebiet von Sydney. Als langsam wachsender Baum liefert er kräftiges Stammholz und wird bis zu 200 Jahre alt. Sein glänzend grünes Laub hat sehr unauffällige gezähnte Ränder, und die gegenständig stehenden Blätter sind das Leibgericht diverser Phytophagen. An den Sonnenblättern des Coachwoods ganz oben in der Krone wurde von allen Baumarten des australischen Regenwalds die höchste Blattfestigkeit gemessen, die an einem so extrem heißen, sonnigen Standort wohl die Austrocknung minimieren soll. Meine Forschung ergab, dass Coachwood-Blätter wie die anderer Baumarten im Regenwald in den ersten drei Monaten des Blattlebens am stärksten unter Schädlingsfraß leiden. Schattenblätter verlieren etwa 35 Prozent Blattfläche pro Jahr an Phytophagen, Sonnenblätter dagegen nur 9,4 Prozent. Und bis ein Coachwood-Blatt auf dem Waldboden verrottet, dauert es 21 Monate – typisch für ein festes Hartlaubblatt. Von den fünf Arten, die ich untersucht habe, sind Coachwood-Blätter die widerstandsfähigsten, sie enthalten aber nur relativ wenig Phenole, weil sie mit ihrer harten, gewachsten Oberfläche Schädlinge effektiver abwehren können, als es mit chemischen Toxinen möglich wäre. (Riesenbrennnesseln enthalten dagegen fast gar keine Phenole und die Blätter von ausgewachsenen Sassafras und Antarktischen Südbuchen fast doppelt so viele.)

Coachwood untersuchte ich, weil sein Laub für viele andere australische Regenwaldbäume typisch ist: sklerophyll (also mit harter, wachsartiger Kutikula), immergrün, beinahe ganzrandig (aber leicht gezähnt), elliptisch und mit einer leichten Rotfärbung der jungen Blätter. Während das Laub im sommergrünen Wald vor dem Laubfall im Herbst sich rot oder orange verfärbt, produzieren viele tropische Bäume rote oder rosa Pigmente während des Blattaustriebs. Diese Färbung ist vielleicht Mutter Naturs Idee zur Abschreckung von Schädlingen, denn sie verwirrt Phytophagen, die nach ihrem Lieblingsessen eigentlich im Grünen Ausschau halten. Außerdem könnte es sich um eine Sparmaßnahme des Baums handeln, der eine frühe Investition in den relativ kostspieligen grünen Farbstoff (Chlorophyll) meidet, weil junge Blätter mit größerer Wahrscheinlichkeit gefressen werden.

Ich gab dem Coachwood den Spitznamen »Wirtschaftsbaum«, weil er mir so viel über den Businessplan einer gesunden Baumkrone beibrachte. Menschen investieren in Aktien, Immobilien und Möbel und messen ihren Erfolg gern in Jachten oder Weinkellern – und ganz ähnlich geht auch ein Baum vor. Ein laubabwerfender Baum folgt einem sehr klaren Businessplan, wenn er jeden Herbst seine Aktivposten abwirft, in dem blinden Vertrauen, dass Sonnenlicht und Wärme im nächsten Frühjahr für den Austrieb von neuem Laub sorgen werden. Diese winzigen Grüneinheiten sind Maschinen, die durch ihr Zusammenspiel den Baum wachsen lassen, indem sie Zucker produzieren und den Nachbarbäumen den Raum streitig machen. Mit seiner immergrünen subtropischen Krone hat der Coachwood einen sehr viel komplexeren Businessplan, denn jedes Blatt besitzt seine eigene Erfolgsformel, was sich in einer ziemlich ausgeklügelten Architektur aus Einzelkomponenten niederschlägt. Die unteren Blätter sind größer und dunkler, weshalb sie die geringen Lichtmengen effizient nutzen können, die durch die obere Krone hereindringen – diese Blätter sind auch langlebig, weil ihre Produktion sehr kostspielig ist. Die Ökonomie des oberen Laubs dagegen beruht auf viel kleineren, dickeren und gelblich grünen Blättern, die perfekt zu den warmen, trockenen Umweltbedingungen passen – ihre extrem leistungsstarken Chlorophyllfabriken produzieren Zucker, die den ganzen Baum lebendig, gesund und wachstumsfähig halten. Zwischen den Sonnen- und Schattenblättern gibt es viele Varianten, die in ihrem Aufbau innerhalb des komplexen Kronensystems alle einer spezifischen Umwelt angepasst sind. Die Sonnenblätter des Coachwoods sind ungefähr viermal kleiner als das Laub im unteren Kronenraum und unterscheiden sich auch in Dicke, Farbe, Festigkeit, Feuchtigkeitsgehalt und Funktion. Das Kronenwachstum ist sehr wichtig – alle Tropenbäume müssen eine Krone ausbilden, die sich im Wettstreit um das Licht gegen die Nachbarn durchsetzt, außerdem ein Wurzelsystem, das möglichst viel Wasser und Nährstoffe aufnimmt. Jedes Individuum besitzt einen Plan, der im Detail koordiniert, wann jedes Blatt austreibt, die Nettoproduktion startet und schließlich abfällt. Wird in einem Sturm ein Ast abgerissen, ist das eine schwere Verletzung: Die ganze Krone muss sich auf der Stelle neu auskalibrieren, sich an die veränderte Architektur anpassen und auch die Funktion jedes Blatts in der Nachbarschaft neu definieren – ganz wie die Infrastruktur angepasst werden muss, wenn ein Erdbeben eine Stadt erschüttert hat. Dank *Ceratopetalum apetalum* mit seiner vielschichtigen Salatbar auf verschiedenen Höhen und Belichtungsebenen lernte ich, die komplexe Maschinerie in einem Regenwaldbaum umso mehr zu bewundern.

4

WER HAT VON MEINEN BLÄTTERN GEFRESSEN?

◇◇◇

Wie man australische Insekten beobachtet (und entdeckt!)

Nachdem ich ein Jahr lang Löcher in den Blättern einer jeden Baumkrone vorgefunden hatte, machte ich es mir zur Mission, die räuberischen Insekten zu verfolgen, deren Kiefer sich so unerbittlich durch all meine Blattproben der Atlantischen Südbuche gruben. Wenn ich in 25 Metern Höhe an meinem Seil oben in den Baumkronen baumelte, wurde mir ob der Höhe schlecht, aber auch von all der Verwüstung, die ich rundum sah – fast jedes Blatt dieser mehrere Tausend Jahre alten Bäume war von braunen Tunnels oder winzigen Löchern durchsiebt. Die Seidenfäden, auf die ich traf, wenn ich durch die Luft glitt, waren ein Hinweis darauf, dass es sich bei diesen Schädlingen um Larven handelte, die an ihren Fäden buchstäblich von Ast zu Ast schwebten. Es sah so aus, als würden nur die jungen Blätter gefressen, ich vermutete also, dass mein Schurke ein winziges (und das hieß: schwer zu findendes) Tierchen war, dessen kleine Mundwerkzeuge nur die weichsten Pflanzenteile zerbeißen konnten. Weiter oben in der Buche fielen mir jetzt auf jedem Ast winzig kleine Krabbelflecken auf. Diese sich windenden Larven gruben sich durch eine Gewebeschicht auf den jüngsten Blättern an den Astspitzen. Wenn sie größer wurden, zogen sie in der Krone weiter nach unten, um etwas größere Stücke von den härteren, mittelalten Blättern zu fressen. Je größer und kräftiger ihre Mundwerkzeuge wurden, desto älter waren die Blätter, über die diese Phytophagen sich hermachten.

Ich war keine ausgebildete Entomologin und hatte keine Ahnung, wie lange es dauern würde, bis die Larven sich verpuppen würden, aber ich wusste, dass ich mir geschlüpfte Insekten vorknöpfen musste, um die Art bestimmen zu können. Also transportierte ich vorsichtig ein paar Dutzend pummelige Larven samt einer Ladung Buchenzweige in meine Garagenwohnung in Sydney. Ich stellte die Zweige in Eimer und stülpte Plastiktüten darüber, damit die Larven nicht an ihren Seidenfäden davonschweben konnten, und geduldig zog ich sie in meiner beengten Studentenbude auf. Nach etwa zehn Tagen – erst auf jungen Blättern, dann an etwas älterem Laub – waren die winzigen weißen Flecken dick und fett geworden, aber immer noch nicht länger als etwa einen Zentimeter. An den Enden waren ihnen Beine gewachsen, nicht jedoch in der Körpermitte (ein Bestimmungsmerkmal der Coleoptera, der Ordnung der Käfer). Eines Tages fingen sie an, sich von ihren Buchenzweigen auf den Boden fallen zu lassen, und versanken in meinem grünen 50er-Jahre-Veloursteppich. Fast wie durch Zauberei hatten sie sich von Larven in kristallharte Kügelchen verwandelt, die Käfer-Entsprechung des Kokons beim Schmetterling. Von einer gewissen Panik ergriffen (schließlich wollte ich sie nicht zertreten!), durchkämmte ich vorsichtig die Teppichfransen und holte all die verpuppten Kügelchen heraus, die das nächste Stadium der Käfer-Metamorphose darstellten. Entzückt wie eine frischgebackene Mutter verfolgte ich mehrere Entwicklungsstadien der Larven und dann, ein paar Wochen später, wie sie als hübsche zimtbraune Käfer schlüpften.

Voller Vorfreude darauf, diese Entdeckung mit Entomologen zu teilen, schnappte ich mir ein paar Probeflaschen voller präparierter Larven und adulter Käfer und flitzte zum Australian Museum. Die Insektenspezialisten drängelten sich um die Proben und erklärten einmütig, dass es sich bei diesen Tierchen um

Chrysomelidae handelte, die Familie der Blattkäfer. Der weltweit führende Experte, Brian Selman, lebte in England, weshalb wir ihm ein Päckchen mit ein paar Belegen an die University of Newcastle upon Tyne schickten. Für Naturkundemuseen ist der Austausch von Belegen gesetzlich zugelassen, weshalb meine kostbaren Flaschen sicher um den halben Erdball transportiert wurden. Obwohl Brian selbst nie auf einer Südbuche war, konnte er dank meiner Geländenotizen die technische Beschreibung dieses neuen wirtsspezifischen Phytophagen verfassen, und ich war seine stolze Co-Autorin. Anfangs ärgerte sich Brian, weil er soeben eine Monografie über Chrysomelidae abgeschlossen hatte und seine umfängliche Veröffentlichung jetzt überarbeiten musste, um diese Ergänzung einzuarbeiten. Doch Taxonomen sitzen ohnehin ständig an Revisionen, Neuausgaben und Erweiterungen ihrer Evolutionsdiagramme, weil immer neue Arten entdeckt und/oder Klassifikationssysteme verändert werden. Er nannte den neuen Käfer *Novocastria nothofagi,* zu Ehren seiner Einrichtung (Newcastle) und dem Wirtsbaum des Käfers, der Antarktischen Südbuche (*Nothofagus moorei*). Persönlich sind wir uns nie begegnet, aber unsere weltumspannende Käferliebe schuf eine enge berufliche Verbindung. Wie so viele Insekten auf dem achten Kontinent war das hier für uns nicht nur eine neue Art, sondern eine ganz neue Gattung: Eine ganze evolutionäre Gruppe von Käfern (die fortan den Namen *Novocastria* trug) war für die Wissenschaft entdeckt worden. Viele Insekten haben gar keine Trivialnamen, sondern nur den komplizierten wissenschaftlichen – ich gab diesen den liebevollen Spitznamen »Gul beetle« zu Ehren des Williams College (*gulielmensian* ist die lateinische Form des Adjektivs »wilhelmisch«, auch das Jahrbuch der Institution heißt so). Eine neue Art zu finden, zu klassifizieren und zu publizieren, ist ein äußerst langwieriger Prozess – bei diesem neuen Käfer dauerte es über zwei Jahre. Arbornaut:innen schätzen, dass 90 Prozent der Arten im Kronendach immer noch unentdeckt und unbeschrieben sind. Im Lauf der Jahre und der

Entdeckungen in den Walddächern haben die Krabbeltiere ihren Weg zu Entomologen überall in der Welt gefunden: zu britischen Coleopteristen, russischen Milbenexperten, australischen Rüsselkäferkuratoren, Arachnologen an der Smithsonian Institution, Borkenkäferlaboren in Florida und vielen anderen. Wie das Wipfel-Ökosystem bildet die Welt der Wissenschaft ein weitläufiges Netz aus Experten, die gemeinsam an unterschiedlichen Facetten der Biologie arbeiten.

Ich hatte eigentlich nicht vorgehabt, in den Baumwipfeln neben den Blättern auch Insekten zu untersuchen, aber es frustrierte und verblüffte mich, wie viele Zeichen von Insektenfraß ich jeden Monat bei meinen Messungen vorfand. Die meisten Phytophagen hinterlassen große Fraßlöcher, manche aber auch großartige, fast künstlerische Muster aus Bohrgängen (Minen) durch die Gewebeschichten – sie lassen normalerweise die Kutikula intakt und graben sich durch das weichere, feuchte Blattinnere. Ein paar Insekten verfassen Botschaften in einer Art Brailleschrift aus Gallen (diese entstehen, wenn Mücken oder Wespen ihre Eier ins Blattgewebe legen. Aufgrund der Aktivität der Larve bildet sich eine knotige Schwellung). Manchmal hinterlassen die Räuber zusätzliche Indizien in Form von kleinen schwarzen Klümpchen, die darauf hinweisen, dass vor Kurzem ein Insekt hier gefressen hat und der Kot noch nicht von der Blattoberfläche gespült wurde. Hätte es damals bereits DNA-Techniken gegeben, hätte ich dieses Kacka wahrscheinlich analysieren und daraus auf die Schuldigen schließen können. Stattdessen war geduldige Beobachtung gefragt, um ein Insekt in flagranti beim teuflischen Mittagsfraß zu erwischen. Da ich dieses ganze Massaker nun einmal entdeckt hatte, musste ich zur Insektendetektivin werden, wenn ich meine Arbeit als Blattspezialistin fortsetzen wollte: Wer fraß was? Wann? Wo? Und wie wirkte sich das auf die Bäume aus?

Fast jede Pflanzenart erleidet Blattfraß, weil Laub nun einmal nicht vor seinen Feinden davonlaufen kann. Mobile Organismen können ihren Räubern durch Flucht entkommen, Pflanzen sind an einem Ort verwurzelt. Daher entwickeln sie zu ihrem Schutz raffinierte Strategien: Sie produzieren Toxine, um ihr Gewebe giftig oder ungenießbar zu machen, oder sie nutzen zeitliche Faktoren (indem alle Blätter auf einmal austreiben, entgehen manche dem Angriff) oder räumliche (indem sie sich im Wald zwischen anderen Baumarten »verstecken«). Die Verwurzelung und die jahrzehntelange Wachstumsphase bis zur Reife machen Bäume besonders anfällig gegenüber Fressfeinden. Meine Detektivarbeit, diese kleinen Tierchen in einer schier grenzenlosen Salatbar voller Grünzeug zu finden, war eine ziemliche Herausforderung. Große Phytophagen auf anderen Kontinenten wie Hirsche, Giraffen, Elefanten oder Faultiere sind weithin sichtbar, während australische Regenwälder solche größeren Vegetarier gar nicht kennen (mit Ausnahme der Koalas, aber die leben nur in Trockenwäldern und ernähren sich ausschließlich von Eukalyptusblättern). Und nun brachten die Insekten eine ganz neue Komplexität und viel Konfusion in meinen Erhebungsplan, weil ich mühsam nach neuen Methoden suchte und mehr Zeit in den Bäumen verbrachte, um die Interaktionen zwischen Blättern und ihren Vertilgern aufzuklären.

Im Kronendach ein Insekt zu finden, glich der Suche nach der sprichwörtlichen Nadel im Heuhaufen, und mir schwand der Mut. Ja, einen wichtigen Phytophagen in der Krone der Antarktischen Südbuche hatte ich gefunden, aber ich wusste, dass fast jede andere Baumart einen eigenen (oder mehrere) Blattfresser hatte. Wie konnte ich eine Untersuchung anlegen, die wenigstens ein paar der bedeutendsten Räuber identifizierte? Das Festmahl verläuft meist im Verborgenen, die Insekten sind auf der Blattoberfläche gut getarnt und mampfen obendrein allein vor sich hin, sodass sie wirklich schwer zu finden sind. Aus meiner ökologischen Lektüre wusste ich, dass Insekten in der Vegetation wirklich unglaublich stark vertreten, aber praktisch nicht zu fassen sind. Vielleicht war die Sache wie beim Birdwatching: Erst nach jahrelanger Übung entwickelt man ein Auge für schnell flatternde Flügel. Statt nach geflügelten Federtieren musste ich eben nach kleinen, krabbelnden Vielfraßen auf Blattoberflächen Ausschau halten.

»Biodiversität« beschreibt als Oberbegriff die biologische Mannigfaltigkeit der Arten auf der Erde, und viele dieser Arten sind Sechsbeiner, also Arthropoden. Im 19. Jahrhundert schätzte Charles Darwin die Gesamtzahl der auf der Erde lebenden Spezies auf 800 000. (Man kann sich vorstellen, dass die englische Königin staunend die Augen aufriss, als ihr botanisches Wunderkind ihr diese damals gigantisch anmutende Zahl vorrechnete!) Fast ein Jahrhundert später kam Terry Erwin von der Smithsonian Institution auf fast das Dreißigfache von Darwins ursprünglicher Schätzung. Er stützte sein Berechnung dabei nur auf die Käfer, die er auf einem tropischen Baum zählte. Dafür sprühte Erwin mit einem Pumpzerstäuber Pestizide in die Luft, um die Arthropoden auf den Waldboden herunterzuholen, wo er den »Insektenregen« auszählte, der auf eine Plastikplane unter einer Baumkrone herniederging. Aus dieser Nebelepisode schloss Erwin auf an die 30 Millionen Arten weltweit, die meisten davon Insekten, die noch nicht klassifiziert waren, und davon wiederum eine ordentliche Mehrheit Käfer. Und da man annimmt, dass über die Hälfte aller Insekten sich von Pflanzen ernähren, schätzen Ökologen heute, dass über 50 Prozent der landbewohnenden Biodiversität im Kronendach mit seinen Unmengen von Blättern leben. 1988 korrigierte Professor Edward O. Wilson, der eminente Entomologe von der Harvard University, Erwins Schätzung weiter nach oben und spekulierte, dass die Erde über 100 Millionen Arten enthält, Bakterien und Bodenorganismen eingeschlossen. Da, so Wilson, weder Baumwipfel noch Boden-Ökosysteme adäquat erforscht waren, sei davon auszugehen, dass beide Regionen noch unentdeckte Arten enthalten, die seine Schätzungen womöglich noch weiter nach oben treiben würden. Doch die Entdeckung neuer Arten im Regenwald geht, wie ich bald feststellte, extrem langsam vonstatten – wie gesagt, die Nadel im Heuhaufen –, und laut wissenschaftlichen Schätzungen sind weiterhin 90 Prozent davon unentdeckt. Daher prägten wir Arbornaut:innen gemeinsam den Begriff »achter Kontinent«, der die weithin unentdeckten Gefilde der Kronendächer zum Ausdruck bringen soll. Viele dieser unentdeckten Arten werden womöglich verschwinden, ohne dass der Mensch je von ihnen erfahren hat. Noch weniger vorstellbar ist die Anzahl von einzelnen Insekten, die auf unserem Planeten leben: Man schätzt sie auf 10 Trillionen (also eine 10 mit weiteren 18 Nullen). Ein riesiger Anteil all dieser Sechsbeiner lebt auf dem achten Kontinent.

Sobald ich erst einmal damit angefangen hatte, auf die Millionen unbekannter Insekten in Baumkronen zu achten, fiel mir auch auf, wie viele von ihnen unseren Alltag bevölkern. Tatsächlich sind Insekten in fast jedem Ökosystem äußerst zahlreich, aber meist unsichtbar – nicht nur auf dem achten Kontinent. Wer von uns weiß, wie viele Arthropoden einen Kubikmeter unserer Gärten bewohnen? Oder welche erstaunlichen Krabbeltiere mit uns in unseren Häusern leben? Und wirklich gar keine Vorstellung haben wir davon, wie viele Insekten in Wäldern leben – wir wissen nur, dass es sehr viele sind. Die Wissenschaft hat mit der Zeit so viele verblüffende Zahlen vorgelegt: die Entfernung zum Mond, den Atomdurchmesser, die Dimensionen eines Dinosauriers, sogar die Entschlüsselung des menschlichen Genoms. Doch die Anzahl von Insekten in einer Baumkrone wurde bis heute nicht zuverlässig bestimmt. Die Erforschung des achten Kontinents hinkt weit hinter Korallenriffen, Wüsten, Polarregionen und selbst dem Weltraum her, weil es nur eine Handvoll professionelle Arbornaut:innen gibt – wir müssen uns also beeilen, um aufzuholen.

Als ich realisiert hatte, welche Bedrohung Phytophagen für das Laub darstellen und wie schwierig es ist, sie zu beobachten, musste ich mir ein paar neue Methoden für meinen Nebenjob als Amateur-Entomologin einfallen lassen und die Käferkomponente bei meinen monatlichen Untersuchungen der Blätter und ihres Schicksals berücksichtigen. Ich musste einfach alles herausfinden: Wer fraß wann, wie viel und wie oft? Ich erweiterte meine Ausrüstung um Probeflaschen und Insektennetze. Statt nur im Klettergurt zu hängen und Blätter beziehungsweise Insekten zu erfassen, entwickelte ich eine durchgetimte Exkursionsroutine: packen, fahren, schlafen, aufwachen, auf Bäume klettern, messen, fotografieren, tagaktive Insekten fangen, wieder klettern, messen, beobachten, duschen (nur Kaltwasser), zu Abend essen, Tüpfelbeutelmarder (*Dasyurus viverrinus,* ein Verwandter des Raubbeutlers Tasmanischer Teufel, der sowohl Insekten als auch kleine Tiere frisst) verjagen, damit sie mir nicht das Essen vom Grill klauen, nachtaktive Insekten fangen, in den Schlafsack sinken und inniglich hoffen, dass keiner nach einer langen, feuchtfröhlichen Nacht in einem der ländlichen Pubs über meinen abgelegenen Zeltplatz stolpert.

Im ersten Jahr meiner Geländearbeit erlernte ich die Kniffe eines guten Detektivs auf der Suche nach Indizien für Phytophagen, vom Kot bis zu den Fraßspuren an einem Blatt. Im zweiten Jahr wurde mir klar, dass Insektenfraß einen signifikanten Chlorophyll-Verlust nach sich zieht und damit die Fotosynthesefähigkeit des Baums erheblich schwächt. Nachdem ich das Rätsel um den wirtsspezifischen Blattkäfer auf der Antarktischen Südbuche gelöst hatte, grübelte ich über eine anhaltende Episode von Coachwood-Blattfraß in den subtropischen Kronen meines Standorts im Dorrigo National Park. Fast jedes Blatt war irgendwie beschädigt, aber ich beobachtete nur ganz selten auch nur ein Insekt beim Fressen. Und dann kam mir auf einem meiner monatlichen Routinetrips der Zufall zuhilfe. Ich übernachtete immer in einem winzigen Expeditionszelt, weil es außer ein paar unwirtlichen Pubs in der Gegend keine Hotels gab. Der Zeltplatz in Dorrigo hieß Never Never, eine ziemlich passende Beschreibung für einen so abgelegenen Ort. Normalerweise hatte ich sowohl das Toilettenhäuschen als auch den einzigen Picknicktisch ganz für mich, nur manchmal musste ich ihn mit ein paar Laubenvögeln und neugierigen Sittichen teilen. Männliche Laubenvögel bauen mit Stöckchen einen Balzplatz und schmücken ihn mit blauen Beeren und Blüten, um Weibchen anzulocken. Leider waren in vielen ihrer Lauben hier blaue Strohhalme aus dem menschlichen Fast-Food-Müll verbaut. Ich erschrak immer, wenn ein Auto auf den Parkplatz fuhr, aber meine größte Angst war, dass ich womöglich keinen Phytophagen finden oder die Spur eines markierten Asts am vertikalen Seil-Transekt verlieren könnte. In einer sternenfunkelnden Februarnacht wachte ich um etwa zwei Uhr nachts auf, um zum Toilettenhäuschen zu gehen. Unter meinen Füßen knisterte trockenes Laub, das einzige fremde Geräusch im Wald. Ich hielt inne, um die ungestörte Dunkelheit an diesem entlegenen Ort zu genießen, und da hörte ich über meinem Kopf ein raues Knirschen, das mich an das Ächzen eines Lkws beim Gangwechsel erinnerte. Hier im Wald war das einfach nur gruselig. Ich ging zum Zelt zurück, um eine Taschenlampe zu holen, und sah schon einen Menschenfresser aus den Märchen meiner Kindheit vor mir. Als ich einen schmalen Lichtstrahl auf die grünen Blätter über mir richtete, erblickte ich verblüfft Tausende Käfer, die an den Coachwood-Blättern mampften. Ihre metallisch schimmernden Deckflügel spiegelten das Licht meiner Taschenlampe. Heureka! Die luftige Salatbar war von nachtaktiven Insekten bevölkert. Es leuchtet ein, dass die meisten Insekten nachts fressen und so den tagaktiven räuberischen Vögeln entgehen. Auch ich hatte tagsüber gesucht – kein Wunder, dass ich immer mit leeren Händen dastand! Eine aufregende Entdeckung. Entomologen, die sich in anderen Weltteilen daranmachten, die Kronendächer zu erforschen, sollten noch sehr davon profitieren. Dank meiner schwächelnden Blase war ich der Entmystifizierung der komplexen Interaktionen zwischen Insekten und Laub einen Schritt näher gekommen.

Von diesem Tag an integrierte ich nächtliche Anstiege in meine Geländearbeit. Allein im Dunkeln zu klettern, war ziemlich unheimlich, und ich musste äußerst vorsichtig sein, um möglichst nicht mit toxischen Substanzen, giftigen oder aggressiven Tieren in Kontakt zu kommen. Es gab kein Patentrezept dafür, Raubtieren aus dem Weg zu gehen, wenn man in der Dunkelheit herumkletterte, aber im Schein meiner Stirnlampe kontrollierte ich immer sorgfältig, was vor mir lag: starrende Augen (meist Spinnen), die hängenden »Schnüre« einer lästigen Liane mit dem treffenden englischen Namen *wait-a-while* (wenn man sich an ihren rückwärts gerichteten Dornen verhakte, kam man nicht mehr los), und gelegentlich braune Knäuel, die sich als die auf Bäumen lebenden Beuteltiere namens Kusu entpuppten. Diese ganz neue Welt nächtlicher Vegetarier kennenzulernen, war ein echtes Privileg – nicht nur Blattkäfer in den Kronen der Südbuche, sondern auch Laubheuschrecken, Gespenstschrecken, Raupen und saugende Rüsselkäfer. Die Landschaft auf einer Blattoberfläche (der Phylloplane) befindet sich in einem stetigen Wandel. In den Baumwipfeln tobt der Futterstreit der Insekten, und ich war eine der Ersten, die hinaufkletterte, um sie in situ zu beobachten.

Nicht alle Insekten nutzen die Dunkelheit, um ihren Feinden zu entkommen. Manche verlegen sich auch strategisch aufs Timing, schlüpfen beispielsweise alle gleichzeitig, um in kurzer Zeit massenhaft Blätter zu verschlingen, bevor ihre Feinde sie wiederum bemerken und auffressen oder bevor ein Baum die Selbstverteidigung aktivieren kann, indem er chemische Abwehrstoffe produziert. Diese Strategie verfolgt zum Beispiel der Blattkäfer *Novocastria nothofagi.* Die Südbuchen bilden 95 Prozent des Kronendachs im kühl-temperierten Regenwald (und gelten daher als monodominant), und dieser eine Blattkäfer überlebt in einem Futterstreit auf jungen Buchenblättern, gefolgt von einer schnellen Metamorphose. Sein gesamter Lebenszyklus ist ein Wettrennen gegen die Zeit: Fressfeinde wie Vögel, oder auch Krankheiten können sich nicht schnell genug vermehren, um die Explosion von Larven in den befallenen Buchenkronen einzudämmen.

Wieder andere Blattfresser machen sich einfach rar. Eine einsame Gespenstschrecke in einem ganzen Sassafras-Baum dürfte ein Räuber kaum ausfindig machen. Und eine Laubheuschrecke, die nachts alleine schmaust, ist doppelt vor ihren Feinden geschützt – durch Isolation und Dunkelheit.

Wie die meisten Feldbiolog:innen machte ich mir immer Sorgen um die Genauigkeit meiner Messmethoden. Besonders in Acht nehmen muss man sich bei der Konzipierung einer Studie vor möglichen systematischen Fehlern. Wenn es darum geht, ein Insekt aufzufinden oder nicht, ist kein Platz für halbe Sachen: Entweder man zählt es, oder es existiert nicht. Wir sprechen dann einfach von Präsenz/Absenz-Daten. Um den Blattfraß zu berechnen, braucht man sehr viele Proben, aus denen sich Durchschnittswerte und damit objektive Daten erstellen lassen – und das ist besonders schwierig, wenn man zutreffende Schätzungen für den gesamten Raum einer dreidimensionalen Baumkrone aufstellen möchte. Von den beherrschbaren Versuchsbedingungen im Labor kann man da nur träumen. Man ist versucht, Blätter zu wählen, die nicht angefressen wurden, und sich damit Zeit und Mühe für die Berechnung des Blattfraßes zu sparen, aber das würde zu einer Verzerrung der Stichproben führen. Wie also konnte ich sicherstellen, dass meine Stichproben und Berechnungen sich auf die ganze Baumkrone übertragen ließen? In der Ökologie verwendet man häufig eine einfache Tabelle zufallsgenerierter Zahlen, um eine repräsentative Teilstichprobe der zu untersuchenden Gesamtheit zu erhalten. Möchte man zum Beispiel 10 von 30 Blättern in die Stichprobe aufnehmen, nummeriert man sie alle und konsultiert dann zur Generierung der Teilstrichproben eine Zufallszahlentabelle. Dass man überhaupt solche sogenannten Subsamples anlegt, dient der Arbeitsersparnis, denn man muss nicht jedes einzelne Blatt im Wald erfassen. Dank der Tabelle vermeidet man Verzerrungen, weil man sonst womöglich unbewusst die nächsten, schönsten oder am wenigsten zerfressenen Blätter auswählen würde. Wie wichtig es ist, falsch gewichtete Probennahmen zu meiden, lernte ich von meinem Statistik-Professor, der uns von einer teuren Laborstudie zur Untersuchung der Schwimmgeschwindigkeit eines häufigen Meeresfischs erzählte. Jeden Monat holten die Wissenschaftler 30 Fische aus einem großen Tank mit 300 Individuen und erfassten in einer speziellen Kammer ihr Schwimmtempo. Nach zwei Jahren und hohen Ausgaben wurde das Experiment gestoppt. Indem sie einfach irgendwelche Fische aus dem Tank nahmen, statt sie zu nummerieren und dann Zufallszahlen aus einer Tabelle zu entnehmen, hatten sie versehentlich immer die langsamsten Fische ausgewählt – die waren am einfachsten zu fangen. (Für diese Ichthyologen sicher ein Albtraum, aber mir diente diese Geschichte als Lektion fürs Leben!)

Um für den Insektenfraß in einem großen Baum eine genaue Stichprobe zu erstellen, musste ich mir zunächst einiges über Löcher in Blättern klarmachen. Wie umfangreich fällt der Blattfraß bei verschiedenen Baumarten aus? In welchem Alter bevorzugen Phytophagen das Blattgewebe? Und drittens die wohl entscheidende Frage für die Arbeit jeder Blattdetektivin: Wie lässt sich die Blattschädigung an einem ganzen Baum korrekt berechnen, wo er doch aus Millionen Blättern besteht und man die Blätter weder pflücken noch jedes einzeln erfassen kann? Mit solchen Fragen zermarterte ich mir das Gehirn, und leider gab es keine Veröffentlichungen, aus denen ich ein Stichprobenprotokoll hätte übernehmen können.

Und noch eine andere große Sorge bescherte mir Kopfschmerzen: Angenommen, ein Käfer beißt ein winziges Loch in ein junges Blatt – vergrößert sich dieses Loch, wenn das Blatt seine volle Größe erreicht? Anders gefragt, bleiben 10 Prozent Blattfraß am frisch ausgetriebenen Blatt auch am gealterten Blatt 10 Prozent? Ich konzipierte also einen einfachen Feldversuch, um die Lochgröße in jungen Blättern mit der in ausgewachsenem Laub zu vergleichen. Meine Materialliste war verblüffend simpel: ein Locher für zwei Dollar, wasserfeste Filzstifte, Etiketten für die Zweige (um sie jeden Monat wiederzufinden) und ein Notizbuch. Ich fand eine Stelle, an der ein umgestürzter Baum eine kleine Bestandeslücke hinterlassen hatte, in der die unteren Äste eines Coachwoods von den einfallenden Sonnenstrahlen profitierten. Wegen der guten Lichtverhältnisse auf der Lichtung trieben viele Blätter nahe am Boden aus statt in 30 Meter Höhe. An jeweils drei Ästen von drei Bäumen nummerierte ich 9 bis 15 Blätter, wobei ich darauf achtete, vier Altersklassen zu berücksichtigen: jung, mittelalt, reif und gealtert. Mit dem Locher stanzte ich 0,33 (die genaue Fläche eines Lochs), 0,66 (zwei Löcher) oder 1,0 Quadratzentimeter (drei Löcher) aus zufällig gewählten Blättern an Stellen, die auch Käfer gewählt hätten, nämlich zwischen den größeren Blattadern, die Insekten mit ihren Mundwerkzeugen nicht so leicht zerbeißen können.

Ich stanzte also all diese Blätter und wartete ab. Geduld ist eine Tugend, die für die meisten ökologischen Studien unverzichtbar ist, denn die komplette Datenerfassung dauert manchmal Jahre oder gar Jahrzehnte. In diesem Fall waren es nur ein paar Monate, bis alle Blätter gereift waren. Gespannt kam ich wieder und erntete die Blätter aus der Stichprobe, die alle sorgfältig mit Etiketten versehen waren. Zurück im Botanik-Labor, berechnete ich mithilfe eines Laser-Messgeräts (mit dem sich die Fläche eines zweidimensionalen Objekts erfassen lässt), ob die Löcher gewachsen, geschrumpft oder gleich geblieben waren. Dazu vermaß ich jedes meiner gestanzten Löcher in den jungen Blättern, die inzwischen gewachsen waren, in den alten Blättern, die als Kontrollgruppe dienten, und in den mittelgroßen Blättern, die langsam gewachsen waren. Bei jeder der Stichproben hatten sich die Löcher entsprechend der Ausdehnung der Fläche vergrößert, doch ihr Verhältnis zur Gesamtfläche des Blatts blieb konstant – wurden 10 Prozent der Fläche eines jungen Blatts gefressen, blieben das auch 10 Prozent eines ausgewachsenen Blatts. Ich war erleichtert, dass ich keine Stichprobenverzerrung befürchten musste, wenn ich den Fraßverlust an jungen und alten Blättern erfasste. Der relative Gesamtschaden blieb unabhängig vom Alter derselbe. Klar wurde auch, dass ich den Schaden in Prozentanteilen beziffern musste statt in Millimetern: 10 Quadratmillimeter Schädigung an einem jungen Blatt werden nämlich zu 40 Quadratmillimetern, weil das ausgewachsene Blatt viermal so groß ist.

Und dann plagte mich noch eine Sorge: Wie konnte ich Blätter mit einbeziehen, die zu 100 Prozent kahl gefressen werden? Wenn ein Insekt ein ganzes Blatt vertilgt, konnte ich es schließlich nicht mehr finden und vermessen. Doch ich beobachtete meine Stichproben ja über mehrere Jahre hinweg jeden Monat, und daher konnte ich auch exakt bestimmen, wie viele Blätter komplett aufgefressen wurden. Wenn Insekten ein Blatt vollständig verzehren, hinterlassen sie in der Regel einen Hinweis darauf, etwa Kot, Seide oder einen einsamen Blattstiel. Wenn ich zuvor ein Blatt Nummer 8 zwischen Nummer 7 und 9 hatte, danach aber nur noch ein Häufchen Kot auf dem Stängel verblieb – nun, dann war Nummer 8 höchstwahrscheinlich gefressen worden. Blattstiele bleiben normalerweise intakt, weil sie zu hart sind. Ich fand das Blatt in Monat 1 meist halb gefressen vor, in Monat zwei zu zwei Dritteln gefressen und in Monat 3 dann ganz vertilgt. Auch starke Winde konnten ganze Blätter verschwinden lassen, aber Sturmschäden ließen sich leicht als solche identifizieren, weil die gesamte Krone davon betroffen war.

Meine Langzeitdaten zeigten, dass Bäume drei- bis viermal so stark an Blattfraß litten, als man in vorausgehenden waldwissenschaftlichen Schnelluntersuchungen vom Waldboden aus geschätzt hatte. In früheren Publikationen wurde behauptet, es käme im Wald zu jährlich 5 bis 8 Prozent Entlaubung, doch meine Daten bewiesen, dass der Schaden an den Bäumen sehr viel größer ist. Die Kronen tolerieren Insektenfraß mit 15 bis 25 Prozent jährlichem Blattflächenverlust. Diese Information hilft Waldschützern und -management dabei, gesunde Wälder und Insektenplagen zu modellieren. Im Kontext des Klimawandels, der wohl zu einer Zunahme von Insektenplagen führen wird, ist es wichtig, die Grenzen der Baumresilienz einschätzen zu können.

Über den Kot wird das organische Material, das die Insekten aufgenommen haben, schnell wieder in den Boden recycelt. Der Niederschlag, der durch das Kronendach fällt, der sogenannte Kronendurchlass, spült die Kotkrümel auf den Waldboden, wo sie von den Wurzelhaaren absorbiert werden – ein wichtiger Teilprozess im Nährstoffkreislauf. Wenn dagegen intakte Blätter irgendwann zu Boden fallen, werden sie wegen ihrer Größe und der wachsigen Oberfläche langsamer zersetzt. Das Laub von vier meiner fünf Untersuchungspflanzen brauchte zum Verrotten auf dem Waldboden länger als ein Jahr. (Ja, ich maß sorgfältig ihr Verrottungstempo, indem ich zehn Monate lang jeden Monat drei Blätter auflas und wog, um so die Verrottungsrate zu bestimmen!) Insektenfraß ist für einen Baum womöglich von Vorteil, weil das bereits verdaute Gewebe, das als Kot auf den Boden fällt, die Nährstoffe schnell wieder zur Verfügung stellt. Allerdings könnten schwere Dürren diesen möglichen Vorteil konterkarieren, weil sie den Boden austrocknen und die Oberflächenwurzelhaare absterben lassen. Dann wiederum führen schwere Dürren und die damit einhergehenden Hitzewellen auch zu mehr Insektenplagen und damit zu mehr Kot. Solche Kreisläufe sind wirklich sehr komplex.

Leider können Bäume, anders als Vögel oder Fische, nicht ihren Standort wechseln, wenn die Bedingungen sich verschlechtern. Irgendwann gelangen Wälder an einen Tipping-Point, an dem der von Dürre, Wärme und Insektenbefall verursachte Stress schließlich überhandnimmt und der Wald abstirbt. In den letzten Jahrzehnten sind Insektenepidemien aufgrund der wärmeren, trockeneren Bedingungen durch den vom Menschen induzierten Klimawandel häufiger geworden. In den 1980er-Jahren wurde der Klimawandel außerhalb der Geo- und Klimawissenschaften noch kaum diskutiert, bis zu den Ökologen drang das Thema nur selten durch. Kaum zu glauben, dass vor gerade einmal dreißig Jahren viele Fachbereiche diesen globalen Wandel noch nicht im Blick hatten. Wir waren so damit beschäftigt herauszufinden, wie Ökosysteme überhaupt funktionieren und wie so viele Lebewesen gemeinsam darin existieren können, dass wir die einzelnen Punkte nicht zu einem Gesamtbild fügten und die Warnsignale nicht wahrnahmen. Ja, wir sahen den Wald vor lauter Bäumen nicht. Hätten Tropenökologen die Bedeutung der Erderwärmung früher erkannt, hätten wir vielleicht in verschiedenen Wald-Ökosystemen bereits Biodiversitätsstudien durchgeführt und damit Baseline-Daten erstellt, bevor Klimaextreme das Überleben einzelner Arten gefährdeten. Jetzt hetzt die Wissenschaft hinterher, während viele Wälder bereits unkontrollierbaren Bränden ausgesetzt sind und Insektenepidemien verheerender und häufiger auftreten. Wir werden nie festhalten können, welche Arten ausgestorben sind, wenn wir nicht einmal wissen, was ursprünglich alles in diesen Wäldern gelebt hat.

Neben den genannten Fehlerquellen – die Auswahl einzelner Stichproben in riesigen Baumkronen und das Mitkalkulieren verschwundener, weil gefressener Blätter – wurde die Geländearbeit durch ein weiteres Dilemma erschwert, nämlich den *human bias*, also menschliche Fehleinschätzung. Was, wenn manche Menschen die Dinge falsch wahrnehmen, weil sie einfach nicht richtig hinsehen oder weil sie zur Übertreibung neigen? Das könnte man lösen, indem man mehr Menschen bei der Datenerfassung einsetzt. Ob man's glaubt oder nicht: Jemand ist vielleicht allzu zurückhaltend dabei, Insekten in ein Netz zu befördern, schätzt also zu niedrige Zahlen und bewirkt damit einen systematischen Fehler – das geht gar nicht. Ich lernte, menschliche Fehler auf ein Minimum zu reduzieren, indem ich Freiwilligenteams aufstellte – heute spricht man gern von Citizen-Science-Projekten –, die Netze schwangen und Insekten zählten. Mit der Zeit gleichen ein paar stämmige, großspurige Netzschwinger, die im Vorbeigehen jeden Ast abbrechen, die ein oder zwei schüchternen Introvertierten aus, die mit ihren vorsichtigen Bewegungen fast gar nichts fangen.

Sie fragen sich vielleicht, wie ich fünfzig Menschen dazu gebracht habe, mit in den Dschungel zu kommen und Insekten zu erfassen. Ich sage nur: Earthwatch! Diese innovative Organisation mit Sitz in Boston, Massachusetts, vermittelt Freiwillige an naturwissenschaftliche Forschungsexpeditionen. Dort stellte ich meinen allerersten Fördermittelantrag und bat um die Vermittlung von Freiwilligen für die Erfassung des Blattfraßes in australischen Wäldern. Fördermittel sind das A und O der Wissenschaft. Fast jedes Forschungsprojekt braucht Drittmittel, die für Ausrüstung, Mitarbeiter, Reisekosten und sogar so abwegige Dinge wie Schlangenbiss-Sets oder Sicherheitsbrillen aufkommen. Die Konkurrenz um solche Forschungsgelder ist naturgemäß sehr groß, und Neulinge gelten üblicherweise als weniger qualifiziert als die alte Garde, weshalb es ziemlich schwierig ist, in das System überhaupt einmal hineinzukommen. Ich füllte sorgfältig den Fragebogen aus, reichte den Antrag ein und wartete beklommen. Mehrere Monate später erhielt ich per Post die Zusage. Ein Freudentag! Nichts verschafft Forscher:innen größere Glücksgefühle (und nebenbei auch beruflichen Erfolg) als eine Drittmittelzusage. Eine Absage ist eine der schlimmsten Erfahrungen, die aber jedem widerfährt, weil die meisten Bewerbungen nur 5 bis 10 Prozent Erfolgschancen haben. Nach dreißig Jahren Feldforschung belaufen sich die Fördermittel, die ich einnehmen konnte, inzwischen auf mehrere Millionen Dollar, aber die Absagen summieren sich auf mindestens genauso viel.

Drittmittelbewilligungen von Earthwatch umfassten keine großen Geldsummen, aber ein großzügiges Kontingent an Arbeitskräften. So schweiften jetzt gleichzeitig 25 Augenpaare durch die Bäume und nicht mehr nur mein eigenes (oft sehr müdes). In acht Jahren trugen über 250 Citizen Scientists zu meinen Kronendachstudien im australischen Regenwald bei. Sie waren alle neugierig, furchtlos und enthusiastisch. Außerdem konnte ich einen der Labortechniker von der Uni, Wayne, überzeugen, an den Expeditionen teilzunehmen. Als ehemaliger Soldat veranstaltete Wayne mitten im Regenwald von Queensland aufwendige Happy Hours – natürlich hatte er als Barkeeper für seine

Einheit schon ähnliche Heldentaten vollbracht. Außerdem war er mit der Schleuder derart zielsicher, dass wir im australischen Urwald ein dynamisches Duo wurden. Bei einer Expedition verhedderte sich eine Freiwillige, eine ehemalige Luftwaffenpilotin, mit ihren Haaren in der metallenen Steigklemme, während sie in 25 Metern Höhe an einem Seil baumelte. Wir zogen ihr eine Schere nach oben, damit sie sich befreien konnte, und beteten, dass sie auch wirklich ihre Haare abschneiden würde und nicht das Seil. Die Rettungsmission war erfolgreich, und seit diesem Tag sind wir Freunde fürs Leben. Ein anderer eifriger Freiwilliger war ein Jäger aus Kansas. Er machte sich über meine selbst gebastelte Schleuder lustig, und als er wieder zu Hause war, bestellte er mir eine Hightech-Schleuder von einer amerikanischen Jagdausstatterfirma. In Australien konnte man Waffen nicht per Post bestellen, und für den Besitz von Jagdschleudern brauchte man ohnehin eine Genehmigung. (Schusswaffen dagegen konnte man ironischerweise fast in jedem Gemischtwarenladen kaufen, weil die Farmer sie sehr häufig gegen Raubtiere einsetzten.) Als ich mehrere Monate nach der besagten Expedition eines Abends die Tür zu meinem Farmhaus öffnete, stand mir ein Polizist gegenüber. Er erklärte, ich hätte eine illegale Waffe aus Übersee erhalten, für die ich eine Genehmigung bräuchte. Brav füllte ich die Formulare aus, schickte sie ein und freute mich schon auf meine elegante Wurfbeutelschleuder. Als das Paket dann schließlich eintraf, und ich es eilig öffnete, enthielt es zu meiner Überraschung nicht nur eine großartige Aluminiumschleuder, sondern auch zwei Unterwäschesets in Tarnfarben und einen eleganten Flakon Parfüm. Eine kleine Notiz auf dem Boden des Kartons erklärte: »Slips und Parfüm sind für Waynes Verlobte«. Wayne hatte sich während der letzten Earthwatch-Expedition verlobt. Ich kann nur ahnen, wie die Zollbeamten bei der Inspektion dieses Pakets gelacht und sich gefragt haben müssen, für welches abgefahrene Forschungsprojekt man wohl Parfüm, Dessous und eine Schleuder brauchte.

Nach der Sache mit den verhedderten Haaren zeigten sich die Besitzer der Ökotourismus-Hütte, in der die Teams untergebracht waren, etwas besorgt. Was, wenn jemand abstürzte? Waren die Äste auch wirklich sicher? Ich musste zugeben, dass es ein Risiko war, so viele Anfänger anzulernen. Eines Abends bei einer guten Flasche australischem Wein entwarfen der Hüttenbesitzer und ich auf einer Papiertischdecke einen »Treetop Walkway«. Man könnte doch einen Laufsteg in der Luft bauen, damit die Freiwilligen nicht an Seilen herumschwingen mussten! Wie bei Aussies üblich feierten wir unseren Einfall mit noch mehr Wein. Ich konnte vor Aufregung nicht schlafen. Ein Laufsteg würde es möglich machen, dass mehrere Forscher jederzeit Daten erfassen konnten, unabhängig vom Wetter oder von der Tageszeit, und auch problematische Arten wie die Australische Riesenbrennnessel wären zugänglich, die wegen ihres brüchigen Holzes und der giftigen Brennhaare nicht ungefährdet zu besteigen ist. Ein Jahr später wurde im Lamington National Park im südlichen Queensland mithilfe von ein paar ansässigen Ingenieuren und Mitarbeitern der Öko-Hütte der erste Baumwipfelpfad der Welt gebaut. Meine Earthwatch-Teams waren die ersten Forscher, die diese großartige Konstruktion nutzten. Sie stand an einem Hang, und die Hängebrücken wurden von Telefonmasten gehalten. Dieser Laufsteg ist inzwischen über fünfunddreißig Jahre alt und hat Tausende Besucher in die Baumkronen befördert – und damit die öffentliche Wahrnehmung des Urwalds erheblich verändert. Weltweit haben solche Walkways die Baumkronenforschung in neue Höhen katapultiert.

Bald darauf wurde im Lambir Hills National Park, Malaysia, ein zweiter Baumwipfelpfad gebaut. Dort legte der Ingenieur Gummibänder um Baumstämme, sodass er Brücken zwischen großen Bäumen aufspannen und damit höher hinaus konnte, als Telefonmasten es erlauben. Nach all den Jahren, in denen Arbornaut:innen darauf beschränkt gewesen waren, mit Schleudern zu hantieren und Seile über hohe Äste zu ziehen, konnten sie jetzt auf Laufstegen, also viel sicherer, ganze Wälder erkunden. Heute gibt es Walkways in über fünfzig Wäldern – sie ruhen entweder auf Maststrukturen oder auf Stammringen und bestehen aus Holzbalken, Aluminium oder Stahl. Bei der Standortfindung bin ich häufig als Beraterin dabei, um den pädagogischen Mehrwert für die Biodiversität möglichst zu steigern. Das bauliche Fachwissen liefern Ingenieure und Baumpfleger. Ich war weltweit am Entwurf und Bau von Skywalks beteiligt – die längste Konstruktion der Tropen etwa entstand im peruanischen Amazonas-Becken die teuerste (pro Meter) im tropischen Wald der »Biosphäre 2« (ein riesiges Forschungsgelände unter einer Glaskuppel in Arizona), der erste öffentliche Skywalk Nordamerikas im Myakka River State Park, Florida, die erste Spannbandbrücke (aus Zement) der Welt am Penang Hill, Malaysia, und der kinderfreundlichste Walkway mit Seil-Spinnennetz in Quechee, Vermont. 2020 startete ich das Projekt Mission Green, das Baumwipfelpfade in den größten artenreichen Wäldern bauen soll, wo dieser Zugang bisher noch nicht möglich ist. Wenn es gelingt, wird dieses Programm der indigenen Bevölkerung Einnahmen aus dem Ökotourismus statt aus der Abholzung verschaffen und damit Waldschutz in lokaler Selbstverwaltung garantieren. (Mehr zu diesem Umweltschutzprojekt später!)

Doch der Laufsteg in Queensland war der erste. Seile und Klettergurte waren perfekt für Solotouren, nicht aber für ganze Forscherteams. Eine Flasche Wein und ein glimpflich verlaufener Zwischenfall hatten innovative Kräfte freigesetzt und ein Arbeitsmittel fürs Kronendach geschaffen, das am Ende den Waldschutz deutlich voranbrachte. Baumwipfelpfade sind bis heute mein liebstes Forschungswerkzeug, sie ermöglichen einen sicheren Zugang und sind dabei noch inklusiv, weil sogar Studierende, die im Rollstuhl sitzen, hoch hinauskönnen. Außerdem konnte ich von diesen Konstruktionen aus ein Mysterium lösen, das noch erstaunlicher war als die gefräßigen Phytophagen auf Südbuche und Coachwood: Welche ausgeflippten Krabbeltiere wagten es, den giftigsten Baum Australiens zu fressen, die Australische Riesenbrennnessel (*Dendrocnide excelsa*)? Mich faszinierten diese Bäume: Man würde ja meinen, ihrem Laub könnte nichts etwas anhaben, so gut verteidigen sie sich mit physisch und chemisch wirkenden Brennhaaren. Ich konnte auf diesen Baum nicht klettern, ohne »gestochen« zu werden. Stattdessen bestieg ich immer einen Nachbarbaum mit einem überhängenden Ast, von dem aus ich an die Brennnessel-Krone herankam, und zur Arbeit mit ihren Blättern trug ich Lederhandschuhe. Doch von den neuen Laufstegen aus konnte ich diese tückischen Blätter genau inspizieren, ohne dass ich Angst haben musste, ihre giftigen Flächen zu streifen. Und das Ergebnis war absolut unerwartet: Eine Australische Riesenbrennnessel verliert jährlich über 40 Prozent ihrer Blattfläche an Fressfeinde! Das Fraßbild des dafür verantwortlichen Phytophagen sieht aus wie die antiquarischen Spitzendeckchen meiner Großmutter. Was zum Teufel ging da vor sich? Da die Schädigungsmuster auf allen Blättern so gleich aussahen, stellte ich die Hypothese auf, dass ein einzelnes phytophages Insekt sich so angepasst hatte, dass es die Toxine verdauen konnte – und ich beschloss, es zu finden.

Die Australische Riesenbrennnessel ist eine Verwandte der kleinen Brennnessel, die in meiner Kindheit überall im Staat New York am Straßenrand wuchs. Ihre botanische Familie, die Urticaceae, besteht aus 2615 Arten, die überwiegend in den asiatischen Tropen wachsen. In den tropischen Wäldern des nördlichen Queensland ist die giftigste Art heimisch, Gympie-Gympie (*Dendrocnide moroides*), und deren Verwandte, die Australische Riesenbrennnessel (*D. excelsa*), wächst etwas weiter weg vom Äquator im subtropischen Regenwald. Während des Vietnamkriegs wurden diese Bäume zur Abwehr von Angriffen in Gräben angepflanzt. In Australien erzählte man sich im Pub gerne von irgendwelchen Touristen, die sich die üppigen smaragdgrünen Blätter im Busch als Klopapierersatz aussuchten. Die Vorstellung, wie jemand sich mit diesen Brennhaaren den Hintern abwischt, erntete regelmäßig lautes Gelächter, aber gleichzeitig wanden die Leute sich bei dem Gedanken auf ihren Barhockern. Ich erzählte diese Story immer meinen Freiwilligen, damit ihnen so etwas auf keinen Fall passierte.

Nach monatelanger Suche lokalisierte ich hoch oben in der Krone den »Riesenbrennnesselkäfer«. Er hockte auf der Oberseite der Blätter und war daher schwer zu sehen, wenn man von unten hinaufsah. Es war ein gut getarnter, leuchtend grüner Blattkäfer (*Hoplostines viridipenis*), und das spitzenartige Fraßbild half noch, das Insekt zu tarnen, weil die Löcher für verwirrend komplexe grüne Farbschattierungen sorgten. Ich führte ein paar Futterversuche durch, indem ich die Käfer mit dem Laub unterschiedlicher Arten in Gefäße setzte, und stellte fest, dass sie ausschließlich Blätter der Riesenbrennnessel fraßen. Stand dieses Lieblingsfutter nicht zur Verfügung, starben die Käfer schnell – damit war ihre Wirtsspezifität bestätigt.

Die Beobachtungen der Freiwilligen sowie meine eigenen Kletterdaten zeigten, dass Phytophagen junge Blätter bevorzugen und auf älteren selten anzutreffen sind. Wir sparten viel Zeit, indem wir bei unserer Suche nach den Insekten also vorwiegend junge Blätter inspizierten. Um diese Vorliebe der Insekten besser zu verstehen, wollte ich auch wissen, wie sich mit der Zeit die Blattfestigkeit verändert. In einer wissenschaftlichen Zeitschrift las ich über den britischen Botaniker Paul Feeny, der das sogenannten Penetrometer erfunden hatte, um die Härte britischer Eichenblätter zu messen. Es simuliert Insektenkiefer beim Biss ins Blattgewebe und liefert so Messdaten, wie viel Druck nötig ist, um das Blatt zu durchbohren. Wieder einmal ging ich zu Basil in die Uniwerkstatt, und gemeinsam bauten wir Feenys Gerät gemäß Beschreibung genau nach. Ein Penetrometer besteht aus einem abgeschrägten Schaft, der mit zunehmendem Druck durch eine Blattfläche dringt. Aufgebaut wird dieser Druck, indem man vorsichtig Wasser in einen Behälter gießt. Junge Blätter gaben in unseren Versuchen fast ohne Druck nach, aber reife Südbuchenblätter waren so hart, dass ich ein sechs Zentimeter dickes Lehrbuch über die Insekten Australiens auf die Auflage legen und dann Wasser in einen großen Eimer füllen musste. Citizen Scientists von Earthwatch maßen bei Dutzenden Arten die Festigkeit jeweils von jungen und von alten Blättern und bestätigten, dass junge Blätter signifikant weicher sind als reife. Jeder angehende Penetrometer-Experte musste erst einmal ausgiebig über den Namen für dieses Gerät abkichern, aber da er schon älter war, konnte ich Dr. Feenys Terminologie nicht einfach abändern.

Ich beschloss, dass ich meine Insekten zu verschiedenen Jahreszeiten beproben musste, in denen es junge Blätter gab (oder eben nicht). Allerdings brauchte ich dazu mehrere Sammlungsmethoden. Wie findet man als Arbornautin winzige Käfer in sechzig Meter hohen Bäumen, die über und über mit Lianen bedeckt und unter Massen von Moos und Flechten verborgen sind? Zunächst bestellte ich ein Dutzend robuste Streifkescher mit weiter Öffnung, um auch die größten Gespenstschrecken fangen zu können, und einer Maschenweite, die das meiste Getier zurückhielt, aber immer noch eine genaue Inspizierung durch den Sammler erlaubte. Ich konzipierte einen wiederholbaren Feldversuch – beim Gehen (oder Gleiten am Seil) zehnmal den Kescher schwingen, um etwa zehn Kubikmeter Laub pro Probe zu erfassen. Wir kescherten tags und nachts, bei Regen und Sonne, in großer und geringer Höhe, in der Sonne und im Schatten, in den Monaten des Blattaustriebs und jenseits davon. Wir stellten fest, dass Netzkescher zum Sammeln im Dunkeln ungeeignet sind, aber ideal zum Durchstreifen der Luft oder von kleinen Zweigen. Ich erinnerte mich an die Naturcamps meiner Kindheit, in denen ich weitere Fangmethoden für Insekten kennengelernt hatte: a) Kescher, mit denen man durch das Laub streift und fliegende Insekten wie Fliegen, Schmetterlinge, Nachtfalter, Heuschrecken, Käfer/Rüsselkäfer und Bienen/Wespen fängt; b) Klopfschirme: Man schüttelt Äste und zählt, was auf das darunter aufgespannte Tuch fällt, zum Beispiel Käfer, Raupen,

Ameisen, Gespenstschrecken, Spinnen (die wohlgemerkt keine Insekten sind, sondern Arachnida) und Fliegen; c) Exhaustoren, mit denen man Tierchen wie Ameisen oder Milben über einen Schlauch in ein Gefäß saugt (diese praktischen Fläschchen trug ich auch gern um den Hals gehängt, sie schmückten mein Gelände-Outfit wie eine Halskette); d) Leim, den man auf die Blattoberfläche streicht, sodass Insekten beim Landen auf der klebrigen Schicht hängen bleiben wie Gummistiefel im Treibsand; und e) Lichtfallen, um Nachtinsekten wie Nachtfalter, Käfer, Fliegen sowie Skorpione und sogar Spinnen anzulocken – Letztere kommen, um vom Licht angezogene Tierchen zu fressen.

All diese Methoden eigneten sich hervorragend für Citizen Scientists, die Nachtfalter zählten, Rüsselkäfer fotografierten, Insekten aus dem Laub auf Klopfschirme schüttelten und kescherschwingend langsam über den Waldboden oder den Laufsteg schritten. Meine Citizen Scientists waren besonders eifrig bei der Sache, weil sie wussten, dass sie der Wissenschaft neue Informationen lieferten. Im australischen Regenwald hatte es erst wenige Bestandszählungen zu Insekten gegeben, und im Kronendach gar keine – unsere Bemühungen in den 1980er-Jahren waren also eine Weltpremiere. Zwar untersuchte auch der Ökologie-Pionier Dan Janzen von der University of Pennsylvania die Insektendiversität in tropischen Wäldern, aber seine Arbeit beschränkte sich auf Costa Rica und überwiegend auf Bodennähe. Und die innovative Arbeit von Terry Erwin an der Smithsonian Institution – er behauptete, über unseren Köpfen lebten Millionen Insekten – betraf nur eine einzige Baumart in Panama und war damit nur begrenzt auf Australien übertragbar. Meine Earthwatch-Teams führten erstmals Biodiversitätsstudien an einem ganzen Wald durch – und das nicht nur in Australien, sondern überhaupt.

Zwar konzentrierte ich mich für meine Dissertation vor allem auf die Blätter, doch ich sah auch mit Begeisterung Insekten in den oberen Ästen krabbeln, mampfen und herumschwirren, und ich staunte, wie viel sie vertilgten. Um einen kleinen Einblick in ihre räumliche und zeitliche Variabilität zu erhalten, wählte ich zwei Fangmethoden für meinen Vergleich der Insekten je nach Jahreszeit und Standort: Streifkescher bei Tag, Lichtfallen bei Nacht. Für unsere replizierten Erhebungen führten wir jeweils 100 Kescherschwünge durch und stellten zehn Stunden lang Lichtfallen auf. Leider gab es keine Methode, die den direkten Vergleich der Tages- und Nachtmessungen erlaubte, weil Lichtfallen tags nicht funktionierten und es zu gefährlich war, im Dunkeln mit Streifkeschern zu hantieren.

Mit unseren Lichtfallen in den oberen Ästen fingen wir pro Nacht im Schnitt über 200 Tiere. Nie werde ich die Sammlung vergessen, die wir einmal in Beständen von Antarktischer Südbuche zusammentrugen: Die Kiste, auf der der Scheinwerfer stand, war von Tausenden Bogong-Faltern umschwärmt – das sind sehr unscheinbare, fast plumpe Nachtfalter, die leicht von den farbigeren Faltern zu unterscheiden sind –, und es war unmöglich, sie alle zu zählen! Diese Geländearbeit erlaubte einen Einblick in die Vielfalt von Farben, Größen, Formen, Fühlern, Flügeln, Texturen, Haaren und in die Klassifizierung der Gliederfüßler. Eine Tendenz zeichnete sich jedenfalls ab: In diesen immergrünen Regenwäldern korrelieren Insektenpopulationen mit Schüben des Blattaustriebs. Im kühl-temperierten Wald findet ein flächendeckender, schneller Austrieb der Antarktischen Südbuche statt, eine sogenannte Laubschütte, und parallel dazu eine Zunahme von Insekten. In subtropischen Wäldern kann man mehrere solcher Höhepunkte bei den Insektenbeständen beobachten, entsprechend der Belaubungsphänologie, die über das ganze Jahr verteilt ist.

Das Zählen von Insekten war vor allem ein Jonglieren mit Zahlen und ergab riesige Datenmengen. Im Gelände war es nie möglich, alles zu bestimmen, aber immer lernten die Citizen Scientists, die einzelnen Ordnungen von Phytophagen zu erkennen: Coleoptera (Käfer), Lepidoptera (Tag- und Nachtfalterlarven), Orthoptera (Heuschrecken) und Phasmida (Gespenstschrecken), außerdem ein paar Kuriosa wie einige Diptera-Larven und einzelne Hymenoptera (zum Beispiel Gallwespen). Mithilfe einer einfachen Bestimmung im Gelände, ergänzt durch den sporadischen Einsatz von Bestimmungsschlüsseln und Mikroskopen, erstellten wir Baseline-Daten zur Insektenfülle und zum relativen Vorkommen von Phytophagen. Am Ende erwies sich, dass das höchste Insektenvorkommen in den Wäldern mit größter Artenvielfalt herrscht, und zwar im oberen und nicht im unteren Kronenraum. Die allermeisten Phytophagen gibt es im kühl-temperierten Regenwald, wahrscheinlich weil das Kronendach dort aus einer einzigen Art besteht und damit eine verlässliche, immer gleiche Salatbar nach dem All-you-can-eat-Prinzip zur Verfügung stellt.

Was bedeutet nun dieses andauernde Fressgelage für die Gesundheit eines Baums? Generell kann der Verlust von Blattfläche zu einer Minderung von Holzproduktion, Fotosynthese und Fortpflanzungserfolg führen. Vereinzelt konnten Pflanzenphysiologen allerdings nachweisen, dass moderater Blattfraß die Fotosynthese der Pflanze möglicherweise auch stimuliert, so wie ein Rasen durch Mähen zu erneutem Graswachstum angeregt werden kann. Einige Heuschrecken sondern beim Fressen wachstumsfördernde Substanzen an die Grashalme ab und sichern damit ihren künftigen Nahrungsvorrat. Vielleicht haben andere Blattfresser ähnliche Tricks, um das Überleben ihrer Futterpflanzen zu fördern? Leider wurden die meisten Studien zu Interaktionen zwischen Pflanzen und Insekten an einjährigen Pflanzen im Labor durchgeführt, und damit ist es schwierig, die Ergebnisse auf langlebige Bäume in einem Wald zu übertragen.

Nachdem ich mich mit Insektenvielfalt und Blattfestigkeit beschäftigt hatte, sinnierte ich nun plötzlich über Fraßeffizienz als ökologisches Konzept. Einige Insekten fressen Stücke eines Blatts, woraufhin der Rest des Blatts braun wird und abstirbt, andere dagegen fressen sehr effizient, sodass das Blattgewebe nicht abstirbt und letztlich nicht verschwendet wird. Mich erinnerte das an uns

Menschen – manche lassen Reste auf dem Teller, die im Müll enden, andere essen ihren Teller leer. Ich fragte mich, ob die Art und Weise, wie Insekten fressen – in durchgehenden Löchern beziehungsweise in Patchwork-Bissen, die zum Absterben und der Verschwendung von Gewebe führen –, sich auf die Pflanze auswirkt. Also entwarf ich ein kleines Experiment, um zwei Fragen zu untersuchen: Beeinflusst die Art, wie ein Insekt ein Blatt konsumiert, die Regenerationsfähigkeit der Pflanze? Und stimuliert moderate Entlaubung das Wachstum, wie es für einige einjährige Pflanzen, etwa Gräser, nachgewiesen ist? Da ich solche Experimente nicht an ausgewachsenen Bäumen durchführen konnte, weil sich die Biomasse der gesamten Pflanze nicht wiegen lässt, griff ich auf Sämlinge im Labor zurück.

In eine Klimakammer im Botanik-Labor pflanzte ich 130 Coachwood-Sämlinge vom Waldboden. Sie waren alle sechs Monate alt und nach dem Sturz eines Baums in einer lichten Bestandeslücke gekeimt. Jeder Sämling wurde mit der gleichen Erde eingetopft, erhielt identische Nährstoffe, Wasser- und Lichtverhältnisse und wuchs vier Monate lang in der Kammer. Zu Beginn des Experiments wurden fünf von ihnen geerntet, um die durchschnittliche Sämlingsgröße zu berechnen. Die übrigen 125 wurden in fünf Gruppen unterteilt: 1) Kontrolle, 2) jedes 4. Blatt entfernt, 3) 25 Prozent jedes Blatts entfernt, 4) jedes 2. Blatt entfernt, 5) 50 Prozent jedes Blatts entfernt. Ich wollte feststellen, ob ein unterschiedliches Ausmaß an Blattfraß (keiner, 25 Prozent, 50 Prozent) und unterschiedliche Fraßstrategien (ganzes beziehungsweise Teilblatt) das Wachstum beeinflussen. Nach acht Wochen wiesen die Exemplare mit 25-prozentiger Entlaubung das stärkste Wachstum auf, was darauf hinwies, dass moderater Fraß bei Coachwood-Sämlingen das Wachstum offenbar steigert. Die Entfernung der halben Blattfläche (50 Prozent) war dagegen zu viel, die Sämlinge erholten sich nicht, und die meisten starben ab. Wurde jedes 4. Blatt komplett entfernt, wuchsen die Sämlinge langsamer nach; wurden jedoch 25 Prozent von jedem Blatt abgeschnitten, erhöhte sich das Wachstumstempo wie bei gemähtem Gras. Ich stellte fest, dass ein moderates Ausmaß an Entlaubung (bis zu 25 Prozent) das Wachstum von Sämlingen stimuliert, aber ich kann nicht beweisen, dass ein Sämling sich genauso verhält wie ein reifer Baum.

Walkways haben eine Art Zauberwirkung: Forscher:innen sind darauf für die umgebende Biodiversität wie unsichtbar, wahrscheinlich weil die Tierwelt sich im Kronendach hoch über dem Waldboden relativ sicher fühlt. Das ist ein ganz besonderes Gefühl. Einmal stellten mein Team und ich in einem Regenwald in Queensland gerade Lichtfallen auf, als ein Schwarm Buschhühner in den obersten Ästen landete, um dort zu rasten. Und wie ganz oft, wenn Vögel sich für die Nachtruhe niederlassen, defäkierten sie – alle auf uns. Außerdem wurde noch ein ganzer Regen von Insekten von diesen oberen Ästen geschüttelt und fiel ebenfalls herunter. Dieses Erlebnis rief viel Heiterkeit hervor und weckte meine Neugierde für das Verhalten nicht fliegender Insekten in hohen Bäumen. Müssen Phytophagen, die nicht fliegen können, verhungern, wenn sie auf den Boden fallen? Oder finden sie irgendwie zurück zu ihrer luftigen Salatbar? Nun sind Regenwälder zu groß und zu komplex, als dass man einfach Raupen vom Laub entfernen könnte, um zu beobachten, wie sie reagieren. Meine Kolleg:innen aus der Meeresbiologie gaben mir einen Tipp: niedrig gelegene Vegetation auf Koralleninseln. Auf One Tree Island, der Forschungsstation der Sydney University auf dem Great Barrier Reef vor der Küste von Gladstone, Queensland, waren Samtblatt-Wälder (*Argusia argentea*) verbreitet. Dafür, dass ich mich als Sicherheitsbuddy beim Tauchen verdingte, durfte ich einen Monat auf der Insel verbringen, wo ich ein Raupenexperiment durchführte. Die Larven des Nachtfalters *Utetheisa pulchelloides* (Lepidoptera: Arctiidae) sind wirtsspezifisch, sie fressen nur das auf den Inseln überall im Great Barrier Reef verbreitete Samtblatt. (Als Raupen bezeichnet man fachlich korrekt nur das Entwicklungsstadium von Schmetterlingen und Nachtfaltern – der allgemeinere, auch bei Käfern treffende Begriff lautet Larve, und Fliegenlarven heißen Maden.) Ich war schon einmal auf One Tree Island gewesen und hatte berechnet, dass Larven etwa 3 Quadratzentimeter Blatt pro Tag fressen, also 2 bis 5 Prozent des gesamten Blattwachstums im Wald. In Käfigen mit anderem Nahrungsangebot starben die Larven, sie sind tatsächlich wirtsspezifisch. Um auszutesten, ob die Raupen zu ihrer Wirtspflanze zurückfinden, wenn sie durch Wind oder einen Vogel vertrieben wurden, steckte ich zwanzig Raupen in eine schwarze Tüte, damit sie sich nicht am Lichteinfall orientieren konnten, und setzte sie dann entweder nördlich, südlich, östlich oder westlich des Strauchs aus. Am besten lokalisierten sie die Wirtspflanze, wenn sie westlich des Buschs ausgesetzt wurden, aber sie brauchten immer noch eine halbe Stunde, um die drei Meter zurückzulegen. Bei dem Tempo war es relativ wahrscheinlich, dass sie unterwegs hungrigen Vögeln zum Opfer fallen würden und dass sie wohl nicht gezielt, sondern auf gut Glück in den Wald krochen. Wie schon bei meinem Sämlings-Experiment, das sich nicht einfach von der Klimakammer auf das Wald-Ökosystem übertragen ließ, kann man solche Ergebnisse von Büschen nicht auf größere, komplexere Waldbäume übertragen. Feldbiologen stellen Untersuchungen häufig im kleinen Maßstab an, aber wenn wir die Ergebnisse in einem erweiterten Kontext anwenden möchten, sind wir auf bloße Spekulation angewiesen. Während ich meine Dissertation schrieb, lernte ich viel über den Aufbau von Versuchen, aber bedeutende Schlussfolgerungen konnte ich nicht immer ziehen.

Auf One Tree Island verbrachte ich viele Stunden mit lebhaften Diskussionen, in denen wir Phytophagen in Baumkronen mit algenfressenden Fischen in Korallenriffen verglichen. Meine marinen Kolleg:innen beobachteten, dass bestimmte Gruppen von Fischen am Riff – man nennt sie Gilden – in der Wassersäule dieselben Tiefen bewohnen oder sich von ähnlichen Algentypen ernähren. Entsprechend ernähren sich auch bestimmte Käferarten auf derselben Höhe von Gewebe in einem bestimmten Blattalter. Je mehr wir über Regenwälder und Korallenriffe erfahren, desto mehr Gemeinsamkeiten entdecken wir – extrem hohe Artenvielfalt, außerordentliche Komplexität im dreidimensionalen Raum, Artengilden und die Koexistenz wirtsspezifischer und generalistischer Nahrungssucher. Je mehr die vom Menschen verursachten Klimaextreme zunehmen, desto gefährdeter ist das Zusammenleben in beiden Systemen. Können die Arten sich schnell genug an die veränderten Temperatur- und Niederschlagsverhältnisse im Wald beziehungsweise steigenden Temperaturen und veränderten pH-Werte im Ozean anpassen? Können Organismen den schnell fortschreitenden Verlust von Lebensraum verkraften, mit dem viele Systeme inzwischen konfrontiert sind? Die Wissenschaft arbeitet unablässig in der Hoffnung, Lösungen für vom Menschen verursachte Veränderungen zu finden, die unsere natürlichen Systeme häufig an den Rand des Kollapses bringen.

Meine Forschung dokumentierte jahreszeitliche Schäden an Baumkronen, wenn Insekten junge Blätter dezimieren, bestätigte aber auch, dass die Bäume stärker gegen Blattfraß resilient sind, als man vom Boden aus geschätzt hatte. Ich berechnete zwar ganz genau, wie viel Fraßschäden Insekten verursachten, doch bis heute hat kein Feldbiologe exakt abschätzen können, wie viele dieser Räuber für den ganzen Blattschmaus verantwortlich sind. Ich hoffe, dass irgendwann ein schlauer Ingenieur einen Detektor entwickelt, der jeden lebenden Gliederfüßler in einem Kubikmeter Laub zählen kann – was schwierig werden dürfte. Bodengebundene Studien dokumentieren weltweit eine stetige Abnahme der Insektenbestände und prognostizieren weitere Verluste um bis zu 40 Prozent in den nächsten Jahrzehnten. In der 27 Jahre dauernden Krefelder Langzeitstudie mit Malaise-Fallen (in denen Insekten ahnungslos in einen großen, mit Stoffbahnen abgetrennten Raum fliegen) zeigte sich, dass die Biomasse von Insekten um 76 Prozent abnahm, ähnliche Rückgänge sind für Wälder in Puerto Rico dokumentiert. Auch die Anzahl von Bestäubern nimmt drastisch ab, von denen etwa 85 Prozent der Bedecktsamer weltweit abhängen. Der UN-Welternährungsorganisation (FAO) zufolge sind drei von vier Nutzpflanzen, die vom Menschen verzehrt werden, vollständig oder teilweise auf Bestäuber angewiesen. Diesen Populationsverlust illustrieren etwa die USA, die allein 2017 ein Drittel ihrer Honigbienenkolonien verloren. Eine neue, noch gravierendere Katastrophe bedroht ganze Gliederfüßlerpopulationen, weil aufgrund menschlicher Aktivitäten wie Brandrodung, Landwirtschaft, Pestizideinsatz und durch den Klimawandel viele Arten vom Aussterben bedroht sind. Da die Ökologie der Insekten, aber auch die größerer Tiere wissenschaftlich nicht vollständig dokumentiert ist, wissen wir gar nicht genau, wie stark sie zurückgehen, und da Insekten leider nicht so charismatisch sind wie Delfine oder Primaten, kümmert das die Öffentlichkeit auch relativ wenig. Umso dringender ist es, dass wir unser Instrumentarium verbessern, um Insekten und ihre Salatbar auf dem achten Kontinent zu untersuchen – und das besser früher als später.

Australische Riesenbrennnessel

(Dendrocnide excelsa)

MEINE ERSTE BEGEGNUNG mit diesem prächtigen, flaumig und weich aussehenden Blatt hatte ich auf einer einsamen Erkundung der subtropischen Urwälder Australiens. Als ich zum ersten Mal das glänzend smaragdgrüne Laub berührte, hatte ich das Gefühl, ich würde heiße Kohlen anfassen oder von dreißig Wespen gleichzeitig gestochen werden. Giftige Härchen drangen mir unter die Haut, und der Schmerz hielt tagelang an. Noch überraschter war ich, dass es genauso furchtbar brannte, als ich ein totes Blatt vom Waldboden auflas. Wenig spaßig! Selbst ein hundert Jahre alter Herbariumsbeleg kann einem unbedachten Botaniker, der ihn ohne Handschuhe anfasst, gemein wehtun. Ein Kommilitone erzählte mir, den noch giftigeren Gympie-Gympie in Queensland anzufassen sei, »als würde man sich mit heißer Säure verbrennen und gleichzeitig einen Stromschlag abbekommen«.

Über die Ökologie dieses giftigen Riesen ist nicht viel bekannt, wahrscheinlich aus dem einleuchtenden Grund, dass er Menschen (wie die meisten anderen Tiere) davon abbringt, ihm zu nahe zu kommen. In Australien enthält die Familie der Urticaceae eine Gattung und sieben Arten. Heimisch sind die Urticaceae in den asiatischen Tropen, wo sie 2625 Arten in 53 Gattungen umfassen, und viele von ihnen besitzen giftige Blätter und Stängel. Ein australischer Chemiker namens J. M. Petrie analysierte 1906 die chemischen Inhaltsstoffe der Urticaceae und bestätigte, dass die Riesenbrennnessel 39-mal so giftig ist wie die kleinen, krautigen Nesseln auf den Wiesen im gemäßigten Europa und Nordamerika. Blattspreiten und Blattstiel sind dicht mit Brennhaaren besetzt, die chemisch und physisch stechen, wie man es von der Evolution morphologischer Abwehrmechanismen von Pflanzen gegen räuberische Säugetiere kennt. Unter dem Rasterelektronenmikroskop zählte ich die Haardichte auf Laub unterschiedlichen Alters und stellte fest, dass sie bei jungen Blättern vor dem Wachstum am höchsten ist. Junge Blätter mied ich fortan ganz besonders. Da die Familie der Urticaceae in den asiatischen Tropen vorherrschend ist, haben sich die Brennhaare vielleicht entwickelt, um die Bäume vor Affen und anderen räuberischen Säugetieren zu schützen, gegen manche resilienten Insekten dagegen bieten sie entschieden weniger Schutz.

Die Australische Riesenbrennnessel, *D. excelsa,* ein Überhälter im Regenwald, treibt elf Monate im Jahr Laub aus, wobei über 60 Prozent der neuen Blätter im Sommer reifen (Januar bis März). Ein zuverlässiges Festmahl für ein einziges wirtsspezifisches Insekt, den sogenannten Riesenbrennnesselkäfer, *Hoplostines viridipenis*, der die einzigartige Fähigkeit entwickelt hat, die Toxine zu verdauen und über die brenzlige Oberfläche zu krabbeln. Die giftige Blattfläche bietet ihm Schutz vor Vogelfraß, weshalb er dreist am helllichten Tag auf den oberen Blättern sitzt und vor sich hinfrisst. Da die Riesenbrennnessel als Opportunist in Bestandeslücken schnell und hoch wächst, lebt sie relativ kurz und hat weiches Holz – das heißt, sie investiert wenig in Langlebigkeit oder Festigkeit, sondern fährt eine Strategie des schnellen Wachstums, um einen Platz im Kronendach zu erobern. Von meinen fünf beprobten Arten war die Lebensspanne der Brennnesselblätter mit nur sieben Monaten am kürzesten, und jeder Ast trieb jährlich großzügige 8,3 Blätter aus. In dieser kurzen Lebensspanne fressen Käfer etwa 32 Prozent der Blattfläche – übertragen auf einen zwölfmonatigen Zeitraum bedeutet das einen jährlichen Kronenverlust von insgesamt 42 Prozent. Ziemlich heftig! Zum Laubfall kommt es das ganze Jahr über, und die Blätter verrotten innerhalb von vier Monaten, so schnell wie sonst bei keiner meiner untersuchten Arten. Die Strategie der Riesenbrennnessel besteht also in schnellem Wachstum, billigem Wachstum, hohem Fraßverlust und insgesamt einem schnellen Turnover. Wenn ein Baum umstürzt und im Wald eine Bestandeslücke schlägt, keimen die überall auf dem Boden verteilten Samen im Licht schnell aus, wieder nach der Strategie, einen prominenten, aber kurzlebigen Platz ganz oben zu ergattern. Auf diese Weise wachsen sie zwar schnell, verlieren aber letztlich gegen langsamer wachsende Arten, deren Holz kräftiger und langlebiger ist.

Neben dem resilienten, wirtsspezifischen Käfer beherbergen Australische Riesenbrennnesseln Myriaden von Blattläusen (*Sensoriaphis furcifera*). Manchmal veranstalten bis zu einhundert Läuse pro Blatt dicht gedrängte Sauger-Events und hinterlassen vertrocknetes, absterbendes Gewebe. Selten einmal beobachtet man auch den Fraß der *Didymuria violescens,* einer relativ großen Gespenstschreckenart, deren Verdauungssystem auch robust genug ist, um mit den Toxinen fertigzuwerden. Manchmal übernachten Flughunde in den Ästen, sonst aber kaum andere Arten. Manche Tiere können die Früchte verzehren, etwa Kusus, manche Vögel, Schnecken, Frösche oder Eidechsen.

Die bekannten nördlichen Verwandten der Australischen Riesenbrennnessel sind die Glanzblättrige Riesenbrennnessel (*D. photinophylla*) und Gympie-Gympie (*D. moroides*), benannt nach den Goldschürfern, die im 19. Jahrhundert in den Goldminen von Gympie, Queensland, arbeiteten. Gympie-Gympie ist sogar noch giftiger als *D. excelsa*. Ein schimmernder grün-schwarzer Käfer (*Prasyptera mastersi*) ernährt sich ausschließlich von dieser Art, wobei er ein spitzenartiges Fraßbild hinterlässt, ähnlich wie bei der Riesenbrennnessel. Auch Rotbeinfilander fressen dieses wehrhafte Laub, manchmal verschlingen sie unerklärlicherweise einen ganzen Busch. Diese nahen Verwandten von Kängurus und Wallabys können das giftige Grünzeug irgendwie verdauen, und um diese Ressource haben sie keinerlei Konkurrenten. Es ist erstaunlich, dass unter Tausenden Regenwaldpflanzen nur so wenige Arten Brennhaare entwickelt haben. In der wettbewerbsorientierten Welt der Bäume dürften daher außer der physischen Verteidigung auch noch andere Faktoren eine wesentliche Rolle spielen.

5

ARTENSCHWUND IM OUTBACK

Wie man im Urwald heiratet und das Absterben australischer Gummibäume untersucht

Während meiner Jahre als Doktorandin im Regenwald verbrachte ich viel Zeit (geschätzt um die 1500 Stunden) im Auto auf alten Forstwegen, wo ich etwa alle 150 Meter anhielt, um Blätter zu vermessen. Das verschaffte mir nebenbei einen guten, wenn auch stichprobenartigen Einblick in Insektenausbrüche und ungewöhnliche Anomalien an den Blättern. Gelegentlich beprobte ich auch Blätter am Straßenrand und ersparte es mir damit, lange Seile in große Bäume zu befördern. Diese Randbäume baden im Sonnenlicht, und ihre Blätter ähneln weit oben wachsenden Sonnenblättern – aber ich konnte sie sammeln, indem ich einfach mit einer Plastiktüte aus dem Auto sprang und willkürlich dreißig Exemplare abschnitt. Häufig war ich mit meinem treuen Freund Hugh unterwegs, der unseren von der University of Sydney geliehenen Kombi fuhr, sodass ich leicht hinein- und hinaushüpfen konnte. Dank unserer Dissertationen fanden wir uns beide oft an potenziell gefährlichen Standorten wieder (die Gezeitenzone und die Baumwipfel), und während der Geländearbeit gingen wir uns gegenseitig häufig als Sicherheits-Buddy zur Hand – eine unverzichtbare Hilfe. Im lebensgefährlichen Gezeitenwechsel der

Felsküsten zählte ich inmitten von Gischt und Brechern Rankenfußkrebse, deren Populationsdynamik Hugh erforschte. Im Gegenzug diente er mir als Bodenmann, was besonders bei meinen nächtlichen Klettergängen sehr wichtig war.

Die Wagenflotte der Sydney University bestand ausschließlich aus Holden-Kombis, die groß genug waren, um unser gesamtes Material zu transportieren. In Australien wiesen Ende des 20. Jahrhunderts zwei große Statussymbole ökonomischen Erfolg aus: eine Wäschespinne, eine sogenannte Hills Hoist (eine grottenhässliche Metallkonstruktion, die die Hintergärten verunstaltete), und ein Holden-Kombi (ein klobiger Kasten aus stabilem Metall, in den eine ganze Kinderschar sowie haufenweise Essen und Bierdosen passten). Diese robusten Fahrzeuge machten sich gut auf langen Fahrten, die Unmengen an Staub, gesprungene Windschutzscheiben und hohe Alarmbereitschaft wegen der Kängurus mit sich brachten.

Während ich all diese Gefahren der Straße umschiffte, verschlang ich mit den Augen die graugrünen Flächen der Eukalyptuskronen, die verblüffend blauen Berge, unendlichen leeren Strände, hellrot aufblitzenden blühenden Flammenbäume und gelegentlichen Skulpturen am Straßenrand. Die Australier haben viel Humor, und am Straßenrand stehen immer wieder riesige Denkmäler, die einfach *Big Things* heißen und charismatischen Lebewesen gewidmet sind. Hugh und ich führten auf unseren langen Fahrten zu den Forschungsgebieten eine Liste und hofften, irgendwann alle 350 *Big Things* im Land gesehen zu haben: Big Banana, Big Bierdose, Big Merino, Big Garnele, Fette Erdbeere, Riesenhund, Big Ananas und Überdimensionierter Hummer. Eine Stadt in Queensland versuchte, eine Kolossalstatue der verhassten invasiven Aga-Kröte zu errichten, in der Hoffnung, sie würde sich als Touristenmagnet erweisen. Wie zu erwarten, wurde der Antrag im Stadtrat allerdings abgelehnt.

Eines Schicksalstags kam, als wir gerade langsam über einen Forstweg rumpelten, ein anderer Wagen um die Kurve gerast und krachte uns vor den Kühler, sodass ich gegen das Armaturenbrett geschleudert wurde. Angesichts meiner blutenden Nase und meines entstellten Gesichts sprangen drei Distriktingenieure aus dem schicken Dienst-SUV, der unseren Uni-Kombi gerammt hatte. Im Nu hatten sie mich ins Bezirkskrankenhaus in Armidale, New South Wales, verfrachtet, wo ich im Gesicht genäht und später mit etlichen Verbänden wieder entlassen wurde. Wo sollte ich bleiben, bis alles verheilt war und ich mir im Krankenhaus die Fäden ziehen lassen konnte? Der einzige Name, den ich in dieser ländlichen Gegend vage kannte, war der eines Biologen, eines renommierten Professors an der örtlichen Universität. Professor Hal Heatwole war bekannt für seine Arbeit mit Ameisen, Meeresschnecken und australischen Ökosystemen. Zwar waren wir einander noch nie begegnet, aber ich hatte immer aufmerksam seine Veröffentlichungen verfolgt, weil seine disziplinübergreifende wissenschaftliche Arbeit sehr ungewöhnlich war. Ich suchte im Telefonbuch seinen Namen heraus und rief auf gut Glück an. Kurz darauf lag ich mit mehreren Kissen im Rücken auf seinem Wohnzimmersofa. Wir wurden beste Freunde, und während meiner mehrere Wochen dauernden Rekonvaleszenz entwarfen wir gemeinsam ein neues Forschungsprojekt. Hal war begeistert von meinem Blick auf die ganzen Bäume und wollte ihn auf das regionale Problem des Eukalyptussterbens anwenden.

Im Outback des ländlichen New South Wales verloren seit einiger Zeit viele Eukalypten an Gesundheit und Kraft – mit bitteren Folgen: Rinder und Schafe drängten sich unter den Skeletten ehemaliger Bäume, die ihr Laub verloren hatten und wenig Schatten boten. Die meisten Forscher vermuteten als Ursache entweder einen Pilzbefall im Boden oder einen erhöhten Salzgehalt im Grundwasser, aber noch niemand hatte in den Baumkronen nach Hinweisen gesucht. Ich brachte eine ganz neue Perspektive auf die Waldgesundheit mit, und wir waren uns einig, dass unsere kollektive Expertise gut eingesetzt wäre, wenn wir den Landbesitzern halfen, dieses dramatischen Baumsterbens Herr zu werden.

Ich hatte soeben meine Dissertation abgegeben und war stolz darauf, den Lehrstuhlinhaber zu widerlegen – er hatte vor drei Jahren prognostiziert, ich würde ja doch nur heiraten und Kinder kriegen. Ich musste erst in einem halben Jahr wieder in Sydney sein, um meine Doktorarbeit vom Buchbinder abzuholen und an der Doktorfeier teilzunehmen. Doch meine Gedanken kreisten schon um das »Was dann?« – und das Eukalyptussterben war ein signifikantes ökologisches Problem, für das ich meine Erfahrungen im Kronendach gut einbringen konnte. Die Busfahrt zur University of New England in Armidale, New South Wales, dauerte einen ganzen Tag – es war die einzige höhere Bildungsstätte im ländlichen Australien und Hals Arbeitsplatz. Aus dem Busfenster blickte ich auf meilenweit trockene Weiden mit Tausenden Schafen und toten Baumskeletten.

Eukalypten waren in der Gegend ein bedeutendes Landschaftsmerkmal. Die Farmer brauchten Bäume auf den Weiden, die ihrem Vieh Schatten spendeten und Erosion verhinderten. Auch die Holzindustrie nutzte Eukalyptus als zuverlässige Einnahmequelle. Selbst die australische Regierung liebte die Eukalypten: Die Landschaften, die diese Wahrzeichen schufen, lockten Touristen an, und die trugen auf dem Land zunehmend zur Wirtschaftskraft bei. Heimische Vögel und Insekten brauchten die Kronen zum Nestbau. Ein Wappentier Australiens, der Koala, lebt gar von Eukalyptusblättern – weshalb manche Einheimische sogar glaubten, seine Gefräßigkeit sei am Tod der Bäume schuld. Dieses verhängnisvolle Gerücht brachte den einen oder anderen Viehzüchter sogar dazu, Koalas abzuschießen. Damit war es nicht nur im Sinne der Umweltschützer und Farmer, das Baumsterben zu stoppen, sondern auch in dem der Koalas!

In derselben Region Australiens war es bereits 1886 zu einem massiven Baumsterben gekommen, was mehrere Farmer damals in ihren Tagebüchern dokumentiert hatten. Aufgrund dieses einen

Ereignisses wurde berechnet, dass solche Probleme im Abstand von hundert Jahren auftreten, wobei es Ende des 19. Jahrhunderts noch gar keine Ökolog:innen gab, die die Baumgesundheit zuverlässig hätten beurteilen können. Als Anfang der 1980er-Jahre wieder viele Bäume starben, nahmen die Ökolog:innen in Australien (und auf der übrigen Welt) das sehr wohl zur Kenntnis, brachten das Ereignis aber nicht mit dem Begriff Klimawandel in Verbindung, der heute als Grundursache für das um sich greifende Baumsterben anerkannt ist, auch bei australischen Eukalypten. Nur wenige Jahrzehnte später wissen wir, dass einige Länder im Pazifikraum, darunter Australien, mit ihren Klimaanomalien eine Art Frühwarnsystem für den globalen Klimawandel darstellen, dessen Auswirkungen immer häufiger und gravierender werden.

Im australischen Outback war der entscheidende Faktor für die Bewohnbarkeit des Landes seit jeher das Niederschlagsmuster. Wie die Wissenschaft sprachen auch die Farmer in den 1980er-Jahren nicht vom »Klimawandel«, obwohl der Landwirtschaftssektor die Dürren, Hitzewellen, die daraus folgenden Waldbrände und den Futtermangel für das Vieh damals bereits deutlich zu spüren bekam. Während dieser heftigen Dürren explodierten die Insektenpopulationen geradezu und vertilgten große Mengen von Laub, die die Bäume zum Überleben brauchten. Manchmal erholten sich einzelne todkranke Bäume vorübergehend – im letzten Überlebenskampf bildeten sie überall am Stamm kleine Zweige aus (sogenannte epikorme Triebe), an der Basis von ansonsten bereits abgestorbenen Bäumen auch winzige Stockausschläge. Wer sich in den 1980er-Jahren mit dem Baumsterben im Outback beschäftigte, bekam einen Vorgeschmack auf den extremen Klimawandel, der etwa dreißig Jahre später ganz Australien fest im Griff hat.

Die in Australien heimische Gattung *Eucalyptus* umfasst etwa 555 Arten, aber diese Anzahl schwankt, denn Taxonomen beschließen hin und wieder, Arten zusammenzuwerfen oder aufzuspalten, wenn DNA-Analysen oder klare physikalische Merkmale das nahelegen. Die Welt der Taxonomie ist nach wie vor geprägt von der Schlacht zwischen Zusammenwerfern und Spaltern. Nicht alle dieser circa 555 Eukalyptus-Arten waren vom Baumsterben betroffen, und in verschiedenen Regionen wurden unterschiedliche Ursachen ausfindig gemacht. In Western Australia war ein eindeutiger Zusammenhang zwischen dem Absterben des Jarrah (*Eucalyptus marginata*) und einem aus Indonesien eingeschleppten Wurzelpilz festzustellen. Mit dem Tod in South Australia, wo mehrere Eukalyptusarten ausstarben, brachte man erhöhte Salzgehalte im Boden in Verbindung. Doch in New South Wales stach kein Faktor hervor. Das Ganze wirkte eher wie ein schleichender Tod mit mehreren möglichen Ursachen: Pilzbefall, Insektenfraß, Kahlfraß durch Koalas, Dürre, unausgeglichenes Nährstoffangebot im Boden, die Ausbringung von Düngern (insbesondere Superphosphate, die Farmer aus der Luft versprühten, um das Graswachstum zu stimulieren), sinkende Grundwasserspiegel, höhere Salzgehalte, Abholzung, Schädigung der Kronenschicht und zu intensive Viehhaltung. Wie so oft bei Krankheiten macht eine Vielzahl möglicher Ursachen es schwierig, einen einzelnen Faktor vom Rest abzugrenzen.

Eukalypten haben viele ungewöhnliche Merkmale, aber ihr Überlebenskampf ist die reinste Lotterie. In einem guten Jahr produziert ein reifer Baum bis zu fünf Millionen Samen. Sie sind leicht und werden vom Wind verbreitet, viele sind auf Feuer angewiesen, das die hölzernen Kapseln aufgesprengt. Samen, die das Glück haben, an einem Standort mit Feuchtigkeit, Humus und Sonnenlicht zu landen, keimen, aber dieses Glück hat nur 1 Prozent der Samen. Danach bedrohen noch viele weitere Kalamitäten die Kindheit eines Sämlings – Dürre, trampelnde Hufe, extreme Winde, exzessives Sonnenlicht, Feuer, Insekten oder Weidetiere, Überflutung und Rodung. Keimt ein Same an einem günstigen Standort, so wächst er in wenigen Jahren zu einem Jungbaum heran. Manche Arten sind dank mehrerer Schichten sich abschälender Rinde resistenter gegen Feuer, andere bilden eine einzigartige Pfahlwurzel aus, einen sogenannten Lignotuber, der tief unter der Oberfläche Wasser aufnehmen oder auch nach einem Brand neu austreiben kann. Während des Baumsterbens in den 1980er-Jahren, das den gesamten Kontinent betraf, wurden jedoch, wenn überhaupt, nur sehr wenige Eukalypten beobachtet, die nachwuchsen – entweder aus Samenkeimung oder als Stockaustriebe an toten Stämmen. Kurz, die Landschaft wurde immer karger.

Als ich in Hals Labor an der University of New England eingerichtet war, schrieb ich einen Fördermittelantrag als Postdoc-Forscherin – eine schmucke Bezeichnung für die unteren Sprossen der Karriereleiter nach der Promotion. Ich mietete eine kleine Wohnung in der Nähe der Universität und suchte mir eine Mitbewohnerin, mit der ich die Miete teilen konnte. Judy und ich lernten uns in einem kurzen Kurs für Massage kennen, wo wir beide eine Zulassung erwarben, um uns damit ein bisschen Geld zu verdienen. Die Fördermittel bekam ich nach drei Monaten bewilligt – sie sicherten drei Jahre Gehalt und die nötige Ausrüstung, um im Gelände Eukalypten zu besteigen. Meine Karriere als Masseurin fand also ein jähes Ende, aber sie hatte mir immerhin zu einem Kreis treuer Freundinnen verholfen. Ich blieb bei meiner Methode, die schon im Regenwald funktioniert hatte, nämlich den ganzen Baum zu betrachten, und stellte die Hypothese auf, dass blattfressende Insekten den Kronen des Trockenwalds den Rest gaben, nachdem diverse andere Umweltfaktoren sie bereits geschwächt hatten. Den Farmern zufolge waren die 1980er-Jahre wärmer und trockener gewesen, und sie brachten auf den Weiden immer mehr Dünger aus, weshalb die Insekten womöglich Bäume angriffen, die ohnehin schon unter Stress standen.

Nun musste ich ein paar Exemplare für die Untersuchung auswählen, um die Hypothese zu testen. Wie konnte ich mehrere Farmer überzeugen, eine waschechte Wissenschaftlerin auf ihren Ländereien auf den Bäumen herumklettern zu lassen? Am einfachsten wäre es, so behauptete Hal, mit meiner Schleuder die örtlichen Pubs aufzusuchen und ein paar gute Storys aus der Baumkletterwelt zu erzählen. Ich wusste aus meiner Zeit in den Regenwäldern, dass ein Pub auf dem Land die Farmer anzog wie eine Lampe die Falter. In vielen ländlichen Kneipen gab es immer noch Extraräume für Damen, ich brauchte also männliche Kollegen, die mich auf die Männerseite begleiten konnten. Hal und ein paar seiner Studenten standen dafür sehr gerne zur Verfügung. Und siehe da, die Pub-Strategie funktionierte. In kürzester Zeit hatte ich ein paar *stations* (australische Bezeichnung für Farmen) beisammen, wo ich klettern und Baumkronen untersuchen konnte.

Eines dieser Anwesen gehörte einem jungen Viehzüchter namens Andrew. Meine einheimischen Freundinnen scherzten, er sei wahrscheinlich der einzige begehrenswerte Junggeselle im Umkreis von 2500 Quadratkilometern! Andrew war ein gut aussehender, witziger und kreativer Farmer mit einer echten Liebe zur Natur. Seiner Meinung nach war Bier nur dazu gut, die Leute von einer guten fachlichen Ausbildung abzulenken, allerdings verlassen sich die meisten Schaf- und Rinderzüchter für ihren beruflichen Erfolg eher auf das Netzwerk, das das örtliche Pub bietet, und weniger auf ein verstaubtes College-Diplom an der Wand des Scherschuppens. Der Anfang unserer Beziehung verging vor allem damit, dass ich half, die Gatter zu öffnen, wenn Andrew Schafe auf seinem 2000 Hektar großen Anwesen umherkutschierte – ich brachte während der Schur ein Mittagessen in den Schuppen, und wir aßen gelegentlich im Pub zusammen zu Abend. Aber wir redeten stundenlang über Schafe, Landschaften, Bäume und das Leben im Busch. Ich war dreißig und konzentrierte mich seit zwölf Jahren vor allem auf Feldforschung, aber ich hatte mir schon immer eine Familie gewünscht. Im Knirschen der mampfenden Insektenkiefer auf meinen geliebten Blättern hörte ich schon die biologische Uhr ticken. Und nach unserer ersten Begegnung deuteten seine Eltern an, wir wären doch beide schon fast zu alt, um ihnen Enkelkinder zu schenken! Andrew und ich dachten, wir könnten seinen Familienbetrieb zu einer Modellfarm machen, mit meinem Sachverstand für das Wiederaufleben heimischer Bäume und seiner Überzeugung, dass eine gesunde Landschaft am Ende auch gesünderes Vieh produzierte. Wir verliebten und verlobten uns. Er rief meine Eltern im Staat New York an, um ihnen die Nachricht zu überbringen. Leider vergaß er die Zeitverschiebung … es war 4 Uhr morgens … und kein guter Anfang. Mom weinte. Dad, stets Gentleman, blieb höflich. Wir heirateten in Australien und feierten in unserem Scherschuppen. Von meiner Familie war niemand dabei. Mom vergoss noch viel mehr Tränen, und ich war untröstlich, dass ich 16 000 Kilometer weit weg wohnte. Aber es sah aus wie eine ideale Welt – Liebe, Hochzeit, baldiger Kindersegen und Tausende sterbende Bäume.

Im reifen Alter von 31 Jahren und vertieft in den ersten Forschungsauftrag meiner Karriere, zog ich auf Andrews familieneigene Schaf- und Rinderfarm, eine Stunde von der Universität und unendlich weit von meiner eigenen Familie entfernt. Die am nächsten gelegene Stadt Walcha – »Wasserloch« in der Sprache der Aborigines – beherbergte über 200-mal so viel Vieh wie Menschen. Eine Tafel vor der Stadt verkündete: WALCHA – SCHAFE: 760 000, RINDER: 120 000, MENSCHEN: 4000. Zugleich war diese Region das Epizentrum des Baumsterbens. Auf dem Schild hätte wohl noch stehen sollen: TOTE BÄUME: 500 000. An der Hauptstraße gab es vier Pubs, einen kleinen Gemischtwarenladen, ein Postamt, eine Apotheke, drei Banken und drei Landmaschinenläden. Die Banken waren wichtig, weil man bei Dürren und zum Ausgleich von Schwankungen des Agrarmarkts Kredite aufnehmen musste, und die Pubs waren unverzichtbar, um Sorgen zu ertränken oder Hochzeiten und Geburten zu feiern. Die australischen Viehzüchter waren ein stoischer Menschenschlag, stolze Abkömmlinge der Sträflinge, die aus Großbritannien eingeschifft worden waren, und gewohnt, ihr Blut mit dem Boden zu vermischen. Häufig verbrachten sie 18 Stunden am Tag mit Tieren, Zäunen, Wasserlöchern und Weiden. Während ihrer knappen Freizeit fuhren die Farmer gern durch die Gegend und spähten über Drähte, um sich von den Nachbarn mögliche Verbesserungen abzuschauen. Wenn ein Viehzüchter einen Vormittags-Smoko brauchte, stand seine Frau in der Küche bereit und erwartete ihn. Die »Sheilas« blieben zu Hause, brieten Lammkoteletts, klatschten in der Küche Schmeißfliegen tot, hielten Giftschlangen von Kleinkindern fern und schmissen ganz allgemein die Heimatfront. Es war kein einfaches Leben, und in der ländlichen Kultur gab es klare Vorbehalte gegen Frauen, die sich für Intellektuelle hielten. Es dauerte nicht lange, bis meine Schwiegerfamilie mich wegen meiner akademischen Ambitionen abfällig als Blaustrumpf bezeichnete.

Doch mein Farmergatte heiratete mich voller Stolz trotz und vielleicht auch wegen meiner Liebe zu den Bäumen. Ich war damals die einzige qualifizierte Arbornautin in ganz Australien, und unsere Gegend litt an einem botanischen Missstand mit riesigen ökonomischen, ökologischen und emotionalen Folgen. Ich war entschlossen, die Ursache dafür herauszufinden. Die gespenstisch grauen Skelette Hunderter sterbender Eukalypten, die ich durchs Küchenfenster im Blick hatte, verfolgten mich von morgens bis abends. Die australischen Farmer brauchten die Bäume – sie spendeten ihrem Vieh Schatten, erhielten den Boden, boten heimischen Vögeln und Insekten Nistplätze und beherbergten die natürlichen Insektenbestände. Niemand kannte die Ursachen für das Baumsterben oder wusste, wie sich dessen schädliche Folgen für die Betriebe abwenden ließen. Mir gingen diese Fragen sowohl als Wissenschaftlerin als auch als frisch verheiratete Farmerfrau nahe.

Während viele meiner Kommilitoninnen aus dem College in Vermögen, Strandvillen oder große Jachten einheirateten, heiratete ich in 2000 Hektar sterbende Eukalypten ein und fühlte mich gesegnet mit diesem unglaublichen Schatz. Ich nannte es unsere

»Baum-Aussteuer«, weil ich die Bäume bekam und mein Mann im Gegenzug mein Wissen über Bäume. Unsere 2000-Hektar-Schaffarm, die nur vereinzelt mit Bäumen bewachsen war, beherbergte bis zu 15 000 Merinoschafe mit ihrer feinen Wolle, allerdings nur, wenn es regnete und das Gras wuchs. Wie den meisten Viehzüchtern im australischen Outback waren uns Vieh und Zäune wichtiger als das Wohnhaus. Wir kauften also immer zuerst ein neues Gatter oder ein Dach für einen Schuppen, und dann erst eine Spülmaschine oder ein Sofa. Unser Liebesnest war in Wirklichkeit ein heruntergekommenes Bauernhaus am Rand des Familienanwesens – zehn Jahre lang hatte niemand darin gewohnt. Die grell orangene Küche zähmte ich mit meinem weißen Pinsel, aber die Fenster bekam ich nie so dicht, dass sie die Schwärme von Schafschmeißfliegen fernhielten, die uns jedes Mal überfielen, wenn Lamm auf dem Herd stand. Ein paar Jahre später sah ich entsetzt, dass beim Mittagsschlaf Schmeißfliegenmaden auf unserem neugeborenen Sohn herumkrochen; sie hatten sich in den wollenen Deckchen in seiner Wiege eingenistet. Ich konnte nicht viel mehr tun, als sie tränenüberströmt abzusammeln.

Unser Haus war im Grunde nicht mehr als ein großer, abgelegener Holzschuppen, der sich einen gewissen rauen Charme angeeignet hatte. Die Holzdielen knarrten, an den Türrahmen baumelten Vorhänge aus Plastikstreifen, die erfolglos versuchten, die Fliegen draußen zu halten, und in dem Raum, den die Kinder liebevoll unsere *Hall of Horror* nannten, hingen gruselige Ahnenbilder. Zu dieser Zeit waren die Viehzüchterfrauen stolz auf glänzend laminierte Küchenfußböden, Plastikküchenstühle, abgenutzte Polstersofas und Instantkaffee. Doch trotz dieser bescheidenen Umgebung verband all diese ländlichen Haushalte eine außerordentliche Warmherzigkeit, die sich auf Tausende windgegerbte Hektar verteilte. Mein frisch Angetrauter war Teil einer ganz besonderen Tradition, und er hatte eine verblüffende Fähigkeit ererbt, die Landschaft zu lesen. Ich bewunderte, wie er und sein Vater den Busch bezwangen, Tausende Gatter öffneten und schlossen, um das Vieh von einer Weide auf die andere zu treiben, ihre Portion Staub und Schmeißfliegen schluckten, unendliche Meilen Zaun reparierten, unsere 25 Kilometer Telefonleitung instand hielten, ein kleines Heer Schäferhunde dressierten und die Achterbahnfahrten zu Woll-, Lamm- und Rindermärkten auf sich nahmen. Trotz meiner exzentrischen Baumliebe und meines Blaustrumpfcharakters war ich bald umgeben von einem Kreis wunderbarer Freundinnen, lauter Ehefrauen von den Nachbarfarmen. Wir trafen uns oft zum Kaffee oder zu Spielenachmittagen für die Kinder, und es machte uns nichts aus, sechzig, siebzig Kilometer weit zu fahren, um uns für ein paar Stunden zu sehen und einander das Herz auszuschütten. Sie bewunderten mich für meine Weltgewandtheit und meinen Intellekt, und ich liebte den Humor, mit dem sie das Landleben hinnahmen, und ihre zupackenden Lösungen für ein Leben im Outback. Noch dreißig Jahre später habe ich Kontakt zu meiner Schwesternriege australischer Freundinnen, die meisten von ihnen leben immer noch auf denselben Schafzuchtfarmen.

Als Doktorandin an der Sydney University hatte ich drei Jahre lang in Abendkursen Arbeiter unterrichtet, bis es mir nicht mehr übel wurde, wenn ich einen Vortrag halten musste. In diesen Abendkursen bekam ich ganz allmählich das Selbstvertrauen, vor anderen zu sprechen. Meine ganze Karriere hindurch war mir die Fähigkeit, mit Einheimischen zu kommunizieren und ein Vertrauensverhältnis aufzubauen, sehr viel nützlicher als eine Schubkarre voller Fachpublikationen. Ihre einfache Sprache zu sprechen, war der entscheidende Faktor dabei, eine Beziehung zu den Farmern herzustellen, deren Bäume so bedroht waren.

Das Leben auf der Farm war hart, aber ich liebte es, im Morgengrauen beim dämonischen Lachen des Kookaburra aufzuwachen, dem lyrischen Gesang der Flötenkrähenstare und dem Blöken von mehreren Tausend Schafen. Ich schuftete unermüdlich, um herrliche Mahlzeiten herzuzaubern, kaufte, wenn ich an der Uni war, in der Mittagspause ein und legte auf dem Heimweg vom Büro dann das Tempolimit großzügig aus, damit ich meinen Farmergatten mit einem warmen Abendessen empfangen konnte. Ich hatte Glück, dass ich auf unseren unbefestigten Landstraßen nie mit einem Känguru kollidierte, so eilig musste ich von der Akademikerin zur Hausfrau umschalten. Ich wollte in jeder Hinsicht eine perfekte Ehefrau sein, aber meine Schwiegereltern taten sich sehr schwer mit dem Blaustrumpfverhalten ihrer Schwiegertochter. Einem Witz der Nachbarsmädels zufolge kam meine Schwiegermutter gern zum Babysitten, wenn ich einen Friseurtermin hatte, aber nicht, wenn ich in die Unibibliothek ging. So versuchte ich, meine Feldforschung so dezent wie möglich durchzuführen. Ich glaube ehrlich, sie wollte mich zu einer guten Farmersfrau machen, aber es war mir einfach unmöglich, mein Leben als Baumliebhaberin abzulegen. Und ich hatte ja schon lange vor der Heirat mit der Eukalyptusforschung begonnen und war entschlossen, sie durchzuziehen und dieser ländlichen Epidemie auf den Grund zu gehen.

Nach meinen ersten Untersuchungen an den Eukalypten hatte ich den Eindruck, dass der Insektenbefall für einen Baum die letzte Schlacht nach diversen Kämpfen mit Trockenheit, Hitze und menschengemachten Belastungen war. Aus meiner früheren Forschung wusste ich, dass moderate 25 Prozent jährlicher Blattfraß einen Regenwaldbaum nicht umbringen. Wenn also Insekten in Eukalyptus-Kronen erheblich zur Mortalität beitrugen, dann mussten sie wohl sehr viel höhere Blattverluste bewirken. Meine Forschungsmethoden für die Eukalypten waren ganz ähnlich wie im Regenwald: mehrere Untersuchungsarten festlegen, auf vergleichbaren Kronen Äste in bestimmten vertikalen Intervallen identifizieren und Blätter kennzeichnen, um die zeitliche Entwicklung von Blattfraß und Mortalität zu dokumentieren. Doch das Klettern in Trockenwäldern war etwas ganz anderes als das in feuchten Wäldern. Erstens war die Landschaft viel offener und öde, und sie war den ganzen Tag dem Wind und der erbarmungslosen Sonne ausgesetzt. Am besten kletterte ich in der Morgen- oder Abenddämmerung, um mir keinen Sonnenbrand zu holen und den Unmengen von Schmeißfliegen aus dem Weg zu gehen, die in den schwülheißen Tagesstunden um mein schweißnasses Gesicht schwirrten. Im Vergleich zu Regenwäldern waren die schnellwüchsigen, sonnengegerbten Eukalypten extrem brüchig, es war also lebenswichtig, für das Kletterseil einen sicheren Ast auszuwählen. Meiner Faustregel nach musste der Ast, an dem ich ein Seil einbaute, dicker sein als der Oberschenkel des Kletterers. Das war wahrscheinlich zwei- oder dreimal so dick wie nötig, aber es beruhigte mich. Auf manchen Weiden liefen wilde Stiere herum, ich musste also das Vieh genauso im Auge behalten wie die Äste. Eine unerwartete Freude war hin und wieder ein Koala (*Phascolarctos cinereus*), der in der Krone eines Untersuchungsbaums hockte und fraß. Der Name Koalabär ist übrigens inkorrekt (sie sind mit Bären nicht einmal entfernt verwandt), es handelt sich um auf Bäumen lebende Beuteltiere. Sie ernähren sich ausschließlich von Eukalyptuslaub, und nur von wenigen bestimmten Arten. Ich freute mich immer unbändig, wenn ich in den langen Jahren des Kletterns eine Baumkrone mit trägen Koalas teilen durfte, die gerade eine große Portion Eukalyptusblätter vertilgt hatten – wegen ihres Gehalts an flüchtigen Eukalyptusölen sind die für die meisten Tiere giftig, nicht aber für Koalas, die sich genau auf diese chemische Zusammensetzung spezialisiert haben. Sie konnten nicht davonfliegen, und sie glitten, sprangen oder rutschten auch nicht am Stamm entlang zu Boden. Meist glotzten sie mich einfach nur an wie eine Außerirdische. Dabei konnten sie durchaus rennen, wenn sie von einem Baum auf den anderen wechselten, und ich habe mehrmals beobachtet, wie sie unseren Schäferhunden davonliefen.

Dank vier Jahren Klettererfahrung im Regenwald installierte ich die Seile an den Eukalypten schnell und routiniert. Ich wählte fünf in New South Wales heimische Arten aus: *Eucalyptus nova-*

anglica (New-England-Eukalyptus), *E. blakelyi, E. caliginosa, E. stellulata* und *E. dalrympleana* (Breitblättriger Eukalyptus). All diese Arten fielen den Beobachtungen der Farmer zufolge dem Baumsterben zum Opfer. Als vereinzelte Restbestände auf den Weiden boten ihre Kronen bedeutenden Lebensraum für die Biodiversität und lebenswichtigen Schatten für das Vieh. Anders gesagt, die Farmer machten sich wirklich Sorgen um sie. Mir schien es logisch, eng mit den Viehzüchtern zusammenzuarbeiten und Lösungen zu finden, die für die Gesundheit und die Ökologie ihrer Landschaft etwas beitragen konnten. Sie entwickelten allmählich Respekt vor mir, weil ich wie sie das Land liebte, und das war von unschätzbarem Wert, um Vertrauen aufzubauen. In meiner Karriere als Ökologin habe ich immer wieder Kolleg:innen beobachtet, die auf Distanz zu den Einheimischen blieben und daher auch nie eine Bindung zu den Menschen in den Regionen herstellen konnten, in denen sie arbeiteten. Das kann zu Konflikten führen und schürt letztlich das Misstrauen der Bevölkerung gegenüber der Wissenschaft. Ich musste die verständlichen Vorurteile der Farmer überwinden, und gleichzeitig musste ich beweisen, dass es in Ordnung ist, wenn Frauen auf Bäume klettern.

Nach meiner Heirat mit Andrew arbeitete ich auch weiter in den Baumkronen des Regenwalds, aber nur in Teilzeit. In ganz Australien gab es nur eine Handvoll Baumwissenschaftler:innen es war also sehr wichtig für mich, hin und wieder an Expeditionen in die feuchten Tropen teilzunehmen. Im Frühjahr 1984 führten wir in North Queensland eine Biodiversitätsstudie in einem tropischen Wald durch, und wie zu erwarten war ich die einzige Frau im Team. Am dritten Tag wurde mir furchtbar übel, nachdem ich einen der turmhohen Baumriesen erklettert hatte, um Früchte zu sammeln – das war mir in so vielen Jahren in den Baumkronen noch nie passiert. Mein Körper fühlte sich irgendwie anders an. Nach der Arbeit ging ich in den örtlichen Gemischtwarenladen in der Nähe unseres entlegenen Motels und fand dort ein Taschenbuch mit dem Titel *Die Schwangerschaft.*

Diskret kaufte ich es und nahm es mit ins Motel, wo ich die halbe Nacht mit Lesen verbrachte. Die im Buch beschriebenen Symptome passten genau. Ich war ganz aufgeregt, aber ich hatte ja kein Handy, um Andrew anzurufen und mit ihm zu spekulieren. Gleich nach meiner Heimkehr zehn Tage später vereinbarte ich einen Termin bei unserem Landarzt, der mir einen Schwangerschaftstest gab – und er war positiv.

Als die größte Schwierigkeit einer werdenden Mutter, Arbeit und Farmleben zu vereinbaren, entpuppten sich meine Schwiegereltern. Für sie war das Kinderkriegen die wichtigste Aufgabe einer Frau. Als ich schwanger war, freuten sie sich unbändig, genauso wie Andrew und ich. Ich strich das Babyzimmer, nähte Kissen und Decken und tat alles, was eine gute Hausfrau zu tun hatte – und gleichzeitig vermaß ich weiterhin meine Bäume, stellte Behälter auf, um Laubabfall und Insektenkot zu sammeln, sichtete Fachliteratur und erfüllte meine Postdoc-Verpflichtungen an der University of New England. Ich wollte unbedingt weiter arbeiten, nicht nur, weil ich mir meinen Doktortitel als Botanikerin so mühsam erkämpft hatte, sondern auch, weil ich damit ein kleines privates Einkommen hatte, von dem ich zum Beispiel ein Flugticket in die Heimat kaufen oder an einer wissenschaftlichen Konferenz teilnehmen konnte. Die Farm war wirtschaftlich durchaus erfolgreich, aber das meiste Einkommen ging wieder in Zäune und Impfungen für die Tiere und ganz bestimmt nicht in die Forschung oder die privaten Reisewünsche der Schwiegertochter.

Mit meinem sich rundenden Bauch wurde es erst unbequem, dann unmöglich (und regelrecht gefährlich), mit Seil und Gurt zu klettern. Ich brauchte eine kreative Lösung statt meiner simplen Technik mit Schleuder und Klettergurt, wollte in diesen neun Monaten noch möglichst lange meine Baumkronenforschung vorantreiben. Also lieh ich mir aus dem agrarwissenschaftlichen Institut ein neues Equipment: eine fahrbare Hubarbeitsbühne, die mich ganz bequem in die Wipfel der Eukalypten beförderte. Verglichen mit dem Regenwald, waren diese trockenen Bestände nur etwa halb so hoch und viel lockerer, sodass man relativ leicht herankam. Für dieses coole Gerät brauchte man sich nicht lange abzumühen, kein Vergleich zur Schleuder. Es rang einem praktisch keinen Schweiß und lediglich die Fähigkeit ab, im Arbeitskorb hoch- und runterzufahren, indem man ein paar Knöpfe betätigte. Das machte richtig Spaß! In einem Regenwald hätte es allerdings nie funktioniert, denn dort gab es ja weder trockenen Boden noch genug Platz, um den Schlepper unter einem Baum zu parken.

In diesen neun Monaten verbrachte ich viele Stunden damit, Jahr 3 des Blattmonitorings zu beenden, und kam am Ende auf 5623 Eukalyptus-Blätter (von denen 2543 nach Jahr 1 ausgetrieben waren). Im Schnitt erlitten meine fünf Arten 23 bis 61 Prozent jährlichen Blattverlust. Doch einige der markierten Blätter wurden vollständig von dem Käfer *Anoplognathus hirsuta* kahl gefressen, der auch unter dem Namen »Christmas beetle« firmiert, weil er im australischen Sommermonat Dezember besonders zahlreich vorhanden ist. Diese unersättlichen Phytophagen fraßen nicht nur ganze Kronen von New-England-Eukalyptus, sondern vertilgten in einer einzigen Saison drei aufeinanderfolgende Austriebe, also 300 Prozent Blattfläche pro Jahr! Dieser wiederholte Befall und der extreme Blattfraß brachten *Eucalyptus novaanglica* im dritten Beobachtungsjahr schließlich ganz um, genauso wie mehrere andere heimische Arten. Damit war bewiesen, dass Insekten einen letzten Stressfaktor darstellten, der schließlich zum Tod der Bäume führte.

Ich war so darauf fixiert, was die Insekten ihrer luftigen Salatbar antaten, dass mir beinahe entgangen wäre, wie sie dem übrigen Baum zu schaffen machten, besonders dem Wurzelsystem – bis mir auffiel, dass Christmas beetles in ihrer Larvenphase im Boden leben. Ich musste unbedingt ihre Untergrundaktivität dokumentieren, also zum guten alten großen Zeh der Bäume zurückkehren und feststellen, was da unten los war. Doch wie sollte ich Wurzelschäden messen? Wie sich herausstellte, gab es dazu nur eine Methode: den Baum fällen und seine Wurzeln untersuchen. Wie schon bei meiner Baumkronenforschung rekrutierte ich für diese Aktivität Freiwillige von Earthwatch, deren Augen und Ohren das Bild, das wir erfassten, vollständiger machten. Sie wurden in unseren primitiven Scherschuppen untergebracht und halfen bei der Kartierung des Insektenschadens über und unter der Erde. Unser Gerätepark war für die Wurzelforschung ein Segen, denn ein Traktor konnte mühelos den Boden ausheben, um Wurzeln und Käferlarven freizulegen. Zunächst erntete das Team von der Hubarbeitsbühne aus vorsichtig den überirdischen Teil eines gesunden New-England-Eukalyptus und eines etwa dreißig Meter entfernten sterbenden Exemplars von ähnlicher Größe. Jeder Kubikmeter Laub, die Äste und der Stamm wurden kartiert, geschnitten und für die Analyse in unserem Scherschuppenlabor verpackt oder beschildert. Dann gingen wir mit dem Traktor an die Wurzeln. Mein Mann hob vorsichtig Gräben um die beiden Bäume herum aus, sodass die Citizen Scientists per Hand sorgfältig alle Wurzeln heraussieben konnten. Mehrere Tage lang badeten wir alle buchstäblich im Dreck. Mithilfe von John Deere und einem Team von Citizen Scientists berechneten wir das Ausmaß des Blattfraßes sowie der Wurzelschädigung durch Christmas beetles, und die Ergebnisse waren erschütternd. Wir wogen Cookies (Stammscheiben), zählten jedes einzelne Blatt und erfassten den Blattverlust beider Bäume. Ein gesunder New-England-Eukalyptus besaß in der Krone ein Gesamtvolumen von 134 Kubikmetern mit etwas mehr als 150 000 Blättern. Der absterbende Baum dagegen besaß nur ein Drittel des Blattmaterials, nämlich 60 000 Blätter auf 75 Kubikmetern. Die Käfer hatten auch die Äste angegriffen und 19 Prozent davon vertilgt – beim gesunden Baum waren es nur moderate fünf. Die Wurzelschädigung durch die Larven war sogar noch auffälliger: Dem sterbenden Baum blieben im Vergleich zu seinem gesunden Pendant nur noch 20 Prozent Wurzelmaterial. Kurz, Christmas beetles und ihre Larven fraßen die Bäume von beiden Enden her auf. Ein doppelter Schlag: Die Larven ernährten sich unterirdisch, und wenn sie als adulte Käfer schlüpften, machten sie sich über die Blätter her.

Diese Erfassung der Insektenschädigung an Wurzeln und Kronen war nur möglich, weil uns meine Mutter heldenhaft zu Hilfe kam. Im Lauf der Schwangerschaft litt ich zunehmend an heftigen Schwindelattacken und musste jede körperliche Arbeit, selbst die auf der Hubarbeitsbühne, aufgeben. Meine furchtlose Mom reiste eigens aus dem Staat New York an, um die Earthwatch-Teams zu bekochen. Von Elmira nach Walcha waren das damals mindestens fünf Flüge, mit Zwischenstopps in Pittsburgh, Los Angeles, Hawaii und Sydney. Wir lachten, weil sie sich rundheraus weigerte, mich auf der Hubarbeitsbühne zu vertreten, und auch die Schwärme von Schafschmeißfliegen in der Küche waren ihr bestimmt zuwider, genau wie die giftigen Schlangen im Garten. Doch dank ihrer Bemühungen waren die Freiwilligen gut versorgt, während sie jeden Zentimeter dieser Eukalypten vermaßen.

Während der Schwangerschaft legte ich 23 Kilogramm zu. Bei trächtigen Kühen und Mutterschafen galt ein kräftiger Gewichtszuwachs im Outback als Zeichen guter Gesundheit, und für Menschen galten wohl dieselben Regeln. Ich war bereits zehn Tage über dem Termin und nicht nur ausladend, sondern auch ängstlich. Drei Nachmittage in Folge stapfte ich über die tiefen Ackerfurchen auf der Koppel hinter unserem Haus; meine Schwiegermutter beharrte darauf, das würde helfen, die Wehen auszulösen. Wir schrieben das Jahr 1985, und alle Farmer kämpften mit den Klimaextremen, die sich verheerend auf die Land- und Viehwirtschaft auswirkten. In der verzweifelten Hoffnung, El Niño zu überlisten, hatten wir kürzlich Hafer gepflanzt. Unsere Schafe konnten nicht noch eine Saison mit so magerem Gras überstehen, und wir wollten sie mit dem nahrhafteren Hafer vor dem Hungertod bewahren – doch selbst das war ein Glücksspiel, denn damit der Hafer wuchs, musste es mindestens fünfmal regnen. Ich stolperte also durch die steinharten Schollen trockener Erde, die der Pflug zu Bodenwellen aufgeworfen hatte. Wenn ich nicht aufpasste, konnte ich mir bei diesem Gekraxel leicht ein Bein brechen. In unserem 23-Betten-Outback-Krankenhaus gab es keine Möglichkeit, die Wehen künstlich auszulösen, aber ich hatte absolutes Vertrauen in unseren Landarzt. In seiner einfachen Praxis standen weder Ultraschall noch PDAs oder ein geplanter Kaiserschnitt zur Auswahl – dafür aber viele Jahre praktische Erfahrung. Wenn es zu Komplikationen kam, würde mich der *Flying Doctor Service* nach Sydney fliegen.

Nach 36 Stunden Wehen wurde Eddie geboren. Keine Medikamente, keine Scans, keine modernen Geräte. Die meisten unserer Muttertiere mussten eine so unmenschliche Erfahrung nicht durchmachen, flüsterten meine Freundinnen. Als nach den ersten zwölf Stunden Wehen klar wurde, dass es bei mir nicht so schnell voranging, legte sich unser treuer Allgemeinarzt schlafen. Ich war erleichtert, dass zumindest einer von uns ein bisschen ausruhen konnte. Um 4 Uhr morgens brach im Kreißsaal der Geburtstisch zusammen, weil eine Schwester versehentlich dagegenstieß, und ich stürzte zu Boden. Mein pragmatischer Mann holte seinen Werkzeugkasten aus dem Wagen, reparierte die gebrochenen Scharniere und hob mich auf den wiedererstandenen Tisch. Etwa 20 Stunden später, nachdem ich ohne Schmerzmittel qualvolle Presswehen durchgemacht hatte, gab mir Dr. MacKinnon sein offizielles Placet zum Fluchen. Ich war so erschöpft, dass mein Gehirn überhaupt nichts mehr zustande brachte, aber ich musste noch ein letztes Mal etwas Energie aufbringen, um das Baby zu gebären. Also hauchte ich ein schwaches *»Jeepers creepers!«*. Noch Monate später amüsierte sich die ganze Gegend über diesen sogenannten Kraftausdruck. Nach unendlichem Keuchen, Pressen und der Aufwendung sämtlicher innerer Kräfte wurde aus seiner Steißlage heraus Eddie geboren – er wog etwa vier Kilo, war fidel und gesund. Ich brauchte sehr viel Wattierung, wie der Arzt es nannte, weil ich bei der Geburt erhebliche Risse davontrug. Im Outback kann man nur hoffen, dass man gesund und glücklich bleibt, denn die Errungenschaften der modernen Medizin sind viele Hundert Meilen weit weg. Ich blieb eine Woche lang im Landkrankenhaus und konnte nach all den Stichen, mit denen ich genäht wurde, kaum gehen. Doch dafür wurde ich weder gedrängt, möglichst schnell nach Hause zu gehen, noch musste ich mir Sorgen machen, dass mein Baby vertauscht würde, wie man es gelegentlich aus großen urbanen Häusern hörte. In dem ganzen Monat wurde in unserem Landkrankenhaus kein anderes Baby geboren, sodass Eddie von allen Schwestern rundum verwöhnt wurde. Als ich schließlich nach Hause kam, standen plötzlich ein paar US-amerikanische Jugendfreunde, die auf ihrer Weltreise gerade von Sydney nach Brisbane fuhren, an unserer Tankstelle und wollten uns gerne besuchen. Der Tankwart erklärte ihnen lächelnd, dass ich zwischen 10 und 11 Uhr nie ans Telefon ging, weil ich da das Baby stillte. So genau war in unseren ländlichen Gegenden jeder über den anderen im Bilde – alle wussten alles, zumindest schien es so. Und genau diese Verbundenheit liebte ich.

Nach der Geburt unseres ersten Sohns war Eddies Dad stolz, meine Schwiegereltern strahlten, und Eddies australischer Urgroßvater ebenso. Wir beide waren uns sehr nahe, denn wir liebten beide die Vögel, und trotz seiner 86 Jahre fuhr er jeden Nachmittag von seinem Haus aus eine Meile über den Schotterweg zu uns, um mit mir eine Tasse Tee zu trinken und vom Küchenfenster aus Vögel zu beobachten. Er starb wenige Monate nach Eddies Geburt, und insgeheim dachte ich, dass er nur auf einen Urenkel gewartet hatte, bis er selbst das Zeitliche segnen konnte. Auch Ende des 20. Jahrhunderts waren männliche Nachkommen noch die beste Garantie, eine funktionierende Farm erfolgreich vererben zu können. Edward Arthur wurde nach seinen beiden Großvätern benannt, und das waren ziemlich große Fußstapfen. Während ich noch damit zu kämpfen hatte, ein Neugeborenes zu versorgen, schlugen von allen Seiten die kulturellen Erwartungen auf mich ein, besonders vonseiten meiner Schwiegereltern, die klarstellten, dass der Platz einer Schwiegertochter zu Hause beim Baby war. Punkt. Im Umkreis von zehn Kilometern gab es keine Kitas, und in der näheren Verwandtschaft bot niemand seine Hilfe an. Ich war also als Vollzeitmutter ans Zuhause gebunden. Ein paar Kollegen in der Uni fiel auf, dass ich fehlte, vor allem den Forschern, die Vogelpopulationen untersuchten, Baumpflanzprojekte begleiteten, und natürlich unserem ganzen Baumsterben-Team. Als ich meinen Chef fragte, ob ich wohl je wieder Feldforschung würde betreiben können, nachdem ich ein Baby bekommen hatte, schlug er einfach vor, ich solle mir eine Woche freinehmen und dann wiederkommen. Sehr witzig! (Er gestand auch, dass er einer Generation angehörte, in der sich die Frau vollständig um die Erziehung der Kinder kümmerte.) Zum Glück hatte ich noch ausreichend Datensätze, die ich von zu Hause aus analysieren konnte.

In einem ländlichen Farmbetrieb den Haushalt zu schmeißen, war an sich schon ein Vollzeitjob, aber mit einem Baby wurde es doppelt so viel Arbeit. Ohne Wäschetrockner musste ich die Frottee-Windeln an der berühmten Wäschespinne im Garten aufhängen. Ich bereitete nach hundert verschiedenen Rezepten Lammfleisch zu, und wir aßen fast täglich unsere selbst gezüchteten Tiere. Die Babynahrung musste man dämpfen, abgießen und passieren; es gab sie nicht etwa in hübschen Gläschen im Gemischtwarenladen. Die Männer brauchten Morgen- und Nachmittagssnacks, wenn sie von den Weiden gerannt kamen, und da ich echten Kaffee kochte (meine Schwiegermutter bevorzugte Pulverkaffee), war unsere Küche ein Pausenmagnet. Ständig tobte der Kampf gegen Schmeißfliegen, Wassermangel, Staub und Giftschlangen. In unserem Toilettenhäuschen neben der Küche siedelte sich eine Familie Rotbäuchige Schwarzottern an. Ich war nicht gerade begeistert, aber die Männer lachten. Einmal fanden wir ein totes Schaf in unserer Wassertonne, und in den

Dachrinnen, die die unterirdische Zisterne speisten, lebten (in Schaumform) kleinere Vertreter der Biodiversität. Wenn ich so zurückblicke, wird mir klar, dass wir damals im Outback wohl die unglaublichsten Mikroben schluckten, was uns heute vielleicht gegen irgendeine noch unbekannte Pandemie immun macht. Aber es drohten auch unmittelbare Gefahren – einmal erwischte eine Braunschlange Eddie fast am Genick, während er mir im Garten mit dem Wasserschlauch half. Wasserhahn und Schlange waren beide braun und standen aufrecht nebeneinander, aber der Biss einer Braunschlange konnte ein so kleines Persönchen umbringen. Mit einem Satz packte ich Eddie, rannte nach drinnen und kam mit dem familieneigenen Gewehr zurück. Andrew hatte mir beigebracht, wie man Schlangen erschoss, wobei ich nie wirklich vorgehabt hatte, das in die Tat umzusetzen. Aber diese Begegnung brachte mein Blut in Wallung. Eine Giftschlange, die einen kleinen Jungen in seinem eigenen Garten bedrohte! Da war der Mutterinstinkt zur Stelle. Ein Glück für die Schlange, dass sie sich verkroch, bevor ich zielen konnte. Normalerweise habe ich durchaus etwas für Schlangen übrig, und ich habe diesen bedeutenden Geschöpfen sogar ein kleines Forschungsprojekt gewidmet. Doch als junge Mutter konnte ich nicht ertragen, dass sich Giftschlangen und Kleinkinder im selben Raum aufhielten.

Als sechzehn Monate später James geboren wurde, entschuldigte sich die Hebamme mit einem Zwinkern dafür, dass sie »versehentlich« mit dem Fingernagel meine Fruchtblase aufgestochen hatte. Sie erinnerte sich an die langen Wehen bei Eddie und wollte mich nicht noch einmal so leiden sehen. James kam nach nur zehn Stunden Wehen zur Welt, und er schrie sofort vor Hunger. Er war groß und kräftig und sah aus, als würde er am liebsten gleich ein Steak verdrücken. Dass ich einen zweiten Jungen bekam, katapultierte mich in den Augen meiner Schwiegereltern in den Himmel. Trotz des scharlachroten *S* auf meiner Brust, das mich als *Scientist* brandmarkte, gab ich zeitweise Anlass für Stolz und Freude. Zwei Jungen zur Welt zu bringen, war wie ein Oscar-Gewinn, der das Fortleben der Farm sicherte. Unsere Schaffarm trat in die sechste Generation, und das immer über männliche Nachkommen. Andrew war der einzige männliche Enkel, was sein Leben in vielerlei Hinsicht von vornherein festgelegt hatte. In diesen über hundert Jahren hatte der Familienbesitz diverse Dürren durchgestanden, Krankheiten, invasive Unkräuter, Kaninchenplagen, Schlangenbisse, Todesfälle und finanzielle Krisen. Diese Lebensweise liefert einen mit Haut und Haaren dem Wetter aus, das Ganze ist ein Glücksspiel um Überleben und Erfolg. Immer wenn Andrew und ich in ein Pub gingen, redeten die Viehzüchter dort vom Wetter, vom Vieh und von sonst nicht viel; und die Frauen tauschten vor allem Rezepte und Geschichten über den Nachwuchs aus. In ein paar Pubs in unserem Bezirk waren Frauen ganz ausgeschlossen, es gab lediglich einen *Ladies' waiting room*. Wenn ich ganz selten meinen Mann ins Pub begleitete, schauten die Männer, selbst wenn sie mit mir sprachen, immer nur ihn an. Dieses Verhalten festigte die bei Männern weit verbreitete, wenn auch unausgesprochene Meinung, dass Frauen ihnen grundsätzlich unterlegen waren.

Einmal waren wir am Wochenende auf einer Party bei einem von Andrews Freunden. Während wir im Garten um den Grill standen, fasste der Gastgeber mich an einer sehr intimen Stelle an. Ich rannte auf der Stelle nach drinnen. Leider war die Schiebetür, die offen stand, als ich hinauskam, inzwischen geschlossen worden, und ich krachte gegen die Scheibe und landete mit blutendem Gesicht auf dem Boden. Der Abend endete im Krankenhaus, wo ich genäht wurde. Als ich Andrew flüsternd von dem Vorfall erzählte, fand er es unangebracht, die Wahrheit über diese Belästigung weiterzusagen. Stattdessen wurde mein Sturz allgemein der mangelnden Trinkfestigkeit einer Frau zugeschrieben. Obwohl ich am liebsten in die Luft gegangen wäre, musste ich das hinnehmen als Zugeständnis an mein Geschlecht und die Kultur, in der mein Mann aufgewachsen war.

Gleich zwei Kleinkinder auf einmal stellten mein Leben erwartungsgemäß auf den Kopf, besonders, da es weder Wegwerfwindeln gab noch Betreuung oder Fertignahrung. Wie ihre Mom lernten die Jungs in ihrer Kindheit eine Menge von den Bäumen. Wir hatten keine direkten Nachbarn, Spazierwege oder Spielplätze, deshalb verbrachten wir immer viel Zeit damit, rund um die Schaffarm die Natur zu beobachten. Ich brachte ihnen bei, an den aromatischen jungen Blättern des New-England-Eukalyptus zu schnuppern, sich, wenn Kängurus kamen, hinter den Eukalyptusstämmen mit herabhängenden Borkenstreifen zu verstecken, mampfende Koalas in Eukalyptuskronen zu entdecken und Laubenvögeln zuzusehen, wie sie unter den Ulmen in unserem Garten blaue Früchte für ihre liebevoll errichtete Balzlaube sammelten. Es war so tröstlich für mich, dass der Großvater meines Manns an der Straße Englische Ulmen gepflanzt hatte. Jetzt warfen ihre riesigen grünen Kronen dunkle Schatten in der sonst verdorrten Landschaft, und sie erinnerten mich an die Ulme, die in der Ferienhütte meiner Kindheitstage gewohnt hatte. Beide Jungs lernten mit Eukalyptusfrüchten das Zählen, rochen das Aroma der Eukalyptusöle und schärften ihr Gehör, indem sie den Gesang der Würgerkrähen und Kookaburras zu erkennen lernten, die in unseren *Eucalyptus-stellulata*-Bäumen ihre Abendlieder trällerten.

Eine Parallele zwischen den Eukalypten und mir in meiner Mutterrolle sah ich im Phänomen des »Mutterbaums«. In der wissenschaftlichen Literatur tragen einige Arten aus sommergrünen Laubwäldern den Kosenamen »Mutterbaum«, weil sie anscheinend Bodenressourcen zwischen ausgewachsenen und jungen Bäumen aufteilen. Ein reifes Individuum mit ausgedehnter Mykorrhiza (eine Symbiose zwischen Wurzel und Pilz, welche Wasser und Nährstoffe aus dem Boden aufnimmt) teilt demnach Ressourcen mit in der Nähe stehenden Sämlingen. In den Tropen aber erhöht ein Standort in der Nähe eines verwandten Baums die Wahrscheinlichkeit eines Angriffs durch Räuber, weil die Sämlinge so leichter aufzufinden sind. Daher ist es für die Sämlinge in der Regel von Vorteil, weit entfernt von ihren Artgenossen zu wachsen. Entsprechend ist es in tropischen Wäldern unwahrscheinlich, dass Sämlinge in der Nähe eines erwachsenen Baums stehen, und das Phänomen des Mutterbaums selten.

Nach Abschluss meiner Dissertation führte ich einige summarische Untersuchungen zur Mykorrhiza bei tropischen Bäumen durch und veröffentlichte gemeinsam mit meinem Doktorvater, Joe Connell, einen Aufsatz. Darin legten wir dar, dass das unterirdische Netzwerk bestimmten Arten mit Mykorrhiza-Symbiosen einen Vorteil im Wettbewerb um Wasser und Nährstoffe verschafft. Diese Idee formulierten wir, weil einige tropische Baumarten in dominanten Gesellschaften wuchsen. wir vermuteten, dass sie andere Arten ausstachen, indem sie unterirdisch Ressourcen teilten. Dabei sind tropische Wälder bekannt für ihre extrem hohe Artenvielfalt, und das heißt, dass Mutter und Abkömmlinge derselben Art normalerweise nicht nahe beieinanderstehen und einander auch nicht über ein unterirdisches Netzwerk unterstützen können. Heute ist sich die Wissenschaft einig, dass Bäume auf mindestens zwei Arten miteinander »kommunizieren«: über unterirdische Verbindungen sowie über die Freisetzung von Duftstoffen aus den Blättern, die vom Wind weitergetragen werden und Nachbarbäume »warnen«, wenn etwa ein Angriff durch Blattschädlinge droht.

Ein weiteres Mutterbaum-Konzept, das ich bei tropischen Bäumen genauso beobachtete wie bei Eukalypten, ist ein massiver Fortpflanzungsschub, der einsetzt, wenn sie unter Insektenbefall oder einer Krankheit leiden. Wenn ausgewachsene Bäume unter Stress stehen und mit dem Tod ringen, treiben sie häufig üppige Blüten und Früchte: ein letztes Aufbäumen des Mutterbaums, um die eigenen Gene in die nächste Generation zu retten. Üblicherweise konnte ich korrekt vorhersagen, welche Bäume dem Tod nahestanden, weil sie wie wahnsinnig blühten, als wollten sie deutlich kundtun, dass sie sich ganz für das Überleben ihrer Art hingaben. Nach der Anstrengung dieser massiven Blüte starben sie fast immer in der darauffolgenden Saison. Eine Markierung der Mutterbäume erlaubte also eine genaue Sterblichkeitsprognose. Ich hatte Muttergefühle gegenüber meinen Eukalypten, und daher betrachtete ich es mit gemischten Gefühlen, wenn ein besonders schöner Baum über und über blühte, weil das signalisierte, dass sein Lebensende unmittelbar bevorstand.

Trotz der Ablenkung im Alltag arbeitete ich heimlich an meinen Baumkronendaten weiter, und die bestätigten, dass die massiven Entlaubungsereignisse durch den Christmas beetle *(Anoplognathus hirsuta)*, Sägewespenlarven und ein paar weitere Phytophagen am Ende zu massiver Sterblichkeit führten. Der Insektenbefall war der allerletzte Schlag in einer ganzen Reihe von Umweltbelastungen. Im Laufe jenes Jahrzehnts konstatierten Klimatologen, dass Australien heißer und trockener wurde, und im Outback beobachteten wir nicht nur diese Klimaextreme, sondern obendrein noch die Insektenplagen. Die Böden waren unverändert, Verschmutzung kam in der Gleichung nicht vor, und seit Jahrzehnten war auf den Farmen nicht mehr umfassend gerodet worden. Es gab keine wirklich offensichtlichen Gründe, bis auf den Doppelschlag von Hitze und Dürre, die beide schwere Insektenplagen beförderten. Angesichts der Entlaubungsraten von bis zu 300 Prozent jährliche Blattfläche hatten die armen Bäume einfach keine Chance. *Anoplognathus hirsuta,* der Hauptverdächtige, gedieh auf dem Weideland bestens, und er zerstörte zugleich Wurzeln und Blätter – und das sorgte für eine fatale Kettenreaktion. Wenn die Farmer auf ihren Weiden die Baumbestände ausdünnten, hatten die Käfer weniger Futter zur Verfügung. Aus Mangel an Nistgelegenheiten verschwanden die Vögel, die sonst die Käfer dezimierten. Je weniger Eukalypten übrig waren, desto mehr fraßen die Käfer proportional von jedem einzelnen Exemplar, weshalb diese individuellen Bäume abstarben und das Vieh sich unter dem immer weiter schrumpfenden Baumschatten drängen musste. Diese Schafe und Rinder, die den Schatten suchten, übersättigten dann über ihre Exkremente den Boden mit Nitraten und schufen damit ideale Bedingungen für die nächste Generation Käferlarven. Also schlüpften noch mehr Larven und verzehrten den abnehmenden Vorrat an Wurzeln und Laub. Am Ende führte der Populationsanstieg bei den Käfern (Larven und ausgewachsene Käfer) zum Tod der allerletzten Bäume.

Ich war froh, dass unsere Erkenntnisse das Baumsterben erklärten und dass die Verantwortlichen Insekten waren und nicht unser goldiges Baumbeuteltier. Ein Festtag für die Koalas, die von aller Schuld freigesprochen wurden – diese flauschigen Phytophagen waren nicht am Baumsterben schuld, wie einige Farmer behauptet hatten. Da ich während meiner Kletterpartien in den Bäumen das Privileg genossen hatte, immer wieder auf Koalas zu treffen, fühlte ich mich diesen Vegetariern besonders verbunden. Sie liebten das Laub so wie ich, zumal sie nicht nur in den Baumkronen leben und atmen, sondern sich auch ausschließlich von Eukalyptusblättern ernähren, etwa 400 Gramm fressen sie davon täglich. Mehrmals konnte ich sogar einem Koala den Buckel tätscheln, so träge war er nach einem Festmahl an der Salatbar, und meine Gegenwart empfand er dann nicht als bedrohlich. Der Koala steht inzwischen auf der Roten Liste der gefährdeten Tierarten. Die Waldbrände 2020 haben nicht nur seine Populationen dezimiert, sondern auch sein Habitat in den Baumkronen zerstört. Es wird Jahrzehnte dauern, bis genügend Eukalypten nachgewachsen sind und Koalas wieder einen Lebensraum bieten, und für eine erfolgreiche Landschaftsrestauration müssen zudem bestimmte Arten wachsen, die Koalas bevorzugen, etwa *Eucalyptus microcorys*, *E. camaldulensis* und *E. tereticornis*. Koalas können hervorragend klettern, und ich empfand es als Ehre, die Baumkronen mit diesem größten von allen Baumbeuteltieren teilen zu dürfen.

Hal und ich publizierten unsere Ergebnisse, das komplexe Zusammenspiel von Mensch, Dürre, Hitzewellen, Landschaft, Viehverhalten und Käferzyklen, das mit dem Tod des Baums endete.

Auch andere Wissenschaftler aus der Gegend trugen ihre Puzzlestücke bei, etwa Untersuchungen zum pH-Wert im Boden und ein Monitoring des Niedergangs der Vogelpopulation, doch der letzte Sargnagel war für den Baum der Blattverlust durch Insektenfraß. Sowohl für Ökolog:innen als auch Ökonom:innen war es so wichtig, das Schicksal der Eukalypten zu verstehen, dass unsere Studie sogar im öffentlichen Fernsehen vorgestellt wurde. Außerdem schrieben Hal und ich gemeinsam ein Buch, das all den Farmern gewidmet war, die uns bei der Forschung unterstützt hatten und nun von unseren Erkenntnissen profitierten. Stolz erzählte ich den Schwiegereltern von der angekündigten Veröffentlichung, aber ich stieß auf taube Ohren, obwohl ich sie zur Feier des Ereignisses zu einem großen Lamm-Grillabend samt selbst gebackenem Apfelkuchen einlud. Nicht einmal mein Mann konnte seine Eltern umstimmen. Damals stand ökologische Forschung normalerweise nicht in Zusammenhang mit wirtschaftlichen Belangen. Beim Baumsterben war das anders. Unsere Erkenntnisse zeigten Wege auf, wie man den Baumbestand und die Vogelpopulation im ländlichen New South Wales wiederherstellen konnte. Im Jahr danach halfen Andrew und ich beim Start eines Programms mit dem Titel »A Million Trees by the Year 2000«, und viele Farmer richteten ihre eigenen Schonungen ein, in denen sie heimische Eukalypten pflanzten, die am besten zu ihren Landschaften passten. Mit der Zeit wurden überall auf den Farmen Windschutzhecken gepflanzt und Baumschulen mit Bewässerung und kaninchensicheren Zäunen angelegt. Die Wiederaufforstung des Farmlands wurde von anderen Botanikern weitergeführt, aber unsere Farm nahm mit ihren Pflanzinitiativen eine Pionierrolle ein. Andrews Baumfrau reizte ihre Baumaussteuer bis zum Ende aus, und mein Farmersmann stand unglaublich treu zu mir.

Im Lauf der Zeit stellte Andrew aber doch fest, dass es seiner Frau ging wie einem Vogel im Käfig, vor allem wegen der Repressalien seiner Eltern. Er hatte eine Biologin geheiratet und respektierte meine Baumleidenschaft als Teil unserer Ehe, aber es war mühsam, mich gegen die Erwartungen seiner Mutter zu verteidigen. Einmal kam Andrew fix und fertig von der Arbeit und sagte, von ihm aus könnten wir die Farm verlassen – er könne nicht mehr ertragen, wie sein Vater alles kritisierte, was er tat, und seine Mutter an allem, was ich tat, herummäkelte. Ich tanzte vor Freude. Wir würden unser eigenes liebevolles Familienleben führen – ohne die Schwiegereltern als nächste Nachbarn. Doch unsere Euphorie war von kurzer Dauer, denn bereits einen Tag später erklärte Andrew, er könne nach fünf Generationen Familienbesitz seine Eltern nicht im Regen stehen lassen, und wir müssten uns überlegen, wie wir unter ihrem strengen Regiment zurechtkämen. Ich vergoss Tränen, beschloss aber mitzuspielen. Ich liebte diesen Mann, und ich hatte geschworen, dies in guten wie in schlechten Zeiten zu tun. Ich hatte mich bereit erklärt, inmitten seiner 15 000 Schafe unter zahllosen sterbenden Baumkronen zu leben.

Meine Schwiegermutter schimpfte weiterhin, wann immer ich mich mit meiner Forschung beschäftigte, obwohl Kinder und Haushalt damit so schwer zu vereinbaren waren, dass mir für die Wissenschaft ohnehin nur begrenzt Zeit blieb. Wir hatten einen handfesten Streit, als ich mit den Jungs zu ihren anderen Großeltern in die USA fuhr und bei meiner Rückkehr feststellte, dass mein Schwiegervater die beiden Reihen riesige Ulmen an unserer Auffahrt zurückgestutzt hatte (für mich eine einzige Metzelei). Er behauptete, sie hätten die Benutzer der Straße gefährdet, doch für mich war das ein Krieg um Bäume, und er hatte gewonnen. Tagelang weinte ich. Niedergeschlagen wanderte ich über unsere öden Weiden und begutachtete ein paar kämpfende Bäume. Die Tapferkeit, mit der diese New-England-Eukalypten wieder versuchten, Blätter zu treiben, nachdem sie mehrfach unter Insektenbefall und Dürre gelitten hatten, gab mir den Mut, nicht aufzugeben. Wenn ihre Kronen so resilient waren, konnte ich doch wohl ein einziges Paar Schwiegereltern überleben, die ihre Schwiegertochter und Biologin nicht respektierten. Vielleicht musste ich eine noch bessere Strategie entwickeln, um heimlich weiter zu forschen? Es wurde ein Spiel. Ich versteckte eine Ausgabe der *Ecology* in einem *Woman's-Weekly*-Magazin, und es sah so aus, als würde ich Rezepte lesen. Häufig nahm ich die Jungs mit in die Universität und setzte sie mit Unmengen von Spielzeug in eine Wunderhöhle (den freien Raum unter meinem Schreibtisch). Während James vor allem in seinem Körbchen schlief, entwickelte sich Eddie schnell zu einem eigenen kleinen Biologen, und er lernte während unserer Autofahrten von einer Kassette alle australischen Vogelstimmen. Die Leute merkten auf, wenn dieser Dreikäsehoch uns begeistert in einem Erwachsenengespräch unterbrach und sagte: »Mommy, hörst du den Weißbürzel-Krähenstar?« oder: »Ich glaube, das ist ein Schwarzgesicht-Raupenfänger!« Auch dank der Forschungsarbeit ihrer Mutter wurden beide Jungen früh mit Biodiversität vertraut und lernten, die Natur zu lieben. Zur Fauna auf der Farm gehörten auch elf Hunde, wobei diese Tiere nicht als Freunde und Gefährten des Menschen gedacht waren. In einem Schafzuchtbetrieb sind Hunde vor allem Arbeitstiere, die so dressiert sind, dass sie ihrem Herrn aufs Wort folgen. Wenn die Hunde 300 trächtige Mutterschafe auf einer Weide zusammentrieben, sah das aus wie ein ästhetisch choreografierter Tanz. Wenn aber ein Hund sich ins Haus vorwagte oder zu sehr an einem Menschen hing, wurde er in der Regel erschossen. Sie waren einfach nicht dafür da, als Haustiere von Kindern geliebt zu werden. Eddie und James fanden es merkwürdig, auf unseren Besuchen in den USA Leute zu erleben, die reichlich Aufmerksamkeit (und Geld) für Vierbeiner übrig hatten, die für ihren Unterhalt nicht einmal arbeiteten. Heute haben beide einen Hund als Haustier – sie sind also über den Kulturschock offensichtlich hinweggekommen!

Ein weiteres Streitthema zwischen Schwiegermutter und -tochter war die frühe Begeisterung der Jungs für Bücher. Als Eddie drei war, fuhren wir einmal zusammen mit dem Bus nach Queensland, wo ich mit einem Forschungsteam eine Inventur des

Regenwalds vornehmen sollte. Er begleitete mich auf die meisten Expeditionen, weil niemand zu Hause war, der auf ihn aufpassen hätte können. Mom war zu Besuch und so nett, bei James zu bleiben, sodass Mutter und älterer Sohn diese Reise ganz für sich hatten. Sechs Stunden saßen wir im Bus, und plötzlich fing Eddie an, *Grünes Ei mit Speck* von Dr. Seuss vorzulesen. Mir fiel die Kinnlade herunter! Ob er es vielleicht auswendig kannte? Als wir in unserer Unterkunft im Regenwald ankamen, reichte ich ihm die Speisekarte, die er mir auch vorlas. An einem langen Tag im Bus hatte Eddie dank *Sesamstraße* und vieler Vorlesestunden herausgefunden, wie die Buchstaben klangen und sich zu Wörtern zusammensetzten. Ich strahlte vor Stolz! Doch als wir wieder zu Hause waren, machte meine Schwiegermutter mich zur Schnecke. Für sie war es ganz furchtbar, dass Eddie lesen konnte, denn jetzt würde er sich in der Schule langweilen. Und James stand seinem Bruder in Sachen Lerneifer kaum nach. Beide spielten lieber Lego und fuhren in den Regenwald, als mit Fliegenlarven infizierte Schafe zu suchen – eine Sisyphosaufgabe für Schafzüchter: Jedes Schaf mit Fliegenlarven am Hintern muss sofort aufgespürt und behandelt werden. Als mir Eddie eines Tages verkündete, Mädchen könnten nie Arzt werden, erkannte ich, dass er trotz all meiner Bemühungen die Ansichten zu den Geschlechterrollen übernahm, von denen die ländliche Kultur durchdrungen war. Wie konnte ich diese beginnende Fehlausrichtung in seinem jungen Gehirn korrigieren?

Als mein Forschungsprojekt an der Uni beendet war, machte ich ein Bed-and-Breakfest auf, um den Jungs jedes Jahr einen Flug zu ihrer US-amerikanischen Familie bezahlen zu können. Das B&B war eine der ersten echten Farm-Pensionen in Australien und erhielt jede Menge mediale Aufmerksamkeit. Mit Begeisterung kochte ich dreigängige Menüs (schließlich hatte ich in meiner Kindheit zugesehen, wie meine Mutter mit einem sehr bescheidenen Budget gesunde und kreative Gerichte auf den Tisch zauberte) und stellte eine riesige Rezeptsammlung für hofeigenes Lamm zusammen. (Vielleicht waren diese weißen Karteikarten nur wieder eine neue Sammlung, wie schon die Wildblumen in meiner Kindheit?) Ich dekorierte eine Gästesuite mit ungewöhnlichen australischen Kunsthandwerks- und Holzarbeiten und betätigte mich als Expertin für Naturführungen: Mit dem Geländewagen fuhr ich die Leute zu einem Abenteuer über die Weiden, wo wir Vögel, Kängurus und Schafe besichtigten. Ich legte einen Naturlehrpfad durch unsere sterbenden Baumbestände an und verfasste eine gedruckte Broschüre, damit die Besucher die heimische Botanik und Ökologie studieren konnten. Mein Leben war unglaublich durchgetaktet, fast schon hyperaktiv schlüpfte ich immer wieder in die verschiedenen Rollen der Hausfrau, Mutter, Gastgeberin und der heimlichen Arbeit mit Baumkronendaten.

Für mein Sozialleben waren die B&B-Gäste eine Bereicherung, und außerdem hielt ich Kontakt mit meinen Freundinnen, die alle als Ehefrauen und Mütter an ihre Höfe gebunden waren. Wir trafen uns jede Woche zu Spielenachmittagen, trotz der meilenweiten Anfahrt. Und wir schütteten einander das Herz aus, weil unsere Isolierung keine Hoffnung auf einen kreativen Job zuließ. In unserem Bezirk waren die Schafzuchtbetriebe groß und finanziell solide, aber viele Frauen wollten sich zusätzlich außer Haus betätigen. Eine Freundin machte in unserer Kleinstadt einen Strickladen auf, eine andere eine Kunstgalerie. In der ländlichen Gegend voller baumloser Landschaften, die Touristen eher abschreckten, schlugen sich die Betriebe mühsam durch. Mir hatte die australische Regierung die Dissertation bezahlt, und ich hoffte immer noch, dass ich diese Ausbildung nutzbringend einsetzen konnte. Nach der Geburt der Jungs bewarb ich mich auf eine Assistenzprofessur an unserer Universität. Bestärkt von dem Erfolg, das Baumsterben enträtselt zu haben, war ich in den Augen der meisten Kolleg:innen die bei Weitem qualifizierteste Bewerberin. Doch schon im ersten Gespräch informierte man mich, dass die Frau eines Farmers, die obendrein noch kleine

Kinder hatte, ein solches Lehramt einfach nicht stemmen konnte. Zu meinem Entsetzen wurde ich abgelehnt. Die Freundinnen trösteten mich, indem sie mir ins Gedächtnis riefen, dass Chancengleichheit in Australien ein Fremdwort war. Überhaupt stärkten sie mir in Zeiten solcher Enttäuschungen den Rücken – die meisten von ihnen waren es gewohnt, ungleich behandelt zu werden, während ich das »Sheila«-Konzept weiterhin leugnete. Ihre treue, schwesterliche Unterstützung ist bis heute eine der wertvollsten Konstanten meines Lebens.

Unsere Telefonleitung war ein Gemeinschaftsanschluss, weshalb etwa ein Dutzend Schnüffelnasen jedes Telefongespräch belauschen konnte, und manche von ihnen schienen tatsächlich den ganzen Tag lang auf Klatsch und Tratsch zu lauern. Wirklich intime Gedanken teilte ich meiner Mutter daher per Luftpost mit, die aber fast einen Monat lang unterwegs war. Eines Morgens buk ich gerade Apfelkuchen und stolperte in der Küche über Legosteine, als das Telefon klingelte. Der Anruf kam aus der Pennsylvania State University. Jack Schultz, ein Pionier der Theorie, wonach Bäume über windverbreitete Aromastoffe kommunizieren und andere Bestände vor drohendem Insektenbefall warnen, war eine echte Inspiration für mich. Er hatte mich als Mentor für die Chemie von Waldlaub begleitet und mich anhand meiner Veröffentlichungen im Blick behalten. In den Prä-Internet-Zeiten schickten wir Fachkolleg:innen einander unsere neuesten Aufsätze per Luftpost, und er hatte meine Karriere genauso aus der Ferne verfolgt wie ich seine. Sogar als Hausfrau konnte ich eine lange Publikationsliste vorweisen, weil ich eine solch riesige Menge von Daten sowohl aus dem Regenwald als auch aus dem Trockenwald zur Verfügung hatte. Ihm war aber aufgefallen, dass ich zuletzt länger nichts veröffentlicht hatte, und er rief einfach auf gut Glück an, um sich zu erkundigen, ob alles in Ordnung war. »Sag mal, was tust du eigentlich?«, brüllte er ins Telefon. »Ich backe Apfelkuchen und sammle Lego auf«, erwiderte ich. Er meinte: »Komm raus aus dem Outback und kletter wieder auf die

Bäume – du bist zu wertvoll für die Wissenschaft, um alles aufzugeben.« Nachdem ich aufgelegt hatte, weinte ich. Ich konnte einfach keinen Ausweg sehen, und mein Schicksal war besiegelt. Zumindest dachte ich das.

Eine Woche später klingelte wieder das Telefon. Das Williams College fragte an, ob ich ein Semester lang als Gastprofessorin unterrichten wollte. Ich fiel aus allen Wolken und fühlte mich, als hätte ich gerade im Lotto gewonnen. Beklommen erzählte ich meinem Mann von dieser Einladung. Er war nicht gerade begeistert, aber dann zuckte er mit den Schultern und sagte nur: »Tu, was du nicht lassen kannst, und komm zurück.« Die Reaktion der Schwiegereltern war sehr viel weniger positiv, ich meinte fast, sie würden handgreiflich werden. Ihrer Meinung nach konnte keine Frau Kinder *und* einen Job unter einen Hut bringen. Ich war eingeschüchtert, aber entschlossen, die Sache durchzuziehen. Es gab endlos viel vorzubereiten: Spielsachen und das Notwendigste für die Jungs einpacken, die Küche ordentlich zurücklassen, meine Schwiegermutter beruhigen, dass ihr Sohn nicht verhungern würde, den Garten so einrichten, dass er nicht welken und absterben würde, Seminarpläne für meinen Biologieunterricht am College entwerfen, Kleidung auftun, die einigermaßen professionell aussah, und dann noch auf der anderen Seite der Welt eine Wohnung mieten, lange bevor es Handy-Apps gab (oder überhaupt nur Handys!). Drei Monate lang packte ich in ständiger Angst – wobei das grob untertrieben ist. Hätte irgendjemand angedeutet, dass die Jungs zu Hause bleiben mussten, hätte ich die Farm nicht guten Gewissens verlassen können. Ihr Dad war immer im Morgengrauen auf den Beinen und kam erst nach Hause, wenn es längst dunkel war, sie waren es also gewohnt, von mir allein erzogen zu werden. Wir drei aber hatten durch die viele gemeinsame Zeit eine sehr enge Bindung zueinander, zumal es ja weder Fernsehen noch sonstige Unterhaltungselektronik gab. Ich hatte zwar wertvolle Jahre verloren, in denen ich wie viele US-amerikanische Kolleg:innen die Karriereleiter hätte erklimmen können, aber die viele Zeit zu Hause mit meinen Jungs war eine echte Bereicherung und prägte mich in vielerlei Hinsicht. Wir lernten nicht nur gemeinsam, wie man Giftschlangen aus dem Weg geht, wir bereisten auch zusammen australische Korallenriffe und Regenwälder und flogen um die halbe Welt, um die Großeltern in den USA zu besuchen. Weil die Flüge so lang waren, buchte ich für Eddie oft einen Rollstuhl, weil ich wirklich nicht beide Jungs und dann noch das Handgepäck von einem Gate zum anderen schleppen konnte. Die verspäteten Langstreckenflüge zu erdulden und ausnahmslos immer den letzten Anschlussflug zu verpassen, wenn wir sowieso schon am Rande des Kollapses standen – das war kein Zuckerschlecken!

Am Abend vor unserer Abreise zu meiner halbjährigen Gastprofessur verschwand Andrew in sein angestammtes Wasserloch, das Walcha Road Pub, und kam nicht mehr nach Hause. Vielleicht gab er mir damit unausgesprochen sein Placet, dass ich die Flügel ausbreiten und davonfliegen sollte? Da unsere Ehe in einer Sackgasse steckte, in der die Outback-Kultur meine Berufstätigkeit als Wissenschaftlerin verurteilte, die Geschichte des Familienbetriebs Andrews Zukunft aber auf ebendiese ländliche Kultur festlegte, glaube ich im tiefsten Herzen, dass er widerstrebend seiner Frau, diesem Vogel im Käfig, die Erlaubnis gab, ihrem Traum zu folgen. Um vier Uhr nachts wurde mir klar, dass wir niemanden hatten, der uns zum Flughafen fahren konnte, und ich rief eine treue Freundin an, Nena Fay. Sie wohnte nur zwei Dutzend Kilometer weit weg und war damit eine unserer nächsten Nachbarinnen. Sie sprang auf der Stelle aus dem Bett und fuhr uns eine Stunde lang zum nächsten Flughafen, wo uns unsere Propellermaschine nach Sydney erwartete. Andrew hat sich nie verabschiedet, was vielleicht für uns alle das Beste war. Mit Tränen in den Augen seufzte ich vor Erleichterung, als unser Langstreckenflugzeug über dem Sydney Harbor aufstieg. Die Jungs waren zwar erst drei und vier Jahre alt, aber sie bestaunten begeistert die Aussicht und stürzten sich aufgeregt plappernd auf die

Kopfhörer im Flugzeug. Ich war emotional ausgelaugt, so lange hatte ich darum gerungen, dieses »intellektuelle Asyl« anzutreten. Was lag vor uns? Würden wir in einer neuen Kultur überleben? Konnte ich meine grauen Zellen von Legosteinen zur Waldsukzession hochschalten, und hatte ich diesen College-Studierenden etwas zu sagen, die zu den besten der Welt gehörten? Wie lange würde es dauern, bis die Jungs sich an Straßen mit Fußwegen und Städte mit Buchhandlungen gewöhnt hatten? Es schien nicht allzu gewagt zu glauben, dass wir nicht nur durchkommen, sondern auch wirklich ankommen würden. Wir waren auf dem Weg nach Amerika.

New-England-Eukalyptus

(Eucalyptus nova-anglica)

GÄBE ES EINEN EMMY FÜR DIE BESTE LEISTUNG eines Baums, sich trotz aller Widrigkeiten gegen sechsbeinige Feinde durchzusetzen, so würde er dem New-England-Eukalyptus zustehen. Ich habe mit eigenen Augen gesehen, wie Insekten die gesamte Laubkrone dieser Bäume weggefressen haben – und zwar nicht nur ein-, sondern dreimal in einer Saison. Und trotzdem schafften es einige Bäume dieser Art, noch ein viertes Mal auszutreiben. Ich habe keine Baumart erlebt, deren Resilienz höher war – und doch nehmen seine Bestandszahlen weiterhin signifikant ab. Der New-England-Eukalyptus erlitt während meiner Feldforschung von allen beobachteten Arten die stärkste Entlaubung, nämlich durchschnittlich 60 Prozent der jährlichen Blattfläche! Dieser außerordentlich starke Insektenfraß erreichte seine Höchstwerte in den 1980er-Jahren mit über 300 Prozent Blattverlust (das heißt, Phytophagen fraßen dreimal die gesamte Laubkrone) und hinterließ ganze Landstriche voller weißer Skelette. Bereits Ende des 19. Jahrhunderts hatten Viehzüchter ein ähnliches Ereignis beobachtet. Auch damals hatten mehrere Dürren zu starkem Schädlingsbefall auf Eukalypten geführt. Zum Glück überstanden einige Exemplare auf isolierten Weiden die gefräßigen Christmas beetles und Blattläuse der 1980er-Jahre und das darauf folgende Baumsterben – diese Überlebenden stellen die Samenbank für künftige New-England-Eukalypten in der Region dar. Als Folge des Baumsterbens Ende des 20. Jahrhunderts richteten die Farmer auch Baumschulen ein und gründeten Landschaftspflegegruppen zur Aufforstung mit heimischen Bäumen, insbesondere mit New-England-Eukalyptus.

Eucalyptus nova-anglica ist eng mit der Geschichte der australischen Landwirtschaft verwoben. Sein lateinischer Name bedeutet »neuenglisch«, ein Bezug auf sein Vorkommen im australischen Distrikt New England in New South Wales, ein Hochplateau auf 900 bis 1400 Metern. Diesen Namen erhielt die Region, weil die ersten Siedler dort Laubbäume pflanzten, deren Laub sich im Herbst ähnlich verfärbt wie im amerikanischen Nordosten. Um die botanische Beschreibung des New-England-Eukalyptus zu verstehen, braucht man ein Wörterbuch: *juvenile Blätter gegenständig, rundlich, herzförmig, glauk; adulte Blätter alternierend, einfarbig, sichelförmig, lanzettlich; Konfloreszenz einfach, axillär, Dolde 7-blütig und regelmäßig, Blütenstandstiel zylindrisch oder vierkantig; Früchte konisch oder kugelig, gestielt, 3- bis 4-fach gekammert mit erhabenem Diskus, Klappen hervorstehend, andersgestaltete sterile Samen, linear und kuboid.* Auf Deutsch heißt das, dass junge Blätter rundlich und silbrig-grün sind, die reifen Blätter dagegen blaugrün, lang und spitz zulaufend. Zugegeben, für einen Laien ist der Jargon kaum zu enträtseln, aber anhand all dieser Details können Botaniker diesen Eukalyptus von den anderen 555 Arten der Gattung unterscheiden.

In einem Artikel im Magazin *Science* war 2018 zu lesen, weltweit sei die Landwirtschaft erwiesenermaßen für 27 Prozent

Waldverlust verantwortlich. In Australien ist durch die Rodung der Trockenwälder für Viehweiden eine Landschaft mit isoliert stehenden Bäumen entstanden, die oftmals so exponiert sind, dass sie an diesem Stress zugrunde gehen. Im Jahr 2020 waren weniger als zehn Prozent des typischen, vom New-England-Eukalyptus geprägten Gras-Wald-Lands erhalten – eine Folge der Landwirtschaft und damit einhergehender menschlicher Eingriffe wie zu Zeiten des Baumsterbens in den 1980er-Jahren. Noch existierende Waldfragmente stehen als vom Aussterben bedrohte ökologische Gemeinschaften unter dem Schutz des australischen Umwelt- und Biodiversitätsschutzprogramms von 1999 (EPBC Act). Außerdem wachsen auf diesen Flächen Schnee-Eukalyptus (*E. pauciflora*), *E. stellulata,* Breitblättriger Eukalyptus (*E. dalrympleana* subsp. *heptantha*), *E. blakelyi* und *E. conica.* In diesen Beständen lebt eine wunderbare Vielfalt der in Australien heimischen Fauna: Beuteltiere wie Schmalfuß-Federschwanz-Gleitbeutler und Kurzkopfgleitbeutler, Graue und Rote Riesenkängurus, Fuchskusu und Östlicher Ringelschwanzbeutler; Wühltiere wie Kleine Schmalfußbeutelmaus, Hübschgesichtwallaby und Stuart-Breitfußbeutelmaus; Raubtiere wie Dingo und Rotfuchs; Fledermäuse wie Gould-Lappenfledermaus, Schokoladen-Lappenfledermaus, Australische Langohrfledermaus und Südliche Waldfledermaus; viele Vögel; und Unmengen von Insekten (viele davon Phytophagen).

Das Phänomen des New-England-Eukalyptus-Sterbens war eine komplexe Waldkatastrophe, für die es keine einzeln isolierbare Ursache gibt. Zu den Synergieeffekten gehörten Massenvermehrungen von Christmas beetles, Sägewespenlarven und anderen – die letzten Stressfaktoren im Überlebenskampf der Eukalypten. Der New-England-Eukalyptus wurde zur Symbolfigur dieser Baumapokalypse. Zum Glück übernahmen Ökologen, Viehzüchter, Farmer, Ökonomen, Forstwissenschaftler, Landschaftspfleger und Politiker gemeinsam Verantwortung für seine Wiederaufforstung. Überall im Bezirk entstanden Landschaftspflegegruppen, die heimische Samen sammelten und pflanzten, und unser Projekt »A Million Trees by the Year 2000« erreichte das gesetzte Ziel bereits zehn Jahre vor dem Termin. New-England-Eukalyptus war eine von gut einem Dutzend Arten, auf die bei der Wiederaufforstung der Hochebenen von New England großer Wert gelegt wurde. Doch die Klimaextreme spitzen sich immer weiter zu, und Australien muss sich auf mehr Dürren, Hitzewellen und weitere Herausforderungen für die Waldgesundheit gefasst machen. Waldbrände greifen immer mehr um sich, 2019/20 etwa gingen große Teile der Region New England in Rauch auf. Außerdem nimmt die Versalzung des Grundwassers zu. Sind Eukalypten so resilient, dass sie mit dem rasanten Klimawandel leben können? Sind die Samenbanken genetisch so vielfältig, dass die Anpassungsfähigkeit der Bäume ausreicht? Das muss sich erst zeigen. Als Arbornautin werde ich den Bäumen weiterhin eine Stimme geben, besonders den New-England-Eukalypten, die mehr und mehr dem menschlichen Wüten zum Opfer fallen.

6

DAS GLÄSERNE KRONENDACH

Vom Hochranken, Zurechtgestutztwerden und wie man als Frau in den Wissenschaften überlebt

Zwei Ratschläge habe ich an jede junge Frau:
Scheue nie davor zurück, schlau und stark zu sein.
Fördere und unterstütze immer andere Frauen.

Ich gehörte zu einer aufstrebenden Generation von Frauen, die Gleichberechtigung wollten, aber nur ungern laut sagten, dass sie früher gehen mussten, weil sie einen Termin beim Kinderarzt hatten, und sich nicht trauten, Nein zu sagen, wenn sie auf einer Fakultätssitzung gebeten wurden, Kaffee zu kochen. Ich war damals der Meinung, Erfolg hieße, nach dem Unterrichten nach Hause zu preschen, um die Wäsche zu machen, Essen zu kochen und bei der Hausarbeit zu helfen. Viele männliche Kollegen dagegen blieben ohne Schuldgefühle bis spätabends bei der Arbeit und gingen mit ihrer Seilschaft ins Pub oder Golf spielen, um an ihrer Beförderung zu arbeiten. Meine Kolleginnen und ich konnten dagegen feldbiologische Höchstleistungen abliefern, und trotzdem stießen wir uns an der gläsernen Decke, wann immer wir die Erwartungen übertrafen, und das so regelmäßig, dass ich irgendwann wie selbstverständlich erwartete und – schlimmer noch – mich damit abgefunden hatte, mir die nächsten blauen Flecke einzuhandeln. Wobei mich meine Kolleginnen darauf hinwiesen, dass das Wort »blauer Fleck« noch viel zu milde klang – tatsächlich waren es tiefe Wunden. Wenn auch einige von uns Frauen in der Wissenschaft es schafften, das »gläserne Kronendach« zu durchbrechen, so trugen wir von den Scherben doch blutende Schnittwunden davon, und unser Geschlecht lernte, den Schmerz zu überspielen. Diese Erinnerungen an die Zeit, in der ich als einsame Frau auf Zehenspitzen einen von Männern dominierten Karriereweg entlangtrippelte, tun immer noch weh, aber ich schreibe sie nieder in der Hoffnung, dass mein Unglück Leserinnen *und* Lesern ein paar Einsichten verschafft und ihnen hilft, Ungerechtigkeiten am Arbeitsplatz in Zukunft zu vermeiden.

Ich war nie das Mädchen, das in die Pfütze sprang und sich freute, wenn es jemanden nass spritzte – ich war die, die sich hinter einem Baum versteckte, wenn sie auf dem Heimweg von der Schule eine Bande Jungs traf. In der fünften Klasse rief eines Tages die laute, hallende Stimme des Schulleiters meinen Namen über die Lautsprecheranlage aus. Ich war immer noch furchtbar schüchtern und hob nur ganz zaghaft die Hand, damit die Lehrerin mich sah. Sowohl sie als auch der Schulleiter waren ungemein erleichtert, dass ich in der Klasse saß und brav an einer Matheaufgabe arbeitete. Ein Geistesgestörter hatte meine Mutter angerufen und behauptet, ich säße gefesselt auf der Rückbank seines Autos. In Tränen aufgelöst hatte sie aufgelegt und in der Schule angerufen. Und da saß ich auch und dividierte und multiplizierte in aller Ruhe meine Zahlenreihen. Kurz zuvor war in der Lokalzeitung von mir die Rede gewesen, weil ich eine Symphonie komponiert hatte, die den Namen der Schule trug *(Hoffman Air)* und vom Schulorchester aufgeführt worden war. Neben meiner Naturliebe war Musik meine zweite Leidenschaft. Nach meiner wöchentlichen Klavierstunde erfand ich in meinem Kopf eine Melodie, die ich irgendwie in eine Partitur für das ganze Schulorchester umsetzte. Ich war zwar viel zu schüchtern, um je an einem Klaviervorspiel teilzunehmen, aber ich lernte, Musik niederzuschreiben – sie erinnerte mich an Vogelstimmen. Eine aufregende Leistung für den Klassennaturfreak, aber der Erfolg hatte sichtlich auch seine Kehrseiten. Mom kam in die Schule und schloss mich in die Arme – sie war verrückt vor Erleichterung, dass ich nicht gekidnappt worden war. Die Ortspolizei bat mich, in den nächsten Wochen immer ein Notizbuch bei mir zu haben, in dem ich alles Verdächtige festhalten sollte. So ging Kriminalistik in den 1960er-Jahren: kein Handy, keine SMS, keine Fotos auf Facebook, keine leicht zu überprüfenden Listen mit Personen, die Kinder belästigten – nur ein kleines Notizbuch und ein Bleistift im Ranzen eines Schulmädchens.

Zum Glück wurde nie eine solche Drohung in die Tat umgesetzt. Aber Mom war verängstigt, und ich hatte das kalte Grausen. Ich fürchtete mich fast schon vor meinem eigenen Schatten und verzog mich in das sichere Refugium meines Kinderzimmerlabors, wo ich meine getrockneten Blumen durchsah. Moms Kleinstadtweisheit zufolge war es am besten, wenn man zur Geburt und beim Tod in der Zeitung stand, aber nie zwischendurch. In meiner Kindheit vermischten sich die Begriffe von Bescheidenheit und kleinbürgerlichen Werten unversehens mit den guten alten Geschlechterrollen, und das hieß, dass Frauen immer aufgefordert waren, nicht zu prahlen, zu schreien oder ihre Leistungen herauszustellen. Mom gab mir den einzigen Ratschlag weiter, den sie kannte, und als Erwachsene sollte der mich mehr als ein Mal verfolgen. Im Gegensatz dazu steht der brillante Ausspruch von Laurel Thatcher Ulrich: »Artige Frauen machen selten Geschichte.«

Obwohl mich das Beinahe-Kidnapping aus meiner Kindheit noch heute manchmal einholt, konnte ich doch nicht für immer unschuldig zwischen meinen Trockenbelegen und Vogeleiern hocken. Im Rückblick wünsche ich mir, ich wäre schon früher ein bisschen vorwitziger gewesen. Als ich viel später im australischen Urwald forschte, lernte ich, die Feigenbäume zu bewundern, die viele tropische Waldkronen dominieren und ihre köstlichen Früchte im ganzen Wald verteilen. Die Gattung *Ficus* mit ihren über 800 Arten gehört zur Familie der Maulbeergewächse und bildet den Anfang vieler tropischer Nahrungsketten. So bietet sie Tausenden (vielleicht Millionen?) Arten Nahrung und Obdach, außerdem ist sie mehreren Milliarden Menschen in Indien, Afrika und Asien heilig. Eines der besten Beispiele dafür ist die Pappel-Feige (*Ficus religiosa*), beheimatet in Indien und Südostasien. Unter ihrer Krone soll der Buddha zur Erleuchtung gekommen sein. Sollte ich als Pflanze wiedergeboren werden, so möchte ich eine Feige werden, denn die sind nicht nur gute Strategen und äußerst erfolgreich, sondern auch Altruisten, die mit ihren Früchten ein ganzes Ökosystem ernähren. Manche der 800 Feigenarten weisen als ausgewachsene Pflanzen dagegen weniger freundliche Verhaltensweisen auf. In Australien war ich häufig auf eines der hinterhältigeren Exemplare geklettert, die Watkins-Feige (*Ficus watkinsiana*) aus der Untergattung *Urostigma,* zu der auch Würgefeigen wie die Banyan-Feige gehören. Sie haben die mit Abstand außergewöhnlichste Überlebensstrategie aller tropischen Bäume entwickelt.

Würgefeigen beginnen ihr Leben oben und wachsen dann nach unten – damit ähneln sie in ihrer Struktur Lianen, sie härten aber zu Bäumen aus, nachdem sie sich bereits einen Platz an der Sonne gesichert haben. Feigenpirole verzehren die Früchte der Würgefeigen und hinterlassen die Samen mit ihrem Kot auf einem Ast, der meist weit oben in der Baumkrone liegt. Da die Samen in dieser Höhe gut mit Licht und Wasser versorgt sind, keimen sie schnell – schneller als ein Sämling auf dem dunklen Waldboden, der erst unter großen Mühen in die oberen Stockwerke hinaufwachsen muss. Die Keimblätter der Würgefeigen erhalten reichlich Sonnenlicht, und der schnell wachsende Sämling bildet rasch Luftwurzeln aus, die nach unten bis auf den Boden wachsen. Die Feige betreibt mit ihrem strategisch im Sonnenlicht gelegenen Laub längst aktiv Fotosynthese und liefert ausreichend Energie, sodass die Wurzeln großzügig Wasser und Nährstoffe aufnehmen können, was wiederum schnelles Wachstum ermöglicht. Mit die-

Mein frühes Interesse für Wildblumen brachte mir 1964 einen zweiten Preis auf der New York State Science Fair ein. Ich war damals elf Jahre alt.

(Foto: Alice Lowman, 1964)

1970 entdeckte ich die Vogeleiersammlung meines Großonkels, die auch ein 100 Jahre altes Hühnerei enthielt. Ich vergleich es mit einem modernen Ei und stellte fest, wie DDT sich auf die Schalendicke und das Überleben der Arten auswirkte.

(Foto: Meg Lowman 2020)

Im Bild: DDT gefährdet viele Vögel, weil es die Anlagerung von Kalzium in den Eierschalen stört. Das linke Ei von 1860 ist 0,019 Zoll dick, das rechte von 1970 nur 0,011 Zoll. Wenn die Dicke weiterhin in diesem Tempo abnimmt, sind die Schalen in 100 Jahren dünner als ein Blatt Papier, und dann werden keine Küken mehr daraus schlüpfen.

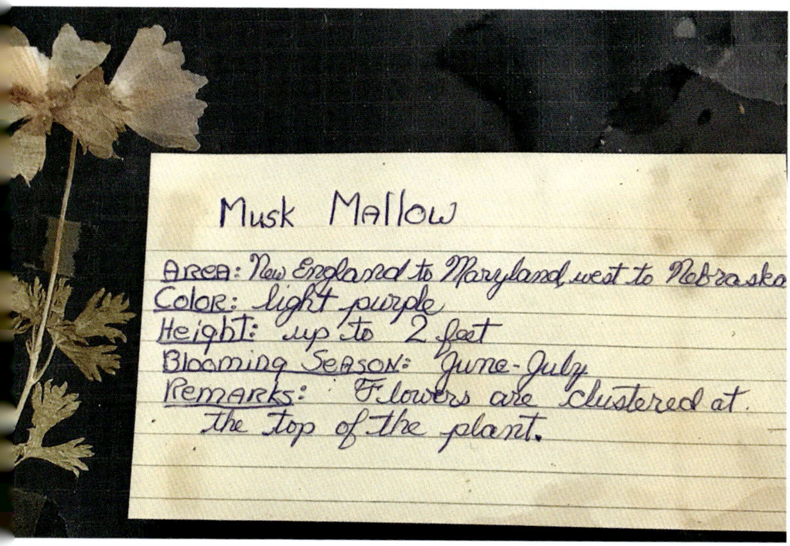

iese gepresste Pflanze stammt aus der Wildblumensammlung meiner Kindheit, ·funden am Straßenrand.

oto: Meg Lowman 1963)

Meine Familie unterstützte mich großartig in meinem Interesse für die Natur, oft gingen wir in der Nähe unserer Stadt Elmira, New York, picknicken.

(Foto: Alice Lowman 1962)

Als Teenagerin war ich Teilnehmerin und später Betreuerin beim Burgundy Wildlife Camp in West Virginia. Hier bin ich 16 und umgeben von Kriechendem Streifenfarn, einem seltenen Bewohner des Waldbodens.

(Foto: Bob Kluttz, 1969)

Birken, die in großen Höhen der schottischen Highlands wuchsen, waren kleiner und magerer als die Bäume im Tal.

(Foto: Meg Lowman 1978)

iese zähe, knorrige Birke wuchs ganz oben auf dem ipfel des Ben Tee in den schottischen Highlands.
oto: Meg Lowman 1978)

Wie so oft bei naturwissenschaftlichen Entdeckungen stellte ich per Zufall fest, dass die meisten Insektenschädlinge nachts fressen und nicht tagsüber. Um den Insektenfraß live zu beobachten, müssen Arbornaut:innen also nachts ins Kronendach klettern. Dieses Bild zeigt die Arbornautin der nächsten Generation, Dr. Lily Leahy, beim Nachtklettern in Queensland.
(Foto: Steve Pearce, Tree Projects 2019)

77 bis 1978 unter- chte ich von der berdeen University s Birken in den hottischen Highlands. om Zelt aus konnte h leicht zu meinen aumbeständen wan- ern und Erhebungen r Phänologie der irke vornehmen.
oto: Meg Lowman 1978)

Im Januar 1979 debütierte ich als Arbornautin in einem Coachwood *(Ceratopetalum apetalum)* im Royal National Park nahe Sydney, Australien.
(Foto: Hugh Caffey 1979)

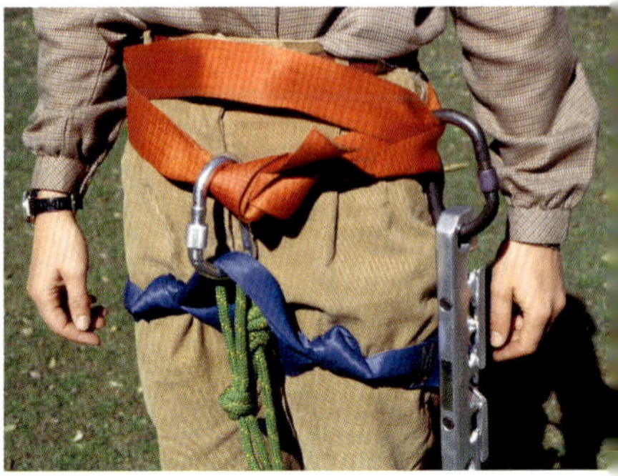

Meinen ersten Klettergurt nähte ich im Dezember 1978 aus einem Sicherheitsgurt, bestückt mit Hardware, die ich beim Höhlenforscher-Club der Sydney University auslieh.
(Foto: Hugh Caffey 1979)

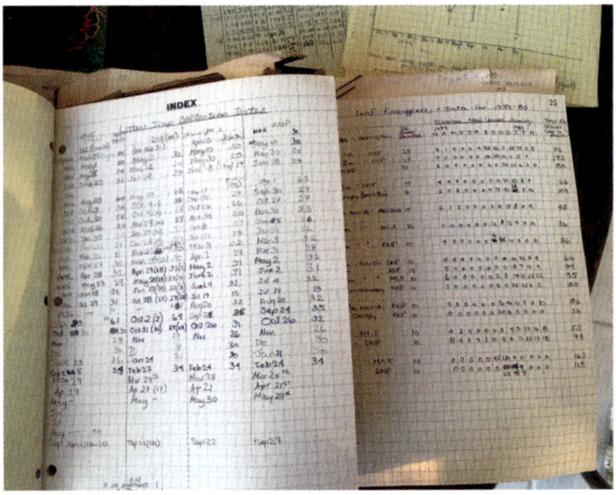

Meine Messdaten schrieb ich anfangs mit Bleistift auf wasserfestes Papier und übertrug sie später in eine Datenbank, um sie mit einem der ersten programmierbaren Taschenrechner von Hewlett-Packard statistisch auszuwerten. Schlichter geht's nicht!
(Foto: Meg Lowman 2020)

Bevor ich meine Ausrüstung erstma im Regenwald benutzte, testete ich meinen Klettergurt an einem Baum auf dem Rasen des Botanik-Institut der Sydney University.
(Foto: Hugh Caffey 1979)

Ait einem einfachen
vasserfesten Filzstift
ummerierte ich die
lätter und dokumen-
ierte monatlich ihr
chicksal. Diese Blätter
vuchsen in über 30
Aetern Höhe im Kro-
endach. In den ersten
8 Forschungsmonaten
ummerierte ich 4183
lätter; als ich meine
)atenerhebung
bschloss, waren es
oppelt so viele.
Foto: Meg Lowman 1979)

Diese Blätter einer Australischen Riesenbrennnessel sind frisch aufgegangen, daher zeigen sie noch keinen Fraßschaden durch den hungrigen Riesenbrennnesselkäfer.
(Foto: Meg Lowman 1979)

ur wenige Wochen später
n Blattleben weisen diese
ätter das typische gesteppte
aßbild des Riesenbrenn-
sselkäfers auf.
oto: Meg Lowman 1979)

Die Futtersuche von Insekten erforschte ich in der einfachen Vegetation auf One Tree Island im Great Barrier Reef. Es war eine ziemliche Umstel lung vom dichten, dunklen, feuchten Regenwald, aber ich konnte dort hervorragend den Raupenfraß auf *Argusia*-Sträuchern beobachten.

(Foto: Meg Lowman 198

Nach Abschluss meiner Dissertation im australischen Regenwald zog ich ins Outback, um das Rätsel des verheerenden Eukalyptussterbens zu lösen.

(Foto: Meg Lowman 1984)

Um während meiner Schwangerschaft ungefährdet jeden Monat Eukalypten zu beproben, benutzte ich eine Arbeitsbühne. Eine gemütliche Luxusfahrt!

(Foto: Meg Lowman 1985)

;espenstschrecken leben ıormalerweise solitär, aber chon ein Exemplar kann in iner einzigen Nacht sehr iel tropisches Kronenlaub ertilgen. Mit ihrer Stöck-henform sind sie sehr ıübsch getarnt.
Foto: Meg Lowman 1979)

Nach sechs Jahren Beobachtung von Eukalypten und der Dokumentierung ihres Niedergangs konnte ich die Ursache des Baumsterbens auf diesen eigentlich ganz gewöhnlichen Blattkäfer zurückführen.
(Foto: Meg Lowman 1985)

iner der Verdächtigen beim Eukalyptussterben ar anfangs der geliebte Koala, der sich von ukalyptusblättern ernährt.
oto: Meg Lowman 1984)

Nach Eddies Geburt trug ich ihn bei meinen Blattuntersuchungen mit herum. Hier: einer der wenigen erhaltenen gesunden Bestände in der Nähe unserer Hauses mit über 15 Metern Höhe.
(Foto: Hal Heatwole 1983)

Jetzt suche ich weltweit nach Banyan- bzw. Feigenbäumen. Ihr Wachstumsmuster – von oben nach unten – ist ein Quell der Inspiration und Innovation.
(Foto: Meg Lowman 1984)

3ei der »Radeau-des-Cimes«-Ex-
pedition 1994 im westafrikanischen
Kamerun führten wir Erhebungen
zu Blattfraß und Biodiversität durch.
Dieses Luftschiff schleppt ein Floß
von 29 Metern Durchmesser, auf
dem 18 Forscher Platz finden. Es
wurde auf dem Baumwipfel abgelegt
und bot einen leichten Zugang
zum Kronendach für wiederholte
Beprobungen.
(Foto: Meg Lowman 1997)

Unser Forscherteam in Kamerun nutzt dieses aufblasbare Floß als »Basislager« im Kronendach. Das war eine große Hilfe zum Auffinden von Nachtinsekten; viele Gliederfüßer besuchen die luftige Salatbar am liebsten nachts.
(Foto: Meg Lowman 1997)

ls Feldbiologin und alleinerzie-
ende Mutter brachte ich meine
öhne zur Arbeit mit. Während
iner Citizen-Science-Expedition
is Amazonas-Gebiet halfen Eddie
nd James mir bei der Vermessung
ines Philodendrons; seine Blätter
aren durchschnittlich 1,8 Quadrat-
eter groß – die größten, die ich
gesehen habe.
'oto: DC Randle 1995)

Der 1994 in Peru errichtete Skywalk im Amazon Center for Tropical Studies empfängt jährlich Dutzende Teams von Citizen Scientists in 38 Metern Höhe.
(Foto: DC Randle 2016)

Diese einfache Baumleiter verläuft am Stamm einer *Cullenia exarillata* in der Kalakad Mundanthurai Tiger Reserve im Gebirgszug der indischen Westghats. Soubadra Devy und T. Ganesh benutzten sie für ihre erste Forschungsarbeit.
(Foto: Meg Lowman 2006)

Teeplantagen fördern die Rodung heimischer Bäume, weshalb Tiger, Elefanten und andere Tiere (natürlich auch zahllose Vögel und Insekten!) die Baumkronen verlieren, die sie zum Überleben brauchen.
(Foto: Meg Lowman 2006)

auern lassen ihre Plantagen gegen Elefanten überwachen. Aus Baumhütten wie dieser am and des Nagarahole National Parks in den indischen Westghats überblicken die Wachleute ie Felder.
oto: Meg Lowman 2008)

Ich gehörte zum Team, das die Familie Cockrell und die Habitat Foundation zusammenstellten, um diese atemberaubende Spannbandbrücke im tropischen Regenurwald in Penang, Malaysia zu entwerfen.

(Foto: Alan Tan per Drohne 2018)

Dieser Baumwipfelpfad namens Langur Way ist knapp 140 Meter lang. 2017 beherbergten wir hier einen BioBlitz für den Gesamtwald und ermöglichten 117 Teilnehmenden einen Affenblick auf die Krone des Waldes aus Flügelfruchtgewächsen und ihre Bewohner. Der Park lockt jährlich etwa zwei Millionen Touristen an.

(Foto: Meg Lowman 2017)

'lein Freund Tim Kover und ich bestiegen diesen Roten Meranti, um den nebligen Morgen
ı begrüßen und unseren Kletterlerngarten für malaysische Studierende und Forscher zu
:sten. Dieser Baum gehört inzwischen zum Habitat Penant Hill, wo die nächste Generation
ɔn Arbornaut:innen ausgebildet wird.
'oto: Alan Tan 2017)

Diese Aufnahme von Google Earth zeigt, dass über 95 Prozent der ursprünglichen Bewaldung Nord-Äthiopiens abgeholzt wurden; die letzten Baumbestände sind die sogenannten Kirchenwälder der äthiopisch-orthodoxen Tewahedo-Kirche.

(Foto: Google Earth 2008)

Steinmauern schützen den Zhara-Kirchenwald, Ressource für die gesamte heimische Artenvielfalt und spirituelles Heiligtum.

(Foto: Meg Lowman 2016)

Jahaufnahme des äthiopischen Kirchenwalds in Bitsawit Mariam, von der Drohne aus
otografiert. Viehbeweidung und das Sammeln von Feuerholz bedrohen den gesamten
Valdbestand, doch die Priester sehen es als ihre Aufgabe an, ihn zu schützen.
Foto: Kieran Dodds 2018)

Die National Science Foundation finanzierte ein Forschungsprogramm für Bachelor-Studierende, die zu Arbornaut:innen ausgebildet werden. Hier trainieren Snousha Glaude und Rebecca Tripp; Rebecca schwingt sich vom Rollstuhl aus in die Eichenkronen des sommergrünen Laubwalds von Kansas.

(Foto: Meg Lowman 2017)

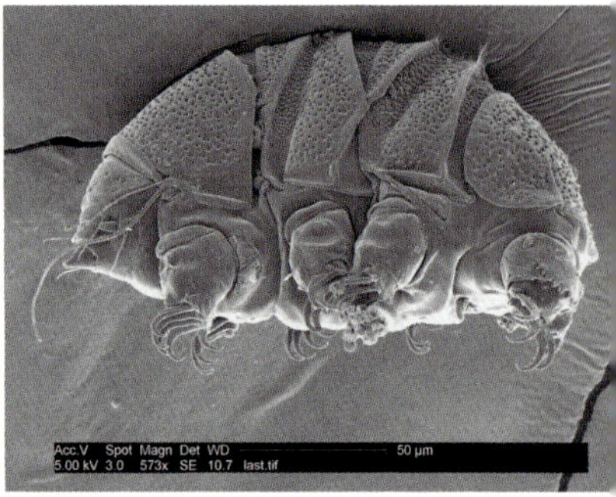

Tardigrada oder Bärtierchen sind ohne Mikroskop nicht zu sehen, aber die vielleicht häufigsten Bewohner von Waldkronen. Studentische Arbornaut:innen sammelten in fünf Sommer-Feldprojekten über 40 000 Exemplare von Bärtierchen.

(Foto: Randy Miller 2018)

Eine der großen Freuden des Unterrichtens: zusehen, wie man von den eigenen Schülern übertroffen wird. Hier beweist Wendy Baxter ihre Beherrschung der arbornautischen Techniken an einem kalifornischen Küstenmammutbaum – sie klettert viele Dutzend Meter höher als ihre Mentorin.

(Foto: Anthony Ambrose 2018)

sem einmaligen Wuchs von oben nach unten umschließen Würgefeigen ihren Tragbaum und ersticken ihn dabei häufig (aber nicht immer). Dieser Teil ihres Lebenszyklus ist weniger glorreich, und ich würde auch keiner Frau raten, ihre Konkurrenten zu erwürgen. Doch ihre Strategie, sich einen Platz in der Sonne zu sichern, bevor man Wurzeln in den Boden treibt, steht sinnbildlich für eine bewundernswerte Erfolgsstory. Und sogar die bisweilen tödliche Umarmung der Würgefeigen hat einen positiven Aspekt. Es ist wissenschaftlich erwiesen, dass Würgefeigen ihren Tragbaum stützen, ihm so dabei helfen, Stürme zu überstehen und damit die Mortalität durch Baumfall sogar reduzieren. Feigen können Frauen ein gutes Vorbild sein, wenn es darum geht, am Arbeitsplatz Hürden zu überwinden – nach Feigenart strategisch denken, innovativ sein, andere fördern, klug auf Ressourcen zugreifen und sich über den Rest emporschwingen.

Mein eigenes Wachstum ähnelte eher dem Leben eines konventionellen Baumsämlings, der auf dem Waldboden keimt – ich dachte gar nicht darüber nach, wie wichtig es ist, strategisch nach dem Wesentlichen zu suchen (im Fall der Sämlinge nach Licht und Wasser), um auf der Karriereleiter durchstarten zu können. Mir fiel gar nicht auf, dass es nirgends weibliche Mentoren gab. Während meiner gesamten Schul- und College-Zeit war ich ein echtes Mauerblümchen und meldete mich praktisch nie zu Wort. In meinen elf Jahren in Australien machte ich während der Arbeit im Gelände mehr Erfahrungen mit sexueller Belästigung durch männliche Kollegen, als sich an beiden Händen abzählen lässt (zumindest will ich mehr nicht dazurechnen). Das gehörte einfach dazu. Frauen in höheren Positionen, die Studentinnen wie mich hätten betreuen können, gab es keine, ganz zu schweigen von Schutzmechanismen im Sinne von #MeToo. Glücklicherweise entwickelte ich ein erstaunliches Geschick darin, mich aus so gefährlichen Avancen herauszuwinden. Noch heute berichten verblüffend viele Forscherinnen von sexueller Belästigung während der Arbeit im Gelände. Von 600 Frauen, die die Anthropologin Kate Clancy von der University of Illinois befragt hat, waren über 70 Prozent betroffen, und das manchmal Tausende Kilometer entfernt von ihrem Campus, auf dem strenge Richtlinien zur Eindämmung von sexuellen Übergriffen gelten. In meiner ganzen Karriere als Feldbiologin hatte ich immer wieder mit Verleumdern zu tun, die von ihren weiblichen Kollegen wohl eine Würgefeigenbehandlung verdient gehabt hätten, vor allem einige Chefs, denen das Mobbing offenbar einfach im Blut lag. Wie ein Frosch in einem Topf, in dem das Wasser immer heißer wird, nahm ich dieses Verhalten als Teil des Jobs hin. Ich nutzte verfügbare Ressourcen oder Erfolgsstrategien wirklich nicht annähernd so effektiv wie die Würgefeige.

Als ich als Gastprofessorin zurück nach Amerika kam, war ich sehr verunsichert. Ich sah in mir die Frau eines Farmers mit zwei schwer zu bändigenden Söhnen, und in meiner Naivität akzeptierte ich das angebotene Gehalt ohne weitere Diskussion. Ich kam gar nicht auf den Gedanken zu verhandeln – später erfuhr ich, dass Frauen sich in Gehaltsverhandlungen generell schlechter anstellen als Männer. Nach neuesten Erkenntnissen erhalten Frauen durchschnittlich 29 Prozent weniger Rente als Männer. Mein Einstiegsgehalt berechtigte die Jungs im Kindergarten zur kostenlosen Schulspeisung, was mich gleichzeitig demütigte und beschämte. Ich meldete sie nicht an, um sie nicht zu brandmarken, schließlich entstammten die meisten ihrer Kameraden angesehenen Professorenfamilien und nicht dem abgelegenen australischen Outback. Stattdessen gab ich ihnen jeden Tag ein gesundes Mittagessen mit, das sie häufig unberührt wieder mit nach Hause brachten. Als ich fragte, warum, gestanden sie, die anderen Kinder würden sie während des Essens pausenlos zum Reden auffordern und sich dann über ihren ulkigen Akzent lustig machen. Doch diesen australischen Zungenschlag legten sie bald ab und integrierten sich gut, abgesehen vielleicht von dem Schock, den der erste Schnee ihnen verpasste. In den unerbittlich kalten Wintern im westlichen Massachusetts weckte unsere zugige Mietwohnung unser Mitgefühl für Familien, denen es auch sonst nicht so gut ging. Ich hatte das Glück, von einem Onkel ein paar Goldmünzen zu erben, mit denen ich im ersten Jahr unsere Heizkosten bezahlte. Eingerichtet waren wir sehr sparsam, aber unter der Treppe stand ein berüchtigtes Möbelstück, der sogenannte Time-out-Stuhl. Wenn jemand unartig war, wurde er (oder sie) auf diesen Stuhl verwiesen. Die Jungs jubilierten, als mir einmal (ein einziges Mal!) ein Schimpfwort entfuhr und sie mich für eine halbe Stunde auf den Time-out-Stuhl schickten.

Als Gastprofessorin konnte ich viele Erfolge verzeichnen – die Bewilligung von Fördermitteln, gute Evaluationen für meine Lehre, bahnbrechende Entdeckungen in Kronendächern des sommergrünen Laubwalds mit meinen Bachelor-Studierenden, lukrative Stipendien für ihr Masterstudium und großartige Werbung für das College. Aber die elf Jahre in Australien hatten mir eingeimpft, dass Frauen Bürger zweiter Klasse waren, und das hatte sich verheerend auf das Selbstbild ausgewirkt, das ich mit den Jahren entwickelt hatte. Was, wenn die Jungs krank wurden und ich einen Laborkurs absagen musste? Würde ich die Seminarpläne und die Hausarbeit unter einen Hut bringen? Würden es die Kinder vom Outback ihrer Kindheit, das sie mit Giftschlangen und Waldbränden geteilt hatten, hinüber in ein urbanes Umfeld schaffen, wo ganz andere Gefahren lauerten? Ich beschloss, dass sie sehr schnell lernen mussten, in der Stadt zurechtzukommen, und führte sie als Erstes auf einen Spielplatz mit diversen hölzernen Tunnels, Schaukeln und Rutschen. James verlief sich in einem hölzernen Labyrinth und fing an zu kreischen, weil er so etwas noch nie gesehen hatte. Trotzdem verschafften sich beide Jungs bald den Respekt ihrer Mitschüler, weil sie sich so gut in der Natur auskannten. Eddie feierte in der ersten Klasse einen denkwürdigen Kindergeburtstag im Wald des Colleges, wo meine Biologiestudent:innen auf Bäume kletterten und einen magischen Bonbonregen veranstalteten. James, der in die Kita des Colleges ging, wurde zum Helden gekürt, nachdem er die Erzieherin alarmiert hatte, weil der Sohn des Rektors auf dem Spielplatz Tollkirschen gegessen hatte. Ich bekam einen Anruf von der Kita-Leitung, die fragte, ob er Pflanzen korrekt bestimmen könne. Als ich sagte: »Auf alle Fälle, ja«, fuhren sie das Kind eiligst zum Arzt und ließen ihm den Magen auspumpen. Umgehend wurden die Tollkirschen vom Spielplatz entfernt. Am Wochenende genossen wir stundenlang Aktivitäten in der Natur, die keinen Eintritt kosteten: Wir beobachteten Vögel, zählten Schaumzikaden und bauten Baumhäuser. Alles war anders – keine Eukalypten, keine Braunschlangen, keine Schmeißfliegen, dafür jede Menge neue Arten wie Birken und Eichen, Sperlingsvögel, Eichhörnchen und am Straßenrand die Wildblumen meiner Kindheit. Es war wirklich paradiesisch, in den Wäldern von New England herumzutollen.

So gerne ich als Mutter mit meinen jungen Forschern spielte und Zeit verbrachte, war mir doch sehr bewusst, wie prekär meine Situation als Alleinerziehende ohne feste Anstellung oder sonstige Sicherheit war. Harte Zeiten, aber ich war froh, mich wieder auf dem Parkett der Wissenschaft zu bewegen und das Wissen anzuwenden, das ich dank meiner Forschung auf der anderen Seite der Erde erworben hatte. Außerdem war ich erleichtert, dass die Jungs jetzt in einem Umfeld lebten, das die Geschlechter eher als gleichberechtigt zu betrachten schien. Wenn ich morgens aus dem Bett sprang, freute ich mich auf die Herausforderungen, die meine Gehirnzellen forderten und nicht nur die geschickten Hausarbeitshände einer Farmersfrau. Nach dem ersten Semester waren sowohl die Evaluationen der Studierenden als auch meine Veröffentlichungsrate hervorragend, weshalb das College meine Gastprofessur verlängerte. Ich nahm all meinen Mut zusammen und trat vorsichtig an den Leiter der Fakultät heran, um zu erklären, dass ich den Vertrag zwar sehr gerne verlängern würde, mit dem derzeitigen Gehalt aber nicht über die Runden käme. Sichtlich entsetzt räumte er ein, dass ich viel zu schlecht bezahlt worden war, und verdoppelte umgehend den

Betrag. Ich jubelte: Jetzt konnten wir die Heizkosten bezahlen, und unser Einkommen lag über der Bewilligungsgrenze für die kostenlose Schulspeisung!

Wahrscheinlich war der kulturelle Übergang von Australien nach Amerika für mich schwerer als für die Jungs. Nach der grausamen Abkanzelung bei meinem ersten Bewerbungsgespräch in Australien, bei dem das Komitee behauptet hatte, eine Farmersfrau mit kleinen Kindern könne einfach keine qualifizierte Professorin abgeben, war ich dankbar, dass jemand mir überhaupt ein paar Krümel hingeworfen hatte. In meinem Teilzeitjob bei der EPA während meines Masterstudiums an der Duke hatte ich gerne für all die männlichen Ingenieure Kaffee gekocht. Auf den meisten Geländeexpeditionen fiel mir regelmäßig die Verantwortung für die Organisation von Verpflegung und Logistik zu, und daheim auf der Farm hatte ich ähnliche Aufgaben übernommen, wobei ich freilich zu keinem Zeitpunkt über das Budget verfügen durfte. Ich wurde erstaunlich gut darin, zu lächeln, zu nicken und mich anmutig mit der Rolle der zweiten Geige für die Männer zu bescheiden. Die diversen harten Rückschläge im Lauf meiner Karriere hinterließen blaue Flecken, aber mit der Zeit wurde ich klüger, mutiger und strategischer. Doch mit dem beruflichen Erfolg kam eine neue heimtückische Gefahr auf, die auf viele Frauen lauerte, die Ende des 20. Jahrhunderts versuchten, die Karriereleiter zu erklimmen – das sogenannte Tall-Poppy-Syndrom. Im australisch-englischen Slang bezeichnete man mit dem abfälligen Ausdruck *tall poppy* (»hoher Mohn«) ursprünglich Stars, erfolgreiche Geschäftsleute und die Geldelite, um ihren Erfolg schlechtzureden. Später wurde er auch auf die Arbeitswelt übertragen. In der Tat neigte die australische Kultur dazu, das Mittelmaß zu fördern, indem man besonders erfolgreiche Menschen auf Durchschnittsgröße zurechtstutzte. Als ich an meiner Karriere arbeitete, fühlten sich die Männer in der Arbeitswelt immer mehr durch starke Frauen bedroht, die Gleichberechtigung einforderten. Ich kannte ein paar wunderbare Beispiele von Kolleginnen, die sich reibungslos bis ganz nach oben vorgearbeitet hatten, doch sie hatten meistens die Unterstützung ihrer Partner oder diese extrem seltene Spezies: einen empathischen männlichen Chef, der sie stärkte und förderte. Für den Erfolg solcher Frauen hatte ich eine große Bewunderung. Viele von uns dagegen stolperten einfach planlos über die Genderhürden. Die längste Zeit während meiner bewegten Karriere blieb die Feldbiologie eine Männerdomäne. Ich versuchte, die ganzen Missverhältnisse zu ignorieren, und publizierte wie wild, während ich gleichzeitig Kinder und Küche versorgte. Gegen die Ungerechtigkeiten der Arbeitswelt wagte ich nie aufzubegehren, und die meisten anderen Frauen taten das auch nicht. Wir schätzten uns glücklich, einen Schreibtisch zu besetzen, und hatten große Angst, ihn zu verlieren.

Als ich meine Gastprofessur in Massachusetts antrat, wandte ich mich an eine Frau, die ich wirklich bewunderte: Ich schrieb einen Fanbrief an Jill Ker Conway, die Präsidentin des Smith College, um ihr für ihren Bestseller zu danken, ein Buch namens *The Road from Coorain*. Meine Mom hatte es mir noch nach Australien geschickt. Jill war auf einem Schafzuchtbetrieb nicht weit von unserem aufgewachsen, und ihre Erinnerungen an ein Mädchen, das in der von Männern dominierten akademischen Welt mithalten wollte, kamen mir nur allzu vertraut vor. Andrew hatte sich nach der Lektüre der ersten zwei Kapitel über das Buch lustig gemacht, aber meine Outback-Freundinnen liebten es. Knapp schilderte ich Jill, wie meine Karriereaussichten in meinen sieben Jahren als australische Farmersfrau ins Abseits geraten waren und mit welcher Begeisterung ich jetzt als Gastprofessorin für ein Semester nach Amerika ging. Zu meiner Verblüffung schrieb Jill mir zurück und erteilte mir aufrichtige Ratschläge. Sie riet mir, nicht nach Australien zurückzukehren, sondern in den USA intellektuelles Asyl zu suchen, außerdem nannte sie mir den Namen ihres Anwalts und legte mir nahe, mich scheiden zu lassen. Diese namhafte Frau reichte mir die Hand und machte sich zur Mentorin einer anderen Frau. Für ihren persönlichen Rat bin ich ihr bis heute dankbar.

Wie zu erwarten, waren die Anrufe zwischen Australien und Massachusetts von Anfang an nicht besonders erfreulich. Ich kann nur vermuten, dass der Vater der Jungs darauf gewettet hatte, dass wir noch vor dem Ende des ersten Semesters zurückkommen würden, wie seine Eltern es prophezeit hatten. Meine treuen australischen Freundinnen berichteten, dass meine Schwiegermutter die Gegend nach einem passenden Ersatz für die ausgefallene Wissenschaftlergattin ihres Sohns durchforstete. Ich konnte es ihr nicht übel nehmen – ich war einfach nicht die Schwiegertochter, die sie sich so gewünscht hatte. Ich konsultierte Jill Conways Anwalt, der mir erklärte, dass ich mir in Australien selbst Rechtsbeistand suchen musste. Mit gemischten Gefühlen nahm ich den völlig unerwarteten Anruf eines australischen Nachbarn entgegen, der mir anbot, mich bei der Scheidung zu vertreten, weil er und die gesamte Outback-Community der Ansicht waren, dass meine Schwiegermutter unsere Ehe willentlich hintertrieb. In gewissem Sinn fielen Andrew und ich einer Kultur zum Opfer. Als Frau eines Viehzüchters konnte ich bei der Scheidung die Hälfte der Farm beanspruchen – also Landbesitz im Wert von mehreren Millionen Dollar, von denen ich mein Leben lang höchst komfortabel hätte leben können. Moralisch aber widersprach mir das, weil eine funktionierende Farm eine Einheit bleiben muss und nicht aufgrund von Familienstreitigkeiten in Stücke gerissen werden darf. Es war eine hitzige Zeit zwischen Job, den Kindern und den von Wutanfällen geprägten Telefonaten nach Übersee. Wir steckten in einer Sackgasse: Andrew wollte nicht nach Amerika kommen, ich nicht meinen Lehrauftrag abbrechen. Unsere Liebe hatte der Erosion durch eine Kultur nicht standgehalten. Ich unterrichtete für mein Leben gern, aber ich vermisste auch den Morgengesang der Kookaburras und den Blick aus dem Küchenfenster auf grasende Schafe inmitten von Eukalypten. Doch ich war auch entschlossen, mich nach meiner jahrzehntelangen Ausbildung voll auf die Wissenschaft zu stürzen, und noch wichtiger war es mir, den Jungs eine amerikanische Erziehung zukommen zu lassen, die mehr Wert auf Gleichberechtigung legte, und das, obwohl ich dafür die Risiken in Kauf nehmen musste, die einer Alleinerziehenden begegnen. Ich dachte mir, mit ein paar Jahren öffentlicher Schulbildung in Amerika könnten beide Jungs eines Tages heimkehren und mit moderner Technologie die Farm betreiben. Ohne gute Schulausbildung wäre ihr Leben für immer auf Schafe und nochmals Schafe beschränkt.

Ich unterrichtete wie gesagt liebend gern und erlangte sogar eine gewisse Berühmtheit, weil ich im College-Wald den ersten Baumwipfelpfad Nordamerikas baute, der dem Skywalk in Queensland nachempfunden war. Dank meines guten Rufs als Baumkronenforscherin hatte ich mich schnell in die Arboristen-Community in Massachusetts integrieren können. Zwei Kollegen dort ermutigten mich, einen Fördermittelantrag zu stellen, und mit den Geldern daraus konnten wir zu dritt den Steg über mehrere Rot-Eichen bauen, mit zwei Plattformen und einer einfachen Brücke wie bei dem ersten australischen Walkway. Damit war das Kronendach des sommergrünen Laubwalds für die Erforschung zugänglich. Bei seinen Beobachtungen in einer Höhe von über zwanzig Metern stellte ein Arbornautik-Student fest, dass Südliche Gleithörnchen (*Glaucomys volans*) natürliche Schädlingsbekämpfung leisten, indem sie sich von einem berüchtigten Eichenschädling in New England ernähren, dem Schwammspinner (*Lymantria dispar dispar*). Das US-Landwirtschaftsministerium hatte Millionen Dollar für die Erforschung von Schwammspinner-Plagen ausgegeben, aber die Arbeit hatte sich überwiegend am Boden abgespielt. Wie ich damals im australischen Regenwald, machten diese Studierenden völlig neue Entdeckungen, indem sie den ganzen Baum betrachteten und nicht nur seinen großen Zeh.

Die Scheidung wurde per Telefon ausgesprochen. Der australische Anwalt erledigte im Nu den Papierkram, und Andrew und ich waren beide eher erleichtert. Seine Mutter führte wahrscheinlich einen Freudentanz auf. Ich hatte gemischte Gefühle, denn ich liebte ihn wirklich, aber es schien auf lange Sicht völlig unmöglich, Schafe und Bäume in einem Leben unterzubringen. Das College verlängerte meinen Vertrag für ein weiteres Jahr, und im Wintertrimester ging ich mit meinen Studierenden nach Florida, um subtropische Ökosysteme zu untersuchen – mit meinen Jungs im Schlepptau. Eddie mit seinen acht Jahren war ein großartiger Vogelführer, und für die Studierenden gaben wir ein gutes Beispiel dafür ab, wie eine Professorin Kinder und Karriere vereinbarte. Obwohl diese Exkursionen mit Kindern und Studierenden mir das Äußerste abverlangten, war mir bewusst, wie wenige Vorbilder es Anfang der 1990er-Jahre für Frauen in den MINT-Fächern gab, und das stärkte mein Durchhaltevermögen. Die meisten anderen Biologie-Dozenten hatten Ehefrauen, die zu Hause blieben. Ich genoss aber auch das Glück, dass meine Eltern nur fünf Autostunden entfernt wohnten und häufig für ein langes Wochenende zu uns kamen, damit ich Hausarbeiten korrigieren oder Vorträge schreiben konnte. Hin und wieder passten sie auf die Jungs auf, wenn ich auf längere Forschungsreisen ging. Sie waren immer unglaublich hilfsbereit, von den fernen Reisezielen ihrer Tochter aber auch immer etwas beunruhigt.

Auf einer internationalen Forschungsexpedition nach Afrika machte ich meine ersten großartigen Erfahrungen mit einer dritten, ganz innovativen Technik zur Erschließung des Kronendachs, nämlich einer Art fliegendem Schlauchboot, dem *Radeau des Cimes* (»Wipfelfloß«) eines französischen Botaniker-Teams. In einer Wochenausgabe der *Science* war ich auf eine winzige Anzeige gestoßen: »GESUCHT: Feldbiologen für Heißluftexpedition in Kamerun, Afrika«. Ich war neugierig und bewarb mich. Geschärft von den Erfahrungen in Australien, wo ich als Frau entweder von vornherein abgelehnt worden oder Teil einer sehr kleinen Minderheit gewesen war, riet mir ein sechster Sinn, mich als »M. Lowman« zu bewerben. Ich wurde als Expertin für die Wechselwirkungen zwischen Insekten und Pflanzen angenommen – nach meinem Geschlecht fragte niemand. Bei dieser

Expedition kam ein Luftschiff zum Einsatz, dazu ein aufblasbares »Floß«, das man von einem Baumwipfel zum anderen transportieren und als schwebendes Basislager nutzen konnte. Dabei war es so leicht, dass es sich ohne Bruchschaden auf den obersten Ästen vertäuen und alle paar Tage problemlos umlagern ließ. Außerdem konnte man morgens (vor dem Aufkommen der starken Winde) ein dreieckiges Teilstück des Floßes mit dem Luftschiff weiterschleppen, um auf einen Rutsch mehrere Nachbarbäume zu beproben. All diese Schlauchkonstruktionen – Luftschiff, Floß und Pontondreieck – ermöglichten einen einzigartigen Zugang ganz oben in die Krone und machten, zugegeben, Riesenspaß!

Dieses neue Abenteuer im afrikanischen Urwald war absolut unglaublich. Wie konnte es sein, dass eine so riesige Landfläche, das Kongobecken mit seinen Urwäldern, so lange unerforscht geblieben und noch Ende des 20. Jahrhunderts von wissenschaftlicher Erforschung unberührt war? Auf der Landkarte fand ich einen winzigen Punkt für die Réserve de Campo, unser Ziel in Südwest-Kamerun, im tropischen Regenwald eine der Regionen mit der wohl höchsten Artenvielfalt überhaupt. Ich freute mich darauf, das afrikanische mit dem australischen Kronendach zu vergleichen.

Francis Hallé, der französische Botaniker und Experte für Baumarchitektur, war der kreative Kopf hinter der Erfindung dieses Ballons, der über dem Wald schwebte, mitsamt dem aufblasbaren Floß, das im Kronendach verankert wurde. Ganz Frankreich war extrem stolz auf seine Forscher und ihre innovativen Methoden – das Projekt mit dem Namen *Opération Canopée* (»Operation Baumwipfel«) bekam jede Menge Sendezeit im Fernsehen. Während meiner Zwischenlandung in Paris überschlugen sich die Zollbeamten vor Begeisterung, als sie auf meinem Gepäck Aufkleber vom *Radeau des Cimes* entdeckten. Nach mehrmaligem Umsteigen landete ich schließlich in der ehemaligen Hauptstadt Kameruns, Douala, die gerade einer Militärregierung unterstand. Wir waren zu sechst aus den USA eingeflogen und drängten uns in einen Geländewagen, ich auf dem Vordersitz als weibliche Ablenkung, die an den Checkpoints das Militär entwaffnen sollte. Stundenlang fuhren wir über enge Sandpisten und erreichten unser Ziel, als es schon dunkel war. Ich war erleichtert, mich im Schutz der Dunkelheit ins Lager schleichen zu können, denn so entging ich stutzigen Blicken von Kollegen, die, so vermutete ich, als neues Teammitglied »M. Lowman« einen Mark oder Michael erwarteten. Besonders glücklich schien das Ballonteam jedenfalls nicht, als sie mich aus dem Auto steigen sahen. Später stellte ich fest, dass ich den ganzen Monat über in dem 50-köpfigen Team die einzige Frau sein würde. Im Rückblick war es wohl ziemlich naiv von mir, mit 49 Männern, die ich kaum kannte, in den afrikanischen Dschungel zu ziehen. Doch im Lauf der Expedition gewannen die Kollegen Respekt vor mir, wahrscheinlich weil ich meine Kompetenz beim Klettern bewies. Trotzdem überkamen mich wiederholt Zweifel, die mit meinem Geschlecht zu tun hatten – konnte ich in dieser männerdominierten Welt der Feldbiologie reüssieren? –, und das, obwohl ich damals zu den großen Pionierinnen der Zunft gehörte.

Vielleicht wollte man mein weibliches Durchhaltevermögen einem ersten Test unterziehen, als ich für meine Hängematte den Platz in der Ecke zugewiesen bekam, der sich zufälligerweise direkt über dem Loch einer giftigen Östlichen Gabunviper (*Bitis gabonica*) befand. Diese Schlange war nicht nur groß und hässlich, es war auch kein Gegengift bekannt für den Fall, dass sie zubiss. Schlimmer noch, ich musste bald feststellen, dass diese männlichen Kollegen das Tier immer wieder mit einer Schlinge aus seinem unterirdischen Bau lockten, um es zu fotografieren, was ihm wahrscheinlich ziemlich schlechte Laune machte. Vorsichtig stakste ich bei meinen häufigen Besuchen der Buschtoilette um das Loch herum, während ich neidisch beobachtete, wie andere, männliche Kollegen sich direkt vom Deck herunter erleichterten. Wir Neuankömmlinge brachten unsere Hängematten im Dunkeln an, und das Schlafquartier war so eng, dass sie aneinanderstießen. Das Basislager war unglaublich gut durchdacht, es bestand aus vier einfachen offenen Bauten mit Strohdächern und Holzböden, die etwa einen Meter über dem Boden an Pfählen aufgehängt waren. Eine längliche Konstruktion diente als Schlafraum, in einer anderen war ein Labor mit drei von einem Generator betriebenen Computern der neuesten Generation untergebracht, eine dritte wurde als Küche und Essraum genutzt, und etwas abgelegen lag eine Waschhütte mit fünf Duschkabinen, die von einem Wassertank auf dem Dach gespeist wurden, sowie vier Toiletten. Die erste Nacht war heftig – warm, feucht, und im Surround-Sound das Schnarchen von 49 männlichen Wissenschaftlern. Aber schon nach zwei Wochen hatte ich mit dem ganzen Team Freundschaften fürs Leben geschlossen und kannte nicht nur die jeweiligen Schnarchgewohnheiten, sondern auch sämtliche Lebensgeschichten, die meist nach mehreren Runden Whisky herausgelassen wurden. Francis Hallé, unser furchtloser Anführer, hatte einen Vorrat an französischen Baguettes und eine Kiste seines Lieblings-Scotchs mitgebracht, den wir nach jedem anstrengenden Klettertag miteinander tranken. Als Expeditionsteilnehmerin mit eigenem Budget hatte ich zwei Assistenten mitbringen dürfen, wofür ich zwei gute Freunde und Kollegen ausgesucht hatte, beides Männer, weil es wirklich keine Frauen gab, die ihnen das Wasser hätten reichen können. Bruce Rinker war begeisterter Pädagoge, der vorhatte, für seine Schüler über die Expedition zu berichten, und Mark Moffett war Entomologe und ein begnadeter Fotograf, der wie kein zweiter Biodiversität und besonders deren winzige sechsbeinige Mitglieder zu dokumentieren verstand. Wir drei waren zuständig für die Wechselwirkungen zwischen Pflanzen und Insekten.

Die Geräuschkulisse des nächtlichen afrikanischen Urwalds war besser als jeder Hollywood-Soundtrack: Nachtschwalben, Frösche, Zikaden und vor dem Morgengrauen Nashornvögel, dazu eingestreut lebhafte französische Stimmen, wenn das Team die Schläuche aufblies und den Start vorbereitete. Das Luftschiff wurde immer bei Sonnenaufgang einsatzbereit gemacht, damit es mindestens vier oder fünf Stunden lang in der Luft bleiben konnte – nach etwa zehn Uhr machten starke Winde das Fliegen zu riskant. Obwohl wir erst so spät in der Nacht angekommen waren, sprang Mark vor Sonnenaufgang aus der Hängematte, um den Start des Ballons zu fotografieren. Er schrie auf, und ich sah, wie aus zwei Nadelstichen in seinem Fuß Blut quoll. Entsetzt starrten wir einander an – hatte ihn die Gabunviper gebissen? Mark wischte das Blut ab und griff nach seiner Kamera, denn er wollte sich keine Gelegenheit für ein gutes Bild entgehen lassen. Naturwissenschaftler stellen eine gefährdete Spezies dar, denn sie riskieren Leib und Leben für einen Messwert, ein Foto oder einen Sammelbeleg. Mark schien da keine Ausnahme, und dementsprechend war es ihm wichtiger, den morgendlichen Ballonstart zu dokumentieren, als den Biss einer Giftschlange zu versorgen. Was soll man sagen? Erst mehrere Stunden später bei Tageslicht bemerkten wir, dass seine Insekten-Messschieber mit den scharfen Spitzen nach oben zwischen den Dielen des Hüttenbodens steckten. In die war er im Dunkeln hineingetreten. Er freute sich dann doch unbändig, dass er vorerst nicht an einem Schlangenbiss sterben würde.

Das Luftschiff wurde jeden Tag aufs Neue entpackt und aufgeblasen. Hätte man es stehen lassen, wären möglicherweise Vögel angelockt worden wie von einer Riesenblüte und hätten Löcher hineingepickt. Um vier Uhr morgens wurde der Brenner gezündet, der die Luft im Konstrukt erwärmte. Und dann hob es ab! In der Gondel hatten sechs Wissenschaftler Platz, die von dort tägliche Studien aus der Luft unternahmen, und manchmal zog das Luftschiff auch noch das Pontondreieck, das drei Forscher tragen konnte, über mehrere Baumkronen an einem Tag. Alle fünf Tage wurde das Floß an eine andere Stelle verlagert, sodass verschiedene Baumkronen beprobt werden konnten. Die Plätze in der Gondel und im Pontondreieck waren hart umkämpft. Unser Team für die Wechselwirkungen zwischen Insekten und Pflanzen war erst für den allerletzten dieser fünf Tage im Pontondreieck eingeplant, also kletterten wir die Woche über auf viele große Bäume mit unseren traditionellen Seilen und Klettergurten. Tag und Nacht hockte bis zu ein Dutzend Forscher in dem größeren Floß, und mein Dreierteam sammelte Daten über nachtaktive Phytophagen, die im Schutz der Dunkelheit Nahrung aufnahmen. Während der Arbeit auf dem Floß wurden wir oft tropfnass, weil urplötzlich sintflutartiger Regen niederging. Wir waren immer wieder so durchnässt, dass wir eines Abends eine Flasche Champagner herausholten und triefend auf das Kronendach anstießen. Die ganze Woche über beobachteten wir das Wetter und hofften inniglich, dass nicht Sturm oder Gewitter unseren ultimativen Pontondreick-Termin verderben würden. Als wir gegen drei Uhr morgens aufwachten, waren wir völlig unter Strom vor lauter Vorfreude auf diese unglaubliche Reise. Wir rafften Netze, Plastikbeutel, Scheren, Notizbuch und Stifte zusammen, ich trank ein bescheidenes Glas Wasser (nicht zu viel, damit meine Blase den Morgenflug durchhielt), und dann rannten wir förmlich den Weg hinunter auf das Geräusch des winzigen Generators zu, der den Ballon aufblies. Das Ganze sah aus, als würden mehrere Stammeshäuptlinge eine feierliche Zeremonie durchführen: Französische Ingenieure und Techniker, die das Gefährt mit entworfen hatten, standen um die anschwellende Plastikhülle herum und tätschelten sie liebevoll zu ihrer vollen Größe. Als sie vollständig aufgepumpt war, sprang Ballonführer Dany auf den Fahrersitz und entzündete die einfache Flamme, die die Luft im Ballon erhitzte. Mit steigender Temperatur hob das ganze Konstrukt ein paar Zentimeter vom Boden ab, dann einen halben Meter, und plötzlich flog es und schleppte unter sich das Pontondreieck mit. Schnell sprangen wir drei auf das Gefährt und segelten damit davon.

Diese erste Fahrt in einem fliegenden Schlauchboot hoch über dem Kronendach veränderte meine Wahrnehmung des tropischen Walds für immer. Der afrikanische Dschungel sah aus wie ein gigantisches Feld Riesenbrokkoli, die vielen, verschieden hohen drallen Laubwipfel in allen Schattierungen von Grün. In mindestens fünfzig Metern Höhe schwebten wir auf den Wipfel eines Ilomba-Baums (*Pycnanthus angolensis*) zu und kamen in Reichweite seines typischen Insektenschädlings, der sämtliche Blätter betüpfelte. Dany steuerte das Gefährt vorsichtig über die Krone, und wir sprangen von unseren Sitzplätzen auf: Wir schwangen Insekten in unsere Netze und schnitten mit unseren Blattscheren Laub ab (sehr vorsichtig, um ja kein Seil durchzutrennen oder, schlimmer noch, den Schlauch aufzuschlitzen). Nachdem wir zehn Minuten lang wie wild gesammelt hatten, schwebten wir weiter zu einer zweiten Spezies, Veludo (*Dialium pachyphyllum*), wo wir den Sammelprozess wiederholten. Nach etwa zwei Stunden hatten wir eine Rekordzahl von fünfzehn Bäumen beprobt, indem wir über ihre Kronen hinweggeschwebt waren, ein paar der obersten Äste abgeschnitten und im Laub Insekten gekeschert hatten. Vom Kletterseil aus hätte uns diese Probensammlung fast eine ganze Woche gekostet. Während des Flugs lag unsere Sicherheit, ja letztlich unser Leben ganz in der Hand des Piloten – schon eine Kollision mit einem Stamm oder ein Schlag in ein großes Ameisennest hätte zur tödlichen Katastrophe werden können.

Zurück am Boden, sortierte ich den ganzen Nachmittag über Blätter und vermaß den Blattfraß mithilfe eines leistungsfähigen Computers. Pierre, ein französischer Techniker, hatte in der Computer-Hütte ein Scan-Programm, und so saß ich im tiefsten afrikanischen Hinterland und vermaß Blattflächen an einem Computer mit 60-MB-Speicher und der besten Software, die damals zu bekommen war. Noch nie in den letzten fünfzehn Jahren hatte ich so fortschrittliche Arbeit im Gelände geleistet – nicht in Australien, Neuseeland, Indonesien, Schottland oder im amerikanischen sommergrünen Laubwald. Und die Franzosen waren nicht die Einzigen, die hochwertige Ausrüstung dabeihatten. Das deutsche Team vom Max-Planck-Institut hatte 1300 Kilogramm schwere hochtechnologische Gerätschaft zur Messung der Blattatmung mitgebracht – leider hatten die Militärs in Douala sie konfisziert. Ich war froh, dass ich nur etwas so Einfaches wie Scheren, Plastikbeutel, wasserfeste Stifte und Maßbänder brauchte, um die wesentlichen Messwerte zu erheben.

Als einzige Wissenschaftlerin im Camp hatte ich ein paar Nachteile. Erstens verschwand Stück für Stück meine Unterwäsche, und am Ende des Aufenthalts hatte ich nur noch eine einzige Garnitur übrig. Irgendwann beobachteten Kollegen, wie die Ortskräfte sie in aller Ruhe von der Wäscheleine holten, wenn ich etwas ausgewaschen hatte, und teilten mir mit, dass weibliche Dessous im nahe gelegenen Pygmäen-Dorf sehr begehrt waren. Dann war da die Sache mit dem Duschen – immer wenn ich in eine der Kabinen trat, sprangen zuverlässig ein paar der Ortskräfte auf das Dach und bastelten am Wassertank herum, was ihnen einen perfekten Blick auf meine Anatomie gab. Das Leben im Basiscamp war nicht humorfrei! Ein anderes, kleineres Ärgernis ging darauf zurück, dass ich aus Versehen ein paar Memorabilien meiner Mutterschaft zu meiner Geländeausrüstung gepackt hatte. Ich hatte vergessen, dass meine Bankfiliale mir vor der Abreise zwei Lutscher für meine Jungs mitgegeben hatte, bis ich sah, wie Scharen von Ameisen über meinen Rucksack herfielen. Genervt zog ich Reißverschlüsse an diversen Seitentaschen auf, bis ich die zuckrigen Überreste einer Ameisenfressorgie fand. Trotz der dichten Verpackung hatten diese aggressiven Gliederfüßer die Süßigkeiten ausfindig gemacht und sich darüber hergemacht.

Das *Radeau des Cimes* bekommt von mir Bestnoten als effizientestes Baumkronen-Tool, das damals zur Verfügung stand. Diese dritte Methode schöpft wirklich das Potenzial aus, das Zusammenarbeit in der wissenschaftlichen Forschung bietet, weil alle zusammen im Team den Kick der gemeinsamen Entdeckung erleben. Leider belaufen sich die Kosten dafür, diese aufblasbaren Geräte mitsamt Besatzung einen Monat lang in einem Land wie Kamerun zu betreiben, auf beinahe eine Million Dollar, in der unterfinanzierten Welt der tropischen Feldbiologie eine wirklich exzessive Summe. Daher verbringt das Equipment mehr Zeit in der Mottenkiste als auf den Baumwipfeln. Doch die Expedition nach Kamerun war ein Riesenerfolg für das Phytophagen-Team, und unsere Auswertungen wurden in einen von Francis Hallé herausgegebenen Sammelband über den afrikanischen Regenwald aufgenommen. Ich konnte meine globalen Blattfraßstudien um diesen Datenpunkt in Afrika erweitern, während ich weiter berechnete, wie viel Insektenfraß verschiedene Wälder überstehen können. Erstmals testeten wir die neue Insektensammeltechnik, das sogenannte *sled sweeping* (»Schlittenkeschern«), und sammelten pro Netzschwung im obersten Kronenraum 2 bis 32 Insekten – bisher war diese Region noch nie erforscht worden. Blätter aus dem afrikanischen Laubdach, die zum allerersten Mal beprobt wurden, wiesen einen Fraßverlust von 0 bis 64 Prozent der Blattfläche bei *Dialium pachyphyllum* auf, 0 bis 16 Prozent bei *Pycnanthus angolensis*, aber überhaupt keinen an den meisten (aber doch nicht allen) Blättern von *Alstonia boonei.* (Ich habe eine persönliche Challenge, mindestens eine Baumart zu finden, die wirklich überhaupt nicht von Insekten angegriffen wird. Eine solche Spezies könnte ein medizinisches Wunderelixier hergeben, wenn seine Toxine derart resilient sind!) Unsere Ergebnisse – im Schnitt 15 bis 30 Prozent Blattverlust durch Phytophagen in Afrika – waren vergleichbar mit Australien, womit sich abzeichnete, dass zumindest auf zwei Kontinenten tropische Bäume mehr Schädigung durch Insekten tolerieren, als Forscher vom Waldboden aus bisher berechnet hatten. Wie immer in der Feldbiologie sind aber noch jahrelange Erhebungen nötig, um diese vorläufigen Ergebnisse für Afrika zu bestätigen.

Ich war die Einzige aus dem Team, die später noch einmal nach Kamerun kam, um mit dem einzigen einheimischen Botaniker unserer Expedition zusammenzuarbeiten. Bernard Nkongmeneck wollte unbedingt weiter mit internationalen Forschern kooperieren, nachdem er sie beherbergt hatte, wir verfassten also gemeinsam einen Fördermittelantrag für *National Geographic*, um heimische Epiphyten zu untersuchen und Dorfbewohner darin auszubilden, sie für europäische Märkte zu kultivieren. Bernard beklagte sich, viele Tropenwälder würden zunehmend durch Fremde abgeholzt, die das Nutzholz exportierten, die übrigen Kronen aber einfach verbrannten. Beide erkannten wir den potenziellen Wert dieser Epiphyten und stellten ein Programm für die Kultur von Orchideen und Farnen auf die Beine, sodass die Einheimischen mit dem Verkauf von Luftpflanzen ein nachhaltigeres Einkommen erzielen konnten als durch den Verkauf von Nutzholz. Wir veröffentlichten einen wissenschaftlichen Aufsatz mit einer Liste von Kameruns Epiphyten und nahmen mit einem Projekt das inzwischen sogenannte canopy farming vorweg, wofür wir Flechtmatten per Flaschenzug in die Baumwipfel beförderten, auf denen Epiphyten als vermarktbare Pflanzenprodukte herangezogen werden konnten. Außerdem hielten wir in einem Dorf Kurse zur Bestimmung von Epiphyten ab. Bernard hatte schlauerweise Bier mitgebracht, um die Dorfbewohner zu überzeugen, daran teilzunehmen. Und das taten sie! Leider ist Bernard unerwartet früh verstorben, noch bevor wir die Epiphyten-Zucht in Kamerun wirklich in Gang bringen konnten. Die Idee steht, sie wartet nur noch auf die nötige Mitarbeit einheimischer und internationaler Botaniker. Doch wie bei so vielen internationalen Artenschutzprojekten ist es unerlässlich, vor Ort Vertrauen aufzubauen, um am Ende Erfolg zu haben.

Trotz der beschwerlichen Umstände einer Expedition nach Afrika ohne Toilettenspülung, richtige Betten, Kissen, fließendes Trinkwasser oder warme Duschen kam ich heil nach Hause zurück, sehr zur Erleichterung meiner Familie. Doch als ich ins Büro zurückkam, bahnte sich am Campus gerade eine unglückliche und letztlich fatale Ereignisfolge an. Vor meiner Abreise war gerade ein neuer Dekan für die Umweltwissenschaften berufen worden, und kurz darauf beschwerten sich bereits einige Studierende und Mitarbeiterinnen über seinen Umgang mit ihnen. Schon bald wurden mehrere Frauen in der Abteilung von diesem Direktor entlassen, und das trotz ihrer hervorragenden Leistungen. Ich hatte ein ausgesprochen erfolgreiches Semester hinter mir, aber als alleinerziehende Mutter fühlte ich mich extrem verwundbar gegenüber einem Chef, der Exzellenz offenbar nicht zu den förderungswürdigen Qualitäten von Mitarbeitern zählte. Eines Tages klopfte dieser neue Chef an meine Bürotür – was an sich schon merkwürdig war – und kündigte mir eine Gehaltskürzung für das nächste Jahr an. Dazu lieferte er eine obskure Erklärung ab, irgendwas von einer Budgetlücke. Mir leuchtete das überhaupt nicht ein, vor allem weil ich all meine Aufgaben pflichtgemäß erfüllt hatte, und noch ein paar darüber hinaus. In jenem Jahr wurde dem College landesweite Anerkennung für meinen Walkway im College-Wald zuteil, das erste solche Bauwerk in ganz Nordamerika, außerdem Drittmittel und erfolgreiche Stipendienbewerbungen für meine Studierenden – ich hatte daher eher eine Lohnsteigerung erwartet als eine Kürzung. Das Ganze schien mir wie ein typischer Fall des guten alten australischen Tall-Poppy-Syndroms: Herausragende Leistungen ignorieren, mittelmäßige belohnen. Zwei Kollegen von der Universität, an der dieser Mann vorher gearbeitet hatte, berichteten von Mitarbeiterinnen an ihrem Campus, die dieselben Probleme mit ihm gehabt hatten. Später sollte ich erfahren, dass ein Kollege an der Stanford University sich von ihm grundlos bloßgestellt fühlte, nachdem er an ein Unternehmen in Kalifornien gewechselt war.

Da ich allein für zwei kleine Kinder verantwortlich war, hatte ich große Bedenken, unter diesen ungewissen Bedingungen weiterzuarbeiten, zumal ich kaum auf adäquaten Unterhalt für die Kinder von der anderen Seite der Erde hoffen konnte. Das Tall-Poppy-Syndrom war wirklich demütigend – es ist äußerst verletzend, wenn man für gute Arbeit bestraft wird. Auch in Amerika bargen Gender-Probleme also noch erheblichen Sprengstoff, und in den komplexen Verhältnissen der Personalpolitik waren hinterhältige Machenschaften besonders schwer zu durchblicken. Bei mir verstärkte das ein ohnehin schon nagendes Gefühl der Unsicherheit: War ich gut genug, um in dieser Männerwelt mitzuhalten? Würde ich je gut genug sein?

Zufällig erhielt ich just in dem Moment ein Stellenangebot von einem botanischen Garten in Florida, der auf tropische Baumkronenpflanzen und besonders auf Epiphyten spezialisiert war. Schnell informierte ich mich über die Qualität der Schulen in Sarasota. Ich würde nirgends hinziehen, wo ich die Jungs nicht auf eine exzellente öffentliche Schule schicken konnte, schließlich war das einer der Hauptgründe für unseren Umzug nach Amerika gewesen. Landesweit hatte Florida für seine Schulbildung einen eher schlechten Ruf, aber in Sarasota gab es eine für Mathematik und Naturwissenschaften besonders geförderte Schule, für die Eddie bereits im richtigen Alter war. Der Rest ist Geschichte. Wir packten unseren Besitz in einen kleinen Transporter, erwarben auf Flohmärkten im Norden New Yorks noch ein paar Möbel und fuhren gen Süden. Damit entgingen wir endlich auch der lauernden Bedrohung durch einen schwierigen Chef, der gerade in dem winzigen Haifischbecken eines kleinen College-Campus wirklich gefährlich werden konnte. Unterdessen wurde auch mein Scheidungsverfahren abgeschlossen und warf so viel ab, dass ich eine Anzahlung für ein bescheidenes Haus in Sarasota leisten konnte. (In Australien wurden bei einer Scheidung üblicherweise 11 000 Dollar pro Jahr für die Verpflichtungen einer Hausfrau veranschlagt – das ist weniger als der Mindestlohn!)

Im botanischen Garten war ich die einzige Wissenschaftlerin – und bis auf eine Sekretärin sogar die einzige Frau überhaupt! – in der Forschungsabteilung. Zugleich war ich aber die Chefin. Es war nicht einfach, mich gegen all diese »Epiphyten-Jungs«, wie ich sie heimlich nannte, durchzusetzen, aber es half nichts. Die aktuelle Belegschaft bestand ausschließlich aus Taxonomen, und ich spürte unterschwellig, dass sie mein Fachgebiet, die Ökologie, also die Untersuchung und den Schutz des Lebensraums der Epiphyten, generell für weniger bedeutsam hielten als ihr Bestreben, sie zu klassifizieren. Also startete ich, um mir ihren Respekt zu verschaffen, mehrere globale Projekte – ich forschte weiter in Australien, arbeitete aber auch an neuen Projekten in den afrikanischen und südamerikanischen Tropen. Trotz seines hehren Auftrags, tropische Pflanzen zu untersuchen und zu bestimmen, litt der botanische Garten an finanzieller Misswirtschaft und immer wieder aufgeschobener Instandhaltung. Sofort besserte ich den internationalen Ruf der Einrichtung auf, indem ich zwei globale Baumkronen-Konferenzen organisierte. Mit Teilnehmer:innen aus 25 beziehungsweise 35 Ländern gingen beide als Erfolg über die Bühne. Die Stadt Sarasota, die man traditionell mit Kunst und Kultur assoziierte, freute sich über die Renaissance eines *»Science garden«*, und die Wörter »Epiphyten« und »Kronenschicht« kannte plötzlich jeder im Südwesten Floridas. Kurz nach der zweiten internationalen Konferenz beförderte mich der Vorstand zur Direktorin. Vom Indiana Jones der Baumwipfel wurde ich zur Schreibtischtäterin im Polsterstuhl, und ich fand es eine sehr spannende Aufgabe, öffentliche Unterstützung für Pflanzen- und Waldschutz einzuwerben. Außerdem fühlte ich mich sehr verpflichtet, Mädchen als Vorbild zu dienen. Damals gab es in den Naturwissenschaften noch so wenige Frauen in Führungspositionen, und ich war froh über die Gelegenheit, einen Riss in das gläserne »Kronendach« zu schlagen. Ich hatte beim Durchbrechen gläserner Decken schon viele Wunden davongetragen, meist in der Hoffnung, all diese Wunden würden der nächsten Generation von Frauen helfen und ihnen denselben Aderlass ersparen. Wie eine Pflanze, die gegossen wird, wuchs ich mit dem Job und lernte, ein Team und ein Budget zu managen, indem ich mich an der Dartmouth's Tuck School of Business zu einem Aufbaustudium in BWL einschrieb. Ich liebte es, die Pflanzen ins Bewusstsein der Öffentlichkeit zu bringen, und genoss es, meinen Mitarbeitern zum Erfolg zu verhelfen – vom Bau einer großartigen Hochzeits-Location über die Planung eines Lerngartens für Kinder und die Aktualisierung von Software bis hin zur Sponsorenwerbung.

Nach drei erfolgreichen Jahren voller Fundraising, Bauprojekten, Drittmittelanträgen und lokaler wie globaler Prestigesteigerung für den Garten hatte ich erneut eine Begegnung mit dem Tall-Poppy-Syndrom. Der Vorstand berief einen neuen Vorsitzenden, der aus der Welt der Orchideenzüchter kam. Da es sich um ein Ehrenamt handelt, ist es verständlich, dass die Vorstandsmitglieder es gern sahen, wenn jemand Erfahrungen mitbrachte, die zum Auftrag des Gartens passten. Als bald darauf eine atemberaubende lila Orchidee aus Peru importiert und als neue Art in den Garten gebracht wurde, war dieser Vorsitzende von der Entdeckung begeistert. Auch ich freute mich anfangs mit dem Orchideen-Team, bis sich herausstellte, dass die Orchidee illegal importiert worden war.

In der Woche, in der die Orchidee eintraf, hielt ich mich in meiner anderen Rolle, als Mutter, bei einer Segelregatta in Ohio auf. Für meinen Führungsstatus war das nicht hilfreich, um es einmal so auszudrücken. Als weiblicher CEO wurde ich weiterhin genauestens beäugt, und dass ich meine Mutterpflichten so sichtbar machte, wurde als unprofessionell wahrgenommen.

Die Orchideen-Taxonomen machten sich so eifrig an die Registrierung und Beschreibung der neuen Art, dass sie offenbar übersahen, dass dafür gar keine Genehmigungen vorlagen (oder etwa nicht?). Und der Direktor der Sammlungen behauptete, er habe die Genehmigung verloren (oder etwa nicht?), um später zu erklären, er habe nie eine Genehmigung zu Gesicht bekommen, obwohl das meines Erachtens ganz und gar sein Job gewesen wäre. Einer der Orchideenforscher war so gefesselt, dass er, wie ich später herausfand, heimlich ein Stück der Pflanze mit nach Hause nahm, um zu versuchen, sie zu kultivieren. Noch ungenierter gab sich Berichten zufolge ein peruanischer Züchter, der nur kurze Zeit nach der Ankunft der peruanischen Orchidee in unserem Garten auf der Orchideenschau in Miami auftauchte und angeblich dieselbe Art für völlig überhöhte Preise zum Verkauf anbot. Gefährdete Pflanzen und Tiere sind durch das Washingtoner Artenschutz-Übereinkommen (CITES) vor dem Export aus ihrem Herkunftsland geschützt. Als die peruanische Orchidee ohne Genehmigung in die Sammlung aufgenommen worden war, hatte das Orchideen-Team schlichtweg gegen geltendes Recht verstoßen. Auf mein Drängen hin beauftragte der Garten einen juristischen Experten in Washington, der das Gewirr der Anklagepunkte durchsah, die sich aus der Aufnahme einer nicht genehmigten Orchidee ins Orchid Identification Center ergaben, und es wurde immer teurer. Im Orchideen-Team zeigte jeder mit dem Finger auf den anderen, und zum Schluss zeigte der Vorstandsvorsitzende auf mich, obwohl ich 1000 Meilen entfernt auf einer Segelregatta gewesen war, als der Vorfall sich ereignete, und das Exemplar (übrigens bis heute) nie zu Gesicht bekommen hatte. Wenn der Vorsitzende vorhatte, das Orchideen-Team aus der Schusslinie zu nehmen, war ich als einzige Frau am Tisch wohl ein guter Sündenbock. Während der Vorsitzende meine Führungsqualitäten kritisierte und andere sich über die Rechnungen des von mir beauftragten Anwalts beschwerten, versuchte ich, mich gegen dieses Mobbing zu behaupten. Mehrere Persönlichkeiten der Stadt Sarasota hielten zu mir und sammelten sogar Spenden, um für einen Teil meiner persönlichen Anwaltskosten aufzukommen. Ich weigerte mich aber, einen Kampf auszufechten für etwas, das ich nicht getan hatte, und reichte schließlich meine Kündigung ein. Einer der Orchideen-Forscher legte schließlich ein Schuldgeständnis ab, genauso die Einrichtung und noch später der Mann, der die Orchidee illegal importiert hatte.

Eine turbulente Affäre und ein krasses Beispiel dafür, welche Rückschläge der Naturschutz ausgerechnet vonseiten genau der Wissenschaftler erfahren kann, die an vorderster Front im Artenschutz tätig sind. Die Leidenschaft dieser Orchideenfreunde hatte die Grenzen des Gesetzes überschritten. So etwas passiert in der Biologie auch anderswo. Einen ähnlichen Vorfall gab es 2019, als einige Exemplare von malaysischen Vogelspinnen nach Großbritannien exportiert wurden, und Mitarbeiter der Oxford University eine wissenschaftliche Erstbeschreibung verfassten. Es handelte sich um eine prächtige kobaltblaue Vogelspinne, ein Traum für die Spinnen-Taxonomen. Eine der Arachnologinnen sagte, sie und ihr Co-Autor hätten gesagt bekommen, die Exemplare seien legal gefangen worden und die nötigen Dokumente existierten, doch das taten sie nicht. Wie die peruanische Orchidee waren die Vogelspinnenexemplare illegal importiert worden und gehörten dem Gesetz nach ihrem Herkunftsland.

Das Erlebnis mit der Orchidee war mir eine Lehre in Sachen Vorstandsdynamik, institutionelles Rabaukentum und Bauernfängerei. Kaum zu glauben, in welchem Ausmaß eine Gruppe von ansonsten hochengagierten Botanikern wegen einer einzigen schönen Orchidee die Verantwortung von sich schob. Auf der Suche nach einem verständnisvollen weiblichen Vorbild in der Chefetage wurde ich nicht fündig, und dieses Gefühl des Alleingelassenseins verstärkte meinen Impuls, andere Frauen am Arbeitsplatz immer zu unterstützen, wenn sie Probleme haben. Ich will damit nicht sagen, dass ich in meiner Laufbahn keine wunderbaren männlichen Vorbilder hatte – ihnen bin ich unglaublich dankbar. (Danke an Peter Raven, John Replogle, Bob Ballard, Greg Farrington, E.O. Wilson, Hal Heatwole, Tom Lovejoy und Brian Rosborough, um nur ein paar zu nennen!) Positiv war an dieser Erfahrung als CEO eines botanischen Gartens, der eine Krise zu bewältigen hatte, dass sie mir Türen zu Führungspositionen an anderen naturgeschichtlichen Museen öffnete und zudem meine Entschlossenheit stärkte, mich unbeirrbar für die Gleichberechtigung in den Naturwissenschaften einzusetzen.

Acht wunderbare Jahre lang unterrichtete ich als ordentliche Professorin für Umweltwissenschaften am New College in Florida. Doch wegen meiner Erfahrungen in der öffentlichen Wissenschaftskommunikation wurde ich dann für die Leitung einer neuen Abteilung im Naturkundemuseum von North

Carolina angeworben und gab meine Professur auf, um in die Museumswelt zurückzukehren. Ich freute mich, dass ich dort zum ersten Mal eine Frau als Chefin haben sollte. Betsy war ein Bündel positiver Energie, und wir beide steckten wohl viele 100-Stunden-Wochen in die Finanzierung, den Bau und die Anwerbung von Personal für eine innovative neue Museumsabteilung. Wir hatten knappe zwei Jahre bis zur Einweihung, und ich sprintete buchstäblich durch die Landschaft von North Carolina, um mit ihr mitzuhalten. Einer unserer größten Erfolge war der Aufbau von Partnerschaften mit verschiedenen staatlichen Universitäten für jeden der neu eingestellten Leiter der wissenschaftlichen Labore. Diese einzigartige Zusammenarbeit brachte jede Menge eifrige Studierende ins Museum und verschaffte zudem den neuen Kuratoren viel akademisches Ansehen. Wegen des Zeitdrucks organisierte ich eine Sammelbewerbung, schrieb also mehrere Kuratorenstellen gleichzeitig aus und hielt zeitgleich Bewerbungsgespräche ab. Um das bestmögliche Personal anzuwerben, verfasste ich eine lebhafte, überzeugende Ausschreibung, aus der hervorgehen sollte, dass es sich nicht um ein ganz normales Museumsteam handelte. Von den zehn neuen Stellen wurde über die Hälfte mit Frauen besetzt, ein in der Museumswelt nie da gewesenes Zahlenverhältnis, denn Chefkuratoren waren sonst immer noch überwiegend Männer. Dabei bevorzugte ich gar nicht eines der Geschlechter, ich denke einfach, dass sich mehr qualifizierte Frauen bewarben als Männer, weil sie wie ich wirklich für eine Chefin arbeiten wollten. Eine weitere Innovation waren Bau und Programmgestaltung von fünf Laboren mit Glaswänden, durch die das Publikum die Wissenschaftler:innen und ihre Arbeitsprozesse direkt beobachten kann. Außerdem hielt jeder Forscher am Museum regelmäßig öffentliche Präsentationen ab, und zwar in einem topmodernen Veranstaltungssaal, dem Daily Planet. Er hatte die Form des Planeten Erde und war virtuell mit Schulen im ganzen Staat verbunden. (Ein Jahr darauf hielten mein Kollege E. O. Wilson aus Harvard und ich vom Daily Planet aus eine live übertragene Gesprächsrunde mit allen Mittelschulen in North Carolina ab.) Unter der positiven Führung unserer Chefin stellten wir nicht nur den Bau des Museums fertig und sicherten seine Finanzierung, sondern konnten auch ein dynamisches Team anwerben, und zwar genau rechtzeitig für das pompöse 24-Stunden-Eröffnungsevent unter der Schirmherrschaft des Gouverneurs – eine internationale Riege von Würdenträgern trat auf, und eine Parade zog durch die Hauptstraßen von Raleigh.

Gleich nach der Eröffnung der neuen Museumsabteilung ging unsere geliebte Direktorin in den Ruhestand, nachdem sie ihren Lebenstraum verwirklicht hatte und in guten Händen wusste (so meinte sie jedenfalls). Ich war sehr geknickt, aber ich drückte die Daumen, dass der Personalausschuss passenden Ersatz finden würde. Leider zog der externe Personalvermittler seine Kandidatensuche praktisch bei Nacht und Nebel und ohne Einbeziehung des Teams durch, zumindest soweit ich weiß. Kurz nach der Ankunft des neuen Direktors erlebte ich eine weitere schmerzhafte Episode des Tall-Poppy-Syndroms. Angesichts des enormen Schwungs und Erfolgs sowohl bei Sponsoren als auch bei Forschern empfand der neue Direktor mich offenbar als Bedrohung und teilte mir hinter verschlossener Tür mit, dass es nur Platz für einen von uns gebe – und der Chef war er. Am Tag danach verkündete er dem neuen Team zu aller Überraschung meine Degradierung. Er erklärte, ich sei in Zukunft weder für Personalführung noch für ein Budget verantwortlich, obwohl ich mit beidem außerordentlich erfolgreich gewesen war, und ernannte mich zu einer »Botschafterin« für das Museum ohne offizielle Aufgaben. (Wie wir alle wissen, sind in der Wirtschaft Angestellte ohne präzises Jobprofil die Ersten, die bei einer Budgetkürzung gehen müssen.) Als einer der neu angestellten Kuratoren in dieser Sitzung aufstand und respektvoll erklärte, sie alle hätten den Job zum Teil deshalb angenommen, weil sie hier Gelegenheit bekamen, unter meiner Leitung zu arbeiten, erwiderte der neue Direktor zynisch: »Dann können Sie ja jetzt bei all Ihren Freunden damit prahlen, dass Sie stattdessen unter meiner Leitung arbeiten.« Einigen der Mitarbeiter kamen die Tränen, andere wurden wütend. Noch während derselben Sitzung hielten mehrere weitere Mitarbeiter wortreiche Plädoyers, stießen aber auf taube Ohren. Ein harter Schlag für das frisch zusammengestellte Team und ein vorbildliches öffentliches Museum, das soeben als meist besuchte Einrichtung von North Carolina zu höchsten Ehren gekommen und mit einer *Presidential Medal* ausgezeichnet worden war. Es war absolut unbestreitbar, dass ich mir mit viel Engagement sowohl den Respekt der Öffentlichkeit in North Carolina als auch der wissenschaftlichen Gemeinschaft erarbeitet hatte, von TED-Talks bis hin zur Bewilligung von Forschungsgeldern der National Science Foundation für ein umfangreiches fächerübergreifendes Projekt. Hätte ich eine lange Liste von Gefährtinnen im Adressbuch gehabt, die ebenfalls Spitzenstellungen innehatten, hätte ich dann durch strategische Einflussnahme die mangelnde Sensibilität des neuen Museumsdirektors für die Belange seiner Einrichtung korrigieren können? Ich werde es nie erfahren. Meine Antwort bestand jedenfalls einfach darin, mich anderswo nach Arbeit umzusehen, weil ich das für mein geliebtes Museum für das Beste hielt. Was meine Finanzen anging, brauchte ich übrigens gerade noch ein halbes Jahr, bis ich für eine staatliche Rente berechtigt gewesen wäre. Als ich jetzt noch einmal dazu recherchiert habe, stieß ich auf einen Kommentar in einer Online-Zeitschrift, *World of Geology and Earth Science,* verfasst im Jahr 2013 von Professor Anne Jefferson von der Kent State University. Ich bin ihr nie begegnet, aber sie erteilte mir freundlicherweise die Abdruckgenehmigung. Ihre Worte fassen mein Tall-Poppy-Erlebnis perfekt zusammen:

> Während meine Tochter im Nebenzimmer Paläontologin spielt, grüble ich über drei Geschichten aus den letzten Monaten. Diese Geschichten illustrieren, warum wir trotz allem Fortschritt, den Frauen und Minderheiten in den letzten

Jahren verzeichnen können, immer noch einen so weiten Weg vor uns haben, um in den Bereichen Naturwissenschaft und Unternehmensführung auch nur in die Nähe einer echten Gleichberechtigung zu kommen. Diese Geschichten zeigen, wie weit manche Personen gehen, um Frauen und Minderheiten zum Schweigen zu bringen, und wie fest diese Leute in Machtpositionen sitzen oder auf die Unterstützung und Beihilfe der Machthabenden zählen können.

Im Juni wurde die Rockstar-Biologin, »Canopy-Meg« Lowman, ohne öffentliche Begründung ihrer Führungsfunktion am Nature Research Center des North Carolina Museum of Natural Sciences enthoben. Als Leiterin des Forschungszentrums beaufsichtigte Lowman, selbst Naturwissenschaftlerin von allerhöchstem Rang, die hochinnovative Forschungsarbeit in direktem Kontakt zum Publikum. Seinem Auftrag nach soll das Forschungszentrum »naturwissenschaftliche Forscher und ihre Arbeit in den Blick der Öffentlichkeit rücken, zur Entmystifizierung der möglicherweise einschüchternd wirkenden Disziplinen beitragen, Lehrer und Schüler der naturwissenschaftlichen Fächer besser begleiten und eine neue Generation junger Forscher inspirieren«. Wer sollte dem Zentrum besser zur Verwirklichung seines Auftrags verhelfen als seine charismatische Direktorin Dr. Lowman? Aber nein, der Museumsleiter degradierte sie zum Senior Scientist, enthob sie ihrer Verantwortung in der direkten Personalführung und untermalte das wortreich mit der Behauptung, sie bleibe ja eine »weibliche Führungsperson« und ein »Vorbild für Mädchen und Frauen in der Naturwissenschaft«. Ich persönlich, Naturwissenschaftlerin und Mutter eines naturwissenschaftlich interessierten Mädchens, finde, dass Dr. Lowman ihrer Rolle als Führungspersönlichkeit und Vorbild viel besser als Direktorin des Forschungszentrums nachkommen konnte als eine

> unter vielen Senior Scientists. Doch offensichtlich wollen die Mächtigen nicht, dass ihre Stimme und ihre Autorität allzu hörbar werden. Es ist in Ordnung, dass Dr. Lowman über »Frauengedöns« redet, aber sie sollte es sich nicht anmaßen, darüber hinauszugehen.

In einer Art Rettungsmission nominierte mich eine der neuen Kuratorinnen für eine Führungsposition an einem anderen Museum und hoffte, ich könnte mich dort weiterhin aus einer einflussreichen Stellung heraus für die Diversität in der Naturwissenschaft und für kreative Führungsstile einsetzen. Ich zog nach Kalifornien. Wie in North Carolina nahm ich diese neue Stelle unter anderem wieder wegen eines visionären, charismatischen Chefs an, wurde aber erneut enttäuscht. In der Meinung, er hätte mit mir als letzte Einstellung das perfekte Führungsteam beisammen, verkündete der Museumsdirektor kurz nach meiner Ankunft seinen Rückzug in den Ruhestand. Wieder handelte der Ausschuss, der seinen Nachfolger berufen sollte, in aller Heimlichkeit, und niemand wusste, wen sie ausgesucht hatten, bis er zur Tür hereinspazierte. (Kommt das irgendwem bekannt vor?) Der neue Direktor war nicht nur ein blutiger Anfänger in der Museumswelt und in den Bereichen Sammlungen und Fundraising, sondern wies als Ökologe und Wissenschaftskommunikator zudem noch fast identische Berufserfahrung vor wie ich, und sein Rolodex enthielt praktisch genau dieselben Kollegenkontakte wie meines. Plötzlich stand ich als leuchtender Tall Poppy in seiner neuen Welt, ja schlimmer noch, ich hatte sogar mehr Erfahrung mit der Verwaltung und den Sammlungen eines Museums. Sein Führungsstil war sehr impulsiv und hierarchisch. Er verunglimpfte öffentlich unsere Finanzchefin, und sie kündigte. Ähnlich erging es ein paar weiteren Kollegen. Dann wandte er sich mir zu, und ich spürte seine eiskalte Rache. Innerhalb von zwei Jahren wurde ich meiner Stellung enthoben und durch eine junge Anfängerin ersetzt, die fast keine Erfahrung in Personalführung hatte und auch nicht das über Jahre gewachsene wissenschaftliche Netzwerk besaß, das man braucht, um so einer Einrichtung einen Namen zu machen. Schlimmer noch, ich bekam in rascher Folge drei verschiedene Stellenbezeichnungen und Gehaltskürzungen, was mir die Hoffnung auf Erfolg strategisch verbaute. Nach der Arbeit musste ich mich oft übergeben und erlitt mitten in der Nacht plötzliche Panikattacken. Trotz der Gehaltskürzungen und Positionswechsel (von denen manche so schnell kamen, dass die Personalabteilung nicht einmal damit nachkam, eine neue Stellenbeschreibung zu verfassen) blieb ich hochproduktiv, veröffentlichte Studien, trieb Forschungsmittel ein und arbeitete mit weltweit vernetzten Kollegen zusammen. Die Kollegen am Museum schauten verständnislos zu und nahmen mich schweigend in den Arm, vor allem die Frauen, die ich kürzlich eingestellt hatte und die jetzt keine erfahrene Mentorin mehr hatten.

Wenn die Führung in einer Einrichtung derart vergiftet ist, verdirbt das oft für lange Zeit das Klima. Es kann Jahre dauern, bis man sich von Problemen wie Verängstigung der Belegschaft, Entrechtung der Mitglieder, dem Scheitern von Drittmittelanträgen oder generell dem Verlust der Arbeitsmoral erholt. Und wenn es ganz schlimm kommt, setzt sich diese Vergiftung des Arbeitsklimas noch darin fort, dass einzelne Teammitglieder gelernt haben, mit dieser Vergiftung umzugehen oder sie gar zu manipulieren. Auf dem Höhepunkt des Tumults um die Museumsführung hatte mich nicht nur der Direktor auf dem Kieker, sondern auch sein junger Schützling. Solange ich ihre Vorgesetzte war, hatte ich mich für sie eingesetzt, indem ich ihr ein großzügiges Gehalt bewilligte und sogar ihren Ehemann einstellte, damit sie auch zu Hause Unterstützung erfuhr. Wie sie im Gegenzug mich behandelte, fühlte sich schlimmer an als ein Angriff mit der Machete. Für die neuen weiblichen Angestellten war es furchtbar, mit anzusehen, wie eine Frau einer anderen jegliche Unterstützung verweigerte, und natürlich war es hart, selbst der Sündenbock zu sein. Als sie mir eine Liste mit belanglosen Beschwerden überreichte, beschloss ich, mich nicht darauf einzulassen, falsche Vorwürfe auch noch zu entkräften. Hinter verschlossenen Türen teilte sie mir mit, meine Forschung zu Artenschutz und Nachhaltigkeit sei in ihren Augen kein Ziel der Einrichtung mehr. Da traf ich die harte Entscheidung, dass ich mein riesiges Forschungsportfolio auf Grundlage meiner beiden Stärken einfach nicht aufgeben konnte, und kündigte. Mit bittersüßer Genugtuung las ich ein halbes Jahr später im Jahresbericht des Museums, dass eines meiner wichtigsten Umweltschutzprojekte nunmehr im Fokus stand, nämlich die Finanzierung eines Teams von Museumskuratoren zur Erhebung der Biodiversität eines tropischen Regenwaldes in Malaysia – das Projekt kulminierte schließlich in der Ernennung dieses Gebiets zum UNESCO-Welterbe.

Nachdem ich 52 Jahre lang nach und nach meine Karriere von ein paar Wildblumen in der fünften Klasse zu internationaler Anerkennung vorangetrieben hatte, tat es unendlich weh, abgeschnitten zu werden wie eine zu hoch gewachsene Mohnblume. In einem Artikel der *New York Times* über die neuen Richtlinien zur Bekämpfung sexueller Belästigung bei der National Science Foundation, die deren Direktorin France Córdova 2018 herausgegeben hatte, wurde geschlechtsbedingte Diskriminierung definiert als »verbale und nicht verbale Verhaltensweisen, die Feindseligkeit, sexuelle Objektifizierung, Ausgrenzung oder Herabsetzung fördern«. Andere Artikel führen zudem aus, dass diese Form der Diskriminierung in den Naturwissenschaften weitaus verbreiteter ist als sexuelle Nötigung. Und eine Umfrage des Wellcome Trust ergab 2020, dass von 4200 Naturwissenschaftler:innen 60 Prozent von Vorgesetzten und über 40 Prozent von Kolleg:innen gemobbt wurden. Da ich selbst mit diesem Verhalten konfrontiert gewesen war, wünschte ich nur, ich hätte mir mehr von der Würge- und weniger von der gutartigen Feige abgeschaut. Indem ich mich gegen das Mobbing nicht wehrte, machte ich es erst möglich und ließ zu, dass ich zum Opfer wurde. Die #MeToo-Bewegung war für Frauen in allen Berufen ein willkommener Fortschritt, doch für manche von uns kam sie zu spät. Dass in den Runden, in denen Entscheidungen über den Artenschutz gefällt werden, keine Frauen mit am Tisch sitzen, wurde inzwischen als Hemmschuh für die globale Problemlösung ausgemacht, wobei dieser Mangel wahrscheinlich wiedergibt, wie selten Frauen nun einmal in Führungsrollen anzutreffen sind. Das Magazin *Nature* veröffentlichte 2014 einen Artikel von Heather Tallis und 238 Mitunterzeichner:innen, darunter auch ich. Dort steht, dass Frauen in Führungspositionen im Umweltschutz unterrepräsentiert sind. Die Autor:innen nehmen an, dass mehr Inklusion auch bessere Fortschritte und Ergebnisse im Umweltschutz bringen wird, doch dieser Fortschritt erfolgt langsam. Der Global Gender Gap Report des Weltwirtschaftsforums rechnete 2016 vor, dass es beim derzeitigen Tempo noch 170 Jahre dauern wird, bis weltweit beide Geschlechter gleich bezahlt werden. (Ich habe diesen Artikel in unserem Museum an der Wand hinter dem Kopierer aufgehängt, von wo er wieder verschwand, und zwar nicht ein-, sondern zweimal.) Derselbe Bericht konstatiert, dass die USA im zweiten Jahrzehnt des 21. Jahrhunderts nicht mehr unter die Top 25 der Länder fielen, die es anstreben, Gehaltsunterschiede auszugleichen. Sie stehen auf Platz 45. Und zur Bestätigung, dass der Grad der Industrialisierung nicht automatisch gleiche Bezahlung für gleiche Arbeit bedeutet: Ruanda kam bezüglich des Fortschritts für die wirtschaftliche Gleichbehandlung von Frauen unter die Top 10, und im Parlament sitzen in diesem Land großartige 64 Prozent Frauen (weltweit der höchste Anteil).

In aller Würde packte ich meine amazonischen Blasrohre ein, meine Datensammlungen, mein umfangreiches Rolodex mit den Adressen internationaler Wissenschaftler und zog zurück nach Florida, um als freie Forscherin und Autorin weiter im globalen Umweltschutz tätig zu sein. Die Mangroven, die ganzjährige Sonne und die Watvögel waren Balsam auf all meinen Wunden und blauen Flecken von mehreren gläsernen Kronendächern. Da ich weiterhin fest daran glaubte, dass das Glas immer halb voll ist, war ich zuversichtlich, dass die Veränderung auf jeden Fall neue Möglichkeiten bringen würde. Einer der segensreichen Nebeneffekte war, dass ich in der Nähe meiner Eltern leben konnte, die inzwischen nach Florida gezogen waren, sodass ich in seinem letzten Lebensjahr viel wertvolle Zeit mit meinem Vater verbringen und die unerschütterliche Unterstützung zurückgeben konnte, die meine Mutter mir ein Leben lang so selbstlos geleistet hatte. Ich nenne dieses neue Kapitel meiner Karriere »5000 Tage«, berechnet nach der ungefähren Zeit, die mir in meinem Leben noch für produktive Arbeit bleibt. Ich möchte jeden Tag nutzen und nicht im politischen Sumpf versinken oder in sinnloser Büroarbeit. Wie sagte doch Booker T. Washington so weise: »Erfolg misst sich nicht so sehr an der Position, die man im Leben erreicht hat, als an den Hindernissen, die man überwunden hat.« Die Welt braucht mutige Anführer:innen, um den Planeten für unsere Kinder und Enkel auf die rechte Bahn zu bringen. Ehrenamtlich leite ich eine Umweltschutzstiftung, bei der jeder Dollar in die Rettung des Waldes fließt und nicht in Bürogebäude oder laufende Geschäftskosten. Auch dieses Buch war ein Hauptzweck dieser 5000 Tage – ich wollte meine Geschichte erzählen, von einem Leben für die Wissenschaft, die Entdeckung und die Erforschung solcher Baumwunder wie Feigen. Mit ihren unglaublichen Früchten und ausladenden Kronen unterhalten Feigen ein ganzes Ökosystem. Frauen (und Männer) müssen es ihnen gleichtun und ihre Ressourcen bestmöglich nutzen, für Fortschritte und Miteinander sorgen und ihre Gemeinschaften nähren.

Feigen

(Ficus spp.)

EINER MEINER LIEBSTEN WALKWAYS DER WELT überspannt einen großartigen Feigenbaum auf der Insel Savai'i, einer der Hauptinseln von Samoa im Pazifischen Ozean. Mein Kollege, der Ethnobotaniker Paul Cox, lud mich 1994 an einem für die Insel sehr kritischen Zeitpunkt zu einem Besuch dort ein. Die sechzehn Stammesführer standen am Scheideweg. Die Regierung des damaligen Westsamoa verlangte von den Dörfern, Schulen aus Stein zu bauen, weil die alten Gebäude mit Palmblattdächern den häufigen Monsunwinden nicht standhielten. Doch so eine Schule kostete mehr als 50 000 Dollar, und Savai'i besaß keine Geldwirtschaft. Die Menschen in Samoa sind sehr auf das Wohl ihrer Kinder aus und wollen ihnen die bestmögliche Schulbildung zukommen lassen, aber ihr Lebensstil beruhte auf Fischfang aus dem Meer und Obst aus dem Dschungel. Ein asiatischer

Industrieholzkonzern bot an, das Holz auf der Insel zu ernten, sodass von den Einkünften eine neue Schule finanziert werden konnte. Den Stammesführern war dabei unwohl, weil ihre ganze Existenz seit Generationen am Wald hing, sogar ihre Vorfahren waren Teil dieses Ökosystems, indem sie wieder zu Erde wurden wie die Flughunde des Kronendachs. Ich flog also zusammen mit zwei Ingenieuren nach Samoa, um die Möglichkeiten für den Bau eines Skywalks auszuloten. Ich fühlte mich geehrt, dass ich an einer Feier der Stammesführer teilnehmen durfte, auf der sie Lieder sangen, ihren heiligen Kava tranken und mit Blick auf das Schicksal ihrer Inselbäume die Abholzung und den Ökotourismus gegeneinander abwägten. Nach über fünf Stunden waren sie sich alle einig, dass sie einen Kredit aufnehmen und diesen neumodischen sogenannten Walkway bauen würden. Sie hatten noch nie von Ökotourismus gehört, entschieden sich aber, auf das Konzept zu vertrauen, das unser Team vorschlug: Besucher würden dafür bezahlen, den achten Kontinent der Insel entdecken zu dürfen. Heute umspannt ein Laufsteg den größten Feigenbaum der Insel, und eine Brücke verbindet ihn mit der örtlichen Schule. Innerhalb von zwei Jahren war der Kredit für die neue Schule abbezahlt, und zwar durch Einnahmen aus dem Ökotourismus und nicht durch Abholzung. Zum Dank salbte der oberste Stammesführer mich zur »Mati« (das heißt Feige) und überreichte mir einen heiligen Kava-Stab, bis heute einer meiner großen Schätze. Ich habe Feigen schon immer bewundert und geliebt, aber in diesem Fall rettete ein einziger herausragender Feigenbaum buchstäblich die Bäume einer ganzen Insel.

Der griechische Philosoph Theophrast, der sich um 300 v. Chr. mit Pflanzenkunde befasste, gilt als Begründer der Botanik und zugleich als Erstbeschreiber der Spezies Feige. Dabei konzentrierte er sich auf *Ficus carica,* eine bekannte essbare Art, und ahnte nicht, dass noch Hunderte weitere Feigenarten existieren, die alle ihre eigene Lebensgeschichte haben. Immerhin hörte er von einer besonders auffälligen Banyan-Feige (*Ficus benghalensis*), und zwar aus den Berichten seines Zeitgenossen Alexander dem Großen, der behauptete, 10 000 Soldaten fänden Schutz unter einem einzigen Feigenbaum, der über all seinen säulenartigen Luftwurzeln einen riesigen Laubschirm bildete. Viel später, Anfang des 20. Jahrhunderts, spezialisierte sich der englische Botaniker E. J. H. Corner auf die Gattung *Ficus,* von der er Hunderte Arten beschrieb. Zu Corners einzigartigem Vermächtnis gehört, dass er vier Affen dazu abrichtete, ihm Feigenfrüchte aus dem Blätterdach zu holen, sodass er neue Arten beschreiben konnte, ohne selbst hinaufzuklettern. In gewissem Sinn waren diese Affen eine frühe Kletterhilfe für Arbornauten; er selbst nannte sie liebevoll seine »Botanikaffen«. Innerhalb von sechs Monaten sammelten sie die Früchte von 350 Arten – sehr viel mehr, als ein Mensch je geschafft hätte.

Als Mitglied der vielgestaltigen Familie der Maulbeergewächse (Moraceae) enthält die Gattung *Ficus* ihrerseits etwa 800 Arten laubabwerfender oder immergrüner Bäume, von denen manche kauliflor sind (das heißt, ihre Blüten und Früchte wachsen am Stamm und nicht an den Astspitzen) – dazu kommen ein paar Sträucher und Lianen. Geschätzt 150 Feigen sind in der Neuen Welt (Amerika) heimisch, über 600 Arten in den Tropen der Alten Welt (Indien, Asien und Australien). Die meisten sind essbar und keimen ganz gewöhnlich, beginnen also als Sämling und wachsen nach oben. Feigen, die als Epiphyten wachsen, heißen Banyan-Feigen und gehören der Untergattung *Urostigma* an – darunter die berüchtigten Würgefeigen. Während meiner weltweiten Tätigkeit als Feldbotanikerin stellte ich fest, dass Würgefeigen ohne Frage den außergewöhnlichsten Lebensstil von allen Bäumen auf der Erde pflegen! Allein schon ihr Name evoziert die Abenteuer von James Bond oder einen mysteriösen Mordfall für Sherlock Holmes, und ihre wirkliche Lebensgeschichte lässt einem vor Staunen der Mund offen stehen. Der Naturforscher und Entdecker Alfred Russel Wallace nannte sie »die außergewöhnlichsten Bäume des Waldes«.

Mein erstes Erlebnis mit den unglaublichen Würgefeigen hatte ich, als ich in Australien auf ihnen kletterte, insbesondere auf dem ikonischen Überhälter *Ficus watkinsiana*. Er ist nach George Watkins benannt, dem Pflanzensammler und ehemaligen Vorsitzenden der Pharmaceutical Society of Queensland. Der Engländer kam in den 1860ern nach Queensland und ließ sich zum Apotheker ausbilden. In seiner Freizeit beschäftigte er sich mit Naturgeschichte und nahm an vielen Expeditionen teil. 1891 benannte F.M. Bailey eine Feigenart nach ihm. Im Englischen heißt sie außerdem noch *Nipple fig* (nach der warzenförmigen Frucht) oder *green-leaved Moreton Bay fig* (nach der Bucht vor der Stadt Brisbane). Ihre Früchte sind gerundet, lilaschwarz und mit deutlichen »Warzen« überzogen – allerdings ist die Bezeichnung »Frucht« irreführend, weil Feigen ihrer Anatomie nach eigentlich keine Früchte sind, sondern ein Cluster von Hunderten Blüten, die in einer weichen Schale eingeschlossen sind. Wie andere Feigenarten tragen die Bäume männliche und weibliche Blüten auf einer Pflanze, sie sind also monözisch (griechisch für »einhäusig«). Die Blätter der *F. watkinsiana* sind kräftig, wachsig und ganzrandig, es gibt aber auch Feigenarten mit gelappten Blättern. Eine andere berühmte australische Banyan-Feige ist der *Curtain Fig Tree* außerhalb der Stadt Atherton, Queensland. Der Baum, der aussieht wie ein Vorhang, erstreckt sich mit all seinen Luftwurzeln über etwa 4000 Quadratmeter Boden – dabei ist er aber immer noch lange nicht so raumgreifend wie der historische Baum von Alexander dem Großen.

Anders als die meisten anderen Baumsamen, die auf dem Waldboden keimen, wo es für einen zarten Sämling relativ dunkel und ungastlich zugeht, beginnen Würgefeigen ihr Leben im Wipfel mitten im Sonnenlicht. Wenn ein Feigenpirol Feigen gefressen hat, verteilt er die Samen mit seinem Kot auf einen Ast hoch oben. Würgefeigen starten also als Epiphyten, die jede Menge Licht einfangen, und bilden später Wurzeln aus, um Wasser und Nährstoffe aus dem Boden zu absorbieren. Der limitierende

Faktor für einen Würgefeigensamen ist häufig die Feuchtigkeit, weshalb die Keimung auf faulenden oder sich zersetzenden Aststücken am erfolgreichsten verläuft. Mein Arbornautenkollege Tim Laman von *National Geographic* untersuchte die Keimung einer einzelnen Würgefeige (*Ficus stupenda*) in Asien. Er platzierte ihre Früchte in der Blätterkrone, um die idealen Bedingungen für das Abwärtswachstum zu bestimmen, und stellte fest, dass sie am besten in feuchten, faulenden Ästen oder in feuchten Rissen in der Rinde gedeihen. Tim dokumentierte auch die vielen Tiere, die Feigensamen verteilen, darunter Nashornvögel, Gibbons, Orang-Utans und Flughunde.

Ist eine Würgefeige einmal in der Krone etabliert, entwickelt sie ein Gitter aus abwärtswachsenden Luftwurzeln, die zu dickeren Stämmen meist rund um den Wirtsbaum heranwachsen. Manchmal entsteht so ein hohles Zentrum, wenn der Wirtsbaum aus weichem Holz besteht und später wegfault. Wirtsbäume mit kräftigem Holz bleiben manchmal stehen und leben dann mit der Würgefeige im Tandem: Beide Bäume sind dann als massiges Paar ineinander verschlungen. Zwar ersticken Würgefeigen oder Banyans häufig ihren Wirtsbaum, aber gleichzeitig versorgen sie Tausende andere Lebewesen im Ökosystem mit Ressourcen. Eigentlich ist es erstaunlich, dass sich im Laufe der Evolution keine anderen Arten so angepasst haben und den Wettkampf um Licht, Raum und Wasser dadurch gewinnen, dass sie oben anfangen. Ein Sämling, der auf dem Waldboden keimt, muss manchmal jahrzehntelang geduldig warten, bis ein Baum umstürzt und eine lichte Bestandeslücke schafft. Außerdem muss er noch das Glück haben, während der heiklen Phase der Jugend nicht zertrampelt, gefressen oder verbrannt zu werden. Manche Feigen bilden schließlich Brettwurzeln aus, also überirdische Stützwurzeln, die die insgesamt flach wurzelnden Bäume stabilisieren, sonst würden sie bei Monsunstürmen womöglich umstürzen.

Reife *Ficus*-Bäume (auch Würgefeigen) produzieren Tausende Früchte, die in tropischen Nahrungsketten eine wichtige Futterressource darstellen. Fruchtbare Feigen wie die, die auch wir essen, sind etwas ganz Besonderes, nämlich ein einzigartiger fleischiger, hohler Blütenboden, dessen Innenfläche mit winzigen Blüten oder Früchtchen besetzt ist. Alle Arten besitzen winzige männliche und weibliche Blüten, die sich auf der Innenseite dieses sogenannten Syconiums entwickeln, das schließlich zur Frucht wird. Eine winzige weibliche Wespe aus der Familie der Agaonidae kriecht durch ein Loch am oberen Ende des Syconiums und durch einen mit nach unten zeigenden Schuppen besetzten Tunnel, der nur in diese Richtung passierbar ist. Innen findet die Wespe zwei Typen von weiblichen Blüten vor: gestielte, kurzgriffelige Blüten und langgriffelige Blüten ohne Stiel. Während die Wespe die Blüten bestäubt, legt sie auch ihre Eier ab und geht dann zugrunde. Nach wenigen Wochen schlüpft ihr Nachwuchs, die flugunfähigen Männchen paaren sich mit geflügelten Weibchen und beißen dann einen Tunnel frei, durch den das Weibchen nach außen kriechen und zu einer anderen Feige fliegen kann, wo sie den Prozess von vorne beginnt. Beim Verlassen der Frucht nehmen die Weibchen Pollen von den eben gereiften männlichen Blüten mit. Anfangs waren einige Botaniker der Meinung, alle 800 Arten bräuchten für die Bestäubung eine bestimmte Wespenart. Wenn eine Wespe nach der Bestäubung in der Feige stirbt, zersetzt ein Enzym namens Ficain den Kadaver – wer also Feigen isst, nimmt auch die Biomasse der Wespe zu sich. Als Forscher an der National University of Singapore im Experiment Feigenwespen wärmeren Temperaturen aussetzten, verkürzte das ihre Lebensspanne signifikant. Daher ist anzunehmen, dass der Klimawandel den Bestäubungserfolg von *Ficus* gefährdet, wenn Wespen nicht mehr genügend Zeit haben, um die richtigen Früchte zu finden. Wie immer ist es aber schwierig, Laborergebnisse auf den Wald zu übertragen.

Wie bei den meisten komplexen Interaktionen treten auch beim Zusammenspiel von Feige und Wespe noch weitere Player auf, in diesem Fall parasitische Wespen, die oft ebenfalls Eier in Feigen legen. Das führt dazu, dass die gutartige Bestäuberwespe nicht mehr eindringen kann. Schlimmer noch: Manche parasitischen Wespen injizieren ihre Eier durch die Feigenwand, ohne überhaupt ein Loch hineinzubohren, und ihre Nachkommen vertilgen die Larven der Bestäuberwespen. Es gibt Hunderte Wespen, die Feigen bestäuben, und jede *Ficus*-Art ist bekanntermaßen Wirtspflanze für bis zu 35 Arten nicht bestäubender Wespen – damit sind ihre Kronen ein Hotspot der Artenvielfalt. Neben Wespen ernähren sich erwiesenermaßen über 1200 Arten von Vögeln, Insekten, Fledermäusen und Säugetieren einschließlich dem Menschen von den Früchten, *Ficus* darf somit wahrlich als Grundpfeiler der Biodiversität vieler tropischer Wälder gelten. Der Ornithologe John Terborgh notierte, dass das gesamte Ökosystem des Amazonas-Beckens womöglich kollabieren würde, wenn die Feige dort verschwände. Der Biologe Dan Kissling setzte die Anzahl von Feigenarten in Subsahara-Afrika in Korrelation zum Reichtum an fruchtfressenden Vogelarten und kam zu dem Schluss, dass Feigen für sie die entscheidende Ressource darstellen.

Feigen sind für Menschen wie für Insekten, Vögel und andere Tiere in vielerlei Hinsicht nützlich. Ihr milchiger Latex enthält medizinische Wirkstoffe, und im Amazonas-Gebiet verabreichen die Dorfbewohner ihren Kindern einen Teelöffel davon, um Magenparasiten zu bekämpfen. Den Ureinwohnern in Französisch-Guayana, Kolumbien und Brasilien zufolge kann derselbe klebrige Latex Schnittwunden, Brüche und Abszesse heilen. In Nepal werden Blätter, Borke und Wurzeln von *Ficus benghalensis* gegen mehr als zwanzig Krankheiten eingesetzt, und in Indien verwendet man den Banyan zur Behandlung der verschiedensten Beschwerden – von Zahnfäule über Hämorrhoiden und Diabetes bis zur Verstopfung. Einst wurden in Indien und manchen Regionen Afrikas Feigen für ihren Naturlatex angebaut. Die berühmteste Feige dürfte wohl die *F. religiosa,* die Bodhi- oder Pappelfeige sein, die in Indien und Südostasien heimisch ist. Unter ihrer

Krone erlebte angeblich der Buddha sein Erwachen. Daher ist sie eine der vielen Arten, die in Indien und Asien das Zentrum vieler Dörfer überragt und als bedeutender spiritueller Versammlungsort dient.

In diesem Jahrzehnt trete ich eine neue Rolle als Großmutter an, und ich habe beschlossen, mich statt »Grandma« mit meinem samoanischen Spitznamen »Mati« rufen zu lassen. Ich werde meinen Enkeln von all den wunderbaren Feigen erzählen, denen ich begegnet bin. Vielleicht kann ich sie eines Tages auf die Insel Savai'i in Samoa mitnehmen und ihnen einen absolut umwerfenden Baumwipfelpfad in einem hoch aufragenden Feigenbaum zeigen oder in Australien mit ihnen auf ein paar meiner liebsten Würgefeigen klettern.

7

ARBORNAUT:IN FÜR EINE WOCHE

Citizen Scientists erforschen den Amazonas-Urwald

Es war dunkel. Stockdunkel. Unser kleines Flachboot, die Einheimischen nennen es Peke-Peke, war mit zwölf Passagieren besetzt, obwohl es nur einen winzigen Propellermotor hatte, und es tuckerte tapfer durch das schlammige Wasser, auf dem Zweige und Stämme trieben, während mein Citizen-Science-Team mit allen fünf Sinnen jedes Element dieses Waldes aufzusaugen versuchte. Viele von ihnen hatten noch nie absolute Dunkelheit erlebt – hier gab es meilenweit keine Lichtquelle bis auf die bizarren phosphoreszierenden Pilze, die wie umgekehrte Sternbilder auf dem Urwaldboden funkelten. Keine Stadtgeräusche oder Martinshörner, nur eine Allround-Symphonie von Fröschen, Laubheuschrecken, Zikaden, dazu gelegentlich der durchdringende Schrei eines Steißhuhns, einer scheuen Nachtvogelart. Keine giftigen Gerüche oder menschengemachte Verschmutzung, nur der schwere Duft des erdigen, kräftig dunkelbraunen Bodens und das berauschende Aroma von tausend gleichzeitig blühenden Bäumen. Wir fuhren durch die Pacaya-Samiria National Reserve, ein über 20 000 Quadratkilometer großes Naturschutzgebiet flussaufwärts von Iquitos, Peru. Langsam glitten wir über einen Nebenfluss des majestätischen Amazonas. Ab und zu hielten wir an und schalteten unsere Stirnlampen ein, um nach Kaimanen Ausschau zu halten. Dieser bis zu fünf Meter lange, gut getarnte Verwandte des Alligators ist nachts im Wasser unterwegs, und seine hellroten Augen glimmen im Dunkeln unmittelbar über der Oberfläche. Auch ein paar Spinnenaugen glitzerten im Licht unserer Lampen, wenn die haarigen achtbeinigen Räuber über dem Wasser baumelten und warteten, bis ihr Abendessen in die riesigen Radnetze stürzte. Beiläufig fragte ich unseren einheimischen Guide, meinen alten Freund Guillermo, ob wir während der Fahrt vielleicht eine Anaconda zu sehen bekommen würden. Er hielt inne, ließ den Blick über die dunklen Ufer gleiten und sprang plötzlich von Bord. Nachdem er ein bisschen herumgeplanscht hatte, tauchte er auf und kletterte ins Boot zurück – in seinen bloßen Händen hielt er eine junge Anaconda! Uns allen stockte der Atem, während wir vorsichtig das 4,5 Meter lange Jungtier beäugten. Unser Guide hatte die verräterischen Luftblasen gesehen, die Anacondas unter Wasser ablassen, war auf sie gesprungen und hatte schnell Kopf und Schwanz gegriffen, und das alles im Dunkeln. Ehrfürchtig bestaunten wir alle nicht nur dieses großartige Tier, sondern auch Guillermos gründliche Kenntnis der heimischen Natur – so wie man sie sich aus einem Lehrbuch oder in einem Hörsaal gar nicht aneignen kann. Als jeder seine Fotos geschossen hatte, wurde die Anaconda sachte in ihre trübwässerige Heimat entlassen. Ich schätze mich unendlich glücklich, dass ich Freunde habe, die am mächtigsten Strom der Erde aufgewachsen sind. Am Amazonas hängt das Leben davon ab, dass man weiß, wie man jagt und wo man die wichtigsten natürlichen Ressourcen findet – und dieses Wissen verändert inzwischen den Umweltschutz, indem es auf Citizen Science und Bildung angewandt wird.

Unsere Reise rief mir einen der Hauptgründe ins Gedächtnis, weshalb ich überhaupt zur Naturwissenschaftlerin geworden bin: Das Glück der wissenschaftlichen Entdeckung liegt unter anderem darin, dass man es mit anderen teilen kann. Und Menschen an die Natur zu binden, ist eine der wichtigsten Voraussetzungen für den erfolgreichen Umgang mit den Herausforderungen des Artenschutzes. In der Feldbiologie sorgen viele Augen und Ohren für mehr Datenmaterial und vielfältigere Informationen, außerdem engagieren sich die Teilnehmenden für die wissenschaftliche Arbeit und werden dadurch zu besseren Botschaftern für die Erde. Mit am liebsten führe ich ein Publikum in das größte Kronendach der Erde, den peruanischen Amazonas-Urwald, wo man auch heute noch eine solche Artenvielfalt antrifft, dass man einen Abzählreim des Überflusses darauf singen könnte: mindestens 5 Billionen Blätter, 100 Milliarden Ameisen, 1 Million Käfer, 1000 Orchideen, 300 Fledermäuse, 100 Klammeraffen, 63 köstliche Piranhas, 31 begeisterte Entdecker, 10 Gemeine Vogelspinnen, zwei Anacondas und ein hoch aufragender Trompetenbaum mit eigener Plattform weit oben in der Luft.

Citizen-Science-Expeditionen an den Amazonas konzentrieren sich immer häufiger um den längsten Walkway der Welt, den Amazon Conservatory for Tropical Studies (ACTS) Canopy Walkway. Er überspannt mit 12 Brücken und 13 Plattformen in bis zu 38 Metern Höhe etwa 400 Meter. Dieses achte architektonische Weltwunder, wie Waldwissenschaftler sagen, liefert einmalige Einblicke in das Leben von Millionen sonst unsichtbaren Arten. Wie viele spätere Konstrukte stand unser erster Laufsteg in Australien damals auf Masten, die die Hängebrücken von einem Hang aus auf etwa 15 Meter Höhe trugen. Im Amazonas-Urwald aber konnten wir keine Masten aufstellen, die hoch genug wären, was uns für die Aufhängung unserer Brücken die Wahl zwischen zwei Techniken ließ: 1. ein Durchgangsloch quer durch den Stamm wie bei einem Piercing, um Edelstahlkabel zu befestigen, ohne dabei den Baum zu schädigen, oder 2. ein Kabelring um den ganzen Stamm, der mit Gummi abgepolstert werden muss. Für den Baum ist ein Durchgangsloch besser verträglich, denn der größte Teil des Stamms besteht ohnehin aus Totholz, dem das Material nichts anhaben kann. Die einzigen lebenden Zellen eines Baumstamms liegen in einer dünnen Schicht Leitgewebe direkt unter der Borke, und ein Kabelring kann diese lebenswichtigen Zellen leicht beschädigen und den Baum damit strangulieren. Doch die Bäume waren so riesig und das Basislager im peruanischen Amazonas-Becken so entlegen, dass man keine großen Generatoren dorthin transportieren konnte, und Bolzen von ausreichender Länge konnten wir auch nicht auftreiben. Daher brachten wir an zwölf kräftigen Stämmen vorsichtig Kabelringe an und polsterten sie mit Gummipuffern ab, um eine Strangulierung möglichst zu verhindern. Der Bau der ersten Plattform für diesen Laufsteg dauerte sechs Monate, weil die Einheimischen nur Handbohrer besaßen. Dank der Anlieferung eines einfachen Akku-Bohrers waren die anderen zehn Plattformen nach nur drei Monaten fertig. Dieser Zeitplan unterschied sich deutlich von denen für Projekte in Stadtnähe, wo der Bau eines solchen Konstrukts nur wenige Wochen dauert, wohingegen die Baugenehmigung samt Haftungsvereinbarung und sonstigem Papierkram leicht ein Jahr fressen kann. Den Skywalk am Amazonas mit seiner Ringtechnik entwarf ein kreativer Ingenieur aus Maryland namens Ilar Muul. An diesem Bau muss man sehr regelmäßig sorgfältige Instandhaltungsmaßnahmen durchführen und ständig unter allen Gummipuffern rund um die Stämme nach Termiten und Pilzbefall suchen. Zum Glück führen die Dorfbewohner, die auf ihre Ökotourismus-Anlage sehr stolz sind, bei ihren Begehungen als Guides fast täglich Inspektionen durch.

Im Amazonas-Urwald können Citizen-Science-Teams dank dieses großartigen Laufstegs den ganzen Wald erleben. Unter den Besuchern waren bisher Studierende, Lehrer, Gemeindevorsteher, CEOs, Familien und Forscher von 7 bis 90 Jahren. Auf dem achten Kontinent ist jeder ein Entdecker! Als junge Feldbiologin in Australien hatte ich das Glück, dass ich über Earthwatch auf Citizen Science eingeschworen wurde, und danach holte ich als Museumsleiterin in vielen naturwissenschaftlichen Projekten das Publikum mit ins Boot. Mein liebstes Citizen-Science-Projekt war wohl das JASON Project mit Schülern der Mittelstufe. Der Meeresforscher Bob Ballard erhielt, nachdem er auf dem Boden des Atlantiks die *Titanic* gefunden hatte, Tausende Briefe von Schulkindern, die alle fragten, ob sie ihn bei seiner nächsten Fahrt in dem U-Boot *Alvin* begleiten dürften (es handelt sich wohlbemerkt um einen Zweisitzer!). Bob wurde klar, dass er niemals Tausende junge Leute zur Meeresforschung mit unter Wasser würde nehmen können. Stattdessen gründete er das JASON Project, benannt nach seinem liebsten Seehelden Jason, dem Räuber des Goldenen Vlieses. Per Satellitenkommunikation brachte Bob entlegene Geländeexpeditionen in die Schulen und Museen. Als er als Gegengewicht für seine Meeresexpertise jemand aus der erdgebundenen Forschung suchte, sprach er mich an. Von ihm und den Millionen Kids, die am JASON Project teilnahmen, bekam ich meinen Spitznamen »Canopy Meg« (»Kronendach-Meg«). Bob und ich staunten beide über unsere so unterschiedlichen Welten – meine Liebe für die Baumkronen trotz Insekten, Schweiß, Feuchtigkeit und giftigen Tieren gegenüber seiner Leidenschaft für die Unterwasserwelt trotz der Enge in einem U-Boot samt Dunkelheit und Wasserdruck.

Bob war ein unersetzliches Vorbild für enthusiastische Wissenschaftskommunikation, selbst wenn er gelegentlich ein Insekt totschlug, das ich eigentlich gerade beproben wollte. Und schon bald stellten wir fest, dass das Projekt für uns beide auch eine gute Übung war: Wenn man verständlich mit Siebtklässlern sprechen kann, kann man auch wirksam mit Politikern kommunizieren, die in den Naturwissenschaften häufig etwa denselben Wissensstand aufweisen. Wir übertrugen virtuelle Expeditionen aus den tropischen Wäldern von Panama und Belize, wo ich für die Sendung den Bau eines neuen Walkways leitete und unser Team in Bildern einen Regentropfen von der Baumkrone bis zum Waldboden und weiter bis an ein Korallenriff verfolgte. In Panama arbeitete ich mit einem Bodenkundler zusammen – wir nannten unsere Sendung liebevoll »The Scoop on Poop« (etwa »Kacka im Visier«), weil wir Insekten beprobten, die Blätter verzehrten, und ihren Kot bis auf den Boden verfolgten, wo er Teil des Nährstoffkreislaufs wurde.

Diese frühen JASON-Expeditionen kosteten Millionen Dollar. Wir mussten per Schwerlastschiff eine Satellitenschüssel anliefern, Tausende Kilo Videokameras und Kabel in den Wald transportieren und über zwanzig Techniker anstellen, die ein Produktionsstudio betreiben konnten. (Heute senden wir aus genauso großer Abgeschiedenheit mit weniger als zehn Prozent der Kosten – uns reichen ein einziger Laptop mit Internetverbindung und zwei oder drei Techniker.) Im Jahr 1999 hatte das JASON Project sein Standquartier auf dem Skywalk am Amazonas. Nach 53 jeweils einstündigen Sendungen von der 38 Meter hohen Plattform aus an über drei Millionen Schüler war ich nicht nur von der Sonne verbrannt und von Ungeziefer zerstochen, sondern in den Augen vieler Mittelstufenlehrer auch zu einer MINT-Berühmtheit geworden. Ein paar schrieben mir und fragten, ob sie bei meiner Forschung dabei sein könnten. Bald fanden die Citizen-Science-Expeditionen am Amazonas alljährlich statt. Seit mehr als fünfundzwanzig Jahren begleiten mich Lehrer, Schüler, Familien und CEOs ins Amazonas-Gebiet und forschen dort an feldbiologischen Langzeitstudien. Die Freiwilligen berechnen Blattfraß, entdecken Insekten, vermessen Blätter verschiedener Arten in diversen Höhenlagen und geben Schätzungen zur Biodiversität ab. Jeder auf diesen Citizen-Science-Expeditionen trägt zu unserem kollektiven Wissen über tropische Wälder bei, und das kommt auf den verschiedensten Wegen tatsächlich dem Artenschutz zugute.

Der Walkway selbst liefert botanische Unterrichtsanlässe über die majestätischen Bäume, die die zwölf Plattformen tragen. Jede Baumart und all ihre Bewohner erzählen eine Geschichte und haben eine Funktion in diesem komplexen tropischen Kronendach. So halten etwa die starken Stämme der *Inga* sp. (peruanischer Name: Shimbillo) mehrere Hochplattformen und liefern außerdem Holz, aus denen die Einheimischen ihre Hütten bauen und Kanus schnitzen. Ihre zusammengesetzten Blätter tragen in der Mitte jedes Teilblattpaars eine kleine becherförmige Drüse, deren Funktion noch unbekannt ist – ein solches Merkmal habe ich noch auf keiner anderen Pflanze gesehen. Der Legende nach trinken Schmetterlinge aus diesen winzigen Gefäßen, und meine Schüler:innen malten sich auch aus, es könnte sich um Trinkbecher für Feen handeln. Im Amazonas-Becken gibt es über 350 Arten der Gattung *Inga,* doch von ihrer Ökologie weiß die Wissenschaft noch nicht viel. Immerhin haben Citizen Scientists aber sorgfältig berechnet, dass ihr Laub eine Delikatesse für Phytophagen ist, denn bis zu 30 Prozent der Blattfläche werden gefressen. Am besten wachsen *Inga*-Arten in feuchten Tieflandwäldern, doch mit zunehmendem Klimawandel und der Erwärmung des Amazonas beobachten Forscher einen stärkeren Rückgang als bei anderen, eher trockenheitstoleranten Arten. Mehrfach für Plattformen genutzt wird auch *Apeiba membranacea* (peruanischer Name: Peine de mono). Die Früchte der *Apeiba* sehen aus wie Seeigel und sind im lokalen Handwerk sehr begehrt. Der pH-Wert in ihrer Rinde begünstigt die Ansiedelung von Bromelien und Orchideen, was sie zu Prachtwerken aus kräftigen Grüntönen und rosa Blüten macht.

Eine dritte auf ihre Weise geheimnisvolle Art ist *Cedrelinga cateniformis* (peruanischer Name: Tornillo), die über 45 Meter hoch wird. Ich habe für diese Spezies den Spitznamen »Bohnenbaum« erfunden, damit die Schüler sich klarmachen, dass es sich um einen engen Verwandten des Gemüses auf ihrem Teller handelt, nämlich einen Vertreter der Hülsenfrüchtler. Diese Familie umfasst kleine, fünfzehn Zentimeter hohe Gemüsepflanzen bis hin zu sechzig Meter hohen Riesenbäumen. Als Überhälter trägt ein Tornillo in 46 Metern Höhe die höchste Plattform des Walkways, die sich weit über den Waldboden erhebt und einmal Luftstützpunkt für das JASON Project war. Zwei Wochen lang filmte mich jeden Tag ein Kamerateam dabei, wie ich den Blattfraß vermaß (und nach Schmalbienen schlug, die überall in meinem Gesicht landeten). Die Forschungsarbeit wurde live zu Schülern auf der ganzen Welt gestreamt, während Gastgeber Bob vom Waldboden aus die ganze Zeit Fragen stellte, die per Mikrofon übertragen wurden. Auf dem Nachbarast zu meinem improvisierten Labortisch lebte eine Familie von Kielschwanzleguanen der Art *Tropidurus flaviceps*, und ich lernte beide Eltern sowie alle fünf Nachkommen in ihrem luftigen Revier kennen, wo sie sich mit den Insekten vollfraßen, die sich bereits an mir vollgefressen hatten. (Nachkommen genau dieser Echsenfamilie leben fünfundzwanzig Jahre später immer noch dort.) Eine der Fragen, die Grundschüler während der JASON-Sendungen am häufigsten stellten, lautete: Wie geht man oben in der Kronenschicht aufs Klo? Die Antwort: Man hastet eilig über sechs Brücken und fünf Plattformen und steigt die Treppe auf den Waldboden hinunter. Für Mädchen gab es keine Abkürzungen, während die (sämtlich männlichen) Mitglieder des Kamerateams zu diesem Zweck eine Flasche für das diskrete Geschäft vor Ort dabeihatten. Von da oben einfach hinunterzupinkeln, wäre schlicht unhöflich, besonders wenn darunter ein gut frequentierter Fußweg vorbeiführt.

Eine weitere Besonderheit des JASON Project war, dass neben den Millionen Schülern, die die Sendungen virtuell verfolgten, mehrere Dutzend den Wissenschaftlern während der Aufnahmen vor Ort assistierten. Sie stammten aus Schulen in der Umgebung und aus dem Ausland. Auf meinem Überhälter hatte ich eine Fünftklässlerin aus Iquitos, Peru, zu Gast, die den tropischen Urwald vor ihrer Haustür noch nie besucht hatte. Pamela wurde zur Expertin darin, gleichzeitig Blätter zu vermessen und nach Schmalbienen zu schlagen. Fünfzehn Jahre später bekam sie ein Stipendium, um an der University of Florida Umwelterziehung und Ökotourismus zu studieren – ein Erbe ihrer JASON-Erfahrung. Eine andere Schülerin gewann unser Online-Preisausschreiben zur Benennung einer neuen Käferart, die während der Sendung entdeckt worden war. Eine mit Forschern besetzte Jury stimmte über die 1000 eingereichten Vorschläge ab und wählte ihren Favoriten aus: Nutmeg Beetle (deutsch »Muskat-Käfer«).

Dieser Name enthält zugleich einen Hinweis auf den Wirtsbaum (der zur Familie der Muskatnussgewächse gehört), die Farbe des Käfers (braun wie eine Muskatnuss) und ihre Entdeckerin (Meg).

Als Überhälter bietet der Bohnenbaum eine grandiose Aussicht über den restlichen Wald. Von unserer Plattform aus kann man die vielfältige tropische Flora sehen: Pflanzen mit märchenhaften Namen und von großartigem medizinischen Nutzen. *Oxandra xylopioides* weist einen kaulifloren Blühhabitus auf und lockt Bestäuber in den mittleren Kronenraum. Die Palmen *Lepidocaryum tessmannii* und *Astrocaryum* sp. sind sowohl Zungenbrecher als auch bedeutende Wirkstofflieferanten für die Urwaldapotheke der Schamanen. *Virola* sp. dient als Behausung für Ameisen der Gattung *Azteka*, die, wenn man ein Blatt zu pflücken versucht, erbarmungslos über einen herfallen. *Symphonia globulifera* mit ihren kirschenartigen Früchten ist während der Blütezeit so bunt und auffällig, dass man mit einer Drohne die lokale Population ihrer roten Kronen zählen kann.

Nach den ersten Sommer-Workshops für Lehrer am Amazonas stellte ich mehrere Citizen-Science-Einheiten auf, damit Freiwillige einen wirklichen Beitrag zur Tropenforschung leisten konnten. Das ist eine recht knifflige Sache. Es macht keinen Sinn, Laien komplizierte Tätigkeiten abzuverlangen, etwa terminologisch korrekte Bestimmungen von Insekten zu verfassen oder Tiere ausfindig zu machen, für die man ein geschultes Auge braucht. Die Aktivitäten müssen so einfach sein, dass sie der Forschung keine fehlerbehafteten Daten liefern, aber so interessant und sinnvoll, dass die Teilnehmer:innen spüren, dass sie gebraucht werden. In diesem Fall nahm ich Freiwillige mit ins Kronendach, die phytophage Insekten finden, fotografieren und manchmal auch sammeln sollten. Vierzig Augen sehen im komplizierten Blattwerk mehr als meine zwei. In Teamarbeit sammelten die Citizen Scientists Blätter und lernten, den Blattfraß zu beziffern, indem sie auf Millimeterpapier Kästchen zählten und daraus berechneten, welcher Anteil der Blattfläche fehlte. Dieser mühsame Arbeitsprozess wurde in einem Basislager ohne Elektrizität durchlaufen – die fast schon primitive Zählmethode entwickelte eine Art Kultstatus. Jedes Team bekam einen Baum zugewiesen, sammelte dreißig Blätter und berechnete den Blattfraß. Ich nannte sie den »Leaf Lovers Club«, der heute weltweit Hunderte Mitglieder zählt. Die Daten wurden auf meinem Laptop in eine Excel-Tabelle eingetragen, und der Vergleich der Arten erlaubte Schlüsse dazu, welche von ihnen gegen Insektenbefall die größte Resistenz aufwiesen. Mit dem örtlichen Schamanen besprach ich diese Ergebnisse ausgiebig – uns beiden gefiel, dass Pflanzen Substanzen produzieren, um Insekten abzuwehren. Die Arten mit wenig oder gar keinem Fraßverlust sind gewöhnlich am giftigsten, und üblicherweise heißt das, dass sie in der Pflanzenheilkunde eine besonders wichtige Rolle spielen.

An unseren ersten Sommer-Workshops nahmen ausschließlich Lehrerinnen und Lehrer teil, inzwischen stehen meine Citizen-Science-Exkursionen am Amazonas einem breiten Publikum offen. Ich habe mit Schülern und Freiwilligen Artikel über Epiphyten und Blattfraß am Amazonas geschrieben, erstmals in der Geschichte der Naturwissenschaften die Schädigung durch Blattminierer im Kronendach berechnet und die Auswirkungen des Walkways auf die lokale Wirtschaft beschrieben, die bei der Schaffung nachhaltiger Arbeitsplätze für die indigene Bevölkerung auf Ökotourismus setzt statt auf Abholzung. Die Expeditionen starten in Lima, von dort aus bringen uns lokale Fluglinien nach Iquitos, eine am Fluss gelegene Stadt im nördlichen Peru, etwa 3500 Kilometer vor der Amazonas-Mündung und ohne Straßenverbindung zur Außenwelt. Der Amazonas heißt auch »Flussautobahn«, weil er im nördlichen Peru alles und alle verbindet: Märkte, Heilmittel, Hochzeitsgesellschaften. Von Iquitos aus fahren wir etwa fünf Stunden lang mit dem Boot flussabwärts und dann in den Nebenfluss Napo (nahe der Grenze zu Ecuador), wo wir an jeder Mündung nach rosa Delfinen Ausschau halten. Unser Ziel, das Amazon Conservatory for Tropical Studies, ist eine internationale Forschungsstation am Rand eines 4000 Quadratkilometer großen Reservats von ursprünglichem tropischem Regenwald in Nord-Peru. In der ACTS fanden Botaniker auf einem Hektar über 750 Pflanzenarten, beinahe ein Weltrekord. In einem Forschungscamp können bis zu vierzig Besucher gleichzeitig unterkommen – ohne Strom und fließendes Wasser, aber mit den schönsten Natursinfonien und der wahrscheinlich saubersten Luft auf der Erde. Die ACTS unterhält eine Partnerschaft mit einer lokalen gemeinnützigen Vereinigung, der CONAPAC (Conservacion de la Naturaleza Amazonica del Peru, A. C.), die sich zum Beispiel um Trinkwasserfilterung in Dörfern kümmert, um Umwelterziehung in Schulen und um nachhaltige Einkommensquellen für Dorfbewohner aus dem Ökotourismus.

An diesem Abschnitt des Amazonas, gelegen auf drei Grad südlicher Breite, fallen jährlich über 5000 Liter Regen pro Quadratmeter, die Temperaturen liegen bei an die 30 Grad und die durchschnittliche Luftfeuchtigkeit bei 80 bis 90 Prozent. Erhebungen zufolge ist die Biodiversität im Amazonas-Regenwald vielfältiger als überall sonst auf der Erde und wird sogar noch steigen, wenn auch noch alle Bewohner der Kronenschicht mitgezählt werden. In den USA wachsen etwa 20 000 Pflanzenarten, am Amazonas dagegen mehr als 80 000, dazu kommen über 2 Millionen Insekten-, 2500 Fisch- und 1500 Vogelarten. Warum eigentlich bergen die Tropen einen solchen Artenreichtum? Es gibt dazu verschiedene Hypothesen, etwa das milde Klima, die Komplexität der dreidimensionalen Nischen in einem hohen tropischen Wald und die langen Evolutionszeiträume, in denen unter relativ stabilen Umweltbedingungen die Auffächerung in viele Arten stattfinden konnte. Die einheimischen Ribereños (Uferbewohner) bebauen das Land, holen Ernte ein und ziehen weiter, wenn der Fluss über die Ufer tritt oder seinen Lauf verändert – seit vielen Generationen. In der Nähe unseres Basislagers lebt ein indigener Stamm, die Yagua. Sie lassen meine Teams an ihrem Wissen über den Wald teilhaben. Zwei ihrer bedeutendsten Pflanzen sind die Chambira-Palme (*Astrocaryum* sp.), aus der Taschen, Hängematten und Schmuck geflochten werden, und die Irapay-Palme (*Lepidocaryum tessmannii*), die im Unterwuchs zu Hause ist und zur Herstellung von Dächern nachhaltig beerntet wird. Die Einheimischen flochten aus geschätzt 500 000 Palmwedeln das Dach unserer Esshütte, das zuverlässig vor den enorm starken Regenfällen schützt.

Ihrer Definition nach umfasst Citizen Science alle Tätigkeiten, mit denen Laien Wissenschaftler:innen bei der Forschung unterstützen. Freiwillige nehmen Schweiß, Hitze, Schlafmangel und Käfer im Essen in Kauf, damit sie an Forschung und Entdeckung teilhaben können. Selbst in der Freizeit wird es nie langweilig, denn man trifft in der Dusche auf Vogelspinnen, beobachtet nachts Anacondas oder geht Piranhas angeln. In diesem artenreichen Ökosystem stellen sich mehr Fragen als Antworten. Wie können so viele Millionen Arten an einem Ort leben? Warum verschlingen Tiere nicht sämtliche Blätter, obwohl Bäume vor hungrigen Käfern, Ameisen und Faultieren nicht davonlaufen können? Wie navigieren winzige Prachtbienen durch diesen grünen Ozean und finden genau die für sie passende Blüte? Was leitet einen Schamanen auf der Suche nach den besten Heilpflanzen? Im Amazonas-Urwald ist *survival of the fittest* kein abstrakter Begriff. Sowohl Pflanzen als auch Tiere entwickeln strategisches Verhalten und Verteidigungsmechanismen, um nicht gefressen, beschattet, zertreten, erwürgt, ausgetrocknet, verdrängt oder infiziert zu werden. Wie an den meisten entlegenen Orten wartet hinter jedem Baumstamm eine neue Entdeckung. Um in einem tropischen Regenwald zu überleben, ist Tarnung oberstes Gebot.

Ein wesentliches Element der Feldforschung am Amazonas ist die Hitze! Der oberste Kronenraum ist extrem heiß und trocken. Gelegentliche schwere Regengüsse prasseln auf die ledrigen Blätter, zerreißen sie gar manchmal, doch ganz schnell rieseln die Tropfen in die unteren Laubschichten und auf den Waldboden.

Die Baumkrone ist wie eine hoch gelegene Wüste – die oberste Kronenschicht bleibt heiß, trocken und windig. Zu den tropischen Epiphyten gehören auch Kakteen, die sich an ein Leben in der gleißenden Sonne und ohne viel Wasser angepasst haben – solche Bedingungen finden sich sowohl in der Wüste als auch in der Kronenschicht eines tropischen Regenwalds. Hier ist es so schwül und feucht, dass man bisweilen seine schweißnassen Kleider auswringen muss. Manchmal träume ich davon, mich als Polarbiologin zu betätigen, damit meine Kleider nicht dauernd schimmeln. Die Einheimischen baden mehrmals täglich im Fluss und haben keine Angst vor Piranhas, denn die sind meist Pflanzenfresser und ziemlich harmlos, so ganz anders, als es ihr Hollywood-Image als blutrünstige Raubfische suggerieren mag. Die Duschen in der Forschungsstation sind kalt, aber erfrischend, und funktionieren mit Flusswasser, das ungefiltert durch ein einfaches Rohr gepumpt wird – ohne Piranhas und Anacondas. (Aber Achtung, halten Sie in der Dusche immer den Mund geschlossen, damit Sie sich nicht mit tropischen Bakterien infizieren, gegen die unsere Körper nicht gewappnet sind!)

Die Blätter, diese Billionen winziger, grüner Maschinen, die das Leben auf der Erde überhaupt erst möglich machen, überwältigen im Amazonas-Becken unsere fünf Sinne in allen Dimensionen. Wir sehen Grün, wir riechen Moder, wir berühren Blatthaare, manchmal nehmen wir ihre heilenden Substanzen ein. Aufgabe der Citizen Scientists bei meinen Amazonas-Expeditionen ist es dagegen, die Schädigung durch Insekten zu erfassen und daraus auf die Waldgesundheit zu schließen. Über einen Zeitraum von fünfundzwanzig Jahren im Gelände haben meine Freiwilligen bestätigt, dass Phytophagen jährlich mehr als ein Viertel der Kronenschicht des Amazonas-Regenwalds konsumieren, also einen ähnlichen Anteil wie in australischen Regenwäldern. Wenn man bedenkt, wie viele Millionen Insekten in den Kronen leben, ist das eigentlich auch nicht erstaunlich, und wer in die Bäume steigt, wird, wenn er oder sie zurückkommt, staunend von den unzähligen »Lochblättern« berichten. Bei näherer Betrachtung findet man kaum auch nur ein Blatt, an dem nicht gemampft, gesaugt oder ein Tunnel gegraben wurde. Durchschnittlich sind lediglich 21 von 1000 Blättern intakt (also ganz frei von Fraßspuren).

Kürzlich wurde das Laub des Amazonas-Walds als »Tatwaffe« in einem Rätsel identifiziert, das sich darum dreht, wie Feuchtigkeit und Niederschlag auf Wälder einwirken. Lange konnte die Wissenschaft nicht erklären, warum die saisonbedingten Regenfälle einsetzen, bevor wenige Monate darauf die Meeresströmungen feuchte Luft von den Ozeanen hereintragen. Mit dem Blattaustrieb geraten in den meisten tropischen Wäldern erhebliche Mengen von Wasserdampf in die Atmosphäre, weil so viel Fotosynthese betrieben wird. Bei der Transpiration setzen die Blätter aus kleinen Poren, den Stomata, Feuchtigkeit frei, aus der wiederum niedrig hängende Wolken entstehen, die sogar NASA-Satelliten über dem Wald erkennen können. Diese von Blättern hervorgerufenen Regenwolken sorgen für Niederschläge, die wiederum die Luft erwärmen und Windmuster auslösen, die zusätzliche Feuchtigkeit von den Ozeanen hertragen – also sind Niederschlagszyklen an die Belaubungszyklen tropischer Bäume gekoppelt. Ein Hoch auf die Blätter!

Wie im australischen Regenwald sind auch im Amazonas-Becken die Sonnenblätter klein, kräftig und kurzlebig, im Gegensatz zu den dunkleren, größeren und langlebigeren Schattenblättern im unteren Kronenraum. Unabhängig von Größe, Form oder Alter scheidet jedes Laub durch Verdunstung Wasser aus und erhöht damit die Feuchtigkeit der Atmosphäre. Den größten Beitrag zu den Feuchtigkeitszyklen leistet dabei frisches Laub im direkten Sonnenlicht. Es gibt aber auch eine ausgeflippte Pflanze, die gegen die Regel verstößt, wonach die Blattgröße vom unteren zum oberen Kronenraum abnimmt, nämlich den Philodendron (*Philodendron* sp.) – ja, genau der, der häufig unsere Zahnarztpraxen ziert. Sein Sonnenblatt ist so groß wie ein Badetuch, während das Laub im unteren Kronenraum kleiner und eher mit der Größe eines Waschlappens vergleichbar ist. Kleinere Blätter sind physiologisch besser an die harten Bedingungen der heißen, trockenen, windigen Baumwipfel angepasst – wie also vermeiden es Blätter von der Größe eines Elefantenohrs, zu viel zu verdunsten und auszutrocknen? (Hier winkt ein Dissertationsthema für eine eifrige Botanikstudentin!) Philodendron ist außerdem ein Hemiepiphyt, denn er verbringt die erste Hälfte seines Lebens als Epiphyt und die zweite mit Wurzeln im Boden verankert. Nach unseren Messungen sind seine Sonnenblätter durchschnittlich sage und schreibe 6088 Quadratzentimeter groß und erleiden nur 1,8 Prozent Blattfraß. Offenbar bietet ihm der luftige, sonnige Standort Schutz – das Gewebe bleibt normalerweise relativ unversehrt und schafft es durch eine einzigartige Physiologie, nicht zu welken oder vollständig auszutrocknen.

Grob geschätzt leben in einem tropischen Wald also Billionen von Blättern, und genauso zahlreich sind möglicherweise die Ameisen, um die sich vielfältige unterhaltsame Storys ranken. Unter anderem können einen Ameisen besonders dann zur Verzweiflung bringen, wenn man ein paar Müsliriegel im Gepäck hat. Egal, mit welchen ausgeklügelten Verschluss-Systemen eine Tasche ausgestattet ist, die Ameisen im Amazonas-Regenwald werden sie finden und krümelweise in ihre Kolonien tragen. Sie finden alles, was essbar ist, egal wo und egal wann. Ameisen gehören zu unseren raffiniertesten Mitbewohnern auf der Erde, sie bauen riesige Wohnanlagen und weisen unterschiedlichen Koloniemitgliedern verschiedene Aufgaben zu. Arbeitsteilung und Kooperation sind wesentliche Qualitäten von Ameisengesellschaften, die geschätzt 25 Prozent der Biomasse im Regenwald ausmachen – und das heißt, es gibt Fantastillionen von einzelnen Lebewesen. Sie leben überall: unter der Erde, auf der Rinde, in jungen Trieben, als Schwärme aggressiver Jägerinnen auf dem Waldboden – und manchmal ballen sie sich zu Flößen zusammen und treiben den Fluss hinunter. Im Unterschied zu Australien gibt es im Amazonas-Regenwald unendlich viele Blattschneiderameisen (*Atta* spp.), die über die Baumstämme regelrechte Schnellstraßen anlegen und kreisrunde Schnipsel aus den Blättern herausbeißen, die sie in ihre unterirdischen Kammern schaffen. Als kundige Landwirte fressen sie das Laub dort nicht etwa auf, sondern legen spezielle unterirdische Pilzgärten an. Die Pilze zersetzen die frischen Blätter, und die Ameisen konsumieren das Endprodukt. Das muss man sich mal vorstellen! Entomologen haben lange gebraucht, um die ausgeklügelten Zuchtanlagen zu entdecken, für die 25 Prozent des Laubs an einem Wirtsbaum konsumiert werden. So mancher Citizen Scientist fängt plötzlich an zu tanzen, um den langen Kolonnen von Blattschneiderameisen aus dem Weg zu gehen, die aus den Baumkronen in die unterirdischen Gärten pilgern und dabei grüne Schnipsel transportieren, die bis zu zehnmal so groß und schwer sind wie ihr eigener Körper.

Neben den Blattschneiderinnen haben im Laufe der Evolution noch andere Ameisenarten Symbiosen mit bestimmten Pflanzen herausgebildet. Der Ameisenbaum *(Cecropia* spp.) etwa ist eine kurzlebige Pionierart, die am Flussufer wächst, nachdem Überschwemmungen die existierende Vegetation vernichtet haben. Manche Ameisenbaum-Arten bieten Faultieren wichtigen Lebensraum, die sich von ihren Blättern ernähren, andere beherbergen Ameisen, die in hohlen Stängelgliedern leben. Durch diese symbiotische Beziehung finden die Ameisen Unterschlupf und Nahrung (sie ernähren sich von den glykogenhaltigen Körperchen an der Blattstielbasis), während der Baum davon profitiert, dass die Ameisen Phytophagen abwehren und Lianen entfernen, die den Wirtsbaum umranken. Ich setze immer einen Preis für den Citizen Scientist aus, der während der Flussfahrt zum Basislager als Erster ein Faultier in einem Ameisenbaum entdeckt. Bekannte Ameisenpflanzen sind auch Sträucher aus der Familie der Schwarzmundgewächse *(Melastomataceae)*, an deren Blattspreiten blasenförmige Auftreibungen sitzen, die Ameisen beherbergen. Diese wiederum dienen der Pflanze als Bodyguards. Eine Ameisenpflanze zu streifen, ist immer verhängnisvoll, weil ihre Bewohner augenblicklich hervorbrechen und kräftig zubeißen. Dieses komplexe Zusammenspiel lässt sich nie wieder vollständig restaurieren, nachdem ein alter oder primärer Regenwaldbestand abgeholzt wurde.

Im Amazonas-Becken ist die Ameise zwar wohl das am stärksten vertretene Tier, die größte Insektenordnung sind aber sicherlich die Käfer (Coleoptera) mit Millionen von Arten. Manche Forscher schätzen, dass weltweit weniger als fünf Prozent der Biodiversität überhaupt beschrieben wurden, und ein großer Teil der übrigen 95 Prozent sind Käfer. Metallisch grün, blau gepunktet, leuchtend pink, blutrot, tarnbraun oder -grün – die Farbpalette von Käfern ist wie eine Riesenschachtel schillernder Buntstifte! Während all der Jahre, die ich an einem Seil baumelte, suchte ich wie eine Art besessene Detektivin nach Käfern, die sich von bestimmten Blättern ernähren. Dank meiner Erfahrung in Australien wusste ich, dass Phytophagen häufig nachts fressen, und Walkways bieten einen sicheren Standort, um Nachtkäfer zu beobachten. Nach dem Abendessen legen unsere Citizen-Science-Teams die Stirnlampen an und klettern in die oberen Stockwerke der Waldriesen. In fünfundzwanzig Jahren trat dabei nur ein Mal jemand im Dunkeln auf eine Giftschlange. Eine Terciopelo-Lanzenotter hatte sich mitten auf dem Weg zusammengerollt. Etwa zehn Menschen waren bereits ahnungslos über sie hinweggestiegen, bis mein Forschungsassistent DC Randle, ein Lehrer aus dem ländlichen Minnesota, sie versehentlich mit seinem breiten Stiefel trat. Nachdem DC einen gefühlt sechs Meter hohen Luftsprung hingelegt hatte, sahen wir im Schein der Taschenlampe unseres Guides das arme Tier verstört davongleiten.

Ein weiteres nächtliches Missgeschick widerfuhr einmal meinem Sohn James. Als er elf war, verbrachten wir beinahe zwei Wochen mit der Suche nach einem bestimmten Blattkäfer, der eine sehr kräftige Bromelie neben dem Laufsteg fraß. Das charakteristische Fraßbild verriet mir, dass es ein Käfer sein musste – außerdem folgerte ich, dass er wirtsspezifisch war, weil fast jede Bromelie einer bestimmten Art dieselben zackigen Bissspuren aufwies. Ich wollte wissen, was das für ein Tier war, das so erstaunlich harte Blätter beißen konnte. Mithilfe ihrer Stirnlampen begutachteten James und mein Amazonas-Kollege, Schlangentreter DC, ein glänzendes Bromelienblatt neben der siebten Plattform am Laufsteg. Plötzlich hörte ich James rufen: »Wow!«, und dann: »Oh nein!« Er hatte den fressenden Käfer gesehen, die Hand ausgestreckt, um ihn zu greifen, und ihn dabei versehentlich von der Pflanze geschubst, sodass er circa dreißig Meter tief in den Unterwuchs purzelte. Wir alle waren betrübt über den Absturz, freuten uns aber auch darüber, dass unsere Suche sich offenbar gelohnt hatte – ja, es gab einen Käfer, der Bromelien fraß. Und nach einer weiteren Woche fanden James und DC tatsächlich noch einen! Der Wirts-Epiphyt (*Aechmea nallyi*), eine in der Gegend verbreitete Bromelie, ist im übrigen Amazonas-Becken extrem selten. Käfer und Pflanzen sind wohl bedrohte Arten, soweit wir wissen, kommen sie nur in einem bestimmten Waldstück vor, wobei adäquate Populationszahlen im tropischen Kronendach schwer zu erheben sind. Wir berechneten an jedem Hochblatt erstaunliche 10,4 Prozent Insektenfraß, weniger als in unseren Baumkronen mit durchschnittlich 25 Prozent Blattverlust, aber für Bromelien mit ihren extrem dicken Blättern ein außerordentlich hoher Anteil. Welche Meisterleistung von den Mundwerkzeugen eines relativ kleinen Käfers! Ein Bromelien-Experte hatte einmal geschrieben, dass Epiphyten wegen ihrer Blattdicke nie von Phytophagen gefressen werden. Tja – sag niemals nie! Dieser Typ war eben nie in die Baumwipfel geklettert, wo fast alles nach dem Prinzip abläuft: Pflanzen wehren sich gegen Insekten, aber Insekten fressen die Pflanzen trotzdem. Dass Biologen gern auf Bodenniveau zu ihren Erkenntnissen gelangen und den achten Kontinent nicht im Blick haben, führt also nach wie vor zu Fehleinschätzungen.

In der Welt der Phytophagie sind zwei Ernährungstypen vorherrschend: Generalisten, die viele verschiedene Pflanzenarten fressen, und Spezialisten, die nur eine Art nutzen. Beides hat Vor- und Nachteile. Wenn Sie als Mensch nur ein Produkt essen würden, könnten Sie es als leichten Nervenkitzel empfinden, sich von dem einzigen Kühlschrank zu entfernen, in dem Ihr Leibgericht gelagert wird. Für wirtsspezifische Insekten in einer tropischen Baumkrone, in der Hunderte verschiedene Arten gemeinsam leben, kann es hingegen lebensbedrohlich sein, von einem Ast gefegt zu werden – wer aber nah bei seinem Wirt bleibt, hat ein bequemes Auskommen. Generalisten, die mehrere Blattsorten fressen, haben an einer Salatbar mit so vielen Sorten Grünzeug vielleicht bessere Überlebenschancen. Trotzdem kann das auch schnell kompliziert werden, weil es in einem tropischen Wald Tausende Schattierungen von Grün gibt, und jedes Blatt hat eine andere Textur und lässt sich unterschiedlich gut verdauen, was vor allem für phytophage Käfer doch ziemlich kritisch ist!

In einem dichten tropischen Wald spannt sich das Kronendach manchmal in bis zu hundert Metern Höhe. Vom Boden zum Wipfel herrschen radikal unterschiedliche Verhältnisse, wobei die meisten Arten auf etwa zwei Dritteln der Gesamthöhe leben. So ähnlich wie im Märchen von Goldlöckchen und den drei Bären ist dieser Standort »genau richtig« – nicht zu heiß oder zu kalt, nicht zu dunkel oder zu hell, mäßiger Wind und ideale Feuchtigkeit. In dieser Höhe gibt es Sonnenflecken, ideal für Blatt- und Blütenaustrieb, und das lockt eine große Artenvielfalt zum Beispiel aus der Familie der Orchideen (Orchidaceae) an. Als die weltgrößte Gruppe von Samenpflanzen enthält diese Familie über 20 000 Arten, und die meisten davon sind Epiphyten. Nicht alle Orchideenarten blühen jedes Jahr, manche sogar nur einmal alle zehn Jahre. In Phasen, in denen sie nicht blühen, verschwinden sie für das Auge in einem Meer aus Grün: eine gute Lektion in Sachen Tarnung. Schlaue Prachtbienen aber – jede ist spezifisch auf eine einzige Orchideenart ausgerichtet – schaffen es, in all dem Grün ihre Wirtspflanze anzusteuern.

Das griechische Wort *orchis* bedeutet »Hoden«, und seit jeher werden Orchideen mit der Liebe assoziiert. Es gibt unzählige Märchen darüber, wie Menschen für außergewöhnliche Orchideen ihr Leben opfern, und auf dem Markt werden Unsummen für sie bezahlt. Leider ist der Schwarzmarkt für Orchideen immer noch allzu lebendig, und ich wünschte, man würde mehr Augenmerk darauf richten, die Lebensräume der Orchideen zu retten, als die Pflanzen in Glashäusern einzusperren. Von den meisten Orchideenarten an unserem Walkway am Amazonas wurden schon Exemplare von Wilderern gestohlen, die sie illegal an Orchideensammler weiterverkaufen und damit den Schutz dieser wichtigen Pflanzengruppe gefährden.

Für andere Organismen in den Baumwipfeln haben die meisten meiner Citizen Scientists dagegen deutlich weniger übrig. Fledermäuse werden häufiger gefürchtet als geliebt, wenn sie in Dämmerung und Dunkelheit wie niedrig fliegende, lautlose Learjets durch den Wald kreuzen. Doch dass sie Stechmücken fressen, wissen Feldbiologen sehr zu schätzen. In unserem Basislager dringen Fledermäuse im Sturzflug in die Toilettenhäuschen ein und schlagen sich dort den Bauch mit Insekten voll, die von den Gerüchen angelockt werden. Nicht selten spürt man am Gesäß den Flugwind einer herabstoßenden Fledermaus, und wir witzeln, dass sie Mückenstiche an bestimmten empfindlichen Stellen heilen. Wichtig sind Fledermäuse auch als Bestäuber im Wald: Wenn sie von ihrem Echolot geleitet durch den mittleren Kronenraum ziehen, bestäuben sie dabei Blüten an den Baumstämmen. Solche stammblütigen oder kaulifloren Blüten sind typisch für einige Arten, zum Beispiel den Kakaobaum (*Theobroma cacao*), der auf die nächtliche Bestäubung durch Fledermäuse oder Nachtfalter angewiesen ist. Kakao ist in Zentral- und Südamerika heimisch, der Großteil der Ernte kommt aber von der Elfenbeinküste, Ghana und Indonesien. Weltweit stammen

90 Prozent der Kakaobohnen aus kleinen Familienbetrieben von zwei bis fünf Hektar, weshalb die Pflanze als Existenzgrundlage für viele Einheimische besonders wichtig ist.

Außer Fledermäusen leben rund um unser Basislager noch viele andere wilde Tierpopulationen, wahrscheinlich weil der Status als Reservat die Gegend ganz gut vor Wilderern schützt. Die einheimischen Guides berichten davon, dass in letzter Zeit häufiger Säugetiere gesichtet wurden, was vermutlich der Schutzzone zu verdanken ist, die die Bejagung erschwert. Der Wald ist der reinste Affenstall! Nach und nach habe ich gelernt, verschiedene Affenrufe zu erkennen – das schrille Quieken des Lucifer-Springaffen, das tiefe Dröhnen des Roten Brüllaffen und dazwischen in allen Frequenzen Wollaffen, Totenkopfaffen, Nachtaffen, Rote Uakaris, Mönchsaffen, Gehaubte und Weißstirn-Kapuziner, verschiedene Tamarine und Zwergseidenäffchen. Manche der helleren Affen- und Vogelstimmen entgehen Besuchern aus der Stadt, deren Gehör vom Stadtlärm beeinträchtigt ist. Trotz Umweltschutzmaßnahmen am oberen Amazonas werden Affen für den Buschfleischhandel immer noch bejagt, besonders von Holzfällern. Da der Rückgang der Tierpopulationen im Vergleich zur Abholzung schwieriger zu beziffern ist, stellt die Wilderei von Säugetieren eine eher schleichende Gefahr dar. Abgeholzte Flächen lassen sich mit Drohnen und Luftüberwachung leicht erkennen, den Tod von Tieren aber kann man so nicht sichtbar machen. Forscher schätzen, dass es viele Hundert Jahre dauern wird, bis manche tropischen Säugetiere sich von der Überbejagung erholt haben.

Manchmal finden Citizen Scientists verwaiste Affenbabys, deren Mütter von Holzfällern getötet oder von Wilderern auf dem illegalen Markt verkauft wurden. Ein Umweltprojekt nahe Iquitos kümmert sich um die Aufzucht verwaister Jungaffen, was zur genetischen Vielfalt der lokalen Populationen beiträgt, wenn sie wieder ausgewildert werden. Ein ähnliches Schicksal erleiden Faultierjunge, wenn Bäume gefällt und die Mütter für Buschfleisch getötet werden.

Allmählich fasst der Umweltschutz in dieser Region besser Fuß, was zum Teil unserem Baumwipfelpfad zu verdanken ist. Viele Citizen Scientists engagieren sich nach der Heimkehr im Umweltschutz. Aber der vielleicht wichtigste Grund, Citizen Scientists an den Amazonas zu bringen, besteht darin, dass sich der Ökotourismus für die indigene Bevölkerung zum Wirtschaftsfaktor entwickelt hat, der ein nachhaltiges Einkommen sichert, ohne dass Wald abgeholzt werden muss. Allein am ACTS-Walkway leben über einhundert Familien von ihren Jobs als Bootsfahrer, Köche, Reinigungskräfte, Guides, Schamanen, Handwerker, Dachflechter und Straßenbauer. Oft sage ich meinen Freiwilligen, selbst wenn sie die ganze Woche nur in der Hängematte faulenzen, tragen sie doch zur Rettung des Regenwalds bei, indem sie den Einheimischen nachhaltige Beschäftigung bieten, sodass sie nicht in die Versuchung geraten, Bäume als Bauholz zu verkaufen. Wenn sie dann noch an der Baumkronenforschung mitwirken, verdoppeln sie eben ihren Beitrag zum Umweltschutz.

In den fünfundzwanzig Jahren Forschung an diesem besonderen Ort war ich fast nie allein auf den Baumwipfeln. Immer wollen mich Freiwillige begleiten, egal, wie heiß oder dunkel oder verregnet es ist. Sie wollen keine Minute Action verpassen. Ich erinnere mich nur an einen einzigen Solo-Besuch auf dem Laufsteg, bei dem ich nichts ahnend Leib und Leben riskierte. Ich schlich mich in der mittäglichen Höllenhitze davon, vor allem um nach einem Fragenbombardement ein bisschen Ruhe zu haben. Ich stieg über sechs Brücken und fünf Plattformen durch die tropische Feuchtigkeit, die aus all den Blättern verdunstete, wischte mir die Schweißtropfen von der Nase und verlor den Kampf gegen das Beschlagen meiner Brillengläser. An diesem schwülen Mittag hatten sich sogar die Mücken verkrochen. Zwei stramme Wochen lang hatte ich im Rahmen des JASON Project für 53 Sendungen auf Plattform Nummer 6 gesessen. Der Ausblick war mir so vertraut geworden wie ein zweites Zuhause, wo alltägliche Probleme von einem abfallen. Ich wusste genau, wann die Baumfrösche zu singen anfangen würden, welche Bromelien eine Vogelspinne beherbergten und auf welchen Ästen am Horizont die Tukane ihre Morgenmeetings abhielten. Als ich so auf dem Dach der Welt auf den oberen Gliedmaßen des Bohnenbaums stand, fielen tatsächlich meine Probleme von mir ab. Eine spirituelle Erfahrung. Ganz alleine die saubere Luft einzusaugen, war ein wirklich einzigartiger Krafttrunk. In der Ferne kreiste eine Schreipiha, vielleicht meldete sie eine zur Tarnung aufgerollte Schlange oder Echse. Mit offenem Mund sah ich zu, wie ein Schwarm Hellrote Aras vorüberflog, wahrscheinlich auf der Suche nach Feigenfrüchten. Dann aber sah ich, dass sich im Westen eine unheilvolle schwarze Wolke zusammenballte – suchten die Vögel also vielleicht Schutz? Eine Millisekunde später schlug ein Blitz mit höllischem Krachen in einen Nachbarbaum ein. Es grenzte an ein Wunder, dass er nicht meinen riesigen Überhälter getroffen hatte. Im Kronendach gilt die Regel: Bei Blitz und Donner sofort runter vom Baum. Doch ich war wie gebannt und blieb reglos dort oben stehen. Innerhalb von zwei Minuten standen am Himmel nicht mehr Sonne und Dunst, sondern dunkle Gewitterwolken in wirbelnden Windstößen. Rundherum stürzte der Regen herab und peitschte mit aller Kraft herunter. Ein paar Sekunden lang hatte ich Angst, aber dann war ich ganz davon gefangen, meinen Lieblingsort in einem kräftigen Gewitter zu erleben. Während die Baumwipfel von den Blitzen erhellt wurden, amüsierte ich mich, dass ich genauso tropfnass war wie all die Blätter um mich herum, und ich sah zu, wie die Zweige im Wind einen wilden Tanz aufführten. Nach der rohen Gewalt des Gewitters fühlte ich mich wie gereinigt und dem Ansturm von Fragen meiner eifrigen Citizen Scientists gewappnet. Hin und wieder tut es gut, innezuhalten und die Wildheit von Mutter Natur in sich aufzunehmen.

Wenn nicht gerade die heftigsten Gewitter wüten, sind Walkways sicheres Arbeitsterrain für Arbornaut:innen. Während einer Expedition gehen unsere Freiwilligen – wenn sie auf Dutzenden

Bäumen, Lianen, Epiphyten und Hemiepiphyten den Blattfraß erfassen – bei Tag und Nacht, zu jeder Jahreszeit, bei jedem Wetter und auch über längere Zeiträume ins Kronendach. In all den Jahren meiner Forschung dort reichten die Anteile konsumierter Blattoberfläche von nur 1,8 Prozent bei Philodendron über 10,4 Prozent bei der Bromelie *Aechmea* bis zu etwa 30 Prozent bei *Inga* sp. Allerdings vermutet man, dass der Klimawandel die Baumkronen der Wälder in Zukunft noch stärker bedrohen wird, denn sowohl höhere Temperaturen als auch häufigere Trockenzeiten forcieren Insektenepidemien. Voraussichtlich wird also die Schädigung durch Insekten in tropischen Wäldern zunehmen.

Was bedeutet eigentlich »ein hohes Ausmaß an Insektenfraß«, jenseits menschlicher Beobachtungen über Löcher in Blättern? Wäre es möglich, dass der Kot der Phytophagen, der von den Bäumen regnet, vielleicht die Nachteile aufwiegen wird, die der Verlust von etwas grünem Gewebe in dieser luftigen Salatbar mit sich bringt? Der Nährstofffluss vom Sonnenlicht in die Blätter in Insektenkot in den Boden in die Wurzeln und zurück ins Kronenwachstum ist noch immer nicht endgültig erforscht. Welches Schicksal das Kronendach der Wälder mit dem Klimawandel erwartet, bleibt unklar – aber sie sind nun einmal extrem relevant für die Gesundheit des Planeten. Weil die Luftfeuchtigkeit hoch ist und es weder elektrischen Strom noch die Möglichkeit gibt, unter kontrollierten Laborbedingungen zu arbeiten, ist Feldforschung in Ländern wie Peru, Äthiopien oder Kamerun nicht besonders attraktiv für die meisten Wissenschaftler:innen. Das globale ökologische Wissen ist daher recht ungleichmäßig über die geografischen Regionen verteilt, und tropische Regenwaldforschung findet vorwiegend in Mexiko, Panama, Costa Rica und Brasilien statt, unter anderem, weil dort ausreichend finanzierte und gut ausgestattete Forschungslabore existieren. Solange wir es nicht schaffen, wissenschaftliche Arbeitsmittel und intellektuelles Kapital gleichmäßiger auf die Ökosysteme zu verteilen, sodass die Biologen in allen wichtigen Habitaten arbeiten und nicht nur in den günstig gelegenen, werden wir die Komplexität vieler unerforschter Baumwipfel vielleicht nie vollständig durchdringen.

Erlebnisse in der wilden Natur führen Citizen Scientists vor Augen, wie weit wir in einem entlegenen tropischen Urwald von Walmart und Fast Food entfernt sind. Das Wort »Amazonas« weckt ganz andere Assoziationen, wenn unser Leben von einem Fluss abhängt und nicht von einem Onlinehändler. Die Freiwilligen sollen versuchen, selbst bei der Direktversorgung anzupacken, indem sie mit den Angelstöcken der Einheimischen nach Piranhas fischen. Auf einer einzigen Bootsfahrt fingen wir 31 Fische – aber sie waren alle so klein, dass sie nur als winzige Vorspeise herhalten konnten. Ein andermal fing das Team überhaupt keine Fische und wäre hungrig ins Bett gegangen, wären die Dorfbewohner nicht so freundlich gewesen, ihren Fang zu teilen. Einmal erwischte die linkischste, unsicherste Collegestudentin einen Piranha in Rekordgröße! Ein großartiger Moment für sie. Ich dachte zurück an mein Science-Festival in der fünften Klasse, als ich für meine Wildblumensammlung diese Plastiktrophäe als zweiten Preis gewonnen hatte, und ich wusste, dass dieser Fisch ihr ein ähnliches Triumphgefühl verlieh.

Den größten Teil des Jahres über sehen sich tropische Bäume sehr ähnlich – elliptische, ganzrandige Blätter und glatte braune Rinde. Doch der ansässige Schamane kann jede Spezies von den anderen unterscheiden und verfügt über ein seit vielen Generationen erworbenes umfangreiches Pflanzenwissen. Botaniker dagegen lernen häufig ihr Leben lang nicht aus, mühsam warten sie jahrelang, bis tropische Pflanzen einmal Blüten und Früchte tragen, weil das oft die einzigen Merkmale sind, die eine Art von einer anderen unterscheiden. Auf einer schnellen Expedition kann man exakte Bestimmung nicht erlernen. Wenn ich Besuchergruppen ins Kronendach mitnehme, vergleiche ich den Ausflug gern mit einem Museumsbesuch. Erkennt man dort einen oder zwei Maler wieder, so fühlt man sich plötzlich »zu Hause«.

Genauso ist es im Regenwald. Wenn man die Feenbecher der *Inga* findet oder die Seeigelfrüchte der *Apeiba*, hat man plötzlich ein paar Freunde an dieser sonst so einheitlich aussehenden Salatbar. Aber man kann sich unmöglich zu viele Bäume auf einmal merken, weil sie einander für das Laienauge viel zu sehr ähneln – grüne, ovale, ungezähnte Blätter.

Ein Beispiel für die praktische Nutzung der tropischen Vegetation durch die Ribereños am oberen Amazonas sind Blasrohre, geräuschlose Waffen, die die indigenen Flussbewohner zur nachhaltigen Jagd verwenden. Zuerst wird aus dem Blasrohrbaum, den die Yagua *Pucuna caspi* nennen, der Schaft herausgeschnitten. Mit einer Machete wird ein langer Holzstab längs zerteilt, und in beiden Hälften wird die Mitte ausgehöhlt. Die beiden Stücke werden aneinandergelegt und geglättet, bevor sie mit einem teerähnlichen pflanzlichen Harz wieder zusammengeklebt werden, sodass in der Mitte ein Tunnel entsteht. Um das Blasrohr fertigzustellen, werden die flach geklopften Luftwurzeln eines Philodendrons um beide Hälften gewickelt, und aus dem leichten Holz einer heimischen Maulbeerbaumart wird ein Mundstück geschnitzt. Die aus Palmen gefertigten Pfeilspitzen werden in eine giftige Substanz, das sogenannte Kurare, getaucht, die das Wild tötet. Man gewinnt dieses Gift aus der Rinde einer Liane (*Curarea toxicofera*) und eines Strauchs namens Brechnuss (*Strychnos panurensis*), es hemmt in der Beute die neuromuskuläre Aktivität, was zu einer Lähmung mit nachfolgendem Tod durch Ersticken führt. Fehlt noch Kapok. Das sind die seidigen Flaumhaare aus der Frucht des Kapokbaums, die der Windausbreitung der Samen dienen. Sie werden gesammelt und um die Blasrohrpfeile gewickelt, die sich dann aerodynamisch durch einen zwei Meter langen Rohrschaft blasen lassen. Die Pfeile fliegen geräuschlos, schnell und töten einen Affen oder ein Wasserschwein zuverlässig, und seit vielen Generationen praktiziert die indigene Bevölkerung diese nachhaltige Jagd, ohne damit die lokalen Wildtierbestände zu gefährden.

Als James und Eddie gerade mal zehn und elf Jahre alt waren, begleiteten sie mich in den Weihnachtsferien in den Amazonas-Wald. Wenn ihre Mutter auf Reisen war, machten wir das immer so. Da ich alleinerziehend war, konnten die Jungs nicht alleine zu Hause bleiben, und ich wollte die Hilfsbereitschaft ihrer Großeltern nicht überbeanspruchen. James tat sich furchtbar leid, weil er seine allererste Einladung zu einer Silvesterparty ausschlagen musste. Dann aber nahm ihn der Dorfschamane beiseite und bot an, ihm beizubringen, mit dem Blasrohr zu schießen. Er war nicht nur ein geborener Schütze, sondern er bekam auch sein eigenes, von den Yagua gebautes Rohr geschenkt. Zu Hause verwendete er keinen Gedanken mehr an die verpasste Party. Er brachte stolz sein Blasrohr in die Schule mit (ohne Pfeile) und erklärte seinen Mitschülern im Biologieunterricht, aus welchen botanischen Bestandteilen es hergestellt war.

Ich hole immer gern ganze Familien in den Regenwald, denn Kinder sind meist die besten Citizen Scientists und schärfen ihre fünf Sinne schneller als ihre Eltern. In Belize fanden meine Kinder eine neue Art der Zwergradnetzspinne, die eifrig ihre Nahrung erjagte, indem sie sich mitsamt einem Seidenfaden in Blitzgeschwindigkeit auf ihre Beute schleuderte und sie damit umschlang. Arachnologen errechneten später, dass die Beschleunigung des Seidenfadens einer Zwergradnetzspinne knapp 1100 m/s^2 beträgt (zum Vergleich: Ein jagender Gepard beschleunigt mit bis zu 11 m/s^2). Eddie und James entdeckten mit ihren Adleraugen nicht nur Spinnen, die an Ästen hingen, oder winzige Käfer, die auf Blättern fraßen, sondern machten auch gut getarnte Gemeine Vogelspinnen ausfindig, die am Rand von Bromelientrichtern ihre Beute jagten. Als sie klein waren, hatten sie eine Vogelspinne als Haustier, die angesichts unseres straffen Reiseplans leichter zu versorgen war als ein Hund oder eine Katze. Wegen ihres auffällig behaarten Exoskeletts hieß sie anfangs Harry, doch als sie immer weiter wuchs, wurde den Jungs klar, dass sie ein Weibchen vor sich hatten, also tauften sie es in Harriet um. In der Spinnenwelt können Weibchen bis zu einhundert Mal so groß werden wie ihre männlichen Artgenossen. Alle zwei Wochen setzten wir Harriet eine Grille in ihr Terrarium, und sie verfolgte sie, terrorisierte sie und stürzte sich schließlich auf ihre Beute. Die Nachbarskinder schauten begeistert bei der Fütterung zu. Wenn man allerdings im falschen Moment blinzelte, hatte man den entscheidenden Jagdsprung womöglich verpasst.

Gemeine Vogelspinnen sind im Amazonas-Becken relativ häufig. Sie leben in der Nähe von Bromelien, wo sie Insekten fangen, die zum Trinken oder zur Eiablage vorbeikommen. Aber sie nisteten sich auch in den Dachsparren über unseren Betten ein und jagten die Insekten, die von Menschen unweigerlich angezogen werden. In einem Jahr hatten wir eine Citizen-Science-Familie mit vier Töchtern im Teenageralter, die entsetzt aufschrien, als sie in ihrer Schlafkoje eine Vogelspinne entdeckten. Ich wusste, dass der Erfolg dieser Reise von diesem Moment abhing, und beglückwünschte die jungen Mädchen umgehend dafür, dass sie den tollsten Raum und als Erste dieses prächtige Tier beobachtet hatten. Zuerst sahen sie einander mit geweiteten Augen an, aber schon kurz darauf brüsteten sie sich vor allen anderen Kids mit ihrer coolen achtbeinigen Zimmergenossin. Auch die übrige Expedition voller gemeinsamer Erinnerungen und biologischer Erfahrungen, die ihnen ein Klassenzimmer niemals hätte bieten können, veränderte ihr Leben. Ein paar Tage später hielt dieselbe Familie eine Königsboa (*Boa constrictor*) im Arm. Dieses Foto gehört bestimmt zu den unvergesslichsten Urlaubserinnerungen!

Trotz der Langzeitforschung vieler engagierter Wissenschaftler ist der Amazonas-Wald stark gefährdet. Seine Zukunft als größte erhaltene Waldfläche der Welt ist ungewiss – Kahlschlag, Brandrodung, Holzhandel und Straßenbau nehmen zu. Die geschätzten 16 Millionen Quadratkilometer primärer Regenwald sind 2020 auf unter neun Millionen zusammengeschrumpft. Der Großteil dieser Entwaldung fand während meiner Lebenszeit statt, und zwar in erster Linie wegen des nordamerikanischen Appetits auf

Rindfleisch, Soja, Palmöl und andere Agrarprodukte. Der Straßenbau hat dazu geführt, dass in den Wäldern fieberhaft Goldminen erschlossen und Ölquellen angezapft werden, was die Natur noch weiter zerstört und mit giftigen Rückständen verschmutzt. In nur einem Jahr, von Mitte 2017 bis Mitte 2018, schritt die Entwaldung des Amazonas-Gebiets um 13,7 Prozent fort. Und 2018 wurden im brasilianischen Amazonas-Becken im Vergleich zum Vorjahr gar geschätzt 200 Prozent mehr Waldflächen gerodet, so der Biologe Antonio Donato Nobre (*Climate News Network*, 16.3.2020). Seit 2018 werden die Auflagen für den Schutz des Regenwalds unter Präsident Jair Bolsonaro sehr locker gehandhabt, was sich zum Beispiel in massiver Brandrodung äußert. Wie Nobre berichtet, organisierten die Betreiber dieses Landraubs im August 2019 einen »Tag des Feuers« zu Ehren von Bolsonaro und seiner Ignoranz gegenüber dem Wert des Amazonas-Regenwalds. Solche großflächigen Verluste des östlichen Amazonas-Walds in Brasilien steigern den Wert des westlichen, weniger beeinträchtigten Regenwalds in Peru. Keine zehn Prozent der Landmasse auf der Erde sind von tropischem Regenwald bedeckt, doch die bergen etwa zwei Drittel der globalen Biodiversität, und die findet ihren Lebensraum mehrheitlich im Kronendach. Der Amazonas-Regenwald entstand im Laufe von 58 Millionen Jahren Evolution, aber nach den Vorhersagen der Wissenschaft könnte er innerhalb der nächsten fünfzig einen Kipppunkt überschreiten und zu einer Trockensavanne kollabieren, weil exzessiver Laubverlust die Niederschlagsmuster durcheinanderbringen wird. Übersteigt die Entwaldung des Amazonas zwanzig Prozent, so die Prognose von Nobre und seinem Kollegen Tom Lovejoy von der George Mason University, liefert der hydrologische Kreislauf nicht mehr genug Regen für den Erhalt des Waldes (und der Menschen). Neben ihrer Bedeutung für den globalen Wasserkreislauf absorbieren die Regenwälder auch CO_2 (mit dem die Menschen die Welt verschmutzen). Etwa das halbe Trockengewicht eines jeden riesigen Stamms im Altbestand macht gebundener Kohlenstoff aus, der, wenn der Wald brennt, als CO_2 wieder in der Atmosphäre freigesetzt wird. Und wird der Amazonas abgeholzt, nehmen die Niederschläge signifikant ab, weil die Blätterkrone keine Feuchtigkeit mehr umwälzen kann.

Der Schutz des Regenwalds erfordert eine informierte und engagierte Öffentlichkeit. Citizen Science ist heute fraglos ein erfolgreiches Mittel, um das Publikum anzusprechen, und das nicht nur in Museen, sondern auch über NGOs, Regierungen, Kommunalpolitiker und den naturwissenschaftlichen Schulunterricht. Es ist ein bahnbrechendes Element im aktuellen politischen Klima, in dem viele Bürger aufgrund von Fehlinformationen die Wissenschaft zunehmend infrage stellen. Eine bessere Umwelterziehung ist im 21. Jahrhundert lebenswichtig, damit unsere wachsende Weltbevölkerung die Endlichkeit der natürlichen Ressourcen begreift. Wir steuern in hohem Tempo auf Kipppunkte zu, an denen viele Ökosysteme wie das Amazonas-Becken irreversiblen Schaden davontragen können. Andererseits besaß die Menschheit nie zuvor eine derartige Vielfalt an innovativer Technik, etwa die Möglichkeit, von praktisch jedem Ort der Erde aus zusammenzuarbeiten, sich von den verschiedensten Disziplinen inspirieren zu lassen, praktisch unbegrenzte Datenmengen zu analysieren und neue Hilfsmittel für den MINT-Unterricht zu entwerfen. Weltweit müssen Wissenschaftler sich bemühen, ein Gleichgewicht herzustellen zwischen Zellbiologie und organismischer Biologie, zwischen virtueller Modellierung und realen Messdaten, zwischen Wissenschaft und Politik. Künftige Führungspersönlichkeiten brauchen die Fähigkeit, den ökologischen und gesellschaftlichen Wandel, der sich aus einer dramatisch veränderten globalen Landschaft ergibt, einzuschätzen, vorherzusagen, zu managen und zu kommunizieren. Eine der größten Hürden bei der Ausbildung der nächsten Generationen von Biologen besteht in der Frage, wie sich virtuelle Technik mit realer Datenerfassung im Gelände effizient verbinden lässt. Während die meisten älteren Ökologen ihre Kindheit spielend in der Natur verbrachten und so die Leidenschaft für ihre Disziplin entwickelten, interagieren jüngere Wissenschaftler mit den Ökosystemen über Computerspiele, soziale Netzwerke und Rechenmodelle, was manchmal zu einer *nature deficit disorder* führt, weil Kinder sich immer nur drinnen aufhalten. In seinem Bestseller *Das letzte Kind im Wald* zitiert Richard Louv den Ausruf eines Kindes: »Ich spiele lieber drinnen, weil da die ganzen Steckdosen sind.« Wie also lässt sich in der Umwelterziehung echte Geländearbeit mit virtueller Technik verbinden? Mit dieser schwierigen Frage wird derzeit in vielen Debatten gerungen, doch eine der kreativen Lösungen dafür steht längst bereit: Citizen Science.

Jedes Land, das global konkurrenzfähig bleiben möchte, muss technisch-naturwissenschaftliche Innovation und Erziehung fördern. Dank hoher Forschungsinvestitionen stehen Länder wie China, Singapur und Südkorea an der Spitze der Ranglisten für MINT-Kenntnisse von Schülern und Citizen Scientists. Die USA fallen dagegen zunehmend zurück und geben laut der National Academy of Sciences (NAS) mehr Geld für Kartoffelchips aus, als die Regierung für Forschung auf dem Gebiet der Energiegewinnung aufwendet. Ebenfalls berichtet die NAS, dass nur vier Prozent der US-Amerikaner im Bereich Naturwissenschaft und Technik tätig sind, dass diese Gruppe aber Arbeitsplätze für die anderen 96 Prozent schafft. Wenn Forscher ein neues Gerät zur Krebsdiagnose entwickeln oder Ingenieure sich Technologien zur sauberen Energiegewinnung patentieren lassen, entstehen aus diesen Innovationen Jobs bei Herstellung, Vermarktung, Transport, Vertrieb und Instandhaltung sowie für Aus- und Weiterbildung. In der jüngeren Geschichte haben Innovationen aus dem MINT-Bereich unsere Lebenswelt extrem verändert. So wurden etwa Kassettenrecorder durch iPods ersetzt, Landkarten durch GPS-Geräte, Telefonleitungen durch Mobilfunk, zweidimensionale Röntgenbilder durch dreidimensionale CT-Scans, und statt Rechenschiebern und Taschenkalendern gibt es Computer. Doch es bleibt noch eine riesige Hürde zu überwinden: Etwa

14000 US-Bildungseinrichtungen verzeichnen Rückgänge bei den Schülerleistungen in Mathematik und Naturwissenschaften.

Citizen Science ist Teil einer breiteren Strategie, um gegen dieses Hinterherhinken der MINT-Fächer anzugehen. Ein guter Anfang wäre es etwa, Kinder an Vogelzählungen zu beteiligen, an Müllsammelaktionen am Strand, an einem BioBlitz zur Zählung der Artenvielfalt, an städtischen Baumpflanztagen oder der Analyse der Wasserqualität. Tausende Bürger nutzen eine Smartphone-App namens iNaturalist, die Fotos von der Biodiversität sammelt und ihre Verteilung kartiert. Ein weiteres computergestütztes Bildsystem ist Galaxy Zoo – hier suchen Bürger auf authentischen NASA-Fotos nach Sternen, Galaxien und anderen Sichtungen im Weltall. Und es gibt immer mehr Programme, die zeigen, wie Citizen Science mit der technikbasierten naturwissenschaftlichen Forschung Hand in Hand geht. Das National Ecological Observatory Network (NEON) ist ein noch junges Projekt der National Science Foundation, das kontinentweit Umweltbeobachtungen in große Datenbanken einspeist, die für Studierende, Citizen Scientists und Politiker einsehbar sind. Ich war eine der 16 Naturwissenschaftler:innen, die den über 300 Millionen Dollar schweren Drittmittelantrag an die NSF verfassten, um die NEON-Plattform zu finanzieren. Nach mehreren Jahren Debatten und Strategieplanung kam unser Komitee zu dem Konsens, dass eine so umfassende Initiative Langzeitdaten für ein besseres Verständnis des globalen Wandels und der Reaktionen des Ökosystems generieren und über diverse Plattformen ein vielfältiges Publikum ansprechen kann. In anderen Ländern laufen ähnliche Initiativen, durch die dank der von Laien unterstützten Beobachtung wertvolle Daten gesammelt werden. Singapur investierte kürzlich 20 Millionen Dollar in ein ausgedehntes Wegenetz durch Stadtwälder, das jetzt ungeahnte Möglichkeiten zur Beobachtung von Vögeln, der Phänologie und zur Zählung von Insekten bietet. In der Welt der Naturkundemuseen sorgen Citizen Science und die Einbindung des Publikums für große Erfolge. Als ich Direktorin am Nature Research Center in Raleigh, North Carolina, war, pflegten wir eine Partnerschaft mit der North Carolina State University. Wir machten Abstriche von Bauchnabeln, kultivierten die Bakterien in Petrischalen und gaben den Besuchern Einblick in die Biodiversität ihres eigenen Körpers. Manche wissenschaftlichen Fragen lassen sich vollständiger beantworten, wenn das Publikum als Multiplikator daran mitwirkt.

Doch neue Tools und Technik allein werden weder Ökosysteme erhalten noch Arten retten. Unter Anleitung können Citizen Scientists fast alles tun, vom Auffinden von Insekten im Amazonas-Regenwald über die Kartierung von Bakterien im menschlichen Bauchnabel bis hin zur Zählung von Blättern. Insbesondere seit der Coronapandemie verlassen viele Lehrer für ihren Schulunterricht die vier Wände des Klassenraums, wozu ihnen für den naturwissenschaftlichen Unterricht immer mehr mobile Technik wie Smartphone-Apps zur Verfügung steht. Die große Herausforderung ist nicht etwa ein Mangel an Information, sondern deren Einbettung in einen relevanten Kontext, etwa lokale Insektenplagen oder urbane Waldbestände, der künftige Generationen dazu motivieren kann, sich ökologisch zu engagieren. Gesunde Ökosysteme mit wirtschaftlichem und gesundheitlichem Wohlbefinden zu verbinden, ist dafür ein wichtiges Sprungbrett. Doch trotz aller Technik brauchen die Schüler immer noch Neugierde und Entdeckungslust. Teures Equipment ist dafür nicht nötig, nur die Gelegenheit, ihre fünf Sinne zu gebrauchen, indem sie draußen spielen. Wenn Schüler und Citizen Scientists Neugierde für die Natur entwickeln und nicht nur in Videospielen Knöpfe drücken, werden sie mit Sicherheit besser dafür gerüstet sein, die großen naturwissenschaftlichen Herausforderungen der näheren Zukunft zu meistern.

2022 werde ich hoffentlich meine 25. Citizen-Science-Expedition ins peruanische Amazonas-Becken leiten, wo Freiwillige auf dem längsten Baumwipfelpfad der Welt weiter die tropischen Wälder erforschen können. Obwohl wir dort fast vollständig in die Natur eintauchen, haben wir im Lauf der Jahre schon manchmal erlebt, dass selbst im so weit flussaufwärts gelegenen Iquitos Flöße aus Stammholz die Wasserwege blockieren. Wenige Kilometer von unserem Basislager entfernt ist inzwischen eine schwimmende Ölraffinerie verankert, die von der Amazonas-Mündung aus mehr als 2000 Meilen weit hierhergeschleppt wurde, mit all ihrer Ausrüstung und den giftigen Chemikalien. Und nebenan in Brasilien wurden zwischen Januar und August 2020 über 6700 Quadratkilometer Regenwald niedergebrannt, dabei wurden einem *Science*-Artikel zufolge 225,8 Millionen Tonnen Emissionen freigesetzt. Wenn der Amazonas-Wald brennt, setzt das nicht nur CO_2 frei und zerstört überlebenswichtige Habitate für Millionen von Arten, es führt auch zu Luftverschmutzung, die die Gesundheit der Menschen stark gefährdet. Dabei ist die Brandrodung nur der über Luftaufklärung deutlich sichtbare Teil der Entwaldung, während die schleichende Degradierung durch Straßenbau, selektiven Holzeinschlag und deren Nebenwirkungen unsichtbar bleibt. Sie zu messen, ist schwieriger oder ganz unmöglich, wenn nicht Menschen vom Boden aus genaue Beobachtungen durchführen. Wehmütig mache ich meinen Citizen Scientists immer wieder klar, welches Privileg es ist, dass sie dieses wunderschönste Tropendach der Welt erleben dürfen, denn wenn die Menschheit nicht sehr große Schritte geht, um das Blatt des Klimawandels noch zu wenden, wird es bald für immer dahin sein.

Kapokbaum
(Ceiba pentandra)

IMMER WENN ICH AUF DEM AMAZONAS FUHR, sah ich etwa acht Kilometer außerhalb von Iquitos einen einsamen Kapokbaum (*Ceiba pentandra*), der sich über das Ufer erhob. Jedes Mal, wenn ich im Juli Citizen Scientists an den Walkway brachte, bestaunte ich vom Boot aus seine großartige Silhouette. Diesen Baum wollte ich unbedingt besteigen, und irgendwann überzeugte ich einen Kletterfreund, mich zu begleiten. Von Einheimischen erfuhren wir, wo die Schamanin lebte, die für ihn zuständig war – ohne ihre Erlaubnis klettern zu gehen, wäre respektlos gewesen. Wir klopften also zögerlich an ihrer Hütte und brachten unsere Bitte vor. Sie war überaus freundlich und meinte, ohne das genauer auszuführen, wenn die Geister es erlaubten, würden wir klettern. Wir schulterten unsere längsten Seile und fragten uns, wie sie das wohl gemeint hatte, während wir zum Fuß dieses

Giganten wanderten. Der Baum war aus der Nähe viel größer, als er von Weitem aussah. Wie bei den meisten Kapokbäumen ragte ein einzelner Stamm mindestens dreißig Meter empor, dann zweigten über weitere dreißig Meter Höhe mächtige waagerechte Äste vom Hauptstamm ab. Die einzige Möglichkeit, ein Seil zu installieren, war ein Schuss über den ersten Ast durch Girlanden aus Lianen und Epiphyten. Wir verwendeten unsere größte Schleuder, den Big Boy. Das Gerät steht auf dem Boden und besitzt eine vertikale, einen Meter lange Führung, die als Startrampe für die Leine dient. Beide bissen wir die Zähne zusammen, verzogen das Gesicht und spannten das riesige Gummiband. *Zack!* Das Gummi schnalzte laut, und unsere Angelschnur stieg auf und außer Sichtweite. Wir blinzelten, und ich holte mein Fernglas heraus. Ein perfekter Schuss! Die Geister des Amazonas wollten, dass wir kletterten. Ich ging voraus, aber als ich fast oben war und mir schon beinahe vorkam wie im Himmel, spürte ich, wie das Seil zitterte. Was war los? Ich sah hoch und entdeckte auf dem Ast einen riesigen Vogel, der nach dem Seil hackte. Es war ein Hornwehrvogel, und wie wir später erfuhren, nisten sie genau in diesen Überhältern. Offenbar hielt er das Seil für eine Schlange, gegen die er seinen Hochsitz verteidigte. Ich machte, dass ich hinaufkam, um zu verhindern, dass mein Rettungsseil beschädigt wurde, und scheuchte den hübschen Vogel sachte beiseite, der mir widerwillig etwas Platz machte. Als ich dort oben war, sah ich, dass die Krone des Kapokbaums ein bunter Garten aus Bromelien, Orchideen, Philodendren, summenden Insekten und Lianen war, die sich in alle Richtungen rankten. Ich sammelte Blattproben von den häufigsten Pflanzen, um ihren Fraßverlust zu berechnen, aber ich kletterte nie wieder in diesen Baum, aus tief empfundener Ehrfurcht vor seiner scheinbar unerreichbaren Statur.

In der Mythologie der mittelamerikanischen Maya ist *Ceiba* ein bedeutender »Lebensbaum«, der eine universelle Kommunikation zwischen den drei Ebenen der Erde (Unterwelt, Mittelwelt und Oberwelt) symbolisiert. Seine Wurzeln stehen für die Unterwelt, der Stamm für die von Menschen bewohnte Mittelwelt, und die Krone symbolisiert die Oberwelt. Der Stamm eines jungen Kapok ist mit Stacheln bewehrt, auf Keramiken der Maya wird er als Zeichen der Ehrerbietung häufig abgebildet. Ausgewachsene Bäume bilden dann statt der Stacheln Brettwurzeln aus. Sie sind noch aus vielen Kilometern Entfernung am Horizont sichtbar. Leider verraten sie durch ihre stattliche Größe auch den Holzfällern ihren genauen Standort. Die meisten Kapokbäume wurden inzwischen gefällt.

Der Kapokbaum ist eine wahre Apotheke in den Wolken. Mit seinen Blättern lassen sich Krätze, Durchfall, Müdigkeit und Hexenschuss bekämpfen, auch als Abführmittel und gegen Herzkrankheiten finden sie Anwendung. Der Saft wird zur Behandlung von Geisteskrankheit, Lähmungserscheinungen, Abgeschlagenheit, Kopfweh, Husten und Augenverletzungen eingenommen, bei Kindern soll er Magenparasiten abwehren. Ausgekochtes Stammholz dient der Behandlung von Zahnschmerzen, Magenkrankheiten, Hernien, Tripper, Ödemen, Fieber, Asthma und Rachitis, außerdem Verletzungen wie Wunden, Entzündungen und sogar Lepriden. Rindenextrakte liefern wirksame Einläufe und junge Triebe ein Verhütungsmittel. Und auch die Wurzeln werden als Heilmittel gegen Durchfall, Ruhr, Lepra und Bluthochdruck eingesetzt.

Der Name *Ceiba* leitet sich von einem karibischen Wort für einen Einbaum ab, und *pentandra* bedeutet auf Griechisch »fünfstängelig«, was sich auf seine aus fünf Teilblättern zusammengesetzten Blätter bezieht. Ihre Evolution fand angeblich in den amerikanischen Tropen statt, wogegen allerdings spricht, dass auch in Afrika Kapokbäume vorkommen. Die Gattung umfasst fünfzehn Arten, alle mit fingerig zusammengesetzten, abfallenden Blättern. In der Trockenzeit wirft der Baum für mehrere Monate sein Laub ab. Er blüht vor dem Blattaustrieb, und die cremeweißen bis rötlichen Blüten öffnen sich nach Einbruch der

Dunkelheit und setzen einen starken, unangenehmen Geruch frei, der Fledermäuse anlockt. Auf ihrem Fell tragen die Fledermäuse die Pollen zu anderen Blüten und fördern damit die Bestäubung. Daneben dienen noch Nachtfalter als Bestäuber, wobei Blütezeit und Standort entscheidend sind, weil nicht jeder Einzelbaum jedes Jahr blüht.

Kapokbäume gehören in die Familie der Malvengewächse (Malvaceae, auch Bombacaceae). Einzelne Bäume werden bis zu 75 Meter hoch, die höchsten Türme im Amazonas-Wald. In anderen Ländern dienen Exemplare anderer *Ceiba*-Arten als Versammlungsstätten, Schattenspender für Kaffeebäume, heilige Bäume in der Nähe von Tempeln (in Indien) und als Unterstand fürs Vieh. Ein weißer Flaum (der den Blasrohrpfeilen ihre aerodynamischen Eigenschaften verleiht) sorgt für die Windausbreitung der Kapoksamen und ist der Ursprung für den deutschen Namen Wollbaum. *Ceiba pentandra,* die im oberen Amazonas-Becken von Peru dominante Art, heißt dort auch Lupuna, Ceibo oder Ceibote. Die Wolle das Kapokbaums wird in Asien und Indonesien immer noch geerntet, obwohl man Schwimmwesten und Matratzen inzwischen vor allem mit Kunstfasern füllt. Wegen ihrer eleganten Form wurden viele Arten von der indigenen Bevölkerung in ganz Südamerika bereits vor der Ankunft der Europäer kultiviert und hybridisiert, was ihre Bestimmung schwierig macht.

In meiner kleinen Wohnung habe ich eine eigene Wand für meine Blasrohre, von denen jedes einzelne mich an ein Abenteuer am Amazonas erinnert, das ich in fünfundzwanzig Jahren Feldexpeditionen erlebt habe. Manchmal, wenn ich von einer langen Expedition nach Hause komme, finde ich in meinem Flur eine Schneedecke aus Kapokwolle vor, die während meiner Abwesenheit aus den Blasrohrtaschen gerieselt ist – ein wunderschönes Souvenir für diesen außerordentlichen, nützlichen Baum, das oberste Stockwerk im Kronendach am Amazonas.

8

TIGERSPUREN, BAUMLEOPARDEN UND VEDIPPALA-FRÜCHTE

◇◇◇

Wie ich Wissen und Werkzeug mit angehenden Arbornaut:innen in Indien teilte

Über acht Stunden lang waren wir vom indischen Bengaluru aus südwärts in das entlegene Gebirge der Westghats gefahren, um in den enorm artenreichen Wäldern Indiens auf einer Forschungsstation zur Waldökologie zu arbeiten. Voller Straßenstaub und erschöpft vom chaotischen Verkehr schlüpften wir in unsere Wanderstiefel, um einen schnellen Blick auf die Vedippala (*Cullenia exarillata*) zu werfen, die in dieser Region das Kronendach dominiert. Ich wusste von diesen Bäumen und ihrer systemrelevanten Rolle – ihre Früchte bilden den Anfang vieler Nahrungsketten im Wald –, weil zwei meiner Kollegen, T Ganesh und Soubadra Devy, sich auf sie spezialisiert hatten. Wir waren gerade von unserem primitiven Lager zu einer Wanderung aufgebrochen, die mir meine ersten Blicke auf das Kronendach des subtropischen indischen Walds bescheren sollte, als T Ganesh plötzlich einen Luftsprung machte und aufgeregt rief: »Tiger – BIG tiger!« Mein Herz raste. Man hörte kein Geräusch außer den raschelnden Vedippala-Zweigen dreißig Meter über unseren Köpfen. Er zeigte auf einen riesigen Pfotenabdruck, der frisch in den sandigen Boden gedrückt worden war. Die Spur war deutlich größer als eine menschliche Hand, und meinem Kollegen stockte der Atem, weil er begriff, dass diese Raubkatze vor uns hergegangen war und uns wahrscheinlich dabei zugesehen hatte, wie wir wenige Minuten zuvor auf einen Baum geklettert waren, um Bartaffen zu beobachten. In der Nähe fanden wir auch Kratzspuren an einem Baumstamm, was nicht nur darauf hinwies, dass dieses Tier groß war, sondern auch darauf, dass wir in sein Revier eingedrungen waren, weshalb es die Rinde aufgekratzt hatte, um seine Dominanz deutlich zu machen. Auf dem Rückweg trippelten wir gleichsam auf den Zehenspitzen, ängstlich, aber auch in der leisen Hoffnung, vielleicht einen »König des Dschungels« zu Gesicht zu bekommen.

Das Kalakad Mundanthurai Tiger Reserve (KMTR) in den südindischen Westghats ist offiziell eines von etwa fünfzig Biodiversitäts-Reservaten für die 1500 noch existierenden indischen Großkatzen. Dieses Reservat hat zudem 3,3 Prozent endemische Flora zu bieten, also Pflanzenarten, die sonst nirgends auf der Welt vorkommen. Es ist nicht nur ein Refugium für Tiger und Pflanzen, sondern auch für extrem gefährdete Primaten, Zibetkatzen, Fledermäuse und viele Arten von Vögeln, Schmetterlingen, Amphibien und Reptilien, die alle auf eine gesunde Kronenschicht angewiesen sind. Doch das 900 Quadratkilometer große Reservat geriet immer mehr unter Druck durch Landnutzung – Tee- und Kaffeeplantagen, Reisfelder und sich häufende Fälle von Wilderei. Wenige Monate nach dieser ersten Begegnung im KMTR verschwanden acht Tiger aus dem nahe gelegenen Ranthamore National Park – sie fielen Wilderern zum Opfer. Trotz ihres Gefährdungsstatus werden Tiger immer noch wegen ihrer Felle und anderer Körperteile bejagt, von denen einige in der traditionellen chinesischen Medizin als Heilmittel dienen und angeblich die Potenz steigern sollen. Die Welt weiß wohl von der Gefährdung der Tigerpopulationen, aber sehr viel weniger genau weiß sie über die verbreitete Abholzung der Waldbestände Bescheid, in denen diese Tiger leben. Als Arbornaut:innen untersuchten meine beiden indischen Kollegen und ich nicht direkt die Populationen dieser großen Säugetiere, wir dokumentierten den Zustand des Kronendachs über ihnen. Natürlich ist es dringend geboten, Tierarten zu retten, aber dafür muss man vor allem auch ihren Lebensraum erhalten. Genau deswegen war ich hier – um in internationaler Zusammenarbeit den Artenschutz zu stärken, was auf die Rettung ganzer Wälder abzielt, vom Boden bis nach ganz oben. Dafür wollte ich mein Arbornauten-Instrumentarium mit allen anderen teilen.

Die Feldbiologie folgt den Vorgaben der Zeit und der Forschungsgelder. Mittel für langfristige oder gar dauerhafte Forschung sind am schwersten zu erkämpfen. In Australien hatte ich das Glück, ein dreijähriges Promotionsstipendium zu ergattern, um Langzeitdaten über Blätter zu sammeln. Für meine Forschung am Amazonas hatte ich zur Datenerhebung immer nur kurze Zeitfenster, weil die Expeditionen mit den Citizen Scientists knappe zehn Tage dauerten, solange eben die Freiwilligen verfügbar waren. Dementsprechend konzipierte ich Forschungsfragen, die sich bei solchen Stippvisiten beantworten ließen, wenn ich auch immerhin das Glück hatte, über viele Jahre hinweg immer wieder dieselben Bäume besuchen zu können. Eine weitere Art von Feldstudien beschränkt sich auf eine einzige Reise an einen bestimmten Standort – dementsprechend schwierig ist es, sie auf Erkenntnisgewinn hin zu planen. Ich nenne das »Schnappschuss-Forschung«. Um unter solchen Umständen trotzdem professionelle Ergebnisse zu erzielen, betreibe ich gleichzeitig häufig Öffentlichkeitsarbeit, das heißt, ich betreue Frauen in den Naturwissenschaften, führe Schnellstudien wie BioBlitze durch, halte öffentliche Vorträge und gehe in die Schulen. Die schnellen Veränderungen auf der Erde machen der wissenschaftlichen Community klar, dass sie ganz anders vorgehen muss als früher, um ehrgeizige Artenschutzziele erreichen zu können.

1994 organisierte und beherbergte ich in den Selby Gardens in Sarasota, Florida, den ersten internationalen Baumkronen-Kongress, um die Herausforderungen der globalen Zusammenarbeit für Waldwissenschaften und Waldschutz anzugehen. Ich durchsuchte die neuere Literatur nach ein paar aufstrebenden indischen Baumexperten als potenzielle Gäste und organisierte für vier von ihnen Sponsoren, die ihre Teilnahme finanzierten. Zwei dieser Kollegen, T Ganesh und Soubadra Devy, ein engagiertes Ehepaar, hatten ihr Leben der Erforschung des achten Kontinents in Indien gewidmet, und Pallaty Sinu forschte später mit mir zusammen an Indiens heiligen Hainen. Auf dieser ersten Konferenz kamen 250 Arbornaut:innen aus 25 Ländern zusammen, und wir stellten verblüfft fest, dass die meisten von uns einander nicht kannten. Wir alle hatten die letzten paar Jahrzehnte an den entlegensten Orten an Seilen gebaumelt, Wälder in Heißluftballons überflogen, Laufstege gebaut oder wie besessen in luftigen Höhen Millionen neue Arten gezählt. Der Kongress war ein riesiger Erfolg und förderte globale Partnerschaften sowie den kollegialen Austausch über unsere Methoden. Vier Jahre später hielt ich in Sarasota eine zweite internationale Konferenz ab, diesmal mit Arbornaut:innen aus 35 Ländern und einer öffentlichen Ausstellung über die neuen Wege in die Baumwipfel – das aufblasbare Floß, spezielle Hängematten zum Übernachten im Baum, elegante, verbesserte Wurfschleudern und ultraleichte Kletterausrüstung. Schon lustig, dass die Zusammenarbeit der internationalen Baumkronenforscher:innen inoffiziell in Florida begann, einem Staat, in dem Wälder regelmäßig Shoppingmalls und Golfplätzen weichen müssen. Der dritte und vierte Kongress wurde von Baumkronenforscher:innen in Deutschland und Australien ausgerichtet.

Ein paar Jahre nach der ersten Begegnung mit Soubadra und T Ganesh auf der ersten Konferenz erhielt ich ein Fulbright-Stipendium in Indien mit dem Ziel, die dortige Baumkronenforschung zu fördern und mit den indischen Waldspezialisten die Möglichkeiten für einen öffentlichen Walkway zu diskutieren. Mein Büro war am Ahoka Trust for Research in Ecology and the

Environment (ATREE) in Bengaluru, eine Stadt, deren »Kronendach« aus einem Geflecht von Stromkabeln. Erwartungsgemäß ging in einem Land mit derart rasantem Bevölkerungswachstum die Verbreitung der Technik auf Kosten der Natur – all die Kabel und Betonbauten verdrängten die Grünflächen rapide. Auf allen Ausfallstraßen von Bengaluru drängelten sich Fahrräder, Lkws und Autos, dazwischen Ochsen, Viehherden und Eselskarren. Der köstliche Curryduft vermischte sich mit Dieselgestank. An meinem ersten Tag vor Ort waren wegen eines landesweiten Streiks alle Geschäfte geschlossen, Restaurants inklusive. Dank Jetlag und Langstreckenflügen hatte ich einen Mordshunger. Soubadra hatte wunderbarerweise einen Freund, der einen kleinen Laden besaß und sich überzeugen ließ, uns etwas zu essen zu servieren. Ganz still aßen wir im Hinterzimmer, damit niemand uns sehen konnte. Er hatte nicht viel Essen vorrätig, weil ein indischer Restaurantbesitzer täglich auf dem Markt einkaufen ging. Kein Wein, keine Milch, kein kaltes Wasser, kein Käse, kein Obst, kein Fleisch, kein Salat – aber eine köstliche Mischung aus Reis, Gewürzen, Gemüse und Brühe! Am nächsten Tag, als der Streik vorüber war, herrschte auf den Straßen wieder das übliche Chaos, und an den Verkaufsständen konnte man buchstäblich alles kaufen: lebende Hühner, Plastikkanister, Nahrung, Feuerholz, Jeans, Holzbalken, Kabel und eine aus der Hand gelesene Weissagung. Bei vielen weiteren Besuchen über viele Jahre hinweg wurde ich Zeugin von der Metamorphose Indiens, das sich verwandelte wie eine Raupe in einen Schmetterling oder vielleicht wie ein Sämling, der zu einem stattlichen Baum heranwächst. In meinen Tagebüchern finden sich lebhafte Beschreibungen, wie ich in Hostels liege und nächtelang Hundekämpfen lausche, wie ich statt Toilettenpapier Wasserkrüge vorfinde, wie ich auf beängstigenden Taxifahrten durch mit Vieh und Karren verstopfte Straßen rase und meinen westlichen Verdauungstrakt mit Essen vom Straßenverkauf auf die Probe stelle. Die wichtigste Lektion, die ich von meiner Waldschutzarbeit in Indien mit nach Hause nahm, war,

Geduld zu haben und eben abzuwarten, bis die Dinge sich fügten. Eine achtstündige Taxifahrt zu einer Feldstation – und das nach einem langen Flug – war ganz normal, genauso wie eine zweiwöchige Verzögerung, bis die Genehmigung zum Betreten eines Waldes vorlag. Meine Kollegen Soubadra und T Ganesh entschuldigten sich immer unendlich, wenn wir auf irgendetwas warten mussten oder Staus unseren Terminkalender durcheinanderbrachten, aber eigentlich liebte ich alles, was ich bei solchen Verzögerungen mit Augen und Ohren aufnahm. Eines Tages nahmen wir ein Taxi, das schließlich über den Fußweg fuhr, wo der Chauffeur Fahrräder und Ochsen, die im Weg waren, einfach weghupte. Während meine Gastgeber sich in ihre Sitze duckten, war ich völlig gebannt von der Fähigkeit des Fahrers, das scheinbar Unmögliche zu tun. Und wir kamen rechtzeitig ans Ziel.

Auch die Rolle der Frau in der Wissenschaft hat sich in Indien rasch weiterentwickelt, wenn auch noch nicht so schnell wie nötig. Soubadra war die erste und bis heute einzige weibliche Baumkronenbiologin des Landes, womit der Frauenanteil deutlich hinter dem in den USA und Europa zurückliegt, wo Frauen immerhin um die zehn Prozent der Baumkronenforscher:innen stellen. Ich bewundere sie so für ihren Aufbruchsgeist, dass ich sie vor ein paar Jahren für den Lowell Thomas Award des Explorers Club nominierte. Es war eine Sache, die Baumwipfel in Australien oder Kalifornien zu erforschen, aber in Indien, wo man sich weder auf die Infrastruktur noch auf die Finanzierung der Forschung verlassen konnte, war die Herausforderung noch sehr viel größer.

Während meines Fulbright-Aufenthalts in Indien hielt ich einen Vortrag vor der Forstverwaltung in Thiruvananthapuram, der Hauptstadt des Bundesstaats Kerala. Fünfundvierzig Forstbeamte, alles Männer, saßen steif an riesigen Mahagonitischen, ein Mikrofon an jedem Platz, die Sitzungsleitung hatte Direktor Shri. N.V. Trivedi Babu. Nach einem kurzen Stromausfall projizierte ich meine Präsentation auf eine winzige Leinwand, die sie mit zusammengekniffenen Augen anblinzelten. Ich hatte Soubadras Rat befolgt und trug einen traditionellen Sari, damit ich für einen Raum voller männlicher Forstamtsleiter wenigstens halbwegs akzeptabel aussah. Obwohl die Dias wirklich klein waren, konnten die Männer sich schließlich für meine Botschaft erwärmen, dass die Kronenschicht der Wälder von entscheidender Bedeutung ist, und begeisterten sich für den Gedanken, in Indien einen Walkway zu bauen. T Ganesh erzählte mir später, dass sie alle, gelinde gesagt, erstaunt gewesen waren, als Diskussionsleiterin eine Frau vorzufinden.

Damals hatte Indien ein großes Problem: Die Wälder galten als nationale Ressourcen, die professionell gemanagt und bewacht wurden, aber es gab keinen Plan, die Waldreservate einem größeren Publikum nahezubringen. Damit waren Bäume zu einem Vermögenswert geworden, der weggesperrt und für fast alle außer Reichweite war. Ironischerweise haben die USA in den letzten 200 Jahren krasse 97 Prozent ihrer Primärwälder abgeholzt, während Indien 21 Prozent erhalten hat – ein unglaublicher Schatz. Die meisten indischen Bäume standen also hinter verschlossenen Toren, und die Forstbeamten waren nicht ohne Grund besorgt, dass Ökotourismus sie unwiederbringlich beeinträchtigen würde. Obwohl ich dafür war, den Menschen Zugang zu den natürlichen Ressourcen ihres Landes zu ermöglichen, konnte ich das nachvollziehen. Der Yellowstone National Park wird jeden Sommer förmlich überrannt – und in den USA wohnen nur 330 Millionen Menschen. Gäbe man den über 1 Milliarde Indern Zugang zu ihren kostbaren Waldreservaten, wäre das ganz sicher schwer zu managen. Die Forstbeamten stellten hervorragende Fragen zu den möglichen Folgen, sollte in Indien ein Walkway gebaut werden: Beeinträchtigen Baumwipfelpfade die Tierwelt? Wie viele Menschen kann eine Brücke tragen? Kann man den Zugang irgendwie begrenzen? Wie läuft es mit der Beschilderung? Mein Fulbright-Tagesziel hatten wir erreicht – wir wollten Indiens Forstverwaltung dazu bewegen, ernsthaft darüber nachzudenken, ihre Bäume der Öffentlichkeit nahezubringen.

Und ich hätte mich sehr gefreut, wenn man sich sofort für den Bau eines Laufstegs entschieden und damit begonnen hätte, aber ich weiß inzwischen, dass Umweltschutz oft in winzigen Schritten vorangeht, besonders wenn interkulturelle Grenzen mitspielen. An dem Projekt eines Walkways in den Westghats arbeiten wir bis heute – und vielleicht wird es auch bald realisiert.

Nach der Sitzung fuhren Soubadra und T Ganesh mit mir in ein nahe gelegenes Feuchtgebiet, um dort Vögel zu beobachten. Auch sie waren große Vogelliebhaber. Ich freute mich riesig, dass ich meine Liste der Sichtungen um fünf neue Arten erweitern konnte: Rotlappenkiebitz, Orienthornvogel, Hinduseeschwalbe, Warzenibis und Silberklaffschnabel. Vögel sind und bleiben meine Leidenschaft, seit ich als Kind diese Vogeleiersammlung besaß und das zauberhafte Erlebnis hatte, bei der Vogelberingung im Sommerlager einen Goldzeisig halten zu dürfen.

Wir waren uns sicher, dass die Organisation internationaler Partnerschaften der Waldforschung von Soubadra und T Ganesh viel Auftrieb geben konnte, weshalb wir drei gemeinsam beschlossen, gleich ganz groß zu denken und mit dem Fundraising zu beginnen, um den 5. internationalen Baumkronenkongress gemeinsam in Bangalore auszurichten. Ein gewaltiger erster Schritt für ein Land, das nur wenige professionelle Arbornaut:innen vorzuweisen hatte, aber primäre Urwälder voller endemischer, noch kaum erforschter Arten beheimatete. Zum ersten Mal sollte unser Treffen in einem Schwellenland stattfinden – eine großartige Aufgabe für eine wachsende Community von Fachleuten, die weltweit etwas bewirken wollten. Zu meiner Strategie gehörte in dieser mittleren Phase meiner Karriere, die Arbeit in Ländern, die mit Blick auf wissenschaftliche Ressourcen (Personal und Geldmittel) unterversorgt waren, zu priorisieren. So wie wir versuchen, die MINT-Fächer besser an unterrepräsentierte Bevölkerungsgruppen wie Frauen und Angehörige von Minderheiten zu vermitteln, muss die wissenschaftliche Gemeinschaft auch mehr Ausgeglichenheit bei der weltweiten Verteilung von Forschungsgeldern und intellektuellem Kapital anstreben. Indien ist eines der Länder, in denen die Waldwissenschaft lange hinter dem Standard Nord- und Südamerikas zurücklag. Ein perfekter Versuchsaufbau für die Suche nach Umweltschutzlösungen in einem Land, das sehr von einem engagierten Aufeinandertreffen einheimischer und internationaler Forscher profitieren konnte.

Zu dritt schrieben wir mehrere Förderanträge für die Ausrichtung einer Konferenz mit Beteiligung hochkarätiger Redner und appellierten gleichzeitig an Kolleg:innen, uns ihre Zeit, ihre Ausrüstung und ihr Talent zu leihen. Unser Budget reichte nicht, um für alle Teilnehmer:innen Reisekosten und Spesen zu übernehmen, aber wir hofften, dass unsere arbornautischen Kolleg:innen aus den industrialisierten Ländern trotzdem teilnehmen würden. Für Feldbiolog:innen sind internationale Reisen und Kongresse Gelegenheiten, die Leute buchstäblich »von den Bäumen herunterzuholen« und interkulturelle Unterschiede zu leben, was letztlich gegenseitigen Respekt und Vertrauen fördert. Fachtagungen dienen traditionell der Weitergabe wissenschaftlicher Erkenntnisse, aber manche Leute lassen sich erst durch die Erstattung des Flugtickets oder die Aussicht auf die Veröffentlichung eines Tagungsberichts dazu verführen, ihre Forschungsergebnisse zu präsentieren. Wir versuchten alles – wir zahlten den hochkarätigsten Rednern mit der größten Magnetwirkung die Reisekosten, trieben einen Verlag für den Tagungsbericht auf und stellten ein abwechslungsreiches Begleitprogramm zusammen, um Studierende und junge Fachleute zu locken. Es gab ein paar amüsante Probleme, etwa dass das Hotel einen deutlichen Überschuss an Stechmücken, dafür aber einen erheblichen Mangel an Personal hatte. Doch das kompensierten wir mit Aktivitäten wie Baumkletter-Workshops und köstlichen indischen Banketten. Ja, es gab wilde Storys über Flüge, Ankünfte, Taxis und sogar das Hotel – aber das alles trug nur zum legendären Status dieser Tagung bei.

Der 5. internationale Kongress in Indien, anberaumt unter dem Titel »Forest Canopies: Conservation, Climate Change and Sustainable Use« (Waldkronen: Schutz, Klimawandel und nachhaltige Nutzung), diente in erster Linie als Weckruf für den Waldschutz. Besonderes Augenmerk der Teilnehmenden sollte auf fünf Punkten liegen:

1. Entwaldung – Mit der Verbreitung der Baumkronenforschung sind wir immer besser in der Lage, Kahlschläge genauer zu kartieren. Dank neuer Tools wie Lidar (Light Detection and Ranging, ein neues bildgebendes Verfahren, das detaillierte Werte zu bestimmten Waldmerkmalen liefert, etwa zum Kohlenstoff- oder Wassergehalt von Bäumen), Satellitentechnik und sonstiger Luftaufklärung konnten wir 2009 einen Jahresverlust von ernüchternden 120 000 Quadratkilometern Regenwald berechnen. Schlimmer noch: Etwa 80 Prozent des Nutzholzes im Amazonas-Gebiet wurden illegal geerntet und gelangten meist über Häfen, die Importe nicht zuverlässig dokumentieren, in die USA.
2. Amazonas-Becken – Nach Modellrechnungen zum Klimawandel beziffern Forscher den Kipppunkt, an dem der tropische Amazonas-Regenwald irreversibel beschädigt ist, und die katastrophalen Auswirkungen auf die Wetterlagen der Erde auf etwa 20 Prozent Schädigung. Unser Keynote Speaker Tom Lovejoy verwies auf Daten der Luftüberwachung, denen zufolge die Zerstörung bereits 2009 bei etwa 17 Prozent lag. (Randnotiz: Im folgenden Jahrzehnt überstieg sie bereits die 20 Prozent.) Auf der Konferenz wurde den Kronendächern der Wälder – und dem relativ jungen Forschungsansatz, ganze Wälder zu untersuchen und nicht nur die Basis einzelner Bäume – entscheidende Priorität für den Umweltschutz im Sinne der künftigen Gesundheit des Planeten zuerkannt.

3. Kohlenstoffbindung – Erkenntnisse aus der relativ jungen Gesamtwald-Forschung zeigen, dass Bäume ein bedeutendes Reservoir für die Kohlenstoffspeicherung darstellen: Insbesondere große Bäume absorbieren große Mengen atmosphärisches CO_2. Wir diskutierten über Alt- und Primärwaldbestände als neue globale Währung. Kürzlich schlugen Naturwissenschaftler und Ökonomen vor, Industrieländer mit hohen CO_2-Emissionen sollten die Kosten für die Bewahrung der Wälder in tropischen Ländern übernehmen, was bedeutend zur Verlangsamung des Klimawandels beitragen würde, da Waldlaub geschätzt 20 Prozent des CO_2 aus der Atmosphäre entnimmt.
4. Biodiversität – Die Baumkronenwissenschaft sorgte Anfang des 21. Jahrhunderts für einen »Green rush« bei der Entdeckung neuer Arten, denn sehr viele von ihnen leben in den Baumwipfeln, und Indien ist ein besonders gutes Beispiel für relativ wenig erforschtes Gelände. Bevor in den 1980er-Jahren Arbornaut:innen anfingen, mithilfe von Seilen und Laufstegen in die Baumkronen zu klettern, war diese Artenvielfalt unbekannt. Auf der Konferenz wurden einige charismatische Geschöpfe ausführlicher vorgestellt, etwa Brillenschlange, Flugdrachen, Taubensittich, Doppelhornvogel, Bartaffe, Nilgiri-Langur und Königstiger. Geschätzt 90 Prozent der indischen Biodiversität waren damals noch nicht in wissenschaftlichen Datenbanken vertreten. Unsere Konferenz lenkte viel Aufmerksamkeit auf Indiens unerforschte Wälder, und die Medien berichteten in fetten Schlagzeilen von unseren Erklärungen.
5. Internationale Zusammenarbeit – Damit die Bäume in der Welt eine Zukunft haben, müssen Feldbiologen in Teams zusammenarbeiten statt im Alleingang. Der Kongress in Indien – eine Ansammlung von Ex-

perten als Nährboden für künftige Partnerschaften – markierte einen Wendepunkt. Gemeinsam beschlossen die Arbornaut:innen, nach der Rückkehr in ihre Heimatländer die Feldforschung auszuweiten, das allgemeine Verständnis über den Nutzen des Waldes für die menschliche Gesundheit zu fördern und damit Ökonomie und Biologie zu verbinden und ihre neuesten Entdeckungen über die Baumkronen offensiv einem diversen Publikum zu vermitteln.

Die ersten vier internationalen Kongresse regten zu neuen Entdeckungen, Ideen und Methoden zur Untersuchung der Kronendächer an. Neben diesen Prioritäten kommunizierte die fünfte Tagung in Indien erstmals, in welchem dramatischen Notstand sich die globalen Wälder befinden. Die Technik zur Erforschung der Baumkronen war nun seit beinahe dreißig Jahren bekannt und kam in über 35 Ländern zum Einsatz – die Erkenntnisse der Feldforschung machten immer deutlicher, wie eng Waldgesundheit und globale Nachhaltigkeit zusammenhängen. Kurz gesagt: Lebende Wälder sind mehr wert als tote. Kohlenstoffbindung, Wasserreinigung, Erosionsschutz, Produktivität und Lebensraum für die Biodiversität galten fortan als monetärer Wert, und nicht mehr nur die Holzproduktion. Bäume avancierten zu einer neuen globalen Währung. Etwa zeitgleich zu unserem Kongress bezifferte das Rocky Mountain Institute in Colorado den Wert der Wälder als »Naturkapital« auf 4,7 Milliarden Dollar, wobei selbst diese riesige Zahl wahrscheinlich den wahren Wert ihrer Dienstleistungen unterschätzte.

Der Kongress in Indien führte allen Arbornaut:innen vor Augen, wie dringlich es war, die Arbeit in ihren Heimatländern weiterzuführen. In Indien berichteten sämtliche Medien von unseren wissenschaftlichen Erkenntnissen, die landesweit Schlagzeilen machten. Der *Deccan Herald* veröffentlichte eine Sonderbeilage, ebenso der *Bangalore Mirror* und *The Hindu. The Times of India* bediente sich bei Emily Brontë und versah ein Foto mit der klugen, anrührenden Bildunterschrift »*Withering Heights*« (»Verdorrende Höhen«), um den schlechten Zustand der Wälder im Land zu beschreiben. Dank der indischen Journalist:innen und der Popularität ihrer Zeitungen erfuhren über 25 Millionen Menschen von der Bedeutsamkeit der Baumkronen. Schmunzelnd beobachtete ich ein Dutzend Inder, die sich am Straßenrand um eine einzige Zeitung drängten und die aktuellen Ereignisse diskutierten.

Diese Tagung stellte zwei neue Fortschritte für die Arbeit in den Baumkronen vor: a) Luftüberwachung mit Lidar, Drohnen und Satelliten sowie b) eine wachsende Zahl von Frauen in der Feldbiologie und in den Entscheidungsgremien des Umweltschutzes. Drohnen und andere luftgestützte Bildgebungsverfahren sparen Zeit, Energie und Schweiß. Wenn man zur Zählung von blühenden Lianen oder zur Kartierung von Primatennestern Drohnenbilder verwenden kann, braucht man nicht mehr wochenlang auf Dutzende hohe Baumkronen zu klettern. Mit zunehmender Genauigkeit von Technik wie Lidar können Wissenschaftler:innen Dürren, Insektenepidemien und viele andere Merkmale der Waldvitalität analysieren, weil die fortschrittliche Bildgebung technische Analysen der Blattfeuchtigkeit, Bestandsgesundheit und sogar zur Kohlenstoffspeicherung vornehmen kann. Für das Waldmanagement sind solche Informationen äußerst wertvoll, besonders in Kombination mit Ground-Truth-Daten aus direkter Geländeerkundung am Boden. Man mag sich fragen, warum wir überhaupt immer noch diese Ground-Truth-Daten erheben, für die jemand auf die Bäume klettern und die Kronen aus der Nähe erkunden muss statt aus der Ferne, wo doch die Lufterkundung die körperlichen Anstrengungen überflüssig macht. Nun, selbst die besten Lidar-Kartierungen können immer noch nicht exakt bestimmen, welches Insekt sich von welchen Blatttyp ernährt oder welcher Epiphyt in welcher Kronenschicht gelbliche Verfärbungen aufweist. Anders gesagt, die

Fernerkundung aus der Luft ist immer noch kein ausreichender Ersatz für die Beobachtungsleistung erfahrener Arbornaut:innen (oder selbst unerfahrener, die aber gute Botaniker:innen sind).

Ein weiteres wichtiges Ergebnis unseres Kongresses in Indien war die Veröffentlichung eines Tagungsberichts. Von Bedeutung ist das aus zwei Gründen: Erstens geben Tagungsberichte dem Wissenschaftsnachwuchs die Gelegenheit, Seite an Seite international mit Experten zu publizieren, deren Länder besser entwickelte Forschungsprogramme vorweisen können, was dem Nachwuchs in der Heimat mehr Geltung verschafft und wiederum die Chancen erhöht, vor Ort befördert und anerkannt zu werden. Zweitens verbreiten solche Veröffentlichungen natürlich die neuesten Erkenntnisse. Eine Waldwissenschaftlerin aus Kamerun zum Beispiel war begeistert, dass sie im Tagungsband veröffentlichen konnte, und das verschaffte ihr definitiv mehr Anerkennung im Heimatland. Einer der ersten Beiträge von zwei jungen Biologen, Alex Racelis und James Barsimantov, stellte eine grundsätzliche Frage: Führen höhere Investitionen in die Tropenforschung in einer bestimmten Region zu weniger Entwaldung? Die Autoren stellten dafür die Anzahl wissenschaftlicher Aufsätze (ein Gradmesser, an dem sich ablesen lässt, wie viele Forscher mit welchen Budgets arbeiten) in Korrelation zur Wirksamkeit des Umweltschutzes. Sie stellten fest, dass ein höherer Output an Veröffentlichungen nicht bedeutet, dass auch mehr Wald gerettet wird. Die aktuelle Form des wissenschaftlichen Arbeitens erbringt demnach nicht automatisch mehr Waldschutz – wir Forscher:innen sollten uns also nicht damit begnügen, unsere Erkenntnisse in Fachzeitschriften zu publizieren. Der Kongress in Indien rief mir ins Gedächtnis, wie wichtig es ist, meinen eigenen Erfolg nicht nur an der Anzahl von Fachartikeln zu bemessen, sondern daran, wie viele internationale Studierende ich betreue, wie ich mich in Ländern ohne Forschungsinfrastruktur in den Wäldern für die Gemeinschaften engagiere und wie viele Hektar Baumkronen erhalten werden.

Der Waldschutz in Indien stand am Scheideweg. Fast über Nacht hatten in dem Land explosionsartig Technologie und Modernisierung Einzug gehalten. Während die Baumkronenforscher:innen zu ihrem Kongress versammelt waren, präsentierte Indiens größter Autobauer, Tata Motors, eine Weltsensation, seinen neuen Nano, einen Kleinstwagen mit 33 PS zum Preis von nur 2500 Dollar. Indien hat eine wachsende Mittelklasse – doch seine natürlichen Ressourcen und vor allem der Bestand an Bäumen gerieten immer stärker unter Druck. Zu Beginn des 21. Jahrhunderts nahmen die Wälder in Indien um jährlich 1,5 bis 2,7 Prozent ab und machten Platz für Tee- und Tropenholzplantagen. Umweltschutzbiologen bezeichnen das als kryptische Entwaldung, weil mithilfe von Luftaufnahmen schwer zu berechnen ist, wie viel Alt- und Primärwald nach und nach durch Nutzpflanzen ersetzt wird: Die grünen Baumkronen lassen sich so nicht unterscheiden. In welchem Tempo Indien (wie auch China) seinen Verbrauch natürlicher Ressourcen beschleunigt und ob Milliarden Menschen in diesen beiden Ländern nachhaltige Praktiken übernehmen, wird das Schicksal unseres Planeten in den nächsten Jahrzehnten entscheidend mitbestimmen. Das ist in vielerlei Hinsicht ungerecht. Die westlichen Länder konsumierten in den vergangenen Jahrzehnten rücksichtslos, jetzt stellt die Welt fest, dass ebensolche Konsumraten bei acht Milliarden Menschen furchtbare Folgen hätten.

Nach dem Kongress hielten T Ganesh, Soubadra und ich in einem nahe gelegenen Reservat, dem Honey Valley, einen Kletterworkshop für künftige Arbornaut:innen ab. Wobei das Wort »nahe gelegen« hier relativ ist. Was auf einer Karte ganz nah aussieht, oder in Kilometern betrachtet auch ist, kann Stunden dauern – schuld daran sind die Straßenbedingungen, Viehherden, Staus, Lkws, Ochsenkarren oder das Wetter. Unser Reiseziel war einer der nächsten primären immergrünen Regenwälder, in 1250 Metern Höhe an dem isolierten Gipfel des Bergs Thadiyandamol gelegen, einer beliebten Wandergegend. Der Name dieser nur

200 Kilometer von Bengaluru entfernten Region geht auf die einst größte Honigproduktion Indiens zurück, bevor eine Epidemie des Thai-sacbrood-Virus die Honigbienen dahinraffte und die Bienenzucht als Wirtschaftszweig verschwand. Die Einheimischen verlegten sich schnell auf Ökotourismus, bauten Hütten für Birdwatching-Freunde und Erholungsurlauber: ein wunderbares Beispiel für die indische Tugend der Vielseitigkeit. Soubadra und T Ganesh organisierten ein Klettertraining für Einseiltechnik sowie einige Vorträge über die Baumkronenforschung. Da die Kongressteilnehmer ohnehin schon in Indien waren, stellte es keinen allzu großen Aufwand dar, noch drei Tage dranzuhängen und in die Fortbildung der nächsten Generation von indischen Baumkronenforscher:innen zu investieren.

Bevor wir uns auf die gut fünf Stunden lange Fahrt zu diesem »nahe gelegenen« Ort machten, trafen wir uns zu einem Sonnenaufgangsfrühstück etwa eine Stunde außerhalb von Bengaluru. Eilig teilten wir uns ein paar Gerichte mit herrlichen Aromen und Saucen. In abgelegenen Gegenden war ich immer ein bisschen hungrig, denn normalerweise hielt ich mich beim Essen zurück, weil mein westliches Mikrobiom manchmal gegen die Vielfalt herrlicher Gewürze, die die indische Küche ausmachen, aufbegehrte. Doch ich liebte jeden Bissen und ganz besonders die Düfte. Im Honey Valley angekommen, bestaunten wir die Bestände großer Regenwaldbäume, überwiegend Vedippala mit ihren so wichtigen Früchten, die am Anfang fast jeder Nahrungskette in den Wäldern der Westghats stehen. Ich bekam ein kleines Zimmer in einer Gemeinschaftshütte zugewiesen, darin ein schmales Bett mit Nachttisch, Lampe und einem Tisch sowie einer Gemeinschaftsdusche auf dem Flur. Bei einem Blick aus dem Fenster freute ich mich, statt der chaotischen Straßen von Bengaluru jetzt eine ruhige grüne Bergoase vor Augen zu haben. Es war eine großartige Vorstellung, dass immer mehr indische Familien in der Natur Zuflucht suchten und der Ökotourismus in Indien Wurzeln schlug. Genauso offensichtlich war freilich, dass viele Hektar von Honey Valley bereits abgeholzt und landwirtschaftlich genutzt waren, also nicht mehr Teil der Urwald-Ökosysteme sein konnten, die übrigen Waldstücke hatten daher für den Artenschutz einen umso größeren Wert.

Wir richteten uns nur kurz in unseren Hütten ein, denn T Ganesh überraschte uns mit einer Tiervorführung. Er hatte einen Herpetologen eingeladen, der nicht nur über Schlangen forschte, sondern in Teilzeit auch als Kobraflüsterer arbeitete, also diese Giftschlangen in Bauernhäusern aufspürte und entfernte. Spannender Beruf! Es kam häufig vor, dass Kobras auf dem Land in Häusern Unterschlupf suchten, eine Gefahr, die den Bauern ständig Sorgen bereitete. Dieser junge Mann hatte mehrere Boxen mitgebracht. Aus der ersten schnellte, sobald er den Deckel anhob, eine riesige aggressive Brillenschlange. Mithilfe eines Schlangenstocks hielt er das Tier geschickt in Schach. Mit angehaltenem Atem schreckten wir alle ein paar Schritte zurück. Ich schoss ein paar Fotos, war aber erleichtert, dass ich bei dieser Vorführung in der letzten Reihe bleiben konnte. Vielleicht habe ich eine leichte Ophidiophobie, obwohl ich doch seit Jahren immer wieder auf Schlangen treffe?

Nächster Programmpunkt: die Kletterkurse! Unsere Gruppe bestand aus acht Frauen und zwölf Männern, alles Praktikant:innen am ATREE in Bengaluru. Im Sari auf Bäume zu klettern, war nicht einfach, und ich nahm mir vor zu fragen, ob ich nächstes Mal einen Koffer Damen-Kakihosen mitbringen sollte. Mein Arbornautenkollege Tim Kovar wies die Teilnehmenden in die Klettertechnik ein, während ich biologische Vorträge hielt. Tim ist ein hervorragender Lehrer, der noch nie einen Unfall verantworten musste – mit mir ist er überall auf der Welt geklettert. Wir hatten ein paar wundervolle Erlebnisse, von der achtzigjährigen Dame, deren Lebenstraum es war, am Amazonas einen Kapokbaum zu besteigen, über die Betreuung von einhundert Kindern in North Carolina an einem öffentlichen Baumklettertag bis zu Studierenden im Rollstuhl, denen wir die Einseiltechnik beibrachten. Beide waren wir Anhänger des Prinzips »Baumklettern für alle«. Während unserer Kobra-Vorführung hatte Tim im nahen Regenwald schnell einen Kletterplatz eingerichtet und in drei Bäume Seile eingebaut, die jetzt fast dreißig Meter weit herunterbaumelten. Die indischen Studierenden schlichen alle zu den Bäumen hinaus – nach der gründlichen Bekanntschaft mit Kobras mieden sie vorsichtshalber die dichtere Vegetation – und setzten sich auf einer kleinen Lichtung mit perfekter Aussicht auf ein paar Vedippala-Kronen, die mit Kletterseilen behängt waren. Anders als in Australien krabbelten nicht Hunderte Blutegel an unseren Beinen herauf, und anders als in Zentralamerika wurden wir nicht entlang der Kanten der Unterwäsche von unzähligen Herbstmilben gebissen. Eigentlich war die Fauna im indischen Regenwald sehr harmlos, abgesehen von der gruseligen Brillenschlange und ein paar großen Tieren wie Elefanten und Tigern. Trotz dieser Unterschiede erinnerte mich der indische Regenwald an Australien – viele ähnliche Baumgattungen, eine ähnliche Struktur von Lianen- und Sämlingsdichte auf dem Waldboden und ähnliche Größenordnungen von Laub- und Kronenhöhe. Strukturell verbindet die Wälder Indiens und Australiens ein gemeinsames Erbe, was auch für die Überlappungen in der Evolution mehrerer Pflanzenfamilien gilt. Doch die indischen Wälder bergen mehr Arten, die es sonst nirgends in der Welt gibt. Die Westghats, ein anerkannter globaler Biodiversitäts-Hotspot, enthalten 5640 Samenpflanzen (über 100 davon sind endemisch), 165 Süßwasserfische, 76 Amphibien, 177 Reptilien, 454 Vogel- und 187 Säugetierarten. All diese Zahlen steigen mit jeder Neuentdeckung weiter an.

Nach diesem langen Tag hatten wir zwanzig verängstigte indische Biologiestudent:innen (fast die Hälfte davon Frauen) in potenzielle Baumforscher:innen verwandelt. Ausbildung ist in jungen Disziplinen wie der Baumkronenforschung äußerst wichtig und ein bedeutendes Kriterium für wissenschaftlichen Erfolg. Soubadra und T Ganesh hatten gut daran getan, sich die Anwesenheit internationaler Wissenschaftler bei ihrer Konferenz zunutze zu machen und einen Praxisworkshop abzuhalten. Der bot ihren Studierenden eine geniale Gelegenheit, die ihr Leben verändern konnte. Ich muss lachen, wenn ich mich erinnere, wie ich drei Jahre zuvor auf ihren wackeligen Leitern an Vedippala-Ästen gekämpft hatte – im Jahr darauf hatte ich ihnen als Gastgeschenk Seile und Klettergurt mitgebracht.

Wenn wir die Feldforschung mit den Werten und religiösen Vorschriften Indiens in Einklang bringen konnten, würden meine indischen Kollegen und ich etwas erreichen, indem wir aus den örtlichen Gemeinschaften von unten nach oben wirkenden Umweltschutz etablierten. Aus der Perspektive der Arbornautin konnte ich zusehen, wie Indien einen feldbiologischen Ansatz entwickelte, der den gesamten Wald in den Blick nahm, neue Techniken wie die Einseiltechnik und Kamerafallen zum Einsatz brachte, um die Biodiversität zu dokumentieren, einen Ansatz, der den Wert heiliger Bäume betonte und die Bedeutung der Kronenschicht für Tiere wie Tiger oder Leoparden auf dem Waldboden sowie für Primaten oben in den Wipfeln. Wenn wir Arbornaut:innen in Ländern wie Indien zusammenarbeiten, können wir bewährte Praktiken importieren, die den wissenschaftlichen Fortschritt ankurbeln, und hoffentlich die Gefahren entschärfen, die die Integrität ihrer Ökosysteme bedrohen. Durch die Anwendung neuer Tools und ihre Zusammenarbeit mit internationalen Forscher:innen konnten Soubadra und T Ganesh in den Ästen über ihren Köpfen äußerst bedeutsame Entdeckungen machen.

T Ganesh setzte im indischen Kronendach als Erster Kamerafallen ein, zunächst in den oberen Ästen der *Cullenia,* wo er die Interaktionen zwischen Pflanze und Tieren dokumentierte. Zu den Besuchern der *Cullenia*-Blüten, die ihm im Laufe von drei Jahren vor die Linse kamen, zählten: Bartaffen (*Macaca silenus*), Nilgiri-Languren (*Somnopithecus johnii*), Königsriesenhörnchen (*Ratufa indica*), Taguane (*Petaurista petaurista*), Südindische Stachelbilche (*Platacanthomys lasiurus*), Dunkle Palmenhörnchen (*Funambulus sublineatus*) und Jerdon-Musangs (*Paradoxurus jerdoni*), außerdem zwei Flughundarten (*Cynopterus sphinx* und *C. brachyotis*, also Indische und Gemeine Kurznasenflughunde), die allerdings nur in der Nähe von Nutzflächen. Außerdem wurden 16 Vogelarten, zwei Bienen- und etliche Schmetterlingsarten, Ameisen und Nachtfalter gesichtet. Bartaffen fraßen auch die Blätter, Knospen und Blüten des Baums sowie seine Früchte. In den Westghats blüht *Cullenia* in der Trockenzeit von Dezember bis April mit 300 bis 30 000 röhrenförmigen bräunlich gelben Blüten, die in dichten kaulifloren Clustern an den Ästen sitzen. Die saftigfleischige Blütenbasis trieft von Nektar und zieht damit Tiere an, die die übrigen Blütenteile aussortieren. Der Blattfraß an der Vedippala wurde noch nie untersucht, ich kann das hoffentlich irgendwann nachholen und diese spannende Feldstudie durchführen. Unterdessen dokumentiert Soubadra die Bestäubung vieler indischer Bäume durch Fluginsekten (besonders Schmetterlinge), räumt aber auch ein, dass im Vergleich zu anderen Tropenregionen kaum Studien zu indischen Vögeln oder Baumsäugetieren vorliegen. In den Westghats werden nur zwei der 89 Baumarten durch Säugetiere bestäubt – in Australien, Afrika und den amerikanischen Tropen ist das ganz anders, hier wirken viele große Tiere an der Bestäubung mit, etwa Beutel- und Nagetiere, Giraffen und sogar Primaten. Warum übernehmen in Indien offenbar mehr die Insekten die Bestäubung als Säugetiere oder Vögel? Das weiß niemand, aber mit ihrem Arbornautenrüstzeug werden Soubadra und T Ganesh dieses Rätsel vielleicht in Kürze lösen.

Eine der größten Herausforderungen in meiner Karriere als weltweit tätige Arbornautin war immer der Wechsel zwischen den Strapazen der Feldforschung und dem Alltags- und Familienleben. Egal, wie oft ich schon zwischen den beiden Welten hin- und hergesprungen bin, das emotionale Auf und Ab und der körperliche Tribut, den man für die Reisen um die ganze Welt und die Arbeit an fremden Orten zahlen muss, sind enorm. Das traf besonders auf Indien zu. Wenn Soubadra, T Ganesh und ich ins Gelände gingen, um Seile zu installieren oder irgendwo die Biodiversität zu untersuchen, durchquerten wir häufig mehrere ökonomische und kulturelle Welten. Ein Tagebucheintrag über meine Arbeit in einem Tiger-Reservat nahe den Westghats samt der überwältigenden Rückkehr in den »Großstadtdschungel« mag das illustrieren:

6 Uhr. Der Wecker klingelt. Durch die Dunkelheit kündet der Morgenchor der Nashornvögel vom Sonnenaufgang im Nagarahole National Park nahe dem entlegenen Dorf Karapura. Ich kämpfe mich aus einem Kokon dünner Laken auf einer steinharten Holzliege in der Kabini River Lodge und taste nach meiner Kakihose. Die Luft ist frostig, aber erfrischend. Wir haben etwas Bestimmtes vor: ein Monitoring von Großkatzen durchführen und Möglichkeiten für ihren Schutz im Kontext des Lebensraums Wald ausloten. Die Westghats im Südwesten Indiens sind einer von geschätzt fünfundzwanzig globalen Biodiversität-Hotspots nach der Definition der NGO Conservation International.

6:15 Uhr. Zwei indische Kellner in fließenden weißen Dhoti-Hosen klopfen an der Tür und bringen Tee zum Muntermachen. Ameisen schwärmen über die Schwelle und machen sich fröhlich über die Krümel vom gestrigen Nachmittagstee her. Tänzelnd schüttle ich sie mir von den bloßen Füßen.

6:30 Uhr. Es ist immer noch kalt und dunkel, als unser Team aus vier Indern und einer Amerikanerin in einen offenen Jeep springt. Entlang der Straße schleppen Frauen Wasser in Plastikkanistern vom Dorfbrunnen in ihre strohgedeckten Hütten. Von den mit Holz befeuerten Kochherden steigen kleine duftende Rauchkringel in den Himmel und künden vom Frühstück. Von diesen Herdfeuern gelangt heimtückischer schwarzer Feinstaub in die Luft, eine Gefahr für die Gesundheit der Frauen, die in den Töpfen rühren und die Partikel einatmen; und derselbe Staub in der Luft beschleunigt die Gletscherschmelze im mehrere Hundert Kilometer entfernten Himalaja, weil die verdunkelten Eisflächen schneller schmelzen.

6:50 Uhr. Am Eingang zum Park studieren bewaffnete Ranger unsere Papiere. Passierscheine werden nur in begrenzter Zahl ausgestellt. Trotz aller Bemühungen grassiert in Indien die Wilderei und bedroht Großkatzen mit dem Aussterben.

7 bis 8 Uhr. Immer noch zitternd rumpeln wir in unserem offenen Fahrzeug über eine holprige Piste, alle fünf Sinne laufen auf Hochtouren. Unser Guide horcht auf einen speziellen Vogelruf, der Gefahr ankündigt und auf die Präsenz eines Raubtiers hinweist (am wahrscheinlichsten einer Großkatze).

8:13 Uhr. Der Fahrer bremst abrupt und flüstert: »Da.« In der Nähe mahnt ein weiblicher Sambar-Hirsch. In den Zweigen über unserer Piste rekelt sich ein Leopard und kaut an einem frisch gerissenen Hirschkalb. Die Gesetze des Dschungels sind hart, und ein zögerlicher Schritt einer Mutter mit Jungtier hat ein Opfer gefordert. Dieses dominante Raubtier hat sich in den Baumwipfel zurückgezogen, um sein Frühstück zu verzehren. Wir staunten alle bei der Vorstellung, dass ein bodengebundenes Raubtier die Kronenschicht als Rückzugsort nutzt – was unseren Ansatz, im Sinne der Baumökologie den gesamten Wald zu betrachten, umso wichtiger erscheinen lässt. Wie bei den Tigern gehen auch die Bestände von Leoparden überall in Indien rasch zurück, und beide können nur in gesunden Wäldern überleben.

9:15 Uhr. Nachdem wir zwei weitere Leoparden, aber leider keine Tiger gesichtet haben, verlassen wir den Wald und machen uns bereit für die Rückkehr in die urbane Welt. Wegen der restriktiven Zugangspolitik verbietet uns die Parkverwaltung, unser Allradfahrzeug zu verlassen, sodass wir uns für unsere »Untersuchung« der Kronenschicht in den indischen Tigerreservaten auf Beobachtung, Fotografieren und die Anfertigung von Notizen beschränken mussten. Dieser Besuch ähnelt eher einer schnellen Erhebung von Ground-Truth-Daten als einem vollständigen Forschungsprogramm, für das vielleicht über Jahre hinweg ähnliche Beobachtungstage stattfinden müssen. Doch noch einmal: Soubadra, T Ganesh und ich stärken unsere internationale Zusammenarbeit, und es ist wichtig für uns, Waldökosysteme gemeinsam zu sehen und zu hören, um innovative Umweltschutzstrategien entwickeln zu können. Die gesamte Fahrt über diskutieren wir lebhaft. Die Heimreise nach dieser Stippvisite wird ein riesiger Schritt: von dem entlegenen Naturreservat über vier Flughäfen und mehrere dicht bevölkerte Städte bis zu einer Landebahn in Florida. Es bleibt keine Zeit für eine Dusche, ich packe in zwei Minuten und kaue schnell ein paar Bissen traditionelle vegetarische Kost.

10:10 Uhr. Unterwegs zum örtlichen Flughafen, erste Etappe einer langen Reise. Für Inder ist eine sechsstündige Taxifahrt gar nichts, auch wenn man ständig Ziegenherden ausweichen muss, Ochsenkarren, Schulkindern, mit riesigen Lasten beladenen Fahrrädern, muhenden Kühen und klapprigen Bussen. Ich rationiere meine einzige Wasserflasche, wie jeder Forschungsreisende. Mein Verstand kämpft mit dem harten Übergang von Ochsenkarren zu Jumbojets im Lauf eines halben Tages.

16:45 Uhr. Der Inlandflug von Bengaluru nach Mumbai ist verspätet. Hastig stelle ich mich in einer langen Schlange an, um einen anderen Flug zu ergattern. Mein Gepäck ist nirgends zu sehen.

20:30 Uhr. Die verspätete Landung am Inland-Flughafen von Mumbai lässt mir magere zwei Stunden für den Transfer zum knapp zwanzig Kilometer entfernten internationalen Terminal. Wie durch ein Wunder taucht auf dem Gepäckband mein Koffer auf. Die Wartezeit auf ein Taxi beträgt über eine Stunde. Wider besseres Wissen schiebe ich mich um 21:15 in den Terminal-Shuttlebus; in nur gut einer Stunde hebt der Flug nach New York ab.

21:35 Uhr. Am internationalen Terminal drängen sich Passagiere durch ein enges Tor, wedeln dabei wie wild mit Pässen und Boarding-Karten. Koffer fliegen herum. Die Luft schwirrt von Flüchen. Das ganz große Chaos.

21:45 Uhr. Am Check-in der United Airlines winkt mich ein Kontrolleur durch. Werde ich es schaffen? Ich bin in Schweiß gebadet und sehe wohl fiebrig aus, weshalb ein Sanitärbeamter mich anhält und nach Anzeichen für Schweinepest sucht. Nein, erwidere ich, ich schwitze nur wegen der Flugverbindungen. Ich renne weiter und komme als Letzte an Bord. Mich in den Plüschsitz fallen zu lassen, ist die reine Ekstase. Dieser sechzehnstündige Flug fühlt sich dank Mahlzeiten auf Tabletts, weichen Sitzen, Toilettenpapier und Kopfhörern an wie Luxus und nicht wie ein Fluch. Als Arbornautin, die oft zwischen der Welt aus Bäumen und der aus Beton hin- und herwechselt, wundere ich mich über die allgemeingültige Definition des Wortes »Zivilisation«. Über die Hälfte der Menschheit wohnt heute in Städten und genießt die kulturellen und physischen Annehmlichkeiten des urbanen Lebens. Feldbiologen gehören da zu einer Minderheit, die lieber im grünen Dschungel mit Leoparden konfrontiert ist als mit dem Verkehr im Betondschungel. Im belebten, aufstrebenden Indien bedroht der sogenannte Fortschritt das Überleben der Bäume. Ich hoffe, dass unsere Baumkronenforschung dort dazu beiträgt, Begeisterung für Waldwissenschaft und -schutz zu wecken.

Nicht nur meine Reisen um die Welt lösen in mir vielerlei Emotionen aus, sondern auch das Klettern, besonders an entlegenen Orten weit weg von meinen Kindern. In die Wipfel zu klettern, ist hoch spannend, aber zugleich befrachtet mit Sorge, Vorsicht und einer gesunden Dosis Angst. Um in Bäume zu klettern, braucht man sehr viel Vertrauen – in die Stabilität der Äste, die Mitarbeit von Mutter Natur und den »Bodenmann«. In Ländern wie Indien, Äthiopien und Peru, in denen ich über Jahre hinweg meine Forschung betrieb, war ich manchmal sehr einsam. Es war nicht immer einfach, von den oberen Ästen herab mit den Leuten unten zu kommunizieren, weil wir nicht dieselbe Sprache sprachen. Und um die halbe Welt herum mit meiner Familie zu kommunizieren, war beinahe unmöglich, weil es schlicht keine Verbindungen gab. Oft verpasste ich Feste und Geburtstage und konnte meiner Familie nicht so leicht klarmachen, wie entlegen viele Untersuchungsstandorte wirklich waren. Die Anforderungen der internationalen Feldforschung machten es schwer, nach der Heimkehr von einer anstrengenden Expedition sofort die nötige Energie für Freunde und Familie aufzubringen. Es lag mir immer daran, gleich beim Heimkommen meinen beiden Jungs von den Erlebnissen in den Bäumen zu erzählen, aber meist hatte ich mit einem Jetlag zu kämpfen und konnte es nicht erwarten, mir an einem richtigen Waschbecken die Zähne zu putzen und in ein weiches Bett zu sinken. Alle Jobs haben ihre Schwierigkeiten – aber das Leben als internationale Arbornautin ist wirklich voller Hochs und Tiefs, und das im wörtlichen wie im übertragenen Sinn!

Eines der Hochs besteht darin, dass ich, wenn ich an einem Seil baumele, von der Tierwelt normalerweise als Mitbewohnerin im Baum akzeptiert werde. Viele einsame Stunden habe ich im sommergrünen Laubwald von Massachusetts damit verbracht, einem Saftlecker-Specht beim Raupenschmaus zuzusehen, im australischen Outback mit Koalas auf Eukalyptusästen zu sitzen oder im Amazonas-Wald Ameisen zu bewundern, die Blattstücke von einem Vielfachen ihrer eigenen Körpergröße herumschleppten. Indien war da keine Ausnahme. Als ich im KMTR mit Soubadra und T Ganesh daran arbeitete, die Baumwipfeltechniken zu implementieren, die dabei helfen sollten, die Artenvielfalt in Indien zu dokumentieren, hatte ich ein paarmal Begegnungen mit unseren Primatenverwandten. Ein wichtiges Projekt drehte sich um Vedippalas, die dominanten Bäume in der Kronenschicht, und die Saisonalität ihrer Fruchtbildung, weshalb es galt, dauerhafte Standorte für ein Monitoring einzurichten. Reichlich nervös kletterten wir über wackelige Baumleitern auf mehrere hohe Äste und saßen dort mitten in einem Trupp unserer entfernten Verwandten, die sich gerade an Früchten gütlich taten. Wie für Tiger sind Vedippalas auch für Bartaffen unverzichtbar als Lebensraum, umso mehr als sich die Primaten von den Früchten dieses Baums ernähren und in seinen Ästen leben, während Tiger in ihrem Aktionsradius auf den Waldboden beschränkt sind. Soubadra riskierte Leib und Leben, um diese riesigen Kronen zu untersuchen, tapfer bestieg sie ihre klapprigen, handgeschnitzten Leitern (die mich an meine wackeligen Gerüste in den schottischen Highlands erinnerten). Die Begegnung mit den Maulaffen war aufregend, und die indischen Waldvögel erweiterten mein Vokabular mit wunderbaren Namen wie Scharlachmennigvogel, Graukopf-Zweigdrossling, Einfarb-Mistelfresser und Weißkehl-Spinnenjäger. Die meisten von ihnen sind Insektenfresser, aber trotz ihrer Vorliebe für Krabbeltiere sind auch sie auf das Überleben der Vedippala angewiesen. Insekten werden von den Früchten des Baums angezogen, Vögel und Reptilien wiederum verspeisen die Insekten, und Affen fressen ihrerseits Insekten, Blätter und Früchte. Ökosysteme sind komplexe Ketten des »Wer frisst wen?«, und die indischen Tropenwälder bilden da keine Ausnahme. Bleibt das Kronendach in diesem Land bei guter Gesundheit, stützt das wiederum emblematische Tiere wie Tiger und Leoparden, und das beweist ein weiteres Mal, zu welch engem Geflecht Ökosysteme in jeder Hinsicht verwoben sind.

Cullenia exarillata ist ein Beispiel für das, was Ökolog:innen eine Schlüsselart nennen, das heißt, sie wirkt sich auf die Gesundheit eines gesamten Ökosystems aus. Ein anderes Beispiel ist der Seestern an der nordamerikanischen Pazifikküste – sein Jagdverhalten verhindert, dass eine einzelne Art in der Gezeitenzone dominant wird und andere Arten verdrängt. Genauso sind Alligatoren Schlüsselarten in Florida und Krokodile in Afrika, sie graben tiefe Wasserlöcher, die in Dürrezeiten anderen Tieren als Tränke dienen. In Indien gelten Elefanten als Schlüsselart, weil sie als Ökosystemingenieure wirken. Wenn sie etwa Bäume entwurzeln, wirkt sich das kaskadenartig auf andere Pflanzenfresser aus, weil es den Blattvorrat dezimiert, die Kronendecke lichtet und bewirkt, dass in den Lücken neue Arten heranwachsen. Da tropische Wälder noch nicht so gründlich untersucht wurden wie viele gemäßigte Ökosysteme, kennen wir dort bisher weniger

Schlüsselarten. Noch immer wissen die Feldbiolog:innen nicht genau, was in den tropischen Wäldern überhaupt alles lebt. Der Begriff der Schlüsselfunktion ist unter Ökolog:innen umstritten, weil sich die komplexen Wechselbeziehungen in Ökosystemen nicht so leicht entwirren lassen. Wird aber eine Spezies als Schlüsselart bezeichnet, erhält sie üblicherweise besondere Aufmerksamkeit im Umweltschutz, denn wenn ihre Bestände abnehmen, wird sich die Landschaft in absehbarer Zeit zwangsläufig verändern oder verarmen.

Die moderne Technik kann heutzutage Informationen binnen Sekunden um die Welt schicken und den Weltraum fotografieren, aber viele Rätsel vor unserer Haustür sind nach wie vor ungelöst. Unerforscht im Hinblick auf die Vedippala sind etwa die Ökologie ihres Samenregens, der Keimungs- und Bestäubungsstrategien sowie sämtliche komplexen Interaktionen der indischen Artenvielfalt in den Kronen dieser Schlüsselbaumart. Sicher hofft ein schwindender Bestand von Tigern und Bartaffen darauf, dass wir uns weiter anstrengen. Ihr Überleben hängt nicht nur davon ab, dass dieser Baum weiterhin Früchte trägt, sondern auch davon, dass wir besser verstehen, wie der gesamte Wald funktioniert. Der *Bangalore Mirror* titelte kürzlich: »Tigersichtung im Sahyadri-Reservat«. Die Sichtung eines einzigen Tigers macht landesweit Schlagzeilen – dabei hatten in diesem Fall Biologen das Tier nicht einmal gesehen, sondern lediglich seinen Kot auf einem Pfad im Reservat genetisch untersucht. Es mag weniger charismatisch klingen, ist aber genauso wichtig, dass nun das Kronendach erforscht wird, unter dem dieser Tiger lebt, und dass wir herausfinden, wie es sich erhalten lässt. Die Welt wäre nie mehr dieselbe, wenn einige der beliebtesten Tierarten Indiens, Tiger oder Elefanten, aussterben würden – wahrscheinlich werden die nächsten Jahre über das Schicksal dieser erhabenen Kreaturen entscheiden.

Ein weiteres großes und charismatisches indisches Tier ist genauso bedroht: das Panzernashorn (*Rhinoceros unicornis*). Ich hatte einmal die Ehre, während eines Geländetrips im Kaziranga National Park mit Soubadra und T Ganesh auf einem Elefanten zu reiten und dabei Nashörner zu zählen. Damals schon zählte man von diesen überwältigenden Tieren weltweit nur 2093 Exemplare, die Wilderer für den chinesischen Arzneihandel jagen. Warum das so ist, erfuhr ich noch vor Beginn der Zählung, als ich zum Abendessen in einem Hotel saß und einem amerikanischen Biologen zuhörte, der damit angab, er habe mit eigenen Augen Nashörner fünfundzwanzig Minuten lang kopulieren sehen, was er als Weltrekord bezeichnete (zumindest für Nashörner). Wenn so mit dieser Ausdauer geprahlt wird – ob es der Wahrheit entspricht oder nicht –, dann assoziieren die Menschen eben Nashörner und vor allem ihr Horn mit sexueller Potenz.

Am Tag der Zählung standen wir im Dunkeln auf, um vor Sonnenaufgang am Parktor unsere im Voraus gemieteten Elefanten in Empfang zu nehmen. Unterwegs hielten wir am Straßenrand bei einem Gaskocher, dessen Besitzer die winzigsten Tassen Tee verkaufte, die ich je gesehen hatte, etwa ein mittelgroßer Schluck mit sehr viel Milch und Zucker. Solchermaßen gestärkt, zogen wir in einen dunklen Nebel, fanden aber bald den Treffpunkt. Gesattelte Elefanten warteten in der Nähe eines Holzgestells, von dem aus wir unsere Reittiere besteigen konnten. Soubadra und ich ritten auf Rakumana (ein Name aus der indischen Mythologie). Im Kaziranga National Park lebte die größte verbliebene Population von Panzernashörnern, zusammen mit der wohl ebenfalls weltrekordverdächtigen Menge von 90 Tigern. Da wir auf heimischen (allerdings gezähmten) asiatischen Elefanten ritten, wurden wir nicht als Menschen erkannt und kamen so bis auf sechs Meter an die Nashörner heran! Es war unglaublich, einer in den Morgennebel gehüllten Mutter und ihrem Jungtier beim Grasen in der hohen Prärie zuzusehen. Bei einem Blick über den Elefantenhintern erhaschte ich einen Streifen Orange und Schwarz, der durch das Unterholz sauste. Ich kann nicht beweisen, dass es ein Tiger war, aber das verschreckte Verhalten eines Schweinshirschen in der Nähe spricht dafür, weshalb ich an meiner Geschichte festhalte. Schon kurz nach Sonnenaufgang fühlte ich mich bereits spirituell mit diesem besonderen Ort verbunden, denn ich hatte von einem Elefantenrücken aus ein paar der einzigartigsten und gefährdetsten Tierarten der Welt gesehen.

Als wir abreisten, streikten gerade die einheimischen Ranger. Es ging um eine Absurdität des Artenschutzes. Da bei einer Zählung kürzlich festgestellt worden war, dass es in diesem Park eine hohe Dichte an Tigern gab, wollten internationale NGOs das Gelände zu einem speziellen Schutzgebiet für Großkatzen ernennen lassen. Würde ihm aber dieser Status zuerkannt, würden für den Park die Besucherzahlen eingeschränkt, was den Einheimischen ihre Arbeitsplätze nehmen würde – einige müssten deshalb womöglich wegziehen. Die Ranger wollten, dass der Park seinen Status als Nashornreservat behielt, mit Tigern wollten sie von Amts wegen nichts zu tun haben. Verloren die Einheimischen ihre Jobs, würden manche von ihnen sich vielleicht der Wilderei zuwenden. Ich konnte gut nachvollziehen, warum indigene Gemeinschaften häufig eine Abneigung gegen internationale Naturschutzgruppen entwickeln, die am anderen Ende der Welt leben und die Problematik vor Ort nicht immer durchblicken. Wegen dieses Konflikts versteckten mich meine Kollegen bei der Abfahrt auf dem Rücksitz unseres Jeeps, damit die indischen Ranger mich nicht etwa als Fürsprecherin der Tiger verdächtigten. Der Park war ein gutes Beispiel dafür, wie sich wohlmeinende internationale Akteure in die Angelegenheiten der Einheimischen einmischen, die versuchen, ihr eigenes Auskommen und den Umweltschutz unter einen Hut zu bringen.

Heute lebt die Mehrheit der Inder in urbanen Gebieten. Die Tatsache, dass Indien 21 Prozent seines primären Waldes erhalten hat, verdankt das Land seinem Respekt vor Bäumen, aber auch einer massiven Landflucht. Mit dem Wachstum der indischen Wirtschaft und seiner Bevölkerung ist der Druck auf die Nutzung der natürlichen Ressourcen gestiegen. Das hat dazu geführt, dass unkonventionelle Partnerschaften ins Auge gefasst werden, um den Umweltschutz zu fördern. In seinem umstrittenen Buch *Die Hälfte der Erde* sprach sich der Biologe E. O. Wilson dafür aus, die Hälfte des Planeten einer Art (den Menschen) vorzubehalten und die andere Hälfte den übrigen 99,9 Prozent der Arten. Auf seiner Liste von »Best Places« für den Umweltschutz stehen auch die Westghats in Indien, und erste Untersuchungen des dortigen Kronendachs bestätigen, dass die Biodiversität in dieser Region wirklich einmalig ist. Die Westghats illustrieren auch, welch starke Spiritualität Indien mit seinen Bäumen verbindet. Die indigenen Bewohner sind überwiegend Hindus, deren Schrift *Bhagavad Gita* lehrt, die Natur zu ehren. In Indien gibt es weltweit die größte Dichte an heiligen Hainen, etwa 100 000 bis 150 000 Bestände. Die Verehrung von Naturikonen hat in Indien eine lange Tradition, und noch heute entzünden Hindu-Familien als spirituelle Geste Lampen unter einem heiligen Baum. In den meisten Tempeln und Dörfern steht mindestens ein großer Feigenbaum (*Ficus religiosa*), auch Pipal-, Bo- oder Bodhibaum. *F. religiosa* war der Baum, den Lord Krishna der *Bhagavad Gita* zufolge als irdische Residenz annahm. Möglicherweise flößte dieser Begriff des heiligen Baums den britischen Herrschern so viel Respekt vor der Religion der Indigenen ein, dass sie davon absahen, die indischen Primärwälder abzuholzen. Auch die Königskobra (*Ophiophagus hannah*) war eine Gottheit, die mit vielen heiligen Hainen von Gemeinschaften niederer Kasten verbunden war und die Menschen warnte, sie ja nicht zu töten. Diese Verbundenheit von Religion und Natur zeigt, wie Glaubensinhalte direkt zum Schutz bedrohter Arten beitragen können.

Indiens natürliche Ressourcen sind unverbrüchlich mit der Religion verbunden, und das ist gut so. Heute werden viele heilige Haine von Hindu-Familien oder Tempelbetreibern gemeinsam gemanagt, und allein im Bundesstaat Kerala in den südlichen Westghats gibt es über 5000 solche Waldfragmente. Die Überführung solcher heiliger Haine in staatseigene Schutzzonen ist inzwischen ein gangbarer Weg, um im 21. Jahrhundert kontinuierlichen Schutz zu gewährleisten. So bot die Regierung von Kerala etwa finanzielle Unterstützung für Einzäunung und Erhalt von über 5000 heiligen Hainen im ganzen Bundesstaat an. Der Schutz vieler indischer Bäume geht also bis heute auf spirituelle Gründe zurück, während in vielen westlichen Ländern vor allem der monetäre Holzwert zählt. Das religiös motivierte, alles überwölbende Umweltschutzmantra stellt die Waldwissenschaftler:innen vor Herausforderungen, die den Wert der Wälder nach neuen Maßstäben zu erfassen versuchen. Vielleicht könnte man die in den heiligen Hainen gesprochenen Gebete in irgendeiner Form zu barer Münze machen?

Während die Welt lernt, den Wert der Bäume anders zu bemessen als über den Holzertrag, kommen in Indien Initiativen in Gang, mit denen CO_2-Emissionen ausgeglichen werden sollen. 2019 veranstaltete der Bundesstaat Uttar Pradesh eine vierundzwanzigstündige Baumpflanzaktion, in deren Rahmen die Bürger über 220 Millionen Sämlinge pflanzten (mindestes einen pro Einwohner in dieser dicht besiedelten Region) – praktisch ein Weltrekord für einen so kurzen Zeitraum. Wälder gelten inzwischen als wichtige Waffe im Kampf gegen den Klimawandel – dazu hat auch die Baumkronenforschung beigetragen, indem sie exakte Daten zur von Bäumen geleisteten Kohlenstoffaufnahme und -speicherung erhoben hat. Schätzungen zufolge kann eine Milliarde Bäume 25 Prozent des aktuellen CO_2-Ausstoßes absorbieren, und ein Viertel dieser Anzahl hat Indien bereits an einem einzigen Tag gepflanzt. Natürlich sind Altbestände bei der Kohlenstoffbindung am effizientesten, weil ihre dicken Stämme und Kronen mehr Speicherplatz bieten, aber irgendwann sind auch die Sämlinge, die in Uttar Pradesh gepflanzt wurden, ausgewachsen. Dieses verschärfte Augenmerk aufs Pflanzen neuer Bäume ist eine kluge Investition in die Zukunft Indiens – und dringend erforderlich in einem Land mit über 1 Milliarde Einwohner.

Vedippala

(Cullenia exarillata)

DER SCHOTTISCHE BOTANIKER ROBERT WIGHT definierte die Gattung *Cullenia* nach einem Exemplar, das in Indien nahe Coimbatore, Madras, gesammelt wurde, und er unterschied sie von der Gattung *Durio*, den nächsten Verwandten, weil er beobachtete, dass die Zipfel an der Spitze der Staubblattröhre bei *Cullenia* viel länger sind. Die Arten gehören zur Familie der Bombacaceae. Zu dieser weltweit vertretenen Familie von tropischen Bäumen gehören auch der Florettseidenbaum und der Kapokbaum. Das erste beschriebene Exemplar einer neuen Art bezeichnet man in der Botanik als Typus – es definiert die Grundlagen der Bestimmung. Typenbelege werden in Herbarien und Naturkundemuseen sorgsam verwahrt. In einer jüngeren Veröffentlichung wurde *Cullenia* einer Revision unterzogen, um nach umfassender Analyse der morphologischen Variationen die Klassifizierung der Gattung zu aktualisieren. Zur Illustration des kaum zu entziffernden Fachjargons solcher taxonomischen Beschreibungen hier der revidierte botanische Text:

Hohe Bäume, immergrün, Zweige lepidot, *Blätter* wechselständig, gestielt, Nebenblätter vorzeitig abfallend, Blattspreite einfach, ganzrandig, auf der Oberseite kahl, auf der Unterseite mit zahlreichen, sich überlappenden, papierartig-hyalinen, peltaten Schuppen besetzt. *Blüten* verzweigt, dicht büschelig an Blütenpolstern des Altholzes, gestielt, die Blütenstiele nahe der Mitte gegliedert, lepidot; Epicalyx valvat, am Apex unregelmäßig 3- bis 4-lappig, auf einer Seite zur Basis hin gespalten und abfallend, lepidot; Calyx valvat, apikal mehr oder weniger unregelmäßig 5-zähnig, fleischig, abfallend, außen lepidot, die Schuppen peltat, filzig, papierartig-hyalin und überlappend; Korolla fehlend; Staubblattröhre 5-zähnig-lappig bis 5-lappig, jeder Lobus mit 7 bis 11 Stamina entlang der Ränder; Stamina mit kurzen Filamenten, die Konnektive unregelmäßig kugelig bis keulenförmig, bedeckt mit zahlreichen gestielten unilokulären Theken, diese mehr oder weniger kugelförmig, dicht mit winzigen, abfallenden Warzen bedeckt, sich entlang eines ringförmigen Mittelspalts öffnend.

André Robyns, »Revision of the Genus *Cullenia Wight* (Bombacaceae-Durioneae)«, in: *Bulletin du Jardin botanique National de Belgique* 40, Nr. 3 (1970), S. 241–254.

Am Anfang meines Botanikstudiums konnte ich ohne botanisches Wörterbuch, das mir jeden Fachbegriff in Alltagssprache übersetzte, nicht überleben. Doch mit viel Übung bekamen all diese Ovarien, Pistilla und Stamina eine sehr genaue Bedeutung, weil viele Botaniker über Jahrhunderte an der taxonomischen Nomenklatur gefeilt hatten. Es stellt eine enorme Herausforderung für Feldbiologen dar, in der Natur neue Arten zu finden, aber genauso einschüchternd ist die Aufgabe, all diese Entdeckungen zu klassifizieren. Man kann ein ganzes Leben damit verbringen zu lernen, wie sich Ökosysteme erforschen und Arten entdecken lassen, und noch einmal ein ganzes, um ihre Klassifizierung zu beherrschen. Die Taxonomie der Pflanzen (und aller anderen Vertreter der Biodiversität) ist ständig in Bewegung. Mit der Entwicklung leistungsfähigerer Mikroskope und verbesserter DNA-Techniken wird der Baum der Evolution ständig revidiert, aktualisiert und manchmal regelrecht für falsch erklärt. Die Gattung *Cullenia* mit ihren drei Arten scheint aber stabil, *C. exarillata* bleibt in den indischen Wäldern eine Schlüsselart.

Die Taxonomie der Vedippala ist also bekannt – ihre Ökologie dagegen nicht. Dabei ist diese Ikone des indischen Waldes nicht nur eine Schlüsselart, sie unterhält offenbar auch überlebenswichtige Mutualismen mit ihren Bestäubern, also Flughunden, Vögeln und mehreren Säugetieren. Noch einmal: In den Baumkronen Indiens wurde noch nicht genügend geforscht, um die komplexen Interaktionen in ihren Waldökosystemen ganz zu verstehen. *Cullenia* ist nicht nur Lebensraum für viele Tiere, sondern birgt zudem 40 Prozent der bekannten Epiphyten des Landes, ihre Krone ist also ein wahres Epizentrum der floralen Biodiversität. Die essbaren fleischigen Kelchblätter ihrer Früchte geben eine Mahlzeit für einige der größeren Bestäuber ab, etwa Lippenbären und Zibetkatzen. Andere baumlebende Tiere fressen die Früchte, so Nilgiri-Languren, Bartaffen, Hanuman-Languren, Königsriesenhörnchen, Indische Palmenhörnchen und Nagetiere. Ihre Früchte fallen auf den Boden oder in Flüsse, wo sie von weiteren hungrigen Gangs erwartet werden – Insekten, Weichtiere, Krabben, Fische, Nagetiere, Eichhörnchen und am Boden lebende Vögel. Weitere emblematische Tierarten nutzen die Baumschicht der Vedippala als Dach ihres eigenen Habitats in der Strauchschicht, etwa Tiger, Leoparden und Asiatische Elefanten. Kent H. Redford prägte den Begriff vom »leeren Wald«, dem zufolge durch Abholzung und Fragmentierung isolierte Baumbestände ohne Biodiversität entstehen, weil Insekten und Vögel sie nicht mehr besiedeln können – der Erholungsprozess ist sehr langwierig. Damit die Vedippala weiterhin als Indiens Arche Noah so vielen Arten Zuflucht bieten kann, muss sie weiter als Zielart des Artenschutzes in gesunden Beständen leben können. T Ganesh und Soubadra, die im dynamischen Duo an den Bäumen in Indien umfangreiche Feldforschung betreiben, stehen für die menschliche Version des »Typenbelegs« als neuer Stamm von Artenschützern, die ohne großzügige Budgets, öffentliche Förderung oder Unterstützung von Verbänden arbeiten. Diese kleinen Teams und ihre rastlose Arbeit in Ländern mit knappen Budgets für die Waldforschung sind das Lebenselixier des globalen Artenschutzes. Solche Einzelkämpfer arbeiten auch in Sri Lanka, Kamerun, Äthiopien, Bhutan und vielen anderen Biodiversitäts-Hotspots. Sie sind die verkannten Helden unseres Planeten, und ich bemühe mich, sie zu unterstützen, indem ich Tools, Ideen, Unterstützung und internationale Zusammenarbeit biete.

9

EIN BAUMKRONEN-BIOBLITZ

◇◇◇

Wie wir in zehn Tagen 1659 Arten im Tropenwald von Malaysia zählten

Der Hügel lag in einem dichten Wattebausch aus Nebel, der all die Bäume geradezu mystisch umhüllte. Der Kletterspezialist Tim Kovar, den ich seit Jahren als arbornautischen Partner rund um die Welt geschleift hatte, konnte da oben kaum Äste orten, aber er spannte seinen Big Boy und schoss. Der Wurfbeutel flog nach oben und über einen kräftigen Ast eines Dunkelroten Meranti (*Shorea curtisii*). Unser erster Baum der namhaften südostasiatischen Familie der Flügelfruchtgewächse war mit einem Kletterseil ausgerüstet! Der erste Aufstieg war ein fast spirituelles Erlebnis. Wir gelangten bis in die weiße Decke, die den Penang Hill umhüllte. Unter uns schimpfte ein Trupp Makaken – vielleicht weil wir in ihr Zuhause eingedrungen waren? An einem anderen Tag beehrte uns während unseres Aufstiegs ein kleiner Verband Südliche Brillenlanguren, und von seinem benachbarten Ruheplatz spähte ein scheuer Gleitflieger herüber. Der Wald von Malaysia, dessen Kronen (meist aus der Familie der Flügelfruchtgewächse oder Dipterocarpaceae) sich hoch in den Himmel recken, brummt von Leben, doch viele seiner größten Geheimnisse sind nach wie vor nicht gelüftet, gehören zum unerforschten Teil des achten Kontinents.

Wie also kam ich nach Südostasien, um mich am Artenschutz für Flügelfruchtgewächse zu beteiligen? Wenn man »Baumkronenforschung« oder *»canopy biology«* googelt, erscheint mein Name als einer der ersten. So zumindest fand mich eine kanadische Baufirma. Sie steckte in einer Klemme: Ein Kunde wollte den Standort eines geplanten Walkways wissenschaftlich begutachten lassen. Ob ich bereit wäre, nach Penang in Malaysia zu fliegen und eine wissenschaftliche Bewertung des vorgeschlagenen Standorts vorzunehmen? 1996 hatte ich im Botanischen Garten von Bogor in Indonesien Kletterkurse gegeben und gestaunt, wie zwei dort ansässige Kolleginnen, Sofi und Mati, es fertigbrachten, mit ihren traditionellen Hüten samt prächtiger, wallender, aber total unpraktischer Kleidung zu klettern. 2013 hatte mich die Familie des Sultans von Johor in Malaysia als Keynote Speaker zum landesweiten Artenschutztag eingeladen. Und noch früher war ich unterwegs nach Sydney auf dem Flug, der meine Promotionsabenteuer einweihte, in Kuala Lumpur zwischengelandet. Mich begeisterte der Gedanke, noch einmal die größten Bäume der Welt besuchen zu können, und noch glücklicher machte mich, dass ich den Bau eines neuen Walkways wissenschaftlich begleiten sollte.

Wenige Monate später lebte ich in einer ganz neuen Welt: Ich hatte ein Walkway-Projekt in Penang und stand vor der Herausforderung, eine Biodiversitätsstudie im dortigen tropischen Wald vorzunehmen, und zwar innerhalb eines lächerlich kurzen Zeitraums, um einer Bewerbungsfrist für die Nominierung des Geländes als UNESCO-Weltnaturerbe zu entsprechen. Dass dieses Artenschutz- und Ökotourismus-Projekt überhaupt zustande kam, war dem Engagement der lokalen Unternehmerfamilie Cockrell zu verdanken, die die Habitat Foundation betrieb und aus Begeisterung für die heimischen Wälder den Baumwipfelpfad in Penang finanzierte. Das war meine erste Erfahrung mit einem großen Artenschutzprojekt für ein Wirtschaftsunternehmen – eine großzügige Spende kann so ein Unterfangen sehr viel schneller auf die Beine stellen als der althergebrachte, leider so ineffiziente Prozess von Fördermittelanträgen, neuen Fördermittelanträgen, unweigerlichen Budgetkürzungen und dem erneuten Einreichen des Fördermittelantrags. Es war mir immer noch wichtig, die Methoden zur Erschließung der Baumkronen in anderen Ländern einzuführen, und gleichzeitig bemühte ich mich, mehr Konkretes im Artenschutz zu bewirken, statt nur abstrakte Waldforschung zu betreiben. In Indien hatte ich gelernt, wie wichtig es ist, die Arbornautik an andere Länder zu vermitteln. Am Amazonas hatte ich gelernt, was sich alles mit der Einbindung von Citizen Scientists erreichen lässt. Und in Äthiopien hatte ich gelernt, Erfolg an Quadratmetern geretteter Waldfläche zu bemessen und nicht einfach nur technische Daten für wissenschaftliche Publikationen zu sammeln. In Malaysia arbeitete ich nun nicht nur mit einem Unternehmen zusammen statt mit den üblichen öffentlichen Geldgebern, sondern ich integrierte auch eine neue Arbeitsweise, für die wir die Unterstützung des Publikums nutzten: den BioBlitz zur Erhebung der Artenvielfalt.

Für einen BioBlitz werden in einem kurzen Zeitraum von einem Kollektiv schnelle Artenzählungen durchgeführt – der erste fand 2006 statt, als ein paar Kinder in Washington, D. C., Neunpunkt-Marienkäfer suchten. In Nordamerika existieren etwa 500 Marienkäferarten mit jeweils verschiedenen Färbungen und unterschiedlich vielen Punkten. Im 20. Jahrhundert herrschte großenteils der Neunpunkt-Marienkäfer vor, in New York wurde er sogar zum Staatsinsekt erklärt. Doch dann begann der invasive europäische Siebenpunkt-Marienkäfer, die heimische Art schnell und aggressiv zu verdrängen. Daher wurde das Lost Ladybug Project initiiert, das einen Sommer lang Sichtungen des gefährdeten Neunpunkt-Marienkäfers dokumentierte. Motiviert von diesem Projekt, entdeckten zwei Kinder, Jilene und Jonathan Penhale, in der Nähe ihres Wohnhauses im Norden Virginias einen Neunpunkt-Marienkäfer. Daraufhin fanden sich Hunderte Freiwillige, um nach weiteren Individuen zu suchen, und diese Suche gilt als erster BioBlitz: Viele Freiwillige durchsuchten in einem bestimmten Zeitrahmen eine definierte Fläche. Leider wurden an diesem Standort keine weiteren Exemplare gefunden. Auf Long Island hingegen entdeckte man in späteren Zählungen noch überlebensfähige Populationen. Auf einem Onlineportal konnten die Teilnehmer über vierzig verschiedene Fotos von Marienkäfern mit neun Punkten versammeln. Heute kommen bei ähnlichen Zählungen manchmal Tausende Bilder zusammen, aber der Neunpunkt-Marienkäfer war ein wichtiges Pilotprojekt.

Inzwischen sind BioBlitze eine bewährte Methode, bei der Naturfreunde und professionelle Feldbiolog:innen sich zusammentun und in einem kurzen Zeitraum Arten finden, identifizieren und zählen. Werden Fotos der Arten sowie ihre Bestimmungsdaten in soziale Medien gespeist, steigert das noch den Wert dieser Zählungen, weil die Ergebnisse weltweit öffentlich zugänglich werden. Für mich kam dieses Konzept wie gerufen, denn ich begeisterte mich ja gleichzeitig für Wissenschaftskommunikation und die Herausforderung, in komplexen Waldlebensräumen Arten ausfindig zu machen. Schon der Einsatz von Citizen Scientists war eine bahnbrechende Neuerung. Allerdings konstatierte kürzlich eine wissenschaftliche Auswertung in der Zeitschrift *Frontiers in Ecology and the Environment,* dass BioBlitze in Industrieländern viel weiter verbreitet sind, vor allem weil die Menschen dort mehr Freizeit und leichteren Zugang zum Internet haben, wo sie ihre Daten veröffentlichen können. Umso wichtiger ist es, auf mehr Inklusion in den Naturwissenschaften hinzuarbeiten, indem wir uns auch außerhalb von Europa und Nordamerika bemühen, die Öffentlichkeit besser einzubinden.

In Penang lernte ich meine Kunden kennen – eine Familie mit Wurzeln vor Ort, die ein internationales Firmenkonsortium besaß. Diese Leute waren zugleich Entwickler und Geldgeber für den geplanten Laufsteg. Sie wollten ihrer Heimat etwas zurückgeben, indem sie einen Ökopark bauten, der die Öffentlichkeit über tropische Regenwälder aufklären sollte; zugleich waren sie der Ansicht, dass der Fokus auf die Baumkronen auch ökonomisch Sinn machte, weil er Besuchern ein einzigartiges Erlebnis im Regenwald bot. Es war meine allererste Beteiligung bei einem Artenschutzprojekt, für das Privatleute einfach einen dicken Scheck ausgestellt hatten. Ich sollte dafür sorgen, dass das Projekt für Wissenschaft und Artenschutz echte und nachhaltige Ergebnisse erbrachte.

Als Erstes ging es darum, den Standort für den geplanten Walkway zu sichten und das didaktische Potenzial an der Strecke auszuloten. Als die kanadische Baufirma mit Verzögerungen zu kämpfen hatte, half ich zweitens mit Erkenntnissen, die ich beim Bau früherer Laufstege erworben hatte. Sie errichteten hier nicht einen, sondern zwei Laufstege unter Verwendung eines speziellen Konstruktionstyps, einer sogenannten Spannbandbrücke, die acht Millionen Malaysische Ringgit (RM) kostete (etwa 1,8 Millionen Dollar). Diese Hängebrücke besitzt ein Betonbett und kann daher gleichzeitig mehrere Hundert Menschen tragen. Es schien ein kaum zu bewältigendes Projekt, aber am Ende standen da zwei elegante Brücken von 135 Metern Spannweite und fast 40 Metern Höhe und dazwischen eine große Plattform. Ich hielt für das pädagogische Team mehrere Kurse und Probegänge ab und gab ihnen Geschichten und Fakten über den achten Kontinent mit, die sie im Alltag als Guides für ihre Erklärungen brauchen würden.

Drittens wollten die Geldgeber wissen, wie sie dafür sorgen konnten, dass ihre Walkways als erstklassige Standorte zur Baumkronenforschung beitrugen. Ich schlug drei Punkte vor: 1. Erfassung der Biodiversität durch ein internationales Team in Zusammenarbeit mit einheimischen Wissenschaftlern, um den Primärwald und seine Bedeutung sichtbar zu machen; 2. Erhalt der Landschaft durch einen dauerhaften Schutzstatus; 3. Gründung einer Forschungsstation mit Zugang in die Baumkronen, die Biolog:innen für Langzeitstudien anlocken würde. Ein oder zwei dieser Komponenten hatte ich bereits an anderen Standorten implementiert, aber nie hatten alle drei bei einem Projekt derart gut ineinandergegriffen. Und plötzlich fand ich mich dabei wieder, wie ich eine Biodiversitätserfassung mitorganisierte, mich für die Nominierung als UNESCO-Weltnaturerbe einsetzte und mich als Beraterin für eine künftige Forschungsstation betätigte.

Seit Charles Darwin bei seiner Expedition mit der *Beagle* in den Tropen Tausende Arten sammelte, ist Biodiversität gleichbedeutend mit Gesundheit und Resilienz von Ökosystemen. Doch im Vergleich zu Genetik, Landwirtschaft oder gar Astronomie hat sich die Methodik für die Erfassung tropischer Arten in den letzten Jahrzehnten kaum weiterentwickelt. Im 20. Jahrhundert entwarf Conservation International sein Rapid Assessment Progam (RAP), für das Expertenteams engagiert werden, um weltweit verschiedene Ökosysteme zu untersuchen und festzustellen, welche Lebensräume am dringendsten gerettet werden müssen. Das Konzept der Citizen Science vergrößert im 21. Jahrhundert Rahmen und Umfang von Biodiversitätsstudien in Form von Schnellzählungen, die wir heute als BioBlitz bezeichnen, wenn die Öffentlichkeit beteiligt ist. Mit Unterstützung von Freiwilligen können Artenzählungen in Stadtparks, an Stränden oder in fast jedem Ökosystem in einem begrenzten Zeitraum durchgeführt werden, um den Artenschutz zu fördern oder gefährdete Arten zu erfassen. Damit wird die Öffentlichkeit ins Boot geholt, und zusätzlich lassen sich über Smartphone-Apps wie iNaturalist Daten zu den einzelnen Arten in Social-Media-Plattformen einspeisen, die wiederum Forscher:innen und professionelle Artenschützer:innen als Grundlage nutzen können. Als Leiterin der naturwissenschaftlichen Abteilung eines kalifornischen Naturkundemuseums durfte ich im Rahmen unserer wissenschaftlichen Arbeit die App iNaturalist gründen und auf den Weg bringen. Inzwischen trägt die Anwendung zum guten Ruf dieses Teams in Universität- und Museumskreisen bei. Heute wird sie gemeinsam mit *National Geographic* betrieben, und dank deren internationaler Reichweite konnte die App sich weltweit etablieren.

Der Ökopark The Habitat am Penang Hill im malaysischen Bundesstaat Pulau Pinang lockt Besucher aus der Stadt auf seinen Naturpfad, die beiden Spannbandbrücken (den sogenannten Langur Way) und einen weiteren hoch gelegenen Parcours aus mehreren Seilrutschen. Gemeinsam machten sich die Gründer von The Habitat, Forscher von der lokalen Universität und Regierungsvertreter daran, für die anliegenden 7285 Hektar Wald sowie 5196 Hektar vorgelagertes Küstengebiet die Nominierung als UNESCO-Naturerbe zu beantragen. Diese Biosphärenreservate sind Gebiete mit aquatischen oder terrestrischen Ökosystemen, die im Rahmen des UNESCO-Programms »Der Mensch und die Biosphäre« (MAB) international anerkannt werden. Sie sollen Vernetzungen zwischen Mensch und Natur fördern, weshalb aussichtsreiche Standorte über biologische und kulturelle Ressourcen verfügen müssen. Typisch für die Region um Penang Hill ist primärer tropischer Tiefland-Regenwald mit einer Dominanz von Bäumen aus der Familie der Flügelfruchtgewächse. Es war ein verlockender Auftrag herauszufinden, welche Arten diese Hänge bewohnten, und einheimische sowie internationale Experten anzuwerben, die die Hügel und ihre Riesenbäume von oben bis unten durchkämmen sollten.

Trotz der guten Anbindung an eine Großstadt mit einer angesehenen Universität war am Penang Hill bisher noch nie eine biologische Artenzählung durchgeführt worden. Während meines ersten Besuchs, bei dem ich die Geldgeber und ihr Gelände kennenlernte, organisierte ich auch Meetings in der Universiti Sains Malaysia (USM), der wichtigsten naturwissenschaftlichen Institution des Landes, und hielt einen Vortrag über das Kronendach und die unglaubliche Biodiversität, die es hier in Malaysia zwangsläufig barg. Kurz darauf wurde ich vom Institut für Biologie als Forschungsprofessorin eingeladen, ein unbezahlter, aber angesehener Titel. Seit diesem ersten Seminar pflege ich eine enge Zusammenarbeit mit der USM, und dank ihrer Begeisterung gründeten wir eine Arbeitsgruppe zur Planung eines BioBlitz als ersten Teil eines dreistufigen Plans, der Penang Hill zu einem internationalen Forschungszentrum ausbauen sollte. Der institutionelle Geldgeber stellte mir großzügige Mittel zur Verfügung, um Teilnehmer einzuladen, bei umsichtiger Planung konnten wir damit Aufenthalte für etwa 30 internationale Wissenschaftler:innen und weitere fünfzig Biologen:innen und Studierende der USM finanzieren, außerdem ein paar Regierungsvertreter:innen und das Personal des Ökoparks. Sorgfältig planten wir, wie wir heimische Forscher:innen mit internationalen Experten:innen zusammenbringen konnten, damit sich aus der punktuellen Zusammenarbeit auch künftige Gemeinschaftsprojekte entwickeln würden. Ich verfasste einen weiteren Fördermittelantrag, um eine Gruppe Teenager zu finanzieren, die per Livestream eine virtuelle Feldexpedition in Schulen auf der ganzen Welt übertrugen. Insgesamt hatte die Expedition 117 Teilnehmer. Natürlich hatten wir mit logistischen Herausforderungen zu kämpfen. Ein paar Forscher:innen wollten mehr Gelder, als das Gesamtbudget zuließ, manche wollten ihre Kinder mitbringen (was in Ordnung war, aber zusätzliche Vorbereitung erforderte, um während der Geländearbeit ihre Sicherheit zu garantieren), wieder andere wollten nach dem BioBlitz einen Urlaub anhängen, was ebenfalls in Ordnung war, aber zusätzlichen logistischen Aufwand machte, um die Sammelbelege zeitnah zu versenden. Insgesamt verlief alles relativ glatt, wenn man bedenkt, wie groß und wie vielfältig unsere Gruppe war.

Nachdem wir existierende BioBlitz-Protokolle studiert hatten, verbesserten wir deren Vorgehensweise in sechs Punkten: 1. wir führten umfassende Sammlungen im gesamten Wald von den Baumkronen bis in den Boden durch und nicht nur Zählungen auf dem Waldboden; 2. wir warben Expert:innen an, die alle großen Artengruppen von Bärtierchen über Pilze bis zu Plumploris klassifizieren konnten; 3. wir begründeten strategische Partnerschaften zwischen malaysischen Expert:innen und internationalen Wissenschaftler:innen; 4. wir diversifizierten das

Team mit Studierenden, Citizen Scientists, Regierungs- und Universitätsvertreter:innen sowie Taxonom:innen; 5. wir luden zu einem erheblichen Anteil Frauen und Vertreter von Minderheiten ein; 6. über Social Media kommunizierten wir die Ergebnisse rund um die Welt. Der vorhandenen Literatur war zu entnehmen, dass bisher noch kein einziger BioBlitz all diese Ziele auf einmal erreicht hatte. Die Planung dauerte ein Jahr, sie umfasste auch die Organisation von zwei Forschergipfeln in Penang, um die Einheimischen für das Projekt zu begeistern. Zehn Tage lang lief dann das eigentliche Ereignis, und zwei weitere Jahre lang wurden die Ergebnisse ausgewertet, wobei einige neue Arten bis heute noch auf ihre wissenschaftliche Klassifizierung warten, wahrscheinlich weil sie bei irgendwelchen überarbeiteten Wissenschaftler:innen auf dem Schreibtisch liegen. Ein perfektes Beispiel für den taxonomischen Engpass, in dem wir uns befinden, und eine Erklärung für die wiederholt zu hörende Klage von Forscher:innen, dass einige Wälder längst zerstört sein werden, bevor ihre Artenvielfalt überhaupt dokumentiert wurde.

In Vorbereitung auf das Ereignis engagierten wir ein unerschrockenes Team einheimischer Waldkenner:innen, das den Hügel untersuchen und eine Liste mit den Bestimmungsmerkmalen der wichtigsten Baumarten verfassen sollte – das war wichtig, um die Lokalisierung eines fressenden Insekts oder eines in einer Krone nistenden Vogels angeben zu können. In Malaysia sind bei jeder Entscheidung in der Landespflege die Behörden beteiligt, weshalb ich außerdem viele Stunden in großen Räumen mit (meist männlichen) Beamten verbrachte und die Einzelheiten der UNESCO-Bewerbung besprach. Die Ergebnisse des BioBlitz sollten der Kandidatur beigefügt werden. Neben der UNESCO-Akte erforderte auch die Leihgabe bestimmter Belege an ausländische Institutionen, die sie bestimmen sollten, viel Papierkram, damit beim Versand alles legal zuging. Es ist sehr wichtig, dass sich ausländische Forscher:innen beim Sammeln von Belegen an die lokalen Bestimmungen halten, das gilt nicht nur in Malaysia, sondern auch in vielen anderen Ländern. Eine UNESCO-Nominierung muss immer von der Regionalregierung eingereicht werden, weshalb zahlreiche Behörden sowie die Universität während der Artenzählung aktiv an der Erstellung des Antrags beteiligt waren.

Es schadete nicht, dass ich außerdem schon länger mit der Sultanin von Johor befreundet war, einer der größten Förderinnen des Artenschutzes in Malaysia. Drei Jahre zuvor hatte ich als Keynote Speaker auf dem lokalen Artenschutztag gesprochen, den die königliche Familie und insbesondere die Regentin ausrichteten: Bevor ich angereist war, hatte ich sorgfältig ihren offiziellen Namen auswendig gelernt: Raja Zarith Sofiah Binti Sultan Idris Shah, Gattin von Sultan Ibrahim Ismail von Johor. Nach dem Vortrag verbürgte sich Raja Zarith Sofiah öffentlich dafür, den Lohn der Parkpolizei zu erhöhen, um Wilderei weniger attraktiv zu machen, weil die Jobs nun mit dem mithalten konnten, was man auf dem Schwarzmarkt für Tiger verdienen konnte. 2014 gab es in Malaysia nur noch weniger als 300 Tiger, doch Wilderer konnten für ein Exemplar immer noch 50 000 RM bekommen. Gleichzeitig forderte die Sultanin die Regierung auf, die Strafen für Wilderer zu erhöhen, und ermunterte NGOs dazu, für mehr Umweltschutzbewusstsein zu werben. Bis heute setzt sie sich unermüdlich für den Artenschutz ein.

Mit Blick auf den Waldschutz hat Malaysia mehr Kämpfe auszutragen als nur den gegen die Tigerwilderei. Eine der größten Bedrohungen ist aktuell die Palmölindustrie, die 2017 einen Nettogewinn von 59 Milliarden Dollar erzielte und weiterhin auf Expansion setzt. Indonesien und Malaysia liefern mehr als drei Viertel der globalen Palmölproduktion, allerdings drängen inzwischen auch Brasilien und Afrika auf den Markt. In Asien wurden riesige Flügelfruchtwälder diesem Agrarprodukt geopfert, das für diverse Zwecke in der Industrie sowie in der Lebensmittelherstellung zum Einsatz kommt. Die meisten Konsumenten merken nicht einmal, wenn sie Palmöl kaufen – sie wissen auch nicht, was

Palmöl ist oder was es die Erde kostet, es ist in Tausenden Alltagsprodukten enthalten, von Shampoo über Fast Food und Seife bis hin zu Plastik und Backwerk. Ein weiterer Todesstoß für die malaysischen Wälder war die Einführung von Biotreibstoffen, weil enorme Waldflächen in Erwartung eines kommerziellen Marktes abgeholzt wurden. Nach dem Kahlschlag dieser tropischen Primärwälder wurden riesige Palmölplantagen (*Elaeis guineensis*) angelegt, in denen die ursprünglich afrikanische Art in ausgedehnten Monokulturen angepflanzt wurde. Häufig werden für diese Plantagen Urwälder brandgerodet, und in den letzten zehn Jahren kam es in Südostasien wegen der Palmölplantagen zu den weltweit größten Bränden.

Flügelfruchtgewächse sind das Herzstück der malaysischen Waldökosysteme und auch für mich der ursprüngliche Anstoß, mich überhaupt mit Tropenökologie zu beschäftigen. Der Betreuer meiner Masterarbeit in Schottland, Peter Ashton, war ein weltweit bekannter Experte für Flügelfruchtgewächse, und einen großen Teil seiner Geländearbeit führte er in Malaysia durch. Diese Baumfamilie dürfte wohl die wirtschaftlich wichtigste Holzpflanze der Welt stellen. Während ich in den kalten schottischen Highlands bibbernd versuchte, von meinem klapprigen Gestell aus die Entwicklung der Birkenknospen zu verfolgen, arbeitete Peter in den schwülheißen Tropen. Im Sommer (der aber auch nicht immer besonders warm war) kehrte er dann nach Schottland zurück. Mit seinen Erzählungen von diesen großen, charismatischen Bäumen in Malaysias feuchtwarmen Wäldern entfachte er mein Interesse für die Tropen. Während meiner Promotion in Australien bekam ich die Flügelfruchtgewächse dann indirekt wieder auf den Radar. Mein Doktorvater, der renommierte Ökologe Joe Connell, und ich zerbrachen uns fünf Jahre lang den Kopf über die Tatsache, dass einige Wälder von einer einzigen Art dominiert werden – so die australischen Bestände von *Nothofagus moorei* und weite Landstriche voller Eukalypten, daneben *Mora* in Trinidad, *Pentaclethra* in Costa

Rica und natürlich die Flügelfruchtgewächse in Südostasien. Wie kann in einer Welt mit über 60 000 Baumarten eine Art derart ihren Lebensraum beherrschen? Für die meisten Ökolog:innen sind die Tropen gleichbedeutend mit hoher Artenvielfalt, und Biolog:innen aus den gemäßigten Zonen reisen über große Entfernungen an, um in Äquatornähe hochdiverse Bestände zu untersuchen. Sorgfältig identifizierten nun Joe und ich in einer Langzeitstudie jeden einzelnen Sämling und Baum an verschiedenen australischen Standorten, und mit der Zeit wurde klar, dass viele Bestände tatsächlich monodominant waren. Ich hatte gerade drei Jahre lang an der Antarktischen Südbuche geforscht, die fast 95 Prozent der noch existierenden kühl-temperierten Regenwaldbestände stellte. Der einzige gemeinsame Faktor, den Joe und ich für diese dominanten Arten ausfindig machen konnten, war ihre unterirdische Symbiose mit bestimmten Mykorrhiza-Pilzen, die ihnen offenbar einen Wettbewerbsvorteil verschaffte. Diese Pilze leben in Partnerschaften mit bestimmten Arten und bieten einen zusätzlichen Mechanismus zur Aufnahme von Wasser und Nährstoffen aus dem Boden. Selbst für eine Baumkronenexpertin war es eine aufregende Erkenntnis, dass die Erklärung unter der Erde lag, und sie veränderte meine Wahrnehmung der Wachstumsdynamik des gesamten Baums.

Gemeinsam veröffentlichten Joe und ich einen Artikel, in dem wir die Hypothese aufstellten, dass einige Arten sich im Konkurrenzkampf gegen andere durchsetzen und dominant werden, weil sie Mykorrhiza-Symbiosen eingehen. Dazu nannten wir Beispiele in tropischen und gemäßigten Zonen. Nach der Publikation 1987 testeten viele Doktoranden unsere Theorie an verschiedenen Standorten (und bestätigten sie!). Seither wurden neue Methoden entwickelt, um Wurzeln genauer zu untersuchen, und heute weiß man, dass Bäume über ihre Wurzelhaare »kommunizieren«. In einigen sommergrünen Laubwäldern, zum Beispiel im Pazifischen Nordwesten der USA, teilt ein reifer sogenannter Mutterbaum seine Ressourcen über unterirdische Verbindungen mit seinen Sämlingen. Man kann also sagen, dass in diesen Böden über ein komplexes Wegenetz aus Mykorrhiza-Pilzen und Wurzelhaaren Unterstützungsleistungen von den Eltern an ihre Nachkommen fließen.

Tropische Bestände mit geringer Diversität sind in dieser Hinsicht noch nicht so umfassend untersucht wie Standorte mit höherer Artenvielfalt, doch das ist ein systematischer Fehler, weil die meisten Wissenschaftler:innen, die aus den gemäßigten Zonen zur Geländearbeit in die Tropen reisen, Wälder mit hoher Artenvielfalt aufsuchen, um etwas anderes zu sehen als die ebenfalls artenarmen Wälder in ihrer Heimat. Nach meinen jahrelangen Untersuchungen an den monodominanten Südbuchenbeständen Australiens fand ich es äußerst spannend, endlich selbst Flügelfruchtgewächse zu studieren, die in Malaysia eine ähnliche Monodominanz aufwiesen.

Und dann kam der 13. Oktober 2017. Im Morgengrauen versammelten sich alle Teilnehmer:innen zum Beginn des BioBlitzes am Penang Hill. Auf die Plätze, fertig, los! Alle drängelten in den Urwald, um Tiere zu finden und sie ins »Basislager« zu tragen: im Freien aufgestellte Klapptische mit Mikroskopen, Alkohol, Lampen, riesigen Vorräten von Essen und Snacks, und weiteres Material, das zur Zählung all dieser Tiere gebraucht wurde. Ein Entomologe brachte winzige aufblasbare Planschbecken mit, die er benutzte, um vom Wasser angezogene Insekten zu fangen. Ein anderer benutzte spezielle Siebe, um in Bodenproben Mikroarthropoden zu finden. Wenn aus den Baumkronen Probeflaschen gebracht wurden, legten die Taxonomen den Inhalt unters Mikroskop und zählten eifrig Ameisen, Skorpione, Käfer, Milben, Nematoden, Larven und andere sechs- oder achtbeinige Tierchen. Acht Baumkletterer beprobten die Bäume und sammelten alles, was die Biodiversitätsexperten haben wollten. Das sorgte für viel Aufregung, vor allem als neue Entdeckungen von Baumameisen und Epiphyten heruntergebracht wurden. Die Besucherscharen im Habitat-Ökopark bewunderten mit großen

Augen die Forscher:innen, die an ihren Klapptischen aufgeregt ihre Entdeckungen machten. Jedes Team arbeitete mit ganz unterschiedlichen Methoden, je nachdem, um welches Taxon es gerade ging. Wie die von ihnen beprobten Organismen wurden viele Biolog:innen erst im Dunkeln aktiv und zählten dann Flughunde, Spinnen oder anderes Nachtgetier. Wenn manche früh aufstanden, um Vögel zu beobachten, gingen andere nach dem Skorpionfang gerade erst schlafen. Das Baumkronenteam sammelte mit Einseiltechnik und Baumscheren Blätter, Blüten und Früchte auf hohen Bäumen. Später wurden alle Sammelbelege gepresst und für die Aufnahme in die Herbarien der USM vorbereitet. Für internationale Biodiversitätsstudien ist es wichtig, die Belege in einer Sammlung vor Ort zu hinterlegen, doch gelegentlich können Duplikate auch verliehen werden. Das Ornithologenteam führte Punktzählungen durch, das heißt, sie standen zu bestimmten Uhrzeiten wiederholt am selben Standort und zeichneten alle Vögel auf, die gesehen und gehört wurden. Gleichzeitig sammelten sie Tonaufnahmen und Fotos für die Website von iNaturalist. Unterdessen kroch das Ameisenteam buchstäblich über den Waldboden – bewaffnet mit Exhaustoren, um Belegexemplare in die Fläschchen zu saugen, mit Macheten, um in faulem Holz zu bohren, und natürlich mit Notizbüchern. Myrmekologen – also Ameisenforscher – benutzten teils dieselben Hilfsmittel wie andere Entomologen, zum Beispiel Gelbschalen (bestimmte Fluginsekten werden sowohl vom Medium Wasser als auch von der Farbe Gelb angezogen), Bodenfallen, Streifkescher und Lichtfallen. Das Ganze sah aus wie eine schön choreografierte Tanzvorstellung: All diese Menschenkörper vollführten kunstvolle Bewegungen, während sie sich der biologischen Probensammlung widmeten.

Ein BioBlitz, das heißt: viel Schweiß, Konzentration – und lautes Hurra, wenn die Forscher in ihren jeweiligen Taxa neue Entdeckungen machen. Insgesamt war es ein heißer, schmutziger Vorgang. Wir entnahmen und bestimmten 43 Termitenarten, die allerdings noch den Weg ins Labor finden und gruppenweise als Hunderte winzige braune Klümpchen in mit Alkohol gefüllte Fläschchen sortiert werden mussten, um schließlich in einer Museumsschublade der Nachwelt entgegenzutrudeln. Außerdem katalogisierten wir elf Arten von Bärtierchen und erstellten damit die erste malaysische Sammlung dieses Stamms (Tardigrada) – zwei der Arten waren Weltneuheiten. Um diese Tierchen, die mit bloßem Auge gar nicht zu erkennen sind, zu identifizieren, verbrachte Dr. Randy »Water Bear« Miller viele Stunden am Rasterelektronenmikroskop (REM) über kleinen Stückchen feuchtem Moos, Laub oder Rinde und suchte nach mikroskopisch kleinen Bärtierchen, dann folgte noch ein Jahr Nacharbeit, in dem er seine Fotografien mit bestehenden Sammlungen auf der ganzen Welt verglich. Die Bestimmung von 220 Lianen und 300 Diptera (Fliegen und ihre Verwandten) war absolut unglaublich, ebenso der abschließende Zählstand von 490 Arachniden (Spinnentieren). Eine weitere viel gepriesene Beobachtung war der Sunda-Plumplori (*Nycticebus coucang*), ein kleiner nachtaktiver Affe mit riesigen, nach vorne gerichteten Augen. Er sieht fast aus wie ein Außerirdischer, auf den mitten in der Nacht das Licht einer Stirnlampe fällt. Der Lori, der vollständig auf Bäumen lebt, wurde zu unserem BioBlitz-Maskottchen. Loris sind Allesfresser, sie vertilgen Pflanzen genauso wie Vogeleier, Insekten und tierisches Gewebe. Als weltweit einziger Giftaffe scheidet der Lori aus Drüsen an seinem Ellbogen ein giftiges Sekret aus, das er aufschleckt, bevor er Fressfeinde beißt. Loris fallen zunehmend dem illegalen Tierhandel zum Opfer, und wegen ihrer Zurückgezogenheit sind exakte Bestandszählungen schwierig.

Dank des Kletterteams, das umfangreiches Material aus den Baumkronen sammelte, konnten alle Forscher für jedes Taxon Arten vom Waldboden bis zum Kronendach begutachten. Zusätzlich wurden von jeder Baumart Blattproben entnommen, sodass wir eine Momentaufnahme für die Entlaubung erhielten, nicht so genau wie das Monitoring von Blättern über mehrere

Jahre hinweg, wie ich es an anderen Orten praktiziert habe, aber es gibt einem doch einen kleinen Überblick über die Interaktionen von Pflanzen und Insekten. Die JASON-Schüler erfassten den Insektenfraß, indem sie in Stichproben von 30 Blättern pro Baumart, Höhe und Alter den Anteil der verzehrten Blattfläche berechneten. Die Phytophagie erstreckte sich von 0 Prozent Blattverlust (*Ficus* sp.) bis zu 61,9 bei einem individuellen *Cinnamomum porrectum*; der Durchschnitt für *C. porrectum* auf dem ganzen Hang lag bei 31 Prozent Blattverlust. In solchen punktuellen Beprobungen (Schnappschuss-Phytophagie) hatte ich in meinem Leben schon Hunderte Bäume begutachtet, aber Penang Hill war nach dreißig Jahren der erste Standort, an dem ich eine Art mit wirklich überhaupt keinem Fraßverlust antraf. Jedes einzelne Blatt der heimischen Feige (*Ficus* sp.) war unversehrt – daher die 0 Prozent! Ich kann mir lebhaft vorstellen, wie mein Schamanenfreund vom Amazonas, Guillermo, aufgeregt nach den besonderen medizinischen Eigenschaften dieser unglaublich giftigen Blätter fragen würde. Leider konnten wir die genaue Art dieser großen Feigen nicht bestimmen, weil sie zu der Zeit gerade keine Früchte trugen.

Für die biologische Methodik bedeutete dieser BioBlitz in mehrerlei Hinsicht einen Fortschritt. Zuerst einmal verfolgte unsere Erhebung erfolgreich einen Ansatz für den gesamten Wald vom Boden bis an die Baumwipfel, in die unsere acht Kletterer vordrangen. Überall im Kronendach wurden Kletterseile eingebaut, auch an unserer ikonischen, höchsten Baumart, dem Dunkelroten Meranti (*Shorea curtisii*), einem lokal verbreiteten Flügelfruchtbaum, der bis zu sechzig Meter hoch wird. Zweitens befasste sich das Monitoring mit vielen verschiedenen Taxa: Mikroorganismen, Algen, Bärtierchen, Gliederfüßer, Farne, Lianen, Bäume und Wirbeltiere. Innerhalb von zehn Tagen stellten wir neue feldbiologische Rekorde auf: neue Arten von »Geisterskorpionen« und Bärtierchen, neue Algen, die erstmals in dieser Region dokumentiert wurden, neue Beobachtungen von

Ameisen in den Baumkronen und seltenen Farnen auf Felsen, außerdem die Entdeckung der Ultraschall-Kommunikation beim nachtaktiven Malaien-Gleitflieger (*Galeopterus variegatus*), die Biologen machten, als sie eigentlich gerade Flughunden auf der Spur waren. Eine neue Geißelspinnenart, *Phrynichus cockrelli*, wurde nach den visionären Geldgebern benannt, die die Walkways gebaut und das Monitoring finanziert hatten. Unsere insgesamt 1659 Sichtungen wurden bei einem Symposium am letzten Tag der Expedition aufgelistet, wobei die Zahlen für manche Taxa erst irgendwann in den 2020er-Jahren feststehen werden.

Ein weiteres Alleinstellungsmerkmal unseres BioBlitzes war die Zusammensetzung der Teilnehmenden aus lokalen und globalen Mitarbeiter:innen sowie die Tatsache, dass 65 Prozent unserer 117 Teilnehmenden Frauen waren – meines Wissens ein absoluter Rekord für jede bisherige Regenwaldexpedition. (Grinsend denke ich zurück an meine Erfahrung als einzige Frau auf der Baumfloßexpedition in Kamerun.) An der Erhebung war außerdem die Weltjugend beteiligt – persönlich ebenso wie virtuell –, denn Schüler aus Malaysia und Hongkong arbeiteten zusammen mit den Wissenschaftler:innen und streamten das Ereignis live in Klassenzimmer aller Jahrgangsstufen. Ich hatte separate Fördermittel erhalten, um das JASON Project noch einmal zum Leben zu erwecken und die erste Tropenexpedition zu dokumentieren, seit wir vor fast zwanzig Jahren aus dem Amazonas-Becken gesendet hatten. Der technische Fortschritt hatte die Dynamik dieser virtuellen Expeditionen sehr verändert: Das ursprüngliche JASON Project hatte mehrere Millionen Dollar gekostet, weil das Material angeliefert und ein ganzes Sendeteam hatte eingeflogen werden müssen, das filmte, schnitt und über Satellitenfunk in die ganze Welt übertrug. Unsere Neuauflage kostete gerade einmal 50 000 Dollar für einen Laptop, drei Techniker und eine Riege Schüler samt ein paar Lehrern.

Was war das Geheimrezept dieses phänomenal erfolgreichen BioBlitzes? Wir hatten großartiges Wetter – eine Woche nach der

Expedition regnete es so stark, dass der halbe Hügel ins Tal abrutschte und der Zugang nach oben zwei Monate lang gesperrt war – die typischen Risiken der Geländearbeit. Die mit Bedacht zusammengesetzten Teams harmonierten wunderbar, ein paar Gruppen arbeiten bis heute an globalen Projekten zusammen. Doch die wesentliche Triebkraft für unseren Erfolg war die großartige Unterstützung der Behörden sowie die Vision der Geldgeber, außerdem das Zusammenwirken einheimischer und internationaler Wissenschaftler:innen. Diese Partnerschaften weckten auch das Medieninteresse und ernteten Zustimmung sowohl bei der Regierung als auch bei Unternehmen, die das eigentliche Ziel, über diverse Akteure den Umweltschutz zu stärken, beförderten. In zehn fieberhaften Tagen verzeichneten wir auf Penang Hill über 1500 noch nie dokumentierte Funde. Wäre es nicht eine Idee, dass jedes Naturkundemuseum seine Belegschaft losschickt, um ein unerforschtes Ökosystem auf der Welt zu erkunden, und das Ganze so koordiniert, dass jede Einrichtung einen anderen Ort beprobt? Damit könnte die Forschung unser globales Wissen über die Artenvielfalt wahrscheinlich verzehnfachen. Allzu oft kehren Feldbiolog:innen quasi gewohnheitsmäßig immer wieder an dieselben Orte zurück und konzentrieren sich eine ganze Karriere lang auf einen Standort. Das führt dazu, dass einige Regionen sehr gut erforscht sind, während andere unterfinanziert und unerforscht bleiben. Unser BioBlitz war ein Beispiel für so einen unter-erforschten Standort, der aber sofort Neuentdeckungen hergab – in nur zehn Tagen lüfteten wir diverse Geheimnisse des tropischen Regenwalds in Malaysia.

Eines der ganz besonderen Kennzeichen von Penang Hill ist, dass das Reservat nur fünfzehn Autominuten von einer Zwei-Millionen-Einwohner-Stadt entfernt liegt und jährlich mehr als drei Millionen Touristen anlockt. Diese Nähe zur breiten Öffentlichkeit können nicht viele tropische Ökosysteme vorweisen, und das macht den Standort zu einem so wichtigen Botschafter für Umweltschutz, Citizen Science und öffentliche Bildung.

Die UNESCO-Bewerbung wurde schließlich unter dem Titel »Penang Hill Biosphere Reserve: Juwel der Insel – Wo Natur geschützt und Kultur gefeiert wird« eingereicht. Ich hatte eine Kopie des 188-seitigen UNESCO-Dossiers auf meinem Schreibtisch, das auch auf mehreren Regierungsschreibtischen rund um die Welt lag und der Begutachtung durch ein internationales Komitee harrte. Penang hatte bereits acht UNESCO-Welterbe-Titel, aber keinen für Naturerbe. Alle hofften also darauf, dass das Projekt Erfolg hatte und dieser tropische Wald fortan geschützt würde. Inzwischen wurde der Status tatsächlich anerkannt.

Welche Innovationskraft in diesem Ort steckt, zeigt sich auch an dem »Green-business«-Modell von The Habitat, dem Wildpark mit zwei neuen Spannbandbrücken über tropische Baumkronen, die für Forschung und Bildung nutzbar sind. Die großzügigen Geldgeber der Anlage wollten von Anfang an eine Forschungsstation für die Baumkronenforschung gründen. Damit wäre die Geländearbeit keine einsame Betätigung mehr, wie ich es in Australien als auf mich gestellte Arbornautin erlebt hatte. Unser BioBlitz stand für ein neues Modell der Feldforschung, das viele diverse Partner zusammenbrachte: die Habitat Foundation, die Waldbehörde des Bundesstaats Penang, die California Academy of Sciences, die Universiti Sains Malaysia, die TREE Foundation, Habitat Penang Hill, das malaysische Ministerium für Natur und Nationalparks, die Penang Hill Corporation, die University of California in Berkeley, JASON Learning, das Fulbright Program, PBS *Nature,* die National University of Singapore, Tree Climbing Planet, WWF Hongkong und Tree Projects.

Das malaysische Baumkronenprojekt lehrte mich ganz neue Wege, den Umweltschutz anzugehen. Erstens spart es Zeit und Energie, wenn man einen engagierten Geldgeber hat und keine Fördermittelanträge schreiben muss, die mehrere Anläufe über Jahre hinweg brauchen, um die nötigen Gelder zusammenzukratzen. Zweitens machte dieses Projekt noch einmal deutlich, was für ein wichtiges Werkzeug der Ökotourismus für den Umweltschutz darstellt. Der erste Walkway, den ich vor über dreißig Jahren in Australien mit entwarf, war eine relativ schlichte Konstruktion für die Freiwilligen von Earthwatch und eine Handvoll Gäste in einer kleinen Waldhütte in Queensland. Die beiden Brücken in Penang stehen jährlich bis zu fünf Millionen Menschen offen. Und drittens war es ganz entscheidend, gegenseitiges Vertrauen mit der einheimischen Bevölkerung aufzubauen und diverse Akteure zusammenzubringen. In diesem Fall vereinte das Projekt Schüler, Regierungsvertreter, Forscher:innen der lokalen Universität, internationale Expert:innen, Medien und asiatische NGOs. Diese Formel habe ich nicht an der Universität gelernt, sondern in der Schule vieler harter Rückschläge, nachdem ich mehrere Jahrzehnte lang die fortschreitende Entwaldung mit angesehen und mir den Kopf zerbrochen hatte, wie ich den Umweltschutz wirksamer fördern konnte. Der Weg, den wir für die Rettung der Bäume zu gehen haben, ist noch sehr lang – aber allmählich zeichnet sich eine Erfolgsformel ab!

Heute werden häufig BioBlitze veranstaltet, ein international anwendbares Tool für Artenerhebungen in unterschiedlichen Ökosystemen. Leute, die nicht eine ganze Woche Urlaub dafür übrig haben, in den Amazonas-Urwald zu reisen, können stattdessen einen Tag freinehmen und einen örtlichen Mammutbaumbestand beproben. Solche Erhebungen in allen möglichen Parks, Reservaten, Stadtgebieten oder einfach nur Hinterhöfen beschränken sich häufig auf ein einziges Taxon. Smartphone-Apps zur Erhebung der Biodiversität bieten eine Plattform, auf der die Beobachtung verschiedener Spezies direkt an die Expert:innen weitergeleitet werden. Mit der App iNaturalist laden die Menschen Bilder hoch, und Taxonomen können die Bestimmung bestätigen. Natürlich braucht man für das alles Freiwillige und eine kritische Masse, damit Genauigkeit und Umfang der Datensätze gewährleistet sind. Ein großer Nutzen jedes Citizen-Science-Programms ist in jedem Fall das Engagement der breiten Öffentlichkeit für die Natur. Solche Aktionen stellen, ganz wie in der professionellen Forschung, jedoch allzu oft nur das Vorkommen oder Fehlen gefährdeter Arten fest – gerettet sind diese dadurch noch lange nicht. Die wissenschaftliche Gemeinschaft, ob Laien oder Profis, ringt nach wie vor mit der Frage, wie sich – über die reine Dokumentation hinaus – der Verlust von Arten und Lebensräumen wirklich verhindern lässt. Doch wenn wir die Öffentlichkeit in die Feldbiologie mit einbeziehen – etwa durch BioBlitze, Smartphone-Apps oder ganz einfach die Anregung für Familien, vor die Tür zu gehen und dort die Natur zu beobachten –, kann die Kombination von Wissenschaft und Technik uns dabei helfen, die Biodiversität unseres Planeten zu bewahren.

Dunkelroter Meranti

(Shorea curtisii)

WIE VIELE MENSCHEN AUF DER WELT kennen den Namen der wirtschaftlich bedeutendsten Bäume auf unserem Planeten, einer Pflanzenfamilie, die auch am meisten Kohlenstoff bindet? Die Rede ist von Dipterocarpaceae, eine Familie mit 16 Gattungen und etwa 695 Arten, die überwiegend im Flachland des tropischen Südostasiens verteilt sind. Der Name, »Dipterocarp« (dt.: Flügelfruchtgewächse), dürfte bei den meisten Menschen nicht gerade Teil des aktiven Wortschatzes sein. Die größte Gattung ist *Shorea* mit 196 Arten, andere heißen *Hopea* (104 Arten), *Dipterocarpus* (70 Arten) und *Vatica* (65 Arten). Der Name leitet sich aus dem Griechischen ab, *di* bedeutet »zwei«, *pteron* »Flügel« und *karpos* »Frucht« (die besteht aus einem harten, öligen Samen mit einem oder zwei »Flügeln«). Die glatten, geraden Stämme ragen an die 90 Meter hoch auf, bis über 30 Meter Höhe häufig ganz ohne Seitenäste. Die größte bekannte Art ist *Shorea faguetiana* mit 93 Metern Höhe. Als Epizentrum der Flügelfruchtgewächse gilt Borneo, wo sie 22 Prozent des gesamten Baumbestands aus etwa 270 Arten stellen, 155 davon sind endemisch. Den größten Anteil der Biomasse machen Flügelfruchtgewächse auch auf Java, Sumatra, in Malaysia und den feuchteren Regionen der Philippinen aus.

Sehr gefragt sind Flügelfruchtbäume wegen ihres feinen, geraden Holzes, das für Sperrholz, Möbel, Parkett, Bootsbau, Musikinstrumente, aromatische Öle und Harze verwendet wird. Eine dominante Art in der Kronenschicht von Penang Hill, wo unser BioBlitz stattfand, ist *Shorea curtisii*, der Dunkelrote Meranti. Unser Kletterteam installierte Seile an einem prächtigen Exemplar, um dort Belege zu sammeln, aber auch um die einheimischen Guides für künftige Aktivitäten als Arbornaut:innen auszubilden. *S. curtisii* wird in Malaysia und Indonesien immer noch selektiv geerntet, wenn auch nur große Einzelbäume aus ausreichend großen Beständen auf einem Hektar Land gefällt werden. Allerdings befolgen die Holzfäller solche gesetzlichen Vorgaben nicht immer genau, und es gibt auch nicht sehr viele Daten über den unvermeidlichen Schwund dieser Art durch Abholzung. Wenn der Dunkelrote Meranti unbehelligt bleibt, bietet er unverzichtbaren Lebensraum für viele gefährdete Arten, unter anderen Borneo-Orang-Utan (*Pongo pygmaeus*), Sumatra-Nashorn (*Dicerorhinus sumatrensis harrissoni*), Borneo-Zwergelefant (*Elephas maximus borneensis),* Nasenaffe (*Nasalis larvatus*), Borneo-Schwarzbindenhörnchen (*Callosciurus orestes*) und Bengalkatze (*Prionailurus bengalensis*).

S. curtisii ist in Malaysia, Indonesien, Borneo, Singapur und Thailand heimisch und in diesen Regionen eine der häufigsten Baumarten. Der Überhälter von über 60 Meter Höhe hat eine graue oder rötlich braune Borke mit groben Rissen. Die Blätter sind haarlos, weich, elliptisch und etwa zehn Zentimeter lang. Seine Blüten sind gewöhnlich weiß oder blassgelb mit fünf Blüten- und 15 Staubblättern und recht klein, aber doch so groß, dass winzige Insekten der Ordnung Fransenflügler sie bestäuben können. Viele Blüten der Flügelfruchtgewächse duften stark, um Bestäuber anzulocken; neben den Fransenflüglern sind das manchmal auch Käfer. Die Früchte sind geflügelt mit drei breiten und zwei kurzen Flügeln, verfärben sich vor der Fruchtreife rot und segeln schließlich zur Keimung auf den Waldboden. Sämlinge keimen oft neben den ausgewachsenen Bäumen, weil ihre geflügelten Samen nicht weit vom Elternbaum weggetrieben werden. Als Mastbäume blühen sie nur ein- oder zweimal in zehn Jahren, manchmal auch noch längere Zeit gar nicht. Diese seltene Fruchtbildung ist eine temporale Fluchtstrategie: Werden rasch viele Samen produziert, können Fruchtfresser nicht ebenso schnell ihre Populationen vermehren, um in so kurzer Zeit den gesamten Fruchtvorrat zu verzehren. Blüh- und Fruchtereignisse werden durch El Niño und die Southern Oscillation (ENSO) ausgelöst, das bedeutet, dass Klimastörungen sich künftig wohl negativ auf die Fortpflanzung auswirken werden. Wie andere Flügelfruchtgewächse pflegen die *Shorea*-Arten unterirdische Pilzpartnerschaften: Ihre Wurzelhaare sind mit Ektomykorrhiza-Pilzen verflochten, die es ihnen erlauben, im Ressourcenwettstreit mehr Wasser und Nährstoffe aufzunehmen als Bäume ohne diese Pilzsymbiose. In den Tropen, wo die Konkurrenz um Bodenressourcen ebenso unerbittlich wütet wie die um Raum im Kronendach, ist der Rückhalt solcher verbündeter Pilze, die sogenannte Mykorrhiza, ein echter Vorteil.

Neben der aufregenden unterirdischen Existenz der Flügelfruchtgewächse gibt es noch eine hübsche Geschichte, die sich in den Kronen der *Shorea* abgespielt hat – und zwar im Zusammenhang mit der Entdeckung ihrer Bestäuber. Einst stellten zwei Doktoranden aus Sri Lanka an zwei großen Flügelfruchtbäumen Leitern an und richteten sich in der Baumkrone ein Basislager ein, um in aller Ruhe herauszufinden, von wem diese Mastbäume bestäubt werden. Eines Nachts schließlich war es so weit, und wie immer bei Mastbäumen passierte alles auf einmal. Winzige, etwa ein Millimeter lange Thripse mit klitzekleinen, unauffälligen Körpern und fransigen kleinen Flügeln kamen in millionenfachen Schwärmen und bestäubten in null Komma nichts die Kronen der *Shorea*. Die beiden Doktoranden stiegen vom Baum herunter, und bald darauf verlobten sie sich – eine echte Romanze in den Annalen der Arbornauten! Seit diesem bedeutsamen Ereignis wurden gelegentlich noch ein paar weitere Bestäuber wie Bienen, Käfer und Nachtfalter beobachtet, doch entscheidend für die Fortpflanzung dieser wirtschaftlichen und ökologischen Schlüsselart sind und bleiben die Fransenflügler. Sehr viel mehr ist über *Shorea*-Kronen nicht bekannt, weil sie so unzugänglich sind. Mit bitteren Tanninen wehren ihre Blätter Phytophagen ab, und selbst die blattfressenden Riesengleiter lassen sich davon abschrecken. Dass nun ein gut aussehender *Shorea curtisii* im Ökopark The Habitat dauerhaft mit Seilen ausgestattet ist und als emblematischer Kletterbaum zur Verfügung steht, wird unweigerlich dazu führen, dass demnächst mehr seiner Baumgeheimnisse gelüftet werden.

10

VERTRAUEN SCHAFFEN ZWISCHEN PRIESTERN UND ARBORNAUT:INNEN

Wie wir den äthiopischen Wald retteten – Kirche für Kirche

Funken stoben aus dem klapprigen Generator, der, so gut er konnte, weitertuckerte und Google-Earth-Bilder von Äthiopiens letzten Waldfragmenten projizierte, winzige grüne Pünktchen in riesigen Flächen aus braunen Äckern. In meinen Kakihosen stach ich heraus vor dem Publikum aus über einhundert äthiopischen Priestern mit fließenden weißen Gewändern und Turbanen. Wir waren mit einem gemeinsamen Ziel zusammengekommen: Wir wollten die letzten heimischen Bäume Nordäthiopiens retten. Ich war eigens in die äthiopische Stadt Bahir Dar geflogen, um mit den Führern der orthodoxen Kirche in der Nordhälfte des Landes zu sprechen, wo rings um die Kirchengebäude die letzten heimischen Wälder stehen, die sogenannten Kirchenwälder. Diese Fragmente sind die letzte Bastion nicht nur der heimischen Bäume, sondern auch der Vögel, Insekten und Säugetiere. Ohne diese Waldstücke hätten die Menschen ohne Bestäuber und Trinkwasser ein kümmerliches Auskommen, und ihre Biodiversität würde höchstwahrscheinlich aussterben. Die Priester waren neugierig, und ich konnte mir ihre beherrschten Diskussionen vorstellen – warum sollte eine Frau, die keine orthodoxe äthiopische Kirchgängerin war und obendrein noch eine Weiße, eine so anstrengende Reise auf sich nehmen, um über die örtlichen Waldbestände zu reden? Mein Job war es, ihnen zu erklären, warum diese kleinen Waldfragmente nicht nur für Äthiopien wichtig waren, sondern in der ganzen Welt einmalig. Ich war inzwischen eine erfahrene Arbornautin und setzte mir in meiner Karriere gerade neue Prioritäten: Ich wollte mein Wissen über Bäume einsetzen, um einzigartige Arten, Wälder und ihre Biodiversität zu retten. Angesichts der bitteren Armut in einem Großteil des Landes war Äthiopien eine riesige Herausforderung, denn in Naturwissenschaften oder Umweltschutz wurde ganz einfach nicht investiert. Doch die Bäume und Insekten dort sind endemisch und von entscheidender Bedeutung für die afrikanischen Ökosysteme – für die Gesundheit des Planeten sind sie ganz genauso wichtig wie die in Kalifornien oder Peru.

Die äthiopischen orthodoxen Kirchen (ihr offizieller Name lautet Äthiopisch-Orthodoxe Tewahedo-Kirche, EOTC) sind von heiligen Hainen umgeben. Es handelt sich um primäre, also ursprüngliche Wälder, die mehr als 1000 Jahre alt sind. Die Kirchen sehen es als ihre Mission an, alle Geschöpfe Gottes sowie den menschlichen Geist zu schützen. Diese Wälder sind Rastplätze für die endemischen Vögel, etwa Hammerkopf, mehrere Arten Nashorn- oder Nektarvögel, und außerdem eine Schatztruhe von mehr als 168 Baumarten, wie eine äthiopische Doktorarbeit aus dem Jahr 2007 auflistet. Meine Mission als Naturschutzbiologin ist dieselbe, ich beschreibe sie lediglich mit anderen Worten: Es geht um den Schutz der biologischen Artenvielfalt.

Die häufigen Überspannungen machten meinem alten Laptop zu schaffen, aber er hielt durch. Als die Priester Bilder von ihren eigenen Wäldern inmitten der braunen Wüste und des trockenen Ackerlands sahen, stockte ihnen der Atem. Sie hatten keinen Zugang zu Computern, Google Earth oder auch nur einem Biologiebuch, aus dem sie etwas über Inselbiologie hätten lernen können, ein biologisches Konzept, das sich auf Waldfragmente anwenden lässt. Die Bilder, die ich während meines Vortrags zeigte, halfen mir dabei zu vermitteln, wie dringend Religion und Wissenschaft zusammenfinden mussten, sollten diese grünen Schatzinseln erhalten werden. Äthiopien war eines der extremsten Beispiele für Entwaldung, die ich je gesehen hatte.

Stellen wir uns etwa 35 000 kleine Bestände von ein paar Hundert bis mehreren Tausend Bäumen vor und rundherum eine unfruchtbare Landschaft, in der Subsistenzlandwirtschaft betrieben wird. Diese grünen Flecken sind 200 bis 240 Hektar groß, und wie viele es überhaupt sind, ist schon hochumstritten, denn wie definiert man ein Fragment – zehn Bäume? Oder ein paar Hektar? Nach manchen Schätzungen besitzt Nordäthiopien 55 000 Waldfragmente, anderen zufolge nur 21 000. Sicher wissen wir jedenfalls, dass weniger als 3 der ursprünglich 42 Prozent Waldbedeckung erhalten sind. Das bedeutet weniger als 1 Million Hektar grüne Flecken, umgeben von 25 Millionen Hektar Subsistenzlandwirtschaft. Die Baumbestände heißen Kirchenwälder, und seit beinahe zwei Jahrtausenden sollen, so die Einheimischen, Gotteshäuser von Wäldern umgeben sein, um allen Geschöpfen Zuflucht zu bieten. Wenn aber die Kinder Hunger leiden oder Dürren die Ernte schmälern, ist es natürlich sehr verlockend, diese Ressource zum Überleben zu nutzen. Hin und wieder beschneiden die Einheimischen also Bäume, um an Feuerholz zu kommen, sie lassen ihr Vieh an den Sämlingen und dem niedrigen Laub grasen, pflanzen in der Strauchschicht Kaffee an, entrinden ältere Stämme für zusätzliches Bauholz, und manchmal jagen sie mit Schleudern heimlich nach Säugetieren und Vögeln, wenn die Familien fast am Verhungern sind. Die Priester beklagten die Degradation ihrer heiligen Wälder, aber da sie praktisch keinen wirtschaftlichen oder politischen Einfluss hatten, konnten sie für eine Lösung nur beten – ihnen fehlten sowohl substanzielle Finanzmittel als auch die nötige Erfahrung, um in der Welt der Politik zu bestehen. Da sie in klösterlicher Zurückgezogenheit lebten, hatten viele von ihnen keine Ahnung davon, dass die umliegenden Täler abgeholzt worden waren, bis sie die Luftbilder in meiner Präsentation sahen. Diese Fotos animierten die Religionsführer zum Handeln, und so schlossen wir Partnerschaften auf mehreren Ebenen: Wissenschaft plus Religion, eine Frau mit Hunderten männlichen Priestern, eine amerikanische Christin unter Tausenden orthodoxen äthiopischen Dorfbewohnern und die Integration von hoch entwickelter luftgestützter Technik mit einer der ältesten spirituellen Bewegungen der Welt.

Wie erfuhr ich überhaupt von dieser dringlichen Lage in Äthiopien? In meinem siebzehnten Jahr als Kassenwartin der Association for Tropical Biology and Conservation (ATBC) hielten wir unsere internationale Jahresversammlung im mexikanischen Morelia ab. Auf jeder dieser Konferenzen würdigte ich die beste studentische Veröffentlichung mit einem kleinen Scheck. In jenem Jahr ging er an Dr. Alemayehu Wassie Eshete, der in seiner kürzlich fertiggestellten Dissertation für die IUCN-Liste bedrohter Arten eine Erhebung indigener Baumarten in Nordäthiopien durchgeführt hatte. Die Rote Liste der IUCN (International Union for the Conservation of Nature) verzeichnet Arten, die aufgrund sinkender Bestände dringend schutzbedürftig sind. Nach der Überreichung des Schecks gratulierte ich dem Preisträger und fragte aus Höflichkeit: »Und was steht als Nächstes an?« Da brach er beinahe in Tränen aus und erklärte, er sei der Einzige, der an dieser dringenden Problematik arbeite. Wie konnte ich ihn da stehen lassen und ihm »Viel Glück« wünschen, ohne Beratung oder Mitarbeit anzubieten? Immerhin hatte ich schon über dreißig Jahre Baumkronenarbeit auf dem Buckel und engagierte mich seit zwanzig Jahren auf drei anderen Kontinenten für den Waldschutz. Warum diese jahrelange Erfahrung nicht auch auf Äthiopien anwenden?

Obwohl sich mein Lebenslauf mit immer mehr Projekten füllte, war die Rettung von Bäumen nie das zentrale Anliegen meiner Arbeit am Amazonas oder in Indien gewesen, und diese Zielsetzungen wollte ich nun – nachdem ich meiner Berufslaufbahn schon lange gefolgt war – überdenken. Ich hatte mich durchaus schon persönlich engagiert und zweimal die Komfortzone einer Universitätsprofessur aufgegeben, um im Team eines Naturkundemuseums über öffentliche Plattformen eine breite Öffentlichkeit zu erreichen. Außerdem schrieb ich populäre Biologiebücher, hielt regelmäßig Vorträge vor Schülern und College-Anfängern und organisierte als eine der Ersten virtuelle Expeditionen für Schülerinnen und Schüler der Mittelstufe. Diese Erfahrungen kamen mir sehr zugute, als ich mich jetzt zunehmend auf den Waldschutz verlegte und nicht ausschließlich auf wissenschaftlichen Output.

Mein neuer äthiopischer Kollege Alemayehu hatte als Gläubiger und als Naturwissenschaftler einen unkonventionellen Hintergrund. Als Kind hatte er eine Ausbildung durchlaufen, die ihn zum orthodoxen Geistlichen machen sollte, und war in Diensten eines älteren Priesters tätig gewesen, hatte aber auch lange einsame Stunden im Wald verbracht. Nach zehn Jahren dieser religiösen Ausbildung fiel ihm auf, wie das Ökosystem um die Kirche herum, das ihm so ans Herz gewachsen war, immer weiter verarmte. Seine Eltern überzeugten ihn davon, dass höhere Bildung ihm sowohl religiöse als auch ökologische Expertise bescheren konnte. Alemayehu wurde klar, dass er vom Altar aus nicht genug für den Umweltschutz ausrichten konnte – eine Verschränkung von Religion und Wissenschaft musste her. Also bemühte sich Alemayehu um ein Stipendium an der Wageningen Universiteit in den Niederlanden, wo er schließlich Waldökologie studierte. Dort widmete er sich ganz seiner Forschung – allein in einem fremden Land, weit weg von seiner Frau und seinen Kindern. Mit derselben Entschlossenheit ging er nun unsere gemeinsame Arbeit für den Umweltschutz an. Alemayehu und ich bestärkten uns gegenseitig in unserer Vision: Wir wollten uns einer der größten Herausforderungen der Waldökologie stellen und die letzten Waldfragmente Äthiopiens, die sogenannten Kirchenwälder, retten!

Im Vergleich zu vielen afrikanischen Ländern investiert selbst Australien sehr viel mehr in die Naturwissenschaften. Konnte man in einem Land mit weniger Ressourcen überhaupt Menschen zum Engagement für Umweltschutz bewegen? Und konnte Umweltschutz mit kirchlichen Partnern statt mit universitären oder behördlichen Stellen überhaupt funktionieren? In Äthiopien stand Alemayehu ohne Technik, Finanzmittel oder nachhaltige Lösungsansätze da, was es äußerst schwierig machte, den lokalen Behörden vor Augen zu führen, wie wichtig die heimischen Wälder als Lebensgrundlage des Menschen sind. Doch er konnte auf das Vertrauen der einheimischen Priester bauen. Ich für meinen Teil konnte die nötige Technik, die Finanzmittel und den neuesten Stand der ökologischen Forschung beisteuern. Viele Stunden saßen wir in Mexiko beim Kaffee zusammen und diskutierten, wie wir beide die rasche Landschaftsdegradation in Äthiopien aufhalten konnten. Nach einer letzten Tasse Kaffee schlossen wir einen Pakt, gemeinsam daran zu arbeiten, dass die Verluste der heimischen Waldfläche in Äthiopien wettgemacht wurden, und das mithilfe zweier sehr verschiedener Konzepte – der Religion und der Naturwissenschaft. Für mehrere Milliarden Menschen weltweit sind Wälder ein wichtiger Ort der Spiritualität. Das könnte sich in Zukunft als entscheidender Antriebsfaktor für den globalen Umweltschutz erweisen. Wer den Nutzen der Bäume für den Menschen beziffern will, kann den Wert von Holz, Wasser oder Bestäubern relativ leicht in Dollarbeträge umrechnen, doch der Wert der Spiritualität lässt sich viel schwerer in Zahlen ausdrücken. Vielleicht könnte man die Anzahl der dort gesprochenen Gebete als wichtigen Messwert heranziehen, der letztlich den Ausschlag dafür gibt, dass ein Wald erhalten bleibt und nicht abgeholzt wird?

Für seine Dissertation erfasste Alemayehu Wachstum und Verteilung von 168 Baumarten in 28 lokalen Kirchenwäldern und kennzeichnete die, die nach den internationalen Konventionen als gefährdet gelten. Dabei beobachtete er die Verschlechterung ihres Zustands aufgrund menschlicher Aktivitäten, vor allem aufgrund der exzessiven Beweidung durch Vieh, das eindrang und die saftigen Sämlinge sowie die Blätter der unteren Kronenschicht wegfraß. Er hatte gelernt, Bestandsdichte und Sämlingsschwund an kleinen Flächen zu berechnen, aber er hatte keine unmittelbaren Lösungen, wie die Priester die Lage umkehren konnten. Die meisten Familien hatten damit zu kämpfen, genug Essen auf den Tisch zu bekommen, und kümmerten sich nicht weiter um die schleichende Degradation der heimischen Flora. Und keiner der Priester war in den Naturwissenschaften so bewandert, dass er Flächenschwund oder Überweidung an den Kirchenwäldern hätte erfassen können. Es blieb bei der Beobachtung, dass es um die Bäume insgesamt immer schlechter stand. Nach seiner Promotion 2007 stand Alemayehu mit seiner Forschung bei den Priestern zunehmend in der Kritik, weil sie feststellten, dass seine Listen und seine Berichte die Bäume in ihren heiligen Bezirken nicht retteten. Und sie hatten recht. Er hatte den Waldschwund konstatiert, aber er konnte keine konkreten Handlungsanweisungen vorweisen, um die Situation umzukehren. Besonders entmutigend war für ihn der Umstand, dass die Frauen, die doch aufgrund ihrer täglichen Aufgaben in den Gemeinschaften am meisten mit den Umweltbelangen zu tun hatten, in keiner Form in eine Lösung eingebunden waren. Mädchen gingen oft nur fünf Jahre zur Schule und bekamen mit 13 ihr erstes Kind, doch wenn es um Maßnahmen für ihre heimische Umwelt ging, wurden sie überhaupt nicht gehört, obwohl sie doch täglich mit ihr interagierten, etwa beim Wasserholen, Sammeln von Feuerholz oder beim Gemüseanbau. Alemayehu war niedergeschlagen, weil er die Waldfragmente in seiner Heimat schrumpfen sah, frustriert, weil die Gesellschaft dazu neigte, weibliches Wissen aus der Lösungssuche für die Umweltprobleme auszuklammern, und empört, weil er von der Regierung keinerlei Unterstützung erhielt und nicht einmal eine heimische NGO als Partner gewinnen konnte.

Als ersten Schritt meines Versprechens in Mexiko bezahlte ich Alemayehu ein Flugticket, damit er als Gastforscher das Programm in Umweltstudien am New College, Florida, absolvieren konnte. Mit Vergnügen beherbergte ihn meine Familie während seines Aufenthalts bei uns zu Hause. Eines Nachts entdeckte er um zwei Uhr morgens beim Surfen auf unserem Familiencomputer Google Earth. Ich wachte vom Summen des Druckers auf, und Alemayehu saß völlig gebannt vor den Luftaufnahmen, die er den Priestern zeigen wollte. Man sah dort zerfranste Flächen, wo die Bauern mit ihren Pflügen auf das Kirchengelände vorgedrungen waren, man sah Lücken im Kronendach, wo verbotenerweise Afrikanische Kirschen gefällt worden waren, und überall ein dichtes Netz von Trampelpfaden quer durch die Landschaft. Google Earth bestätigte Alemayehus Ground-Truth-Daten: Die noch erhaltenen natürlichen Bestände in Nordäthiopien waren ernsthaft gefährdet. Da nur wenige Priester je ihre kleinen grünen Enklaven verließen, wussten sie gar nicht, wie schwer die umliegenden Täler bereits degradiert waren. Und auch ihre lokalen Gemeindemitglieder reisten nicht weit über Land, um den größeren Kontext zu erfassen, in dem die Entwaldung in Äthiopien stand.

Nach Alemayehus Florida-Besuch 2008 verbrachte ich den Rest des Jahres damit, mich in der (mageren) Literatur über Pflanzenschutz in Afrika zu informieren. Ich las wieder und wieder Alemayehus Dissertation, dazu einige wenige andere Publikationen. Viele setzten sich mit der Wiederaufforstung mit nicht heimischen Arten auseinander. In den meisten Texten wurde von der Einführung australischer Eukalyptusarten durch die äthiopische Regierung berichtet. Diese Eukalypten wurden praktisch als Allheilmittel für eine mögliche Waldrestaurierung in Afrika propagiert. Dabei bedeuteten sie für die heimische Kronenschicht eine schleichende Bedrohung, und das aus drei wichtigen Gründen: 1. zwar wachsen sie als nicht heimische Baumarten außerhalb Australiens schneller, weil sie von ihren natürlichen Feinden unbehelligt bleiben, aber ihr Holz ist erstens von geringerer Qualität als die heimischen Arten und stellt zweitens aufgrund der chemischen Zusammensetzung ein hohes Brandrisiko dar; 2. wegen der Freisetzung der flüchtigen Eukalyptusöle kann in ihren Kronen die heimische Biodiversität nicht Fuß fassen; und 3. benötigen sie etwa viermal so viel Wasser wie heimische äthiopische Bäume und senken den Grundwasserstand auf gefährlich niedrige Werte. Wir brauchten zwei schnelle Reaktionen: die Verbannung des Viehs aus den Kirchenwäldern, um die Sämlinge und das Laub zu retten, und einen Stopp der Invasion durch nicht heimische Eukalypten. Als wirksame Lösung erarbeiteten wir, dass die Haine durch Mauern geschützt werden sollten. Anfangs dachte ich an den Stacheldraht, den wir bei unseren Baumpflanzprogrammen in Australien eingesetzt hatten. Vielleicht könnten einfach Stacheldrahtzäune die Kirchenwälder schützen? Ich versuchte, eine große landwirtschaftliche Genossenschaft zu überzeugen, für eine einstweilige Einzäunung große Rollen Stacheldraht zu spenden. Leider vergeblich!

Im Jahr darauf flog ich mit einem kleinen Handgepäckkoffer nach Äthiopien, um mir die heiligen Bäume mit eigenen Augen anzusehen und mit Alemayehu weiter an einem Aktionsplan zu feilen. Der Flug dauerte zwanzig Stunden: Tampa – New York, New York – Frankfurt, Frankfurt – Addis Abeba und Addis Abeba – Bahir Dar, das Eingangstor nach Nordäthiopien. Auf dem letzten Teilflug drückte ich mir am Fenster die Nase platt und versuchte, einen der grünen Flecken von den Google-Earth-Bildern ausfindig zu machen. Es waren nur sehr wenige in sehr großen Abständen. Die Landschaft sah sehr viel weniger fruchtbar aus, als ich es mir vorgestellt hatte. Ich umklammerte meine Armlehnen und fragte mich, wie man bei dieser turmhohen Herausforderung optimistisch bleiben sollte. Alemayehu war davon überzeugt, dass der stärkste Waldschwund in den letzten fünfzig Jahren stattgefunden hatte, aber da es keine schriftlichen Belege gab, mussten wir die Priester selbst fragen, wie genau in letzter Zeit die Invasion von Vieh und Eukalypten verlaufen war. Seit über tausend Jahren waren diese orthodoxen Enklaven echte Glaubensikonen im äthiopischen Hochland. Doch im 20. Jahrhundert wurden mangels Bewässerung und schwerem Ackergerät nur geringe Ernteerträge erzielt, weshalb mehr Wald gerodet werden musste, dann mehr und immer noch mehr, um die Familien ernähren zu können. Alemayehu wusste dank seiner Promotionsforschung, dass die Äthiopier, wenn diese letzten heimischen Fragmente verloren gingen, auch ihre Trinkwasserquellen verlieren würden, die Biodiversität, außerdem Erosionsschutz, Schatten, Honig, Lebensraum für viele Bestäuber, Kohlenstoff-Speicherplatz, Farbstoffe für religiöse Malereien und Kleidung, Samenbanken, Bauholz und – vielleicht am wichtigsten – ihre Heiligtümer.

Viele der in Äthiopien heimischen Bäume sind endemisch, sie wachsen also nirgends sonst auf der Welt. Die Afrikanische Kirsche (*Prunus africana*), ein fantastischer Baum, ist als größte Vertreterin der Rosaceae nicht nur eine stattliche Erscheinung, sie dient auch in ganz Afrika als Heilpflanze. Auf der IUCN-Liste der gefährdeten Arten sind viele aus Äthiopien vertreten: der Afrikanische Affenbrotbaum (*Adansonia digitata*), der Korallenbaum (*Erythrina brucei*) und die Kap-Feige (*Ficus sur*), um nur ein paar zu nennen. Außerdem bieten die Kronen der Afrikanischen Kirsche Lebensraum für viele heimische Vögel, andere Tiere und Insekten, die das biologische Erbe des Landes bilden, darunter auch wirtschaftlich relevante Insekten, die die Ackerfrucht bestäuben, einzigartige Vögel als Tourismus-Ikonen sowie heimische Säugetiere. Diese letzten Waldflecken sind für Äthiopien eine Art Arche Noah, denn sie bewahren das genetische Erbe seiner Arten, ohne das eine ökologische Restauration nicht möglich ist. Angesichts der rasanten Entwaldung in Äthiopien, wie Einheimische sie nach eigener Beobachtung bestätigten, blieb nicht mehr viel Zeit, bis diese genetischen Datenbanken für immer verschwunden wären. Viele noch vorhandene Fragmente befanden sich bereits in sehr schlechtem Zustand. Höchste Zeit, den zerstörerischen Aktivitäten – Viehbeweidung, dem Sammeln von Feuerholz, exzessivem Pflügen an den Waldrändern, illegaler Bejagung und der Verdrängung der heimischen Baumbestände durch invasive Eukalypten – etwas entgegenzusetzen, wollte man die schädlichen Auswirkungen einhegen. Als mein Flugzeug in Bahir Dar landete, hatte ich wirklich keine Ahnung, was mich erwartete. Konnten Alemayehu und ich unser ehrgeiziges Ziel, diese kostbaren Kirchenwälder zu retten, erreichen?

In einem ersten Schritt auf dem Weg zu einer Lösung mussten wir mit den geistlichen Anführern reden und eine Vertrauensbasis zwischen Forschern und Klerus herstellen. Daher boten wir einen Workshop an, wo wir unsere Google-Earth-Bilder vorführen und ernsthafte Gespräche über die Walddegradation in Gang bringen konnten. Ich hatte auch kleine Broschüren mit Bildern, die ich jedem Priester in die Hand drücken konnte. Wie die meisten Feldbiolog:innen buchte ich ein lächerlich billiges Hotel als Basislager in Bahir Dar. Smartphone-Apps, mit denen ich mich hätte informieren können, gab es nicht, nur einen *Lonely-Planet*-Führer, in dem das Ghion Hotel für weniger als zehn Dollar pro Nacht aufgeführt war. Aus meinem rostigen Hahn kamen kaum ein paar Tropfen (nicht trinkbares) Wasser. Ich stellte einen Becher in die Wanne, und als der voll war, wusch ich mich kurz mit einem nassen Lappen. Die Stromversorgung beschränkte sich auf eine einzelne Glühbirne, die von der Decke baumelte, und die Bettwäsche schien seit ihrer Anschaffung (wahrscheinlich vor Jahrzehnten) nicht gereinigt worden zu sein. Auf den Wegen zogen Wächter ihre Runden, um zu verhindern, dass Obdachlose in unsere Open-air-Zimmer eindrangen. Positiv ist zu vermerken, dass der Kaffee im Hotel der reinste Genuss war. Äthiopien ist die Heimat des Kaffees. Einer großartigen Legende nach beobachteten einst Ziegenhirten, wie ihre Tiere putzmunter herumhüpften, nachdem sie die wilden Beeren eines Strauchs vom Waldboden gefressen hatten. Als die Hirten das nächste Mal müde wurden, zerkauten sie diese Beeren, um ihren eigenen Energiehaushalt zu stärken – die Geburt des Kaffees. Am ersten Morgen erwachte ich von dem heiseren Grunzen der Silberwangenhornvögel, die mit ihren überdimensionierten Schnäbeln fröhlich in den Feigenbäumen herumtollten, deren massive Kronen sich über das gesamte Hotelgelände erstreckten. Die Rufe der Vögel wetteiferten mit den Muezzins, die immer im Morgengrauen zu hören waren und per Lautsprecher Gebete durch die Straßen schallen ließen.

Jeder Morgen dieses ersten Besuchs im Jahr 2009 begann mit dem Nashornvogel-Wecker und äthiopischem Kaffee, den ich genoss, während ich mit Fäustlingen im frostigen Hotelgarten saß. Am ersten Tag, einem eiskalten Januarmorgen, holte mich Alemayehu nach dem Frühstück zu einem Besuch in Zhara ab, einem Kirchenwald etwa 25 Kilometer außerhalb von Bahir Dar. Nachdem wir an braunen, mit Äckern bedeckten Hügeln entlanggefahren waren, erreichten wir eine grüne Oase, die sich insgesamt über gut sieben Hektar an der Straße entlangzog. Der Kontrast war überwältigend. Drinnen umhüllten uns Singvögel und summende Insekten mit ihren Sinfonien, während die kahlen Felder draußen totenstill waren. Reichhaltige botanische Düfte durchdrangen das schattige Heiligtum mit den angenehmen Aromen von Blüten, moderndem Holz, Laub und Rinde. Ein paar Hammerköpfe (*Scopus umbretta*) – ziemlich unbeholfene, wirklich urig wirkende Vögel – hüpften in den Baumkronen umher, und Dutzende kleinere Vögel sangen sich in der grünen Pracht die Seele aus dem Leib. Unter einer dicht belaubten Krone kamen wir an einer Quelle vorbei, in der mehrere Menschen ein heilsames Bad nahmen. Baumstümpfe zeigten an, wo die Einheimischen wertvolle Bäume geschlagen hatten, um das Sonnenlicht bis an ihre Kaffeebestände in der Strauchschicht vordringen zu lassen – diese Produktion war zwar nachhaltig ausgelegt, aber inzwischen derart expandiert, dass sie jetzt die Gesundheit des Waldes aufs Spiel setzte. Ich fühlte mich geehrt, Yeneta Tibebu kennenzulernen, den Priester von Zhara und einen der einflussreichsten Geistlichen der Region. Er war sehr schüchtern (so wie ich) und sprach ganz leise, gestattete mir aber, mich vorzubeugen und sein Kreuz zu küssen – ein gegenseitiger Beweis für Freundschaft und Respekt. Alemayehu lud ihn zu unserem Workshop ein, und mit sanfter Stimme versprach er zu kommen. Während wir an den Rändern des Zhara-Waldes entlangspazierten, wo sich trockene Gräser unter die Bäume mischten, zog ich unbeabsichtigt einen unwillkommenen Ansturm der Biodiversität auf mich. Zwei Tage später hatte ich 26 Bisse von Herbstmilben, Tendenz steigend. Zugebissen hatten diese gefräßigen Biester am ersten Abend und am nächsten Tag, sie krabbelten in sämtliche warme Körperfalten, mampften drauflos und hinterließen in den Wunden ihre juckenden Toxine. Besonders gern mochten diese bissigen Milben die Ränder der Unterwäsche, unter dem Gummi! Hach, die Freuden der Feldarbeit in trockenem Gras. Erst nach einer Woche ebbte der gemeine Juckreiz ab, und beim nächsten Besuch hielt ich mich immer in der beschatteten Vegetation, wo die Milben sich nicht blicken lassen.

Unser Workshop war für den übernächsten Tag geplant, und zwar in einer Kleinstadt namens Debre Tabor, wo auch die regionale Leitung der Orthodoxen Kirche lag. Wir brachen vor Morgengrauen in einem gemieteten Jeep auf. Zuerst holten wir den Priester in Zhara ab, dann hielten wir an einer weiteren grünen Oase, Wonchet, mit einer Fläche von gut drei Hektar. Dort nahmen wir den obersten Priester mit, Aba Tewachew, der auf der Rückbank Platz nahm und sich kurz darauf übergeben musste. Alemayehu erklärte mir gelassen, dass er noch nie in einem motorisierten Fahrzeug gesessen hatte.

Obwohl ich schon viel Reiseerfahrung hatte, fand ich die ostafrikanische Landschaft ganz unvergleichlich. Feigen- und Afrikanische Kirschbäume standen vereinzelt in einer sonst eintönig braunen Landschaft herum, wo demnächst Teff (Zwerghirse) auf den großflächigen Äckern ausgesät werden würde. Keine Vögel oder sonstige Tiere weit und breit, nur hin und wieder kleine

Lehmhütten mit Strohdächern. Die Menschen wanderten auf einem extrem heißen, staubigen Pfad zu Fuß zum Markt, manchmal gruppenweise in angeregten Unterhaltungen. Die Frauen trugen Stoffsäcke mit Hirse oder Gemüse auf dem Kopf, die sie gegen andere Güter eintauschen wollten. Gelegentlich schleppte eine Familie ein vollständiges Rindsleder wie ein riesiges steifes Brett. Ein Mann transportierte einen Bienenkorb an einem Ast. Das Konzept, mit Handelsware und Einkäufen auf dem Kopf meilenweit zu Fuß zum Markt zu marschieren, ist in Industrieländern undenkbar. Man kann sich kaum vorstellen, wie die Welt in der näheren Zukunft Gleichberechtigung zwischen Mann und Frau herstellen will, wenn man bedenkt, wie extrem die ökonomischen Bedingungen auseinanderklaffen.

Irgendwann ging die Hauptstraße in eine unbefestigte Piste über, eine der holperigsten, auf denen ich je unterwegs war. Riesige Staubwirbel nahmen dem Fahrer die Sicht, und ebenso ging es den Leuten, die am Straßenrand dem Markt zustrebten. Der viele Staub raubte mir den Atem, und als wir schließlich in Debre Tabor ankamen, waren all meine Kleider mit einer dicken braunen Schicht bedeckt. Wir näherten uns einem leuchtend pinken Hotel am Rand der Piste, vor dem eine Traube schlammverkrusteter Lkws zwecks Reifenwechsel stand. Das hier war unser neues Basislager. Die Fassade mit dem knallbunten bonbonrosafarbenen Putz wirkte neu, doch im Inneren sah es ganz anders aus. Ich wurde in den dritten Stock zu einem »Zimmer mit Aussicht« geleitet, von dem aus ich Blick auf den Staub hatte, auf den Reifenwechsel und auf Verkaufsstände, an denen Kinder Cola und Kaugummi kauften. Die Wasserversorgung im Hotel war momentan außer Betrieb (wie sich herausstellte, dauerte der Moment unseren ganzen Aufenthalt lang), und etwa eine Stunde nach unserer Ankunft fiel der Strom aus. Ich war froh, dass ich eine Stirnlampe hatte, mit deren Hilfe ich die drei Treppen hinauffand, entschied mich gegen Hausgemachtes im Dunkeln und plumpste in meinen dreckigen Kleidern ins Bett.

Alemayehu hatte einen Raum gemietet sowie einen robusten Wagen mit Fahrer, der uns samt Equipment von Bahir Dar nach Debre Tabor transportieren sollte. Er wollte einen guten Eindruck auf die Priester machen, weil keiner von ihnen je an einem Vortrag über Kirchenwaldökologie teilgenommen hatte. Die erste Hürde hatte darin bestanden, die religiösen Anführer überhaupt zur Teilnahme zu bewegen, und ich hatte mir schon Sorgen gemacht, als Alemayehu mir eröffnete, dass wir jedem von ihnen als Anreiz ein Tagesgeld zahlen mussten. Wir hatten kein Budget, und ich hatte bereits ein teures Flugticket gekauft und 150 Farbdruckbroschüren bezahlt, mir war aber klar, dass er recht hatte – ohne die führenden Geistlichen ging gar nichts. Alemayehu hatte außerdem erklärt, dass ich sie für ganze drei Tage bezahlen musste: einen Tag für die Anreise zum Workshop, einen für die Teilnahme und dann noch einen für die Rückfahrt, außerdem Mahlzeiten, Hotel und Bustickets. Ich hatte mir den Kopf zerbrochen, wie ich diese Zusatzkosten stemmen sollte – mir schwebten die Reisekosten für Konferenzteilnehmer in Nordamerika vor. Doch Alemayehus Berechnungen ergaben schließlich zehn Dollar pro Priester – man sieht den riesigen Unterschied in den Lebenshaltungskosten zwischen der äthiopischen Provinz und anderen Ländern. Erleichtert stellte ich einen Scheck über 1500 Dollar aus, um 150 Priester an unserem Workshop teilnehmen zu lassen.

Die Priester ließen uns nicht hängen. Auf unserem ersten Workshop gab es nur Stehplätze, und wie durch ein Wunder funktionierte der Generator. Alemayehu übersetzte meinen Vortrag für die Zuhörer. In der Gegend gibt es zwar auch ein paar Frauenklöster, aber die meisten Religionsoberhäupter in Äthiopien sind Männer – ich war also die einzige Frau in der Runde. Beim Anblick der Luftbilder von ihren Landschaften stockte ihnen der Atem, und sie waren schockiert, als sie sahen, wie viele Flächen im Umfeld kahl geschlagen und durch Teff-, Hirse- und Maisfelder ersetzt worden waren. Die Priester begannen eine lebhafte Diskussion, kritisierten das öffentliche Programm zur Eukalyptus-Pflanzung und begriffen, wie viel Wasser diese fremden Bäume aus ihrem Boden saugten und wie giftig sie für die heimische Biodiversität waren. Immer lebhafter loteten diese 150 Männer zwischen 25 und 85 Jahren mögliche Lösungen aus, von Schutzmauern über das Ausjäten von Eukalyptus-Sämlingen bis hin zur Renaturierung mit heimischen Arten. An diesem Tag vereinbarten die Priester, sich zusammenzutun, um die verbliebenen Wälder zu schützen, ihnen war klar, dass eine geeinte Stimme mehr Gewicht hatte.

Naturwissenschaft und Spiritualität werden häufig als Gegensätze dargestellt, aber in Äthiopien trifft das nicht zu. Angeregt von den Forschern, engagieren sich die orthodoxen Priester jetzt offensiv mit Umweltschutzmaßnahmen, um ihre Kirchenwälder zu restaurieren. Mehr als zwei Milliarden Menschen weltweit respektieren und schützen im Rahmen ihres spirituellen Erbes heilige Haine, und über 1,3 Milliarden Menschen leben auf degradiertem Ackerland – vielleicht also lässt sich die äthiopische Lösung auch auf andere Länder übertragen. Vielleicht kann der Umweltschutz in Zusammenarbeit mit der Einflussmacht der Religion etwas bewirken, wo Regierungen und Unternehmen es nicht können. Bald nach dem Workshop überreichte mir der Bischof der nordäthiopischen Diözese das erste offizielle Memorandum of Understanding (MoU) für einen Ausländer, eine Absichtserklärung, die mir permanenten Zugang zu den Kirchenwäldern garantierte. Dieses Privileg begleitete der Bischof mit der persönlichen Bitte, ich möge unser gemeinsames Vorhaben nie aufgeben, denn ihm war klar, dass wir gemeinsam stärker waren. Nach dreißig Jahren als Arbornautin erinnerte mich meine Geländearbeit in den äthiopischen Kirchenwäldern an das, was ich schon vor vielen Jahren im australischen Outback gelernt hatte: Vertrauen ist das beste Mittel, um Umweltschutz von unten nach oben, also aus der Bevölkerung heraus zu etablieren.

Die Äthiopisch-Orthodoxe Tewahedo-Kirche ist stolz darauf, älter zu sein als die koptische Kirche in Ägypten. In den ländlichen Gemeinden werden täglich Andachten abgehalten und häufig religiöse Feste begangen (Geburt, Taufe, Trauung, Beerdigung), außerdem erteilt der Klerus täglich einen Segen. In der Mitte des Geländes steht das Gotteshaus – bei den äthiopischen Orthodoxen ist das immer eine Rundkirche, die in drei konzentrische Bereiche unterteilt ist (als Symbol für die Dreifaltigkeit). Die meisten Wälder gruppieren sich um eine Quelle, deren Wasser getrunken, aber auch als Heilwasser verwendet wird. Für mich als Naturwissenschaftlerin war es ungewöhnlich, längere Zeit im Gebet zu verbringen, aber als Partnerin im äthiopischen Umweltschutz passte ich mich schnell an. Für eine reibungslose Zusammenarbeit mit Einheimischen ist es am besten, an ihren kulturellen Praktiken aktiv teilzunehmen. So erlebte ich Feierlichkeiten, für die man etwa auf dem Waldboden saß und frisch geröstetes Lammfleisch aß, aus 30-Liter-Fässern Selbstgebrannten trank und Eintöpfe mit nicht identifizierbaren Zutaten reichte, wobei nach jedem Bissen ein Gebet erklang. Diese Landbevölkerung verbreitete ungebremste Freude am und Ehrfurcht vor dem Leben. Fast schon war ich neidisch, wenn ich zusah, wie die Väter mit ihren kleinen Söhnen im Schlepptau die Felder pflügten und die Frauen mit ihren Töchtern Wasser holten.

Gegen die meisten Beschwerden verwenden die Einheimischen Arzneipflanzen aus den Kirchenwäldern. Die emblematische Afrikanische Kirsche (*Prunus africana*) wird stark überbeerntet, weil sie angeblich Prostatakrebs heilt – und das trotz ihrer stinkenden Früchte, die ihr den zweiten Trivialnamen *Red Stinkwood* eingebracht haben. Weitere Medizinbäume sind Feigen (*Ficus sur* und *F. vasta*), deren milchiger Saft Darmparasiten abtötet (am Amazonas wird *Ficus* ähnlich genutzt), Kosobäume (*Hagenia abyssinica*) gegen Bandwürmer, *Commiphora schimperi*, Ursprung der Myrrhe, und der Afrikanische Affenbrotbaum (*Adansonia digitata*) mit diversen medizinischen Wirkungen. Der heilige Ostafrikanische Wacholder (*Juniperus procera*) wird nachhaltig geerntet, aber nur für den Kirchenbau eingesetzt, da aus seinem Holz das Kreuz, an dem Jesus Christus starb, gefertigt worden sein soll. Die meisten Priester schnitzen sich für den Gebrauch im Gottesdienst ein Wacholderkreuz. Anders als am Amazonas, wo die Ethnobotanik durch externe Botaniker recht gut dokumentiert ist, wurde zum medizinischen Gebrauch äthiopischer Pflanzen nur sehr wenig veröffentlicht. Stattdessen pflegt man die mündliche Überlieferung, und die Wissenschaft hinkt noch hinterher.

Die meisten heimischen Bäume wachsen langsamer als die eingeführten Eukalypten, weil die äthiopischen Arten mit ihren natürlichen Feinden auskommen müssen, die ihr Wachstum einschränken. Schon allein dieser Umstand macht es verlockend, nicht heimische Arten zu kultivieren. Gleichzeitig beobachten die Einheimischen aber auch, dass Eukalypten den Grundwasserspiegel absenken, weil sie etwa viermal so viel Wasser verbrauchen wie heimische Baumarten, und dass sie mit ihren giftigen Blättern und Rinden heimische Arten aus ihrer Nachbarschaft verdrängen. Die Priester hatten dieses ökologische Fachwissen nicht, aber sie nannten Eukalypten die »bösen Bäume«. Heimische Bäume wachsen zwar langsamer, sind aber durch ihre Evolution an die kargen Böden und die häufigen Dürren angepasst, und ihre Kronen stellen den Großteil des Lebensraums für endemische Tiere. Südliche Grünmeerkatzen (*Chlorocebus pygerythrus*) tollen zusammen mit Klippschliefern (*Procavia capensis*) in halber Höhe durch die Baumkronen, während Bewohner der Strauchschicht wie Kronenducker (*Sylvicapra grimmia*), Streifenhyänen (*Hyaena hyaena*) und die gepunkteten Äthiopischen Ginsterkatzen (*Genetta abyssinica*) ihren Lebensraum zwischen den heimischen Sträuchern haben. Meine Liste der Vogelsichtungen konnte ich um über einhundert äthiopische Arten erweitern, darunter der seltene Gelbkopfpapagei (*Poicephalus flavifrons*), der in der Region um den Tana-See auf heimischen Bäumen lebt.

Ein Jahr nach dem ersten Workshop kam ich für einen zweiten wieder. Yeneta Tibebu, der zupackende Priester von Thara, präsentierte mir ganz aufgeregt eine Überraschung. Aus eigenem

Antrieb hatte seine Gemeinde im Umland Feldsteine gesammelt und rund um den Kirchenwald eine prächtige Trockenmauer errichtet – anderthalb Kilometer Schutz für 46 heimische Baumarten und unzählige weitere Arten. Diese Schutzmauer ist eine clevere Lösung, weil sie Rinder und Ziegen fernhält, für die Bauern die Waldgrenzen definiert, dafür sorgt, dass am Waldrand weniger Feuerholz gesammelt wird, Samenbank und Biodiversität schützt und ein Bauwerk darstellt, auf das die Einheimischen stolz sind. Sie nennen ihre Steinmauern ein »Kirchengewand«, und inzwischen sind sie der Überzeugung, dass eine religiöse Enklave ohne Mauer unvollständig ist. Das Bauwerk ist etwa 1,20 Meter hoch, 60 Zentimeter breit und braucht keinerlei Instandhaltung. An manchen Stellen liegt die Mauer mehrere Meter außerhalb der existierenden Waldgrenze, um den Bereich, um den die Fläche in den letzten Jahrzehnten geschrumpft ist, zu kompensieren. Innerhalb eines Jahres nach unserem ersten Workshop folgten mehrere andere Kirchenmauern dem Vorbild in Zhara: Debresena baute eine knapp zwei Kilometer lange Schutzmauer für 34 Arten und Mosha fast drei Kilometer Mauer rund um 53 Baumarten.

Alemayehu erklärte mir, dass wir für jede fertiggestellte Mauer eine Geldspende zusichern sollten, damit die Priester Tore kaufen können (insgesamt vier, auf jeder Seite eines), aber auch einfach als Anreiz. Da die Priester keine Geldwirtschaft betreiben, könnten sie diese Spende auch für Dachreparaturen oder den Schutz wertvoller Wandmalereien einsetzen, die sehr häufig den Launen des Wetters ausgesetzt sind. Ich sammle inzwischen nach und nach Spenden als Entgelt für äthiopische Umweltschutzmauern, und Alemayehu teilt sie vor Ort den einzelnen Projekten zu. Die Priester wissen unsere Bemühungen sehr zu schätzen, und unsere Vertrauensbasis wurde dadurch ganz erheblich gestärkt. Viele Spender aus allen möglichen Ländern stoßen auf meiner Website auf dieses Projekt, und wenn sie einmal diese isolierten grünen Fragmente inmitten der braunen Äcker gesehen haben, spenden sie gerne. Als Gesamtkosten für die Trockenmauern um vierzig Wälder haben wir etwa 500 000 Dollar veranschlagt, dazu kommt jedes Jahr ein Workshop – und damit betreiben wir eines der billigsten landesweiten Artenschutzprogramme der Welt. Mehr als die Hälfte der benötigten Mittel haben wir bereits zusammen – aktuell sind die meisten Spender Grundschulkinder, die auf der anderen Seite der Welt mit der Spendenbüchse Kleinbeträge sammeln oder Kuchen verkaufen. Wenn ich unter dem Motto »Meet a scientist« in US-amerikanischen Schulen virtuelle Vorträge halte, ergibt sich daraus in der Regel eine Klassenspende, mit der Bäume in Äthiopien gerettet werden können. Eine der bemerkenswertesten Spenden kam von einer sechsten Klasse aus einem einkommensschwachen Viertel in der Bronx – sie schickte den Gegenwert von einer Woche Schulessen. Eine Familie in Deutschland spendete im Gedenken an ihren verstorbenen Vater. Ein junges Mädchen in Kanada verkaufte Limonade, um für die Mauern zu sammeln. Über das Internet und die sozialen Medien können Kinder auf der anderen Seite der Welt den Umweltschutz fördern!

Forscherkolleg:innen erörtern, ob man Verbindungsgänge zwischen den einzelnen Kirchenwäldern anlegen sollte, weil sie bezweifeln, dass die Einheimischen die ursprünglichen Mauern irgendwann erweitern oder umsetzen werden. Nun, gute Neuigkeiten! Zwei Priester haben schon ihre Grenzmauern erweitert und forsten jetzt großflächiger auf, denn die Dorfbewohner packen nur zu gerne an, um die bisherigen Mauern zu versetzen und die Kirchenwälder zu vergrößern. Daneben ist die Schaffung von Verbindungen zwischen einzelnen Lebensraumfragmenten für den Artenschutz äußerst nützlich, weil so größere Flächen entstehen. Denn in Äthiopien fehlt es immer noch an moderner Bewässerung, an Traktoren und anderen fortschrittlichen Methoden, um die landwirtschaftlichen Erträge zu steigern. Vorerst braucht die Bevölkerung mehr Ackerland, um genug Nahrung anbauen zu können.

Für den Umweltschutz ist Äthiopien ein komplexes Feld. Als eines der am dichtesten bevölkerten Länder Afrikas hat es inzwischen über 100 Millionen Einwohner, außerdem überreiche, einmalige natürliche Ressourcen – das Quellgebiet des Nils, die Ahnen der Menschheit (Heimat des Vormenschen Lucy), starke religiöse Werte, reiche Mineralienvorkommen und eine einzigartige endemische Biodiversität. Alemayehu zitiert diese Liste der Naturschätze Äthiopiens immer wieder, aber gleichzeitig frustriert es ihn, dass sein Heimatland seine Ressourcen nie so strategisch nutzt wie andere afrikanische Länder. Allerdings holt Äthiopien rasch auf. Die Regierung erkennt an, dass der Klimawandel seinen Tribut fordert, denn es sind immer schwerere Dürren, Heuschreckenplagen und andere Belastungen zu verzeichnen. In einer fortschrittlichen Aktion rief der Ministerpräsident 2019 einen Baumpflanztag aus, an dem etwa 352 Millionen Sämlinge ausgepflanzt wurden, die zuvor in öffentlich finanzierten Baumschulen gekeimt waren. So etwas hat bis heute noch kein anderes Land der Welt geschafft, und obwohl sicherlich viele dieser Sämlinge mangels Wasser und der geeigneten Pflege eingehen werden, beweist die Aktion einen außergewöhnlichen Weitblick im Umweltschutz. Äthiopien setzt zunehmend auf Aktionen, die eine grüne Zukunft versprechen. Ich werde weiterhin mit den Priestern beten, Workshops abhalten und mich um das Vertrauen des Klerus bemühen, während wir gemeinsam Brücken zwischen Wissenschaft und Religion bauen.

Seit wir also einen handfesten Plan für die Erhaltung der Kirchenwälder in Gang gebracht haben, lassen die Priester auch bereitwilliger zu, dass Alemayehu und ich Feldforschung betreiben. Sie wissen, dass wir nicht einfach nur Daten sammeln und Arten dokumentieren, sondern dass wir dringend nach Lösungen suchen, um ihre Bäume zu retten und »alle Geschöpfe Gottes zu schützen«. Als nächsten Schritt starteten Alemayehu und ich eine Reihe von durch *National Geographic* finanzierten Expeditionen zur Erfassung der Artenvielfalt in den Kronen der Kirchenwälder. Zuerst schrieben wir einen Fördermittelantrag für die Erfassung der Insektenbestände, wofür wir ein Dutzend internationale Experten für verschiedene Taxa von Gliederfüßern finanzieren mussten. Diese Fördermittel bekamen wir! Ich schaltete eine Anzeige für abenteuerlustige Entomolog:innen, die an unserer Expedition teilnehmen wollten, und war überwältigt, wie viele Rückmeldungen ich erhielt – von Expert:innen für Ameisen, Käfer, Milben, Fliegen, Fadenwürmer und andere sechs- bis achtbeinige Krabbeltiere. Wir bauten Seile in Baumkronen ein, entdeckten neue Arten, verzeichneten neue Verteilungsrekorde und bezogen obendrein eine riesige Gefolgschaft einheimischer Schulkinder ein, die etwas über die Insekten vor ihrer Haustür lernen wollten.

Um die Insekten zu erfassen, legten wir durch zwei verschiedene Kirchenwälder Transekte an und arbeiteten mit diversen Methoden: Klopfschirme, Lichtfallen, Streifkescher, Köder-, Malaise- und Bodenfallen, dazu ganz simple Beobachtungen. Kurz gesagt sind die kleinen grünen Fragmente der Kirchenwälder unglaubliche natürliche Beispiele der Inselbiogeografie. An ihnen konnten wir Vielfalt und Abundanz von Arten an Standorten unterschiedlicher Größe, Baumzusammensetzung und unterschiedlichen Alters vergleichen.

Allerdings war die Geländearbeit im Vergleich zu anderen Ländern unglaublich zeitraubend. Wir mussten Fahrer anstellen, Allradwagen bepacken, Essen kaufen, von jedem Priester einzeln die Erlaubnis erbitten, Proben nehmen zu dürfen, und dann Bäume mit den zum Insektensammeln benötigten Geräten ausstatten. Diese ganze Vorbereitung beanspruchte schon mehrere Tage, in denen wir noch nicht ein Insekt fingen, und natürlich gab es auch Rückschläge. Zuerst richteten wir unsere Seile ein, um daran zu klettern und in den bis zu dreißig Meter hohen Baumkronen Insektenfallen aufzustellen, doch am nächsten Morgen waren alle Seile sorgfältig aus den Ästen herausgewunden worden und verschwunden. Wir konnten im Dorf Seile nachkaufen, aber nach dieser Panne heuerte Alemayehu für die gesamte Ausrüstung, die über Nacht in den Bäumen blieb, Wachleute an, weil die Einheimischen freudig Seile und Plastikgefäße abbauten und für praktischere Zwecke mit nach Hause nahmen, wahrscheinlich für den Garten oder zum Befestigen von Marktware. Danach überarbeiteten wir unser Budget so, dass wir unsere Fallen rund um die Uhr bewachen lassen konnten – teuer war das nicht, aber bis wir ausreichend Männer gefunden hatten (Frauen durften nicht die ganze Nacht im Wald sitzen), dauerte es noch einmal ein paar Tage.

Bei unserer gesamten Feldarbeit mussten wir die Aktivitäten der Kirche respektieren, weshalb wir uns sorgfältig nach dem Zeitplan von Beerdigungen, Gottesdiensten und anderen religiösen Veranstaltungen erkundigten. Wir verhielten uns im Wald extrem leise, wenn eine Prozession zwischen den Bäumen hindurchzog, und wir verzichteten aufs Fotografieren, wenn Einheimische präsent waren. Während der ganzen Expedition hatten wir jede Menge Zuschauer und beschlossen daher, die Gelegenheit zu nutzen und den einheimischen Schülern etwas über ihre Biodiversität beizubringen. Nach einem Tag in den Bäumen liefen manchmal Dutzende Kinder (meist Jungen) unseren Forschern nach, es war also offensichtlich, dass sie wirklich mehr über ihre lokale Flora und Fauna lernen wollten. Alemayehu erzählt, dass die Schule in Ermangelung von Computern, Bestimmungshilfen und Schulbüchern kaum Umwelterziehung leistet, und Ausflüge in die Natur unternehmen die Lehrer auch nicht.

Stundenlang zerbrach ich mir den Kopf über diese ungerechte globale Verteilung von Schularbeitsmitteln und die Herausforderung, in Äthiopien die nächste Generation von Priestern (und Biologen) auszubilden. Daraus entstanden zwei Ideen. Erstens bedruckten wir T-Shirts mit wichtigen heimischen Bestäubern samt Beschriftung auf Amharisch, damit die Kinder ihren Insektenführer immer dabeihatten. Das brachte den zusätzlichen Vorteil, dass sie Schulkleider bekamen, viele Jungen besaßen nicht einmal ein T-Shirt, sondern gingen mit aus Decken improvisierten Ponchos zur Schule. Praktisch fürs Gelände waren die T-Shirts auch, Papierlisten würden irgendwann nassregnen oder in Mamas Ofen landen. Die T-Shirts waren ein Riesenhit, sogar die Priester wollten sie unter ihren weiten weißen Roben tragen. Wegen der hohen Transportkosten können wir sie nur in begrenzter Anzahl anbieten, aber ich bin zuversichtlich, dass wir bald einen Hersteller vor Ort finden und dann unserem Umwelterziehungsmodell auf die Sprünge helfen können.

Außerdem veröffentlichten wir, um die Bildung der einheimischen Schülerinnen und Schüler zu fördern, ein Kinderbuch, das zeigen sollte, warum Bäume als lokale Ressource so wichtig sind. Gemeinsam mit einer äthiopischen Kollegin schrieb ich das Buch *Beza – Who Saved the Forests of Ethiopia, One Church at a Time,* die Geschichte eines Mädchens, das sich für den Schutz seiner Bäume im Kirchenwald engagiert. Für jeden Kauf eines englischen Exemplars bei Amazon spendet meine kleine Stiftung (www.treefoundation.org) ein amharisches Exemplar für ein Kind oder eine Schule in Äthiopien. Es war eine ergreifende Erfahrung, einem Mädchen (oder einem Jungen) sein erstes Buch zu überreichen, obendrein in ihrer eigenen Sprache gedruckt.

Die Einrichtung der Insektenfallen, die Anstellung von Wachleuten, das Abstimmen mit den kirchlichen Veranstaltungen und dann das Sammeln/Trocknen/Nadeln/Beschriften der Ergebnisse dauerte für jeden Standort eine ganze Woche, sodass wir in unserer zweiwöchigen Expedition nicht wie erhofft zehn Kirchenwälder beproben konnten. Trotzdem sammelten wir an zwei Standorten großartige Daten, und da es sich um die ersten Erhebungen von Arthropoden in Kirchenwäldern handelte, waren wir von den Ergebnissen geradezu begeistert. Am Ende ergaben nur vier Sammelmethoden (Lichtfallen, Malaisefallen, Streifkescher und Köderfallen) konsistente Probendaten, die sich auch vergleichen ließen. Wir kamen auf 8200 Gliederfüßer, darunter 253 Morphospezies von Coleoptera (Käfer) aus 37 Familien, und mindestens 45 Arten Hornmilben. Eine besonders hässliche, braune und haarige neue Milbenart nannte ein russischer Milbenexperte zu Ehren der Expeditionsleiterin später *Pilobatella lowmanae* (meine Söhne ziehen mich regelmäßig damit auf, ob einem dieses Gammeltierchen wirklich zur Ehre gereicht).

Unser zweites von *National Geographic* finanziertes Projekt drehte sich um die Erfassung von Reptilien und Amphibien. Diesmal schlugen Alemayehu und ich vor, sowohl die Vegetation des Kirchenwalds zu beproben als auch die Schutzmauern, wir vermuteten nämlich, dass das Mauerwerk Echsen und Schlangen als neuer Lebensraum dienen könnte. Statt für eine Expedition ein großes Team einzufliegen, gewannen wir einen einzelnen Doktoranden, der regelmäßig sowohl ummauerte als auch nicht ummauerte Wälder aufsuchte. Publikationen über die herpetologische Biodiversität in dieser Region existierten praktisch noch keine, weshalb unsere Forschung völlig neue Erkenntnisse für die Naturwissenschaften erbrachte. Wir konnten bestätigen, dass die Steinmauern vielen Reptilien und Amphibien einen sicheren Rückzugsort bieten – die meisten Arten wurden in den Mauerspalten gesichtet.

Seit mehr als zehn Jahren arbeiten Alemayehu und ich nun an einem Modell für den Umweltschutz, für das vor allem eines unerlässlich war: Vertrauen. Fruchtbar wurde es, weil wir außerdem eine echte Partnerschaft pflegen. Jeder von uns bringt in die Zusammenarbeit etwas Wesentliches ein. Ohne einen einheimischen Kollegen, der von der religiösen Führung respektiert wird, hätte ich nie das Wohlwollen der Äthiopisch-Orthodoxen Tewahedo-Kirche gewinnen können. Und Alemayehu hätte solche ehrgeizigen Aktionen zur Rettung seiner Wälder kaum stemmen können, hätte nicht ein externer Partner Fördermittel und internationale Aufmerksamkeit beigesteuert. Er ist der Botschafter vor Ort, ich bin die Verbindung zur Außenwelt. Wir finanzieren neue Schutzmauern, halten in verschiedenen Regionen Nordäthiopiens Workshops für Priester ab, verteilen Bücher und

T-Shirts und weisen auf die Bedeutung der äthiopischen Kirchenwälder und ihren Schutz als globale Priorität hin.

Im Jahr 2018 besuchte ich Gibstawait, einen neu ummauerten Wald mit der größten dokumentierten Vielfalt heimischer Vögel. Als ich ankam, überschlugen sich der Priester und seine Anhänger vor Freude und opferten umgehend ein Lamm (in dieser ausgedörrten Landschaft ein seltenes Ereignis). Keine zwei Stunden später feierten wir ein veritables Fest, weil es uns gelungen war, den heiligen Hain der Gemeinschaft zu schützen. Unter dem Kronendach stärkten wir uns an Lammragout, sprachen Gebete und tranken ihren Branntwein (die Gläser werden immer bis über den Rand gefüllt). Die Gemeinde verehrt Alemayehu geradezu wegen seiner Umweltschutzerfolge, er ist ein regelrechter Rockstar für die Bäume. An der Seite dieser bescheidenen, aber doch so starken Menschen wird mir die Bedeutung globaler Schutzmaßnahmen umso stärker bewusst. Was wir dort erleben, setzt neue Maßstäbe für eine Umkehr im Umweltschutz, weg vom durch die Regierungen verordneten Management hin zu engagierten Aktionen aus der einheimischen Bevölkerung heraus. Dennoch bleibt eine große Unbekannte: Ist es womöglich zu spät? Sind Äthiopiens Waldfragmente zu klein, um durchzuhalten, und lässt sich die vielfältige Zusammensetzung der heimischen Arten erhalten? Verfügen die isolierten Bestände von Bäumen und Säugetieren über ausreichend genetische Vielfalt, um den Klimawandel zu überdauern? Wie wird es mit dem Arzneibaum Afrikanische Kirsche weitergehen, von dem in jedem Bestand nur ein oder zwei Exemplare übrig sind?

Mit einem Fulbright-Stipendium kehrte ich nach Äthiopien zurück und arbeitete weiter an meinen Zielen Waldschutz, Baumkronen und Frauen in der Wissenschaft. Von meinem Standort an der Jimma University aus beteiligte ich mich an mehreren Initiativen, um in die größte Hochschule des Landes neue Ideen einzubringen. Erstens hielt ich einen Kurs zum Baumklettern am biologischen Institut ab. Leider nahmen daran nur männliche Studierende teil. Während wir die Seile einbauten, wetteiferten Paviane mit uns um den Raum in der Baumkrone und warfen Zweige auf ihre Primatenvettern, die sich abmühten, um sich in den Bäumen halbwegs fortbewegen zu können. Während wir kletterten, pflückten Frauen mit großen Leinensäcken in der Strauchschicht Kaffee. Die Ungleichheit der Geschlechter in Äthiopien bleibt eine Herausforderung, weshalb ich in der Universität ein Netzwerk für weibliche MINT-Dozierende initiiert habe. Es meldeten sich nur sechs Frauen, alle Technikerinnen. Sie erklärten, Frauen könnten nicht ernsthaft um eine akademische Stelle konkurrieren, wenn sich auch ein Mann dafür bewarb. Meine dritte Aufgabe bestand in der Beratung für einen botanischen Garten an der Jimma University, ein erstes Pflanzenmuseum im Südteil des Landes. Wir wählten einen Standort aus, diskutierten Ideen für die Öffentlichkeitsarbeit und drückten Daumen, dass es in Äthiopien in Zukunft tatsächlich solche öffentlichen Schutzzonen geben wird.

Wie geht es weiter? Während ich dieses Buch schreibe, haben Alemayehu und ich den halben Weg geschafft, um Schutzmauern für die vierzig Kirchenwälder mit der höchsten Artenvielfalt zu finanzieren – es fehlen weniger als 200 000 Dollar, um unser Ziel, die Arche Noah, zu erreichen. Wir konzentrieren uns auf den Norden Äthiopiens, weil dort die Waldverluste am größten sind. Meine kleine Stiftung, die TREE Foundation, dient als Spendenzentrale. Doch um Äthiopiens Biodiversität zu retten, müssen wir schnell handeln. Wir hoffen, entweder eine große NGO dafür gewinnen zu können, substanziell in die Mauern zu investieren, oder einen einzelnen wohltätigen Spender, der verstanden hat, wie wichtig es ist, die Arten eines ganzen Landes zu retten. Im Vergleich zum Erhalt tropischer Wälder in anderen Ländern sind Steinmauern sehr billig, und was vielleicht noch mehr zählt: Die Priester genießen großes Vertrauen, und die Bevölkerung baut mit sichtlicher Begeisterung wirklich prächtige Mauern, um ihre Wälder zu schützen.

Unsere Geschichte ist eine Win-win-win-win-Situation für den Umweltschutz. Die Bauern gewinnen, weil Steine aus ihren Feldern entfernt werden und sich damit der Ertrag erhöht, die Priester gewinnen, weil alle Geschöpfe Gottes bewahrt werden, die Menschen gewinnen, weil Wälder für ihr Alltagsleben so viele Dienstleistungen erbringen, und die Bäume gewinnen, weil die Mauern sowohl ausgewachsene Exemplare als auch die Sämlinge schützen.

Viele hier glauben fest daran, dass unter dem Kronendach schweigende Eremiten leben, die *menagn* auf Amharisch. Die meisten Menschen können sie nicht sehen, aber ihre Gegenwart deutlich fühlen. Der oberste Priester, Abune Abraham, selbst jahrelang ein Eremit, restauriert für seine orthodoxe Diözese außerhalb der Stadt Bahir Dar einen ganzen Wald, um einen Klosterbezirk einzurichten. Er hat mir angeboten, mir dort eine kleine Steinhütte zu bauen, damit ich öfter zu Besuch kommen kann – eine echte Geste des guten Willens. Wenn ich die Priester beobachte, denen die Stille so viel bedeutet, stelle ich fest, dass meine Veranlagung zur Schüchternheit in meiner Kindheit vielleicht gar nichts so Schlimmes war. Oft denke ich an meinen Großvater, der unsere Steinhütte baute und dabei mit Bedacht eine einsame Ulme im Wohnzimmer stehen ließ. Ich stelle mir vor, wie er lächelnd im Himmel sitzt und stolz zusieht, wie ich Steinmauern baue, um in Äthiopien Bäume zu retten.

Afrikanische Kirsche

(Prunus africana)

BEI EINEM MEINER ERSTEN BESUCHE IN ÄTHIOPIEN nahm der Priester am Kirchenwald von Debre Tabor mich bei der Hand und führte mich auf ein nahe gelegenes Feld, wo Bauern gerade Hafer säten. In der Mitte des von Dreck verkrusteten Felds stand ein einsamer Baum. Obwohl wir nicht dieselbe Sprache sprachen, war die Botschaft unmissverständlich. Der Priester zeigte auf dieses einsame Individuum, eine Afrikanische Kirsche, und erklärte gestikulierend, dass sie früher innerhalb seines heiligen Hains gestanden hatte. Weil sie unbedingt genug Nahrung für ihre Familien beschaffen mussten, hatten die einheimischen Bauern immer weiter gerodet und waren auf den heiligen Boden vorgedrungen. Der Priester musste traurig mit ansehen, wie die Bauern beim Pflügen zu nah an die Grenzbäume der Kirchenwälder herankamen und auch deren Rinde von allen Seiten gleichzeitig beernteten, was den Baum nach und nach abtötet. Jedes Mal, wenn ich wieder nach Debre Tabor komme, begrüßt mich dieser Baum als Wächter aus der Monokultur von Nutzpflanzen heraus, ein Mahnmal dafür, wie wichtig es ist, die übrigen Kirchenwälder zu erhalten.

Das Verteilungsgebiet der Afrikanischen Kirsche (*Prunus africana*), wegen ihrer übel riechenden Früchte auch *Red Stinkwood* genannt, liegt in den Gebirgsregionen des zentralen und südlichen Afrikas sowie auf den Inseln São Tomé, Grande Comore und Madagaskar. Der Baum gehört in die Familie der Rosengewächse (Rosaceae) und ist mit beinahe fünfundvierzig Metern Höhe der größte seiner Gattung, *Prunus*. Auf seiner ersten Expedition auf den Kamerunberg 1861 sammelte der deutsch-britische Botaniker Gustav Mann mit seiner Gefolgschaft Belege, die zur Klassifizierung in die Londoner Kew Gardens verschifft wurden. Zurück in London, nannte der Botaniker William Jackson Hooker die Pflanze zunächst *Pygeum africanum*; der Gattungsname bezog sich auf die Form seiner Früchte, eine platt gedrückte Kugel, die aussah wie ein Menschenpopo. Beinahe einhundert Jahre später, 1965, sprach sich der Botaniker Cornelis Kalkman dafür aus, *Pygeum* in die Gattung *Prunus* zu verschieben, nachdem die molekulare Kladistik sie als Kirschenart identifiziert hatte. *Prunus africana* hat diverse Trivialnamen, neben Afrikanische Kirsche etwa Pygeum, Eisenholz, Rotes Stinkholz, Afrikanische Pflaume und Bitter Almond, sowie zahlreiche Namen in vielen afrikanischen Sprachen.

Die Afrikanische Kirsche besitzt eine charakteristische schwarzbraune Rinde, die in einem rechteckigen Muster von Rissen durchfurcht ist. Die Blätter sind wechselständig, oval bis lanzettlich, zugespitzt, haarlos, leicht gesägt und dunkelgrün auf der Ober-, aber hellgrün auf der Unterseite. Der Blattstiel ist rosa oder rot, und die Pflanze blüht von Oktober bis Mai in Bündeln weißer oder gelbbrauner, von Insekten bestäubter Blüten. Von September bis November erscheinen rötlich oder lila-braune

Früchte, die in Form und Struktur Kirschen ähneln und von Vögeln, Affen und Eichhörnchen sowie von Menschen verzehrt werden. Wie andere *Prunus*-Arten besitzt die Afrikanische Kirsche extraflorale Nektarien in Form von Drüsen am Blattrand, die spezialisierten Insekten eine Belohnung dafür bieten, dass sie das Laub vor Phytophagen schützen. Solche Beziehungen zwischen Pflanze und Tier sind für die meisten afrikanischen Bäume noch nicht gut untersucht, daher wissen wir nicht, welche Arten sich überhaupt in den Kronen aufhalten. Aus Ruanda berichtet Dian Fossey, dass die Früchte der Afrikanischen Kirsche eine bevorzugte Nahrung der Berggorillas sind.

Die Afrikanische Kirsche ist für diverse medizinische Zwecke sehr gefragt und würde daher sicherlich überbeerntet, unterstünde sie nicht dem gesetzlichen Schutz durch Anhang II des Washingtoner Artenschutzübereinkommens (CITES). Ihre Rinde kommt lokal bei vielen medizinischen Indikationen zum Einsatz: Malaria, Wundversorgung, Pfeilgift, Magenbeschwerden, Nierenerkrankungen, Tripper, Geisteskrankheit und Fieber. Die unbekümmerte Beerntung der Rinde hat zu einem verbreiteten Absterben der Bäume geführt und ihr Verbreitungsgebiet verkleinert. Da sie in der Behandlung von Prostatakrebs als wirksam gilt, wird die Art heute in vielen Regionen Afrikas für den Arzneimittelhandel kultiviert. 1966 wurde ein Rindenextrakt patentiert, und der Verkaufswert dieses pharmazeutischen Produkts wird auf über 200 Millionen Dollar jährlich geschätzt. Außer für den medizinischen Gebrauch wird die Afrikanische Kirsche auch wegen ihrer Eignung für Axtgriffe, Karren, Böden, Brückenbeläge, Möbel und Werkzeug geerntet. Anders als die *Prunus*-Verwandten in Europa und Nordamerika ist die *P. africana* nicht besonders gut erforscht, und zu ihrer Ökologie gibt es in allen Aspekten nur sehr wenige Veröffentlichungen. Wir müssen die botanische Erforschung unbedingt forcieren, damit diese wichtige, in Äthiopien heimische Art in Zukunft adäquat gemanagt wird – das gilt im Übrigen auch für fast jede andere afrikanische Baumart.

11

DAS SCHWEBENDE KLASSENZIMMER – FÜR ALLE!

Rollstühle und Bärtierchen in den Baumkronen

Die Frage, die mir von Grundschulkindern am häufigsten gestellt wird, lautet: »Was ist die häufigste Tierart in den Baumkronen?« Leider gibt es noch nicht genügend Arbornaut:innen, um das mit Sicherheit sagen zu können. Doch wenn ich wetten soll, würde ich auf Tardigrada tippen, auch Bärtierchen oder Wasserbären genannt. »Tardi-was?«, fragen dann die meisten. Der lateinische Name dieses relativ unbekannten Tierstamms bedeutet wörtlich »Langsamgeher«. Dabei gehen diese mikroskopisch kleinen trägen Tierchen eigentlich gar nicht, sondern lassen sich vor allem in Wassertröpfchen treiben. Sie leben auf fast jedem feuchten Substrat in Süß- und Salzwasser, kommen in trockenen Wüsten mit seltenem Niederschlag genauso zurecht wie in tropischen Regenwäldern und sogar den Extremen von heißen Quellen oder den Eisklippen in der Antarktis. Jedes winzige Stückchen Moos, Flechte, Rinde oder Blattoberfläche bietet den benötigten Wasserfilm, um ihre winzigen zylinderförmigen Körper und die vier Paar teleskopartigen Beinchen mit Klauen oder Haftscheiben zu bedecken. Und wenn ihr wässriges Habitat verdunstet, gehen sie in ein Resistenzstadium über und warten manchmal jahrzehntelang, bis es wieder regnet, oder sie lassen sich über die Baumwipfel hinweg durch die Luft an einen anderen Ort tragen, wo es feuchter ist. Weder Trockenheit noch Überflutung oder Temperaturextreme können ihnen etwas anhaben. Als kleine Jungs erfuhren meine Söhne aus der populären Tiersendung *Animal Planet* von Bärtierchen, dort wurden sie als die extremophilsten Organismen der Welt bezeichnet, weil sie in derart widrigen Lebensumständen überleben können. Mit ihren 0,2 bis 0,5 Millimetern Körperlänge (etwa die Größe eines Staubkorns) dominieren sie ihre Minireiche in Boden, Blättern und Wassertröpfchen, gemeinsam mit anderen kleinen Lebewesen wie Fadenwürmern, Springschwänzen, Rädertierchen und Milben. Es klingt wie Science-Fiction – während wir schlafen, krabbelt ein Heer von Milliarden winzigen Bärtierchen durch unsere Stadtwiesen und Büsche.

Als Forscherin und Entdeckerin – oder einfach als gewöhnlicher Mensch in dieser Welt – weiß man nie, worauf man als Nächstes stoßen wird. Ich kam zu den Bärtierchen, weil ich entschlossen war, benachteiligten Jugendlichen Gelegenheit zu geben, sich mit Feldbiologie zu beschäftigen. Seit Jahrzehnten bemühe ich mich leidenschaftlich um Inklusion in den Naturwissenschaften, wahrscheinlich weil ich mich in dem Netzwerk aus weißen Männern, das meine Berufswelt dominiert, nicht immer willkommen fühle. Ich wollte unbedingt erreichen, dass junge Frauen und Angehörige anderer Minderheiten in den Wissenschaften nicht weiter eingeschüchtert werden. Mit elf Jahren schrieb ich mein erstes Buch, *Through the Year with Gertrude Grosbeak,* über die Eskapaden eines Vogels und seine Freundschaft mit einem bettlägerigen Kind, das nicht gehen kann. (Veröffentlicht habe ich es allerdings erst mit sechzig!) Eine Studentin, die dieses Buch kürzlich gelesen hat und es mochte, wies mich darauf hin, dass ich mich eigentlich seit jeher mit den Herausforderungen der Inklusion in der Feldbiologie auseinandersetze. Sie selbst ist auf den Rollstuhl angewiesen und hätte das Vorbild für mein Buch sein können. Als Erwachsene sah ich es unter anderem als meinen Auftrag an, bei jeder Gelegenheit Minderheiten an die Naturwissenschaften heranzuführen – ich brachte auf einem Sommercamp Mädchen aus ökonomisch benachteiligten Familien das Baumklettern bei, trainierte im indischen Urwald Arbornautinnen im Sari, stellte in jeder Führungsposition nach Möglichkeit qualifizierte Kandidat:innen mit Minderheits-Background ein, förderte Mädchen und Jungen aus benachteiligten Gegenden mit Stipendien und Forschungspraktika und beriet an den Universitäten, an denen ich unterrichtete, viele, viele Studierende, die Minderheiten angehörten. Im Rückblick denke ich mir, dass ich vielleicht für Studierende mit ähnlichen Problemen leichter ansprechbar war als meine Kolleginnen und Kollegen, gerade weil bekannt war, dass ich als alleinerziehende Mutter ständig damit zu tun hatte, Kinder und Arbeit unter einen Hut zu bringen.

Eine Gruppe, die in der Feldbiologie dauerhaft übersehen wird, sind die Studierenden mit körperlicher Behinderung. Beinahe 25 Prozent der Amerikaner leben mit körperlichen Einschränkungen, doch wie ein Bericht in der *Science* 2019 konstatierte, stellen sie nur neun Prozent der wissenschaftlichen Mitarbeiter und sieben Prozent der naturwissenschaftlichen Dissertationen. Das US-Gesetz zur Gleichstellung von Menschen mit Behinderungen (Americans with Disabilities Act, ADA) soll seit 1990 eine bessere Inklusion garantieren, doch in meiner ganzen Karriere war mir noch nie ein Programm begegnet, das Studierende mit Körperbehinderung dazu ermunterte, sich in der Feldbiologie zu etablieren. Studierende im Rollstuhl werden in der Regel in die Labore oder zur Büroarbeit abbestellt. Als Leiterin eines botanischen Gartens frustrierte mich das, besonders wenn ich beobachtete, wie junge Menschen im Rollstuhl, Mütter mit Kinderwägen oder ältere Menschen mit Rollator sich mühselig durch die Alleen kämpften. Dabei wurde mir klar, dass sie wohl nie einen dichten Wald, womöglich noch nicht einmal einen holperigen Waldweg genießen konnten. Letztlich führte das zum Bau des ersten nordamerikanischen Baumwipfelpfads, der für Menschen mit körperlichen Behinderungen zugänglich ist. Zum zehnten Jahrestag des Gesetzes zerschnitt Pam Dorwarth, Floridas Vertreterin im Interessenverband vom Rollstuhl aus das Band und eröffnete offiziell den landesweit ersten barrierefreien Walkway in einem botanischen Garten. Dorwarth weinte, als eine Gruppe Rollstuhlfahrer:innen die flache Rampe hinaufrollte, um erstmals die Baumwipfel zu erkunden. Doch natürlich war ein einsamer barrierefreier Walkway nicht genug. Ich wollte körperbehinderte Studierende betreuen, die davon träumten, als Ökolog:innen im Gelände zu arbeiten, die im Wald neue Arten entdecken wollten. Ich war mir sicher, dass das Klettern für Studierende möglich war, sofern sie nur ihre Arme benutzen konnten, um sich an die Seile zu hängen. Ich war selbst nie besonders sportlich und hatte irgendwann trotzdem den Ruf, eine der geschicktesten Arbornaut:innen weltweit zu sein. Dank der technisch immer versierteren Ausrüstung kann im Prinzip jeder mit minimaler Muskelkraft an einem Seil nach oben gleiten. Meine Freundin Patti hatte Kinderlähmung – inzwischen ist sie Generaldirektorin von Tree Climbers International, einem der größten Freizeit-Kletterclubs der Welt. Sowohl Pam als auch Patti sind für mich ein echter Ansporn, denn sie zeigen, dass Baumklettern etwas für jeden ist, und sie waren meine zuverlässigen Beraterinnen bei der Einrichtung eines Baumkronen-Programms für Studierende mit körperlichen Behinderungen.

Wie können sich Studierende besser für die Feldbiologie begeistern als durch die Entdeckung einer neuen Tierart? Es ist eher unwahrscheinlich, dass jemand auf Laubbäumen der gemäßigten Zone noch neue Vogel- oder Käferarten findet, weil diese größeren Tiere bereits dokumentiert sind – aber wie wäre es mit Bärtierchen? Mein Sohn James war als Jugendlicher völlig hingerissen von ihnen. Als er an der Highschool war, wollte er unbedingt an einer Schülerexpedition in die Antarktis teilnehmen, um Bärtierchen in dieser kalten Umgebung zu erforschen. Als Erstes lernte James von einem der weltweiten Experten an der North Carolina State University, diese winzigen Tierchen zu sammeln, er bekam auch seine eigene Genehmigung, sodass er ganz legal Tierchen sammeln und von einem anderen Kontinent in die USA einführen durfte. Als Zweites trieb er selbst das Geld für die Reise auf, weil ich eine so große Ausgabe schlicht nicht stemmen konnte. Er verkaufte Anteile an seiner Bärtierchen-Expedition an Freunde und Nachbarn, die sich von seiner Begeisterung anstecken ließen. All seinen Aktionären schickte James nicht nur eine Postkarte, er hielt nach der Rückkehr auch einen wissenschaftlichen Vortrag, um von seinen Erkenntnissen zu berichten. Ich vermute, die Arbeit mit Bärtierchen lag ihm irgendwie im Blut.

So kam ich schließlich zu einer Partnerschaft mit Randy Miller (auch genannt Dr. Water Bear), einem Tardigrada-Taxonomen, der selbst in seiner Mobilität eingeschränkt ist. Die Welt der Feldbiologie ist klein – zum ersten Mal waren wir uns dreißig Jahre zuvor in Australien begegnet, wo wir trotz unserer unterschiedlichen Forschungsgebiete Labor und Betreuer geteilt hatten. Vor ein paar Jahren hatte ich wieder Kontakt zu ihm aufgenommen und seine Teilnahme am BioBlitz in Malaysia finanziert, wo er neue Tardigrada-Arten des tropischen Regenwalds entdeckte. Die Kombination meiner Baumkronen-Kenntnisse und seiner Bärtierchen-Expertise machte uns zu einem großartigen Team. Dass auf solcherlei Umwegen eine unerwartete Zusammenarbeit entsteht, ist in der Feldbiologie nicht ungewöhnlich. Wegen unserer so unterschiedlichen Fachgebiete begegneten wir uns nie auf Tagungen, aber wir wussten jeweils von der Expertise und dem guten Ruf des anderen – und das war die Grundlage für eine vertrauensvolle Partnerschaft.

Randy vermutete, dass Bärtierchen im sommergrünen Laubwald verbreitet sind, aber niemand hatte sie im Kronendach je gezählt, nicht einmal in Kansas, wo Randy an der Baker University beheimatet war. Wir waren uns einig, dass die Ausbildung von Studierenden zu Arbornaut:innen und Tardigrada-Sammler:innen zu neuen Entdeckungen führen konnte – und das war doch etwas für Studierende mit eingeschränkter Mobilität!

Wir schrieben einen Förderantrag an die National Science Foundation (NSF), und zwar an die Abteilung Research Experiences for Undergraduates (REU), die sich ausdrücklich an College-Studierende vor dem Bachelor richtet, um sie für die Naturwissenschaften zu gewinnen. Nach drei Anläufen bewilligte die NSF endlich die Förderung. (Oder vielleicht hatten sie es einfach nur satt, den kaum veränderten Antrag jedes Jahr wieder zu lesen?) Unser Projekt sollte Phytophagie und Biodiversität von Tardigrada in nordamerikanischen Waldkronen erforschen und ganz ausdrücklich Studierende mit körperlichen Behinderungen dazu ermutigen, sich der Feldbiologie zuzuwenden. Die Teilnehmenden nannten es liebevoll »Rollstühle und Bärtierchen im Kronendach«. Ein Forschungsobjekt – die Tardigrada – und ein Ort für die Geländearbeit – die Baumkronen –: Wir hatten alle Trümpfe in der Hand, um unseren Studierenden zu vermitteln, was Entdeckung und Forschungserfolg bedeuten.

Erstaunlicherweise bestand unsere erste große Herausforderung für dieses Programm darin, Studierende zu finden, die dafür qualifiziert waren. Es gab keine eigenen Mailing-Listen für Rollstuhlfahrer an US-amerikanischen Universitäten, weshalb wir Anzeigen in den Organen verschiedener Behindertenverbände und wissenschaftlicher Vereinigungen schalteten. Wir hatten vor, gemischte Teams aus Bachelor-Studierenden mit und ohne Körperbehinderung zu bilden, damit sie gleichzeitig auch die Stärken und Schwächen der jeweils anderen kennenlernten. Auf Anraten der NSF beschränkten wir die Zulassung auf Bewerber:innen mit Bewegungseinschränkungen, weil man davon ausging, dass wir zu zweit kaum sichere Freilandmethoden für die unterschiedlichsten Behinderungen entwickeln konnten. Studierende mit Autismus, Sehbehinderungen, Gehörlosigkeit oder anderen Einschränkungen brauchen ebenfalls Unterstützung, aber eben ganz andere Methoden, um Forschung auf hohem Niveau zu garantieren. Es ist immer eine Herausforderung, in den engen Grenzen eines Forschungsbudgets Gruppen von Studierenden zu finanzieren – hier gehörten dazu immerhin die Kosten für die Anreise nach Kansas, ihre Unterbringung sowie die nötigen Tagessätze. Außerdem mussten unsere knapp bemessenen Fördergelder für Kletterausrüstung und Labormaterial reichen sowie für die Anmietung behindertengerechter Fahrzeuge. (Trotz unserer Bemühungen und der expliziten Angebote mehrerer Autovermieter waren die gemieteten Kleinbusse schließlich für Rollstühle nicht zugänglich, sodass wir die Studierenden selbst hinein- und hinaustragen mussten.) Die Baker University machte uns einen hervorragenden Preis für die Unterkunft in Schlafsälen – zehn Dollar pro Nacht und Kopf (an meinem damaligen Arbeitsplatz in San Francisco hätte das Quartier pro Nacht über hundert Dollar gekostet). So wurde also aus Budgetgründen Kansas zum Standort für dieses Projekt – Tardigrada würden wir, das wussten wir ja, überall in den Bäumen finden. Ich hatte fast schon vergessen, wie es sich anfühlt, auf mit Plastik überzogenen Schlafsaalmatratzen zu liegen, bis ich eines knallheißen Junitags an der Baker University in Baldwin City, Kansas, ankam und die erste von fünf Sommerschulen zur Erforschung von Bärtierchen mit College-Studierenden antrat. Verglichen mit manchen Schlafbedingungen zum Beispiel in entlegenen Urwäldern, war das reiner Luxus. Außerdem gab es Toiletten mit Wasserspülung!

In der ersten Woche brachten wir den Studierenden das Klettern bei, und zwar mit meiner ursprünglichen, bewährten Einseiltechnik mit Klettergurt, Schleuder und Seilen. Ich nutzte diese Methode seit über dreißig Jahren und wusste, dass sie unabhängig von der Mobilität der Studierenden funktionieren würde. Außerdem hatte es ja auch einige Fortschritte gegeben – gepolsterte Klettergurte, schnittige Alu-Schleudern (die eigentlich für Jäger gemacht waren und nicht für Arbornaut:innen!) und Klettergerät, das von Freizeitkletterern hinlänglich auf Sicherheit getestet war. Zusammengenommen war das ein riesiger Fortschritt im Vergleich zu meiner damaligen selbst gebastelten Ausrüstung. Ich hatte einigen Respekt davor, Studierenden, die auf den

Rollstuhl angewiesen waren, beizubringen, an einem Seil in die Baumkronen aufzusteigen, aber zugleich war es für mich eine der lohnendsten Erfahrungen überhaupt. Wir richteten ein Buddy-System ein, bei dem jeweils ein Studierender mit Bewegungseinschränkung und ein mobiler Partner im Team waren, außerdem engagierten wir einen Kletterclub aus Kansas City dafür, zwei Tage lang eigene Trainings abzuhalten. Damit hatte jedes Zweierteam einen gut ausgebildeten Baumkletterer bei sich, der jede Bewegung im Auge behielt.

Als Erstes ging es darum, Knoten zu lernen und sich mit Seilen vertraut zu machen. Wir knoteten und knoteten, wieder und wieder – Prusik- und Achtknoten, Mastwurf und Palstek, alle für vielerlei Zwecke nutzbar und, wie ich den Studierenden immer wieder ins Gedächtnis rief, unverzichtbar, wenn man irgendwann einmal auf einer einsamen Insel landet! Es ist wichtig, sich sicher zu fühlen, wenn man an einem Seil hängt, und darauf zu vertrauen, dass die Knoten richtig geknüpft sind. Unterschiedliche Geräte werden mit unterschiedlichen Knoten befestigt, auch unser Sammelmaterial baumelte oft mit Knoten oder Karabinern befestigt an Bauchgürteln. Die zweite Herausforderung bestand darin, die Rollstuhlreifen über Gras, Erde und Wurzeln an den Fuß eines Baums zu schieben. Der erste Praxistest fand auf dem noch einigermaßen ebenen Campus-Rasen statt. Als Drittes dann die Herausforderung, die für Studierende im Rollstuhl wohl die größte darstellte: die Klettergurte anzulegen. Wenn man nicht aufstehen kann, ist es gar nicht so einfach, die Füße durch Schlingen zu stecken und einen Taillengurt anzulegen, aber dank unseres Buddy-Systems wurden alle vollständig ausgerüstet. Der letzte und aufregendste Schritt bestand dann darin, ein Aufstiegsgerät an ein Seil zu klipsen, das unsere Baumkletterer sorgfältig über einen starken Ast geschleudert hatten (in Woche eins waren die Studierenden schon genug gefordert, ohne auch noch ihre eigenen Seile einzubauen), und den Aufstieg zu beginnen – im Raupengang über das Kletterseil. Was für ein Anblick – drei Studierende, die sich gleichzeitig aus ihren Rollstühlen hochschwangen. Und dann aufwärts, immer weiter. Sie stöhnten und schwitzten, aber selbst aus zehn Metern Entfernung sahen wir, wie unglaublich stolz und begeistert sie alle waren, als sie aus der Baumkrone heraus dem Bodenteam zuwinkten. Mit jedem Klettergang wurden sie geschickter im Gleiten über die Seile und in der Bedienung der Steigklemmen (deren Zähnung den Aufstieg erlaubt, nach unten aber blockiert). Dank der Steigklemmen braucht man zum Besteigen eines Baums keine besondere Muskelkraft, sondern eher flüssige Bewegungen, mit denen man die Hardware bedient und am Seil hinaufgleitet – irgendwann wird das so natürlich wie Fahrradfahren. Nach dem ersten Tag tat allen alles weh, weil man ganz unwillkürlich die Muskeln anspannt und die Seile oder den Stamm umklammert. Doch diese Anstrengung ist eigentlich ganz unnötig, und am Ende konnten sie alle fast mühelos klettern. Im Lauf der fünf aufeinanderfolgenden Sommer wurde das Training sogar immer effizienter, weil auch unsere Lehrmethoden sich verbesserten. Trotzdem, gekeucht wurde viel – da geht es allen Kletterern gleich!

In der zweiten Woche beschäftigten wir uns dann mit der Probennahme von Bärtierchen und nicht mehr nur damit, überhaupt hinauf in die Baumkronen zu kommen. Wie findet man etwas, das man nicht sehen kann? Nun: Man lernt einzuschätzen, wo sich Bärtierchen wahrscheinlich aufhalten, und sammelt dort in der Hoffnung, dass sie am Ende tatsächlich in der Probe schwimmen. Um die Verteilung von Tardigrada im Wald richtig beurteilen zu können, erstellten unsere Studierenden Transekte an ganzen Bäumen und sammelten feuchte Substrate wie Moos, Flechten, Laub und Rinde. Man hat in der ökologischen Forschung nicht die Zeit dazu, eine gesamte Population zu erfassen, und das ist auch gar nicht nötig – ein kleiner Teil davon reicht aus. Wichtig ist vor allem, genau zu arbeiten und systematische Fehler zu vermeiden, daher ging es in unserem Sommerkurs sehr viel um Erfassungsmethoden und Statistik. Meine Erfahrungen aus der Blattforschung kamen mir bei den Bärtierchen zugute, weil man auch für sie nach räumlichen und zeitlichen Kriterien beproben muss. Es gelten räumliche Gradienten wie einzelne Blätter, Äste, verschiedene Höhen, ganze Bäume und letztlich ganze Wälder. Genauso wichtig ist es, mit zeitlichem Bezug zu sammeln: Der Beprobungszeitpunkt – Tage, Monate, Jahre, ja sogar Jahrhunderte – spielt bei manchen feldbiologischen Fragestellungen eine erhebliche Rolle. Für Bärtierchen gab es noch keinerlei Studien zu räumlichen und zeitlichen Variablen: Leben sie in bestimmten Ebenen des Kronendachs? Haben sie eine Vorliebe für eine bestimmte Baumart im Gegensatz zu einer anderen? Für Moos, Rinde oder Laub? Da wir die mikroskopisch kleinen Tierchen nicht sehen konnten, sammelten wir nach Zufallsstreuung in allen geeigneten Lebensräumen, beinahe auf gut Glück, aber mit gedrückten Daumen. Wir beprobten den Stamm hinauf und hinunter, dann die Äste mit Laub und Moos, und verschiedene Baumarten. Jede einzelne Probe bestand aus etwa einem Esslöffel Substrat, einem Häufchen Rinde oder Grünzeug, das vorsichtig abgenommen und in eine kleine Papiertüte gesteckt sowie mit Datum, Standort, Höhe, Baumart und Lebensraum sorgfältig beschriftet wurde. Die Studierenden lernten, jede Beprobung zu replizieren und Verzerrungen zu meiden – man könnte ja zum Beispiel versucht sein, dauerhaft hellgrünes Moos zu bevorzugen, weil es hübscher aussieht als graues. Fünf Sommer lang hatten wir verschiedene Teams mit Studierenden, die Proben, Proben und nochmals Proben entnahmen – mehrfach beprobten sie jede Höhe, Baumart, jeden Wald und jeden Zeitpunkt von Tag, Nacht oder Jahreszeit. Wie gesagt sind Raum und Zeit ganz wichtige Faktoren, um die Verteilung von Bärtierchen beurteilen zu können. Und noch wichtiger: Eine gute Probennahme spart Zeit und Mühe, weil man mit einem statistisch korrekten Versuchsdesign die Anzahl von Tardigrada hochrechnen kann, indem man nur einen Teil der Krone beprobt und nicht etwa jedes einzelne Bärtierchen zählen muss.

Als wir die Feinheiten der Feldarbeit beherrschten, gingen wir zurück ins Labor und lernten den Gebrauch von Mikroskopen, das Erstellen von Präparaten, die Unterscheidung unterschiedlicher Arten und das Aussortieren anderer Tierarten, die neben den Bärtierchen leben. Die Proben wurden in Papiertüten luftgetrocknet und später in einer kleinen Schale mit kreuzweise schraffiertem Boden mit destilliertem Wasser befeuchtet, um sie zu zählen. Zum Start ihrer Bärtierchenjagd benutzten die Studierenden Stereomikroskope mit vierzigfacher Vergrößerung, unter der die umhertreibenden Tierchen leicht zu erkennen sind. Am ersten Tag ertönten viele kleine Freudenschreie à la »Ich hab eins!«, während die Studierenden ihre Augen trainierten, um die pummeligen Gebilde unter dem Mikroskop zu orten. Als Nächstes wurden die Belege zur Konservierung auf einen Glasträger übertragen und später mithilfe von stärkeren Lichtmikroskopen (200- bis 400-fache Vergrößerung) ihre Gattung bestimmt. In Einzelfällen fuhren Studierende auch an die University of Kansas, um die Belege mit dem Elektronenmikroskop zu fotografieren und die Bestimmungsmerkmale für eine Veröffentlichung sehr viel besser sichtbar zu machen. Nach zahlreichen Durchgängen von Kletter- und Laborarbeit publizierten wir schließlich die Ergebnisse. Es waren nicht wenige – mehr als 15 wissenschaftliche Artikel über mehr als 25 000 erfasste Bärtierchen, darunter acht neu entdeckte Arten auf verbreiteten sommergrünen Laubbäumen. Unser Forschungsprojekt wurde für die National Science Foundation ein Aushängeschild in Sachen Output und Inklusion. Die Teams wiesen eine sehr hohe Diversität auf – die Studierenden waren körperbehindert oder mobil, Angehörige von Community Colleges, ehemalige Soldaten, Mütter mit Kindern, Schwarze, Weiße, Hispanics, Asiaten und viele, die als Erste in ihrer Familie ein College besuchten.

Obwohl Bärtierchen in jedem Garten zu Hause sind, gehören sie zu den am wenigsten bekannten Gruppen von Organismen. Tardigrada weisen gewisse Ähnlichkeiten mit Insekten auf, sind aber doch so verschieden, dass sie am Baum der Evolution einen eigenen Stamm neben Nematoden (Fadenwürmern) und Arthropoden (Schalentiere, Insekten, Zecken, Milben) bilden. Wissenschaftlich beschrieben sind über 1000 Bärtierchenarten, sie kommen auf allen Kontinenten vor, aber da es nur so wenige Experten gibt, wurden sie in Baumkronen bisher noch nicht untersucht. Wie höhere Tiere besitzen sie ein Verdauungs-, Drüsen-, Muskel- und Nervensystem. Wie vielen niederen Tieren fehlt ihnen dagegen das Atem- und Kreislaufsystem, sie atmen durch die Haut. Manche Arten sind Pflanzen-, andere Fleischfresser, die sich von Bakterien, Algen, winzigen Bodenorganismen und bisweilen ihren Artgenossen ernähren. Da sie auf den Blattoberflächen sitzen, werden Tardigrada selbst von Pflanzenfressern wie Hirsch und Rind verzehrt. Höchstwahrscheinlich werden sie auch von arglosen Menschen als winzige Beigabe zu Salaten und Gemüse verspeist, sind aber mit bloßem Auge eben gar nicht zu erkennen. Unter dem Mikroskop sehen Tardigrada aus wie kleine Bärchen, und ich muss zugeben, sie sind wirklich putzig! Ihre einzigartige Fähigkeit, in einem Resistenzstadium überleben zu können, könnte sich eines Tages für die medizinische Forschung oder für Weltraumreisen als wichtig erweisen.

Streng genommen war es nicht ganz richtig, dass die Bärtierchen in den Sendungen von *Animal Planet* als Extremophile bezeichnet wurden, denn Tardigrada gelten aufgrund ihrer geheimnisvollen Fähigkeit, widrige Umweltbedingungen auszuhalten, als »extremotolerante« Organismen. Während einer Dürre zum Beispiel treten sie in eine Resistenzphase ein, die sogenannte Kryptobiose, und verwandeln sich in winzige trockene Kügelchen, die man auch Tönnchen nennt. Andere Umweltextreme überleben sie, indem sie anschwellen wie Ballons und so in die Atmosphäre schweben, um nach besseren Lebensbedingungen zu suchen – man spricht von der Anoxybiose. Es sind schon Bärtierchen wieder zum Leben erwacht, als ein Tropfen Wasser auf Tönnchen an einem über einhundert Jahre alten Herbariumsbeleg aufgebracht wurde! Ein weiteres wurde auf einem Beleg von antarktischem Moos wieder lebendig, der über dreißig Jahre lang im Eisschrank aufbewahrt worden war. Als Versuchsorganismen waren sie bei NASA-Expeditionen dabei und konnten im Weltraum nicht nur überleben, sondern sich dort sogar reproduzieren. 2019 sollte die israelische Sonde Beresheet als erster privater Flugkörper auf dem Mond landen, doch sie verlor den Kontakt zur Bodenstation und stürzte ab. Der Betreiber vermutet, dass die Ladung, darunter auch ein paar tausend winzige Bärtierchen, möglicherweise überlebte, als das Gerät seine Nutzlast abwarf. Demnach existiert nun womöglich eine Population von Bärtierchen-Tönnchen auf dem Mond – eine ungemütliche Umwelt für Säugetiere, aber für die zähsten Tiere der Erde vollkommen tolerabel! Um sich tatsächlich anzusiedeln, brauchen sie wohl eine Atmosphäre und Wasser, aber als Tönnchen können sie sehr lange Zeit überdauern. Werden Forscher auf dem Mond wohl eines Tages Wasser finden? Wer weiß – aber wenn es in der Mondlandschaft wirklich Wasser gibt, werden Bärtierchen es vielleicht als Erste entdecken.

Unsere Studierenden stellten der Wissenschaft ganz neue Fragen: Wie hoch ist die Besiedelungsdichte von Bärtierchen in unterschiedlichen Baumkronen? Zählt man sie pro Baum in Hunderten oder in Millionen? Ist es eine Art oder mehrere? Im Lauf von fünf Sommern entnahmen wir 28 384 Proben von 37 Arten aus 58 Wäldern in vier Bundesstaaten von 0 bis 4500 Höhenmeter und in 0 bis 60 Meter hohen Bäumen. Unsere Studierenden bestiegen 492 Baumkronen und entdeckten acht neue Arten, außerdem erbrachten sie 26 neue Distributionsnachweise. Besonders erstaunlich (die Feldbiologie spricht vom »Wow-Faktor«) ist, dass 80 Prozent aller Flechten-, Moos-, Rinden- oder Laubproben mindestens ein Bärtierchen enthielten! Und wahrscheinlich enthielten auch die übrigen 20 Prozent eines, nur war unsere Mikroskoptechnik mit ungeschulten Augen nicht ganz so performant. Da so viel Laborzeit nötig ist, um jede einzelne Probe zu analysieren, blieben die meisten unserer Fragen bisher unbeantwortet. Wahrscheinlich wird es noch Jahre dauern, bis genug Proben analysiert sind, um zu berechnen, wie viele Tardigrada durchschnittlich im Kronendach leben. Doch auf der Grundlage vorläufiger Ergebnisse dürften auf vier Hektar Wald wahrscheinlich über eine Milliarde Bärtierchen kommen.

In den fünf Sommern konzentrierten wir uns auf die heimischen Bäume in Kansas, weil das bei unseren begrenzten Fördergeldern am günstigsten war. Doch jeden Sommer besuchten wir auch eine Feldstation oder einen staatlichen Wald anderswo in den USA und stellten eine neugierige Frage: Weisen unsere Wälder eine unterschiedliche Bärtierchendichte auf, so wie in Massachusetts Eichen und Ahorne wachsen und in Oregon Altbestände von Nadelbäumen? Auf der Suche nach einer Antwort besuchten wir landesweit mehrere ökologische Feldstationen zur Probennahme. Vorläufige Zahlen deuten darauf hin, dass die sommergrünen Laubwälder in Massachusetts mehr Bärtierchen enthalten als in Kansas, Florida und Oregon – allerdings ist es wie immer in der Ökologie: Aus der Beprobung in einem einzigen Sommer lässt sich gar nichts schließen. Eine Erkenntnis erbrachten jedenfalls alle Standorte einschließlich Kansas: In den Baumwipfeln herrscht eine höhere Bärtierchendichte als in der Strauchschicht. Wie bei so vielen Aspekten der Feldbiologie und ganz besonders bei Fragen der Artenvielfalt sind aber Gelder und Laborplätze nur begrenzt vorhanden, weshalb die Probennahme nur langsam fortschreitet.

Unsere beeindruckendste Exkursion führte uns zum Klettern in den Pazifischen Nordwesten der USA, wo die reifen Bestände der westlichen Nadelbaumarten im Durchschnitt etwa 60 Meter hoch aufragen. Unsere Studierenden waren in Kansas bereits auf 15 Meter hohe Eichen und Eschen geklettert, aber viermal so viel Höhe bedeutet eine Menge Schweiß. Um allergrößte Sicherheit zu gewährleisten, engagierten wir einen Baumkletterer, der besonders gut qualifiziert war, um Seile in hohe Bäume einzubauen. Nach dem Flug von Kansas nach San Francisco begann unsere

Expedition in den Westen mit einem Spaziergang über einen barrierefreien Weg unter den Küsten-Mammutbäumen (*Sequoia sempervirens*) in Muir Woods. An diesem Abend bat ich die Studierenden, in ihren Tagebüchern festzuhalten, wie sie sich beim ersten Anblick der höchsten Bäume der Welt gefühlt hatten. Eine erzählte: »Wenn ich mir ansehe, wie groß diese Bäume sind und wie mächtig ihre Stämme, wird mir klar, wie winzig ich in der Welt bin, und erst recht im Universum.« Wohl wahr. Der Pazifische Nordwesten ist Heimat der größten Baumarten der Welt, aber keine zehn Prozent der Amerikaner haben je einen Mammutbaum gesehen. Und es haben mehr Menschen den Mount Everest bestiegen als einen Mammutbaum! Trotz ihrer imposanten Größe und ihrer geografischen Lage in einer Region mit der wohl besten naturwissenschaftlichen Infrastruktur der Welt wissen wir fast nichts über ihre Kronen. Es ist kein Kinderspiel, diese Riesen zu besteigen – wegen der enormen Höhe und weil es kaum Seitenäste gibt, über die man ein Seil legen kann. Die Nadelwälder im Pazifischen Nordwesten enthalten noch andere Baumriesen, etwa Riesen-Mammutbaum (*Sequoiadendron giganteum*), Westamerikanische Hemlocktanne (*Tsuga heterophylla*), Gewöhnliche Douglasie (*Pseudotsuga menziesii*), Riesen-Lebensbaum (*Thuja plicata*), Pazifische Edel-Tanne (*Abies procera*) und Purpur-Tanne (*Abies amabilis*), die alle gleich schwer zu besteigen sind. Mit dem Aufkommen von leistungsstarken Schleudern und Extra-Komfort-Klettergurten können Waldforscher:innen heute die oberen Kronenbereiche trotzdem sicher erkunden. Unsere Studierenden beprobten verschiedene Kronen und stellten eine Woche später im Labor fest, dass sie mit ihrer Feuchtigkeit Bärtierchen einen idealen Lebensraum bieten, dabei stellte ein einziges dominantes Bärtierchen, *Pilatoibus oculatus,* allein bereits 52 Prozent der Befunde.

Küsten-Mammutbäume liegen oft im Nebel, und diese Feuchtigkeit macht das Ökosystem für Bärtierchen natürlich sehr angenehm. Die Baumkronen produzieren aus dem Sonnenlicht Energie wie alle anderen, also unter Verwendung von Wasser, das sie von den Wurzeln nach oben saugen, gelegentlich aber nehmen sie auch eine Abkürzung und absorbieren durch Stomata in den Nadeln direkt die Wassertröpfchen des Nebels. Der Botaniker Todd Dawson von der University of California in Berkeley und seine Studierenden entdeckten in den letzten zehn Jahren diese einzigartige Prozesskette, in der der Nebel zum Fotosynthese-Vorteil wird – damit erklären sie, warum diese Bäume in den nebligen Küstenregionen an der Pazifikküste so prächtig gedeihen. Übrigens bringt der Nebel nicht nur den Nadeln auf direktem Weg Wasser, er umhüllt außerdem die Kronen und reduziert so die Verdunstung, damit steigt die Wassereffizienz von Küsten-Mammutbäumen und der benachbarten Vegetation noch weiter. Doch natürlich absorbieren diese großen Bäume Wasser nicht nur direkt aus dem Nebel in ihre Nadeln, sondern auch auf ganz normalem Weg, von den Wurzeln über ein ausgedehntes Netzwerk von Xylem-Zellen ins Laub. Das Xylem-Gewebe funktioniert wie ein Strohhalm im Milchshake über einen Sogmechanismus, so wird das Wasser nach oben transportiert und steht als Hauptausgangsstoff für die Fotosynthese im Blattwerk zur Verfügung. Nur dass dieses Wasser in einem Küsten-Mammutbaum durch einen verdammt langen Strohhalm fließt!

Laut aktuellen Klimaprognosen wird es an den Küsten Kaliforniens in Zukunft weniger Nebel geben, Dürren dagegen werden häufiger. Der Biologe Greg Asner von der Arizona State University erfasste mit Luftaufnahmen Wälder vor und nach den extremen Dürreperioden von 2014 bis 2016, die Forscher Anthony Ambrose und Wendy Baxter kletterten auf die Bäume und lieferten ergänzend Ground-Truth-Daten, die die Ergebnisse der Bildanalyse mit einer Nahbetrachtung bestätigten. Durch wiederholte Nah- und Fernerkundung der Baumkronen stellten Greg, Anthony und Wendy fest, dass eine einzelne Baumkrone 500 bis 800 Liter Wasser pro Tag verdunstet! Dieser enorme Wert übertrifft bei Weitem die Schätzungen auf der Grundlage von Bodendaten. Seit einiger Zeit werden in nordkalifornischen Wäldern aus der Luft Monitorings über die Auswirkungen der Trockenheit durchgeführt – dazu werden über Laserspektroskopie und satellitengestützte Modelle die Verluste im Wassergehalt beziffert. Das Monitoring ergab eine schockierend hohe Anzahl abgestorbener Kronen sowie einen erheblichen Wasserverlust auf mehr als 30 Prozent der über eine Million Hektar großen Waldfläche mit etwa 58 Millionen großen Bäumen. Da der Klimawandel Extreme bei Regen und Nebel zunehmend fördert, stellen solche Fluktuationen in der Feuchtigkeit eine existenzielle Bedrohung für die Gesundheit dieser sonst so resilienten Giganten dar.

Für jemanden wie mich, die sich mit Phytophagie beschäftigt, sind die Küsten-Mammutbäume ein Mysterium, weil sie fast keine Blattfresser beherbergen, und das trotz der schier unendlichen Größe ihrer Salatbar. Tatsächlich sind sie seit Jahrtausenden von Schädlingen unbehelligt – in der Ökologie ein fast vollkommener Einzelfall, denn normalerweise entwickelt sich für jede Pflanze immer mindestens ein Insekt, das sich von ihren Blättern ernährt. Paul Fine an der University of California in Berkeley untersucht derzeit die Toxine in Laub und Borke des Riesen-Mammutbaums, um herauszufinden, wie er über Jahrtausende gegen Insektenbefall immun bleiben konnte. In historischen Schilderungen wird gelegentlich von sehr milden Schädigungen durch Zapfenwickler und Bockkäferlarven berichtet, die Zapfen und Samen angreifen, von Blatt-, Schild- und Schmierläusen, Blattkäfern und anderen, die Laub anfressen oder aussaugen, von Borken- und Bohrkäfern an Zweigen, von Kieferntriebwicklern an Knospen und hin und wieder von Bären, die die Bäume entrinden. Leider wurde nun aber im kalifornischen Sequoia National Park 2020 erstmals vom Tod eines Riesen-Mammutbaums durch Insektenbefall berichtet. Dieser Baum war mehr als 2000 Jahre alt, und seine Nachbarn waren kurz zuvor durch Trockenheit und Waldbrände umgekommen, was die verbleibenden Individuen angreifbarer machte. So hatten Borkenkäfer die oberen

Äste befallen und den Baum schließlich umgebracht. Es war das erste Mal, dass der von Insekten verursachte Tod eines Riesen-Mammutbaums dokumentiert wurde – wahrscheinlich weil die Bäume aufgrund von Klimaextremen bereits besonders empfindlich waren. Leider ist überall in der Region zu beobachten, dass andere Nadelbäume in ähnlicher Weise absterben. Dr. Christy Brigham von den Nationalparks Sequoia und Kings Canyon formulierte in *The Guardian:* »So sterben Riesen-Mammutbäume nicht. Er hätte eigentlich noch 500 Jahre hier stehen müssen.« Der Klimawandel ist inzwischen so spürbar, dass er sich auch auf die größten, ältesten Bäume der Welt auswirkt.

Die höchsten Bäume der Welt und ihre Kronen zu erforschen, ist gar nicht so einfach. Das gilt nicht nur für die kalifornischen Mammutbäume, sondern auch für die Flügelfruchtgewächse in Malaysia, die Kapokbäume am Amazonas, und sogar die afrikanischen Ilombas verlangen in Sachen Sicherheit und wissenschaftliche Exaktheit sehr anspruchsvolle Arbeit. Seile und Schleudern sind für ihre obersten Kronenbereiche ungeeignet, und Walkways sind technisch nicht immer realisierbar. So kommen wir Arbornaut:innen mit unserem vierten Trumpf, der bereits für den Zugang zu den höchsten Kronen im Pazifischen Nordwesten genutzt wurde: einem Baukran. Da er von einem gut bezahlten professionellen Fahrer betrieben werden muss, ist er zwar teuer, aber so ein Kran bietet einen einfachen, gut verfügbaren Einstieg in die obersten Bereiche auch der höchsten Kronen, die der Ausleger nochmals überragt. Einen Kran zu kaufen (meist secondhand von einem Bauunternehmen) und zu installieren, kostet etwa eine Million Dollar, dazu kommen die Betriebskosten. Seien wir ehrlich: Das ist fast nichts im Vergleich zu den milliardenschweren Budgets der NASA oder eines Teilchenbeschleunigers, nur werden für die Feldbiologie eben sehr viel weniger Mittel veranschlagt als für Weltraumforschung oder Physik. Ende des 20. Jahrhunderts nutzte die University of Washington im Pazifischen Nordwesten den Wind River Canopy Crane, was der

Forschung Zugang zu einigen der größten Bäume der Welt verschaffte. Ich hatte das Glück, eine der wenigen Arbornaut:innen zu sein, die diesen Kran zu Forschungszwecken benutzen durften. Unser Team nahm Proben zum Insektenfraß in den Wipfeln von Douglasien, Westamerikanischen Hemlocktannen, Pazifischen Eiben und Riesen-Lebensbäumen. Wir entwarfen ein ausgeklügeltes, hochpräzises Beprobungsschema, für das wir mit einem dreidimensionalen Computermodell 101 zufallsgenerierte Messpunkte erstellten, um dann vom Kran aus eine Woche lang auf jeden Punkt zuzugreifen und wiederholte Messungen des Insektenfraßes am Laub vorzunehmen. Was dabei herauskam, war der geringste Fraßschaden für alle Waldtypen der Welt: im Durchschnitt 0,3 Prozent Blattflächenverlust. Das ist fast gar nichts, vor allem im Vergleich zum tropischen Laub in Australien und im Amazonas-Gebiet, wo 15 bis 30 Prozent der Blattfläche von Insekten vertilgt werden. Die Hälfte der Messpunkte wies an den Nadeln gar keine messbare Phytophagie auf – es gibt also auf der ganzen Welt kaum eine Blattart, die widerstandsfähiger wäre als die Nadeln dieser Koniferen. Sie enthalten chemische Stoffe, die wirksam Feinde abwehren und offenbar den Insekten, die sich schnell an die Toxine anzupassen versuchen, immer einen Schritt voraus sind. Da eine ausgewachsene Douglasie gut über eine Million Nadeln besitzt, war die Generierung genauer Teilstichproben für die Erfassung des Blattfraßes unverzichtbar, um am Ende exakte Ergebnisse zu erhalten.

Der Kübel am Kran in Oregon eignete sich auch ideal dafür, Schüler mit in die Baumkronen zu nehmen, die ansonsten niemals auf Anhieb 45 Meter hoch hätten klettern können. Während der virtuellen Expeditionen im Rahmen des JASON Project unternahm ich mit einem knappen Dutzend Sechstklässler eine Mini-Expedition in dem riesigen Kübel, der am Wind-River-Kran hing, und beprobte mit ihnen das am höchsten gelegene Laub der Welt. Einem Jugendlichen aus der Bronx stockte vor Aufregung der Atem, als er von der auffahrenden Gondel aus auf einem

Ast eine Bananenschnecke entdeckte, und er grinste von einem Ohr zum anderen. Mithilfe eines Krans konnten wir ganz einfach auch den landverbundensten Mitmenschen den achten Kontinent erschließen, selbst wenn sie sich nie als Arbornaut:innen gesehen hätten. Heute stehen rund um die Welt etwa zehn Baumkronenkräne, zwei in Panama, mehrere in China, einer in Australien, ein paar in europäischen sommergrünen Laubwäldern, ein paar weitere sind in Planung. Leider wurde die Arbeit mit dem Kran im Pazifischen Nordwesten eingestellt, seit es dort eine Budgetkürzung sowie diverse politische Reibereien zwischen Holzindustrie und Umweltschützern gegeben hat. Heute ist China mit drei Kränen führend, es folgt Deutschland mit zwei – und überall dienen sie der Baumkronenforschung.

Meine erste Erfahrung mit der Steuerung eines Krans machte ich, als ich mich für die Erfassung der Phytophagie in den tropischen Wäldern Panamas aufhielt. Es war wirklich eine Wucht, im Krankübel vor einer Schar Leguane zu stehen, die auf den oberen Ästen einer *Swartzia simplex* (10,1 Prozent Phytophagie laut späterer Berechnung) in der Sonne badeten, und an einem einzigen Tag Hunderte Sonnenblätter zu sammeln – und das alles bequem von dem 1,20 mal 1,20 Meter großen Krankübel aus, der zwischen den Kronen umherschwenkte. Im Vergleich zur Einseiltechnik ist die Forschung vom Kran aus ein Kinderspiel. Die größte Herausforderung in Panama bestand für mich darin, per Walkie-Talkie dem Kranführer auf Spanisch verständlich zu machen, wohin er steuern sollte. Wie meistens in der Blattforschung nehme ich es sehr genau damit, ja an keine Äste zu stoßen oder meine Forschungsobjekte abzureißen – daher ermahnte ich den Kranführer immer wieder, ganz vorsichtig zu lenken. Kräne kosten fast gar keinen Schweiß, aber die meisten Freilandteams können sie sich nicht leisten, außerdem beschränkt sich die Probennahme auf die Bereiche, die der Ausleger des Krans erreicht. Sogar Laufstege bieten einen flexibleren Zugang zum Kronenraum, weil sich Brücken und Plattformen relativ kostengünstig versetzen oder vergrößern lassen, außerdem sind sie rund um die Uhr zugänglich, ohne dass man für teures Geld professionelle Fahrer engagieren muss. Dennoch verdankt die Baumkronenforschung im Pazifischen Nordwesten den Kränen genauso einen Kick wie in Panama und Deutschland.

Für unsere Bärtierchen verwendeten wir zwar keinen Baumkronenkran, aber unsere Befunde aus dem Pazifischen Nordwesten sind die ersten Daten zu dem Tierstamm auf diesen hohen Bäumen. Es wird wohl allerdings noch zehn Jahre dauern, bis sie vollständig ausgewertet sind. Doch so langsam auch Klassifizierung und Publikation vorankommen, unsere Studierenden mit eingeschränkter Mobilität können auf ihre Leistung wirklich stolz sein, und ich hoffe, dass mehr als eine oder einer von ihnen der Feldbiologie beruflich treu bleiben wird! Eine Star-Studentin, Rebecca, die sehr schüchtern war und mich an mich selbst erinnerte, begleitete mich später in den Amazonas-Urwald, wo sie an tropischen Bäumen forschte. Ihren Rollstuhl in die kleinen Einbäume zu hieven, war nicht so einfach, aber die Reise war für sie die Erfüllung des Lebenstraums, einmal in den Amazonas-Regenwald zu kommen – und jetzt ist sie eine erfahrene Arbornautin! Nicht schlecht für eine wortkarge junge Dame mit eingeschränkter Mobilität, die neben ihrer Baumwipfel-Tutorin arbeitet – auch die verhält sich selbst als Erwachsene noch manchmal wie ein Mauerblümchen.

Küsten-Mammutbaum

(Sequoia sempervirens)

DIE ERSTEN AUFZEICHNUNGEN über den Küsten-Mammutbaum verfasste ein Missionar der Franziskaner, Fray Juan Crespí, am 10. Oktober 1769 in seinem Tagebuch, und zwar nahe der Monterey Bay in Kalifornien. Stellen wir uns diese frühen Entdecker vor, die sich mit ihren tapferen Gefährten mühsam durch das tückische Gelände von Nordkalifornien mit seinen uralten Felsgebilden aus dem Paläo- und Mesozoikum kämpften, um plötzlich in einem Tal voller riesiger rötlicher Baumstämme zu stehen. Crespí war der einzige Franziskaner, der auf dem Landweg von Baja California aus nordwärts zum heutigen San Francisco wanderte. Als offizieller Chronist der Expedition schrieb er in seinem Tagebuch von »sehr hohen Bäumen von roter Farbe, die wir nicht kennen… In dieser Gegend gibt es eine große Fülle dieser Bäume, und da niemand bei dieser Expedition sie kennt, nennen wir sie ihrer Farbe wegen ›Redwood‹.« Mit diesem einfachen beschreibenden Eintrag prägte ein einfacher Missionar den englischen Namen der größten und emblematischsten Baumart Amerikas.

In geologischer Terminologie bezeichnet man Küsten-Mammutbäume als Paläoendemiten, also eine Art, deren existierendes Verbreitungsgebiet laut fossilen Befunden einen Überrest seiner früheren Verbreitung darstellt. Diese Art ist gewissermaßen ein lebendes Fossil. Die ältesten fossilen Belege stammen aus dem Mesozoikum vor 150 bis 200 Millionen Jahren, als Küsten-Mammutbäume in der Arktis fast rund um den Pol und bis in die mittleren Breiten verbreitet waren und in den westlichen USA, Kanada, Europa, Grönland und China häufig waren. Als das Klima im Quartär vor knapp zwei Millionen Jahren kühler und trockener wurde, schrumpften die Restbestände auf das heutige Verbreitungsgebiet an der nordamerikanischen Pazifikküste zusammen. Durch extensive Abholzung im 19. Jahrhundert wurden diese Fragmente von Altbeständen noch weiter auf etwa 500 Quadratkilometer reduziert, wie die Save the Redwoods League anlässlich ihrer Hundertjahrfeier 2019 vermerkte.

Erforscht wurden Küsten-Mammutbäume anfangs in erster Linie für die Interessen der Holzproduktion. Es existieren Regalmeter von forstwirtschaftlichen Berichten mit Schätzungen des Holzvolumens in verschiedenen Altbeständen und Beschreibungen ihrer häufig unterschiedlichen Struktur und Artenzusammensetzung. 1934 veröffentlichte der Forstwissenschaftler W. Hallin das größte Holzvolumen pro Flächeneinheit, er kam auf 8300 Kubikmeter pro Hektar, also 178 Stämme. (Nach dem Durchschnittsverbrauch von 2011 reicht das für den Bau von 188 Häusern!) Ebenfalls geforscht wurde im 20. Jahrhundert zum Zusammenhang von Bestandsdynamik und Umweltbedingungen: Biolog:innen versuchten zu verstehen, wie die Bäume es schaffen, so groß zu werden. Zwar blieb das alles beherrschende Interesse die Beerntung der Baumriesen, aber allmählich wuchsen auch die biologische

Neugier und das Bewusstsein für ihren Schutz. Doch erst in den letzten Jahrzehnten wurden Mikroklima, Fotosynthese organische Matten auf Ästen, Lichtbedarf und Artenvielfalt in der Baumkrone zu heißen Themen – wobei die Forschung anfangs überwiegend auf Beobachtungen vom Boden aus beschränkt blieb.

Eine der jüngsten Entdeckungen aus der Forschung zum Küsten-Mammutbaum betrifft seinen Wasserhaushalt. Die meisten Blätter absorbieren durch die Stomata, die Spaltöffnungen an der Blattoberfläche, CO_2 und setzen durch Transpiration Wasser frei. Das bewirkt, dass Wassermoleküle wie in einem Strohhalm von den Wurzeln nach oben gesaugt werden, und zwar durch die Xylem-Zellen, die Wasserleitung im Baumstamm. Man kann also sagen, dass Bäume das Gegenstück zu unserer Atmung leisten, denn sie filtern CO_2 aus der Luft und geben Sauerstoff ab. Der Prozess der Fotosynthese, über den Bäume unter Verwendung des Wasser- und Sauerstoffs im Wasser aus dem Sonnenlicht Energie gewinnen können, ist bei Küsten-Mammutbäumen besonders produktiv, weil sie dank ihrer Höhe so viele Laubschichten besitzen, die alle gleichzeitig arbeiten. Ihr Blattflächenindex beträgt 14,2 – das heißt, über jeder Flächeneinheit Waldboden liegen 14,2 Laubschichten. Ließe man vom Baumwipfel aus einen Faden nach unten hängen, würde er 14,2 Nadeln treffen – da ist wirklich viel Raum für Fotosynthese! (Zum Vergleich: Der sommergrüne Laubwald in New England hat einen Blattflächenindex von 4 bis 6, das heißt, ein Faden durch den gesamten Kronenraum würde nur 4 bis 6 Blätter treffen.) Außerdem nehmen die Blätter, wie bereits beschrieben, direkt durch die Stomata Nebel auf – eine weitere kreative Wassernutzungsstrategie.

Seit wir Zugang in die Kronen der Küsten-Mammutbäume haben, haben die wissenschaftlichen Erkenntnisse zu dieser Baumart sprunghaft zugenommen. Der Botaniker Steve Sillett und seine Mitarbeiter von der Humboldt State University waren die Ersten, die unter Verwendung neuer Zugangstechniken die Artenvielfalt in den oberen Bereichen der Küsten-Mammutbäume dokumentierten. Sie fanden in neun Kronen 282 Epiphyten-Arten, darunter 183 Flechten, 50 Moose und 49 Gefäßpflanzen. Für einen Wald in der gemäßigten Klimazone war das ein absoluter Rekord! Die Beharrlichkeit, mit der sie über 60 Meter hoch ganz oben in die Kronen kletterten, zeugte nicht nur von ihrer außerordentlichen Courage, sondern eröffnete auch ein neues Kapitel der Waldökologie.

Sillett setzte sein Kletterkönnen für die Erforschung eines großen Baumrätsels ein: Wie schafft es das Wasser an die Spitze eines so hohen Baums? Er maß als Erster die unglaubliche Aufwärtsbewegung der Wassermoleküle aus den Wurzelhaaren, die durch die Leitbündel aus Xylemzellen, den sogenannten Tracheiden, bis ganz nach oben in die Nadeln zig Meter über dem Boden gesaugt werden. Noch unglaublicher ist, dass das Wasser völlig geräuschlos durch die Bäume fließt – niemand hört beim Waldspaziergang die genauestens austarierte Installation rauschen. So effizient ist der Wassertransport auch deshalb, weil die obersten Blätter kleiner und dicker sind als die im unteren Kronenraum. Diese Form macht sie nicht nur widerstandsfähiger gegen Winde und Stürme, sondern lässt sie auch die enormen Sogkräfte tolerieren, die bei der Aufwärtsbewegung von den Wurzeln bis in die Kronen auftreten. Dieser erstaunliche, von den Blättern bewirkte Wassertransport durch den Stamm beruht auf dem sogenannten Kapillareffekt.

Es ist wissenschaftlich erwiesen, dass reife Individuen mit so effizientem Wassertransport mehr Holz bilden als jüngere Bäume. Das macht diese Art zu riesigen Kohlenstoffspeichern, die mit zunehmendem Alter immer weiter ausgebaut werden. Damit verläuft das Wachstumsmuster umgekehrt zu dem etwa der Säugetiere, die mit zunehmender Reife immer weniger schnell wachsen. Eigentlich ist das aber nicht erstaunlich, denn ältere Bäume haben mehr Blätter als jüngere und können damit immer besser weiterwachsen, also auch immer mehr Kohlenstoff in der Holzproduktion binden.

Ein letzter von Arbornaut:innen offengelegter Fakt betrifft die komplexen Kronen von Küsten-Mammutbäumen: Die Bäume treiben neue Leitäste (Triebe an Astspitzen) aus, wenn Wind oder Sturm im oberen Kronenraum die bestehenden Stämme beschädigt haben. Da es zu dieser wetterbedingten Reaktion immer wieder kommt, führt das zu komplizierten Verflechtungen einzelner Leitäste, die abgestorben sein können oder lebend, sowie zu großen Ablagerungen von organischem Abfall in den Astgabelungen, in denen sich ganze Mini-Lebensgemeinschaften etablieren. Ein einzelner Baum, der nach einer Figur aus Tolkiens *Hobbit* und *Herr der Ringe* den Namen Ilúvatar erhielt, besitzt 220 verschiedene Stämme in der Krone, lauter nachgewachsene Triebe nach Feuer- oder Sturmepisoden, deren Holzvolumen Steve Sillett und Kollegen auf über 28 000 Kubikmeter bemaß. Dieser Baum gilt als der komplexeste lebende Organismus der Welt – doch nur, indem jemand in seinen obersten Kronenbereich hinaufgeklettert ist, konnte dieses architektonische Wunder entdeckt werden.

Komplex sind Küsten-Mammutbäume nicht nur in ihrem Aufbau, ihre Genetik ist mindestens genauso außerordentlich. Neueren Studien zufolge besitzen sie beeindruckende 66 Chromosomen, die meisten übrigen Nadelbäume dagegen lediglich 20 bis 24, und wir Menschen 46. Diese Anomalie – eine Hexaploidie, weil jedes Chromosom sechsfach vorhanden ist – erklärt ihre riesige genetische Vielfalt. Doch an der amerikanischen Pazifikküste sind nur noch knapp 500 Quadratkilometer wertvoller Primärbestand übrig – weniger als fünf Prozent ihrer ursprünglichen Verbreitung, bevor diese Giganten durch menschliche Aktivität zerstört wurden. Es ist klar, dass der Klimawandel mit der Prognose von weniger Nebel und häufigeren Dürren Küsten-Mammutbäume und andere Nadelbäume an der Pazifikküste noch weiter schädigen wird. Die Save the Redwoods League finanziert zu großen Teilen die aktuelle Erforschung ihrer Kronen, die neue Erkenntnisse dazu erbringt, wie die Bäume überleben können. Küsten-Mammutbäume sind nicht die massivsten Bäume der Welt – diesen Titel hält ihr Verwandter im Binnenland, der Riesen-Mammutbaum. Doch mit bis zu 116 Metern sind sie die höchsten. Würde neben der Freiheitsstatue ein Küsten-Mammutbaum wachsen, so könnte er am Ende ihre hochgereckte Fackel überragen. Um so groß zu werden, bräuchte er wahrscheinlich mehr als 2000 Jahre. Das konnten Dendrochronologen aus den Jahresringen ermitteln.

Kann die Baumkronenwissenschaft die Küsten-Mammutbäume retten? Nein – aber sie kann dazu beitragen, diesen großartigen Bäumen die Aufmerksamkeit zu verschaffen, die ihrem Wert angemessen ist. Vielleicht können wir Menschen von den uralten Riesen lernen. Vielleicht können sie uns etwas über Anpassungs- und Überlebensfähigkeit beibringen. Diese Bäume zeigen Widerstandskraft und Resilienz, Eigenschaften, die in einer sich wandelnden Umwelt immer wichtiger werden. Küsten-Mammutbäume sind die Tiger der Botanik – eine emblematische Art, ein Beispiel an Durchhaltevermögen, das uns anregen kann, über die Natur zu staunen.

12

KÖNNEN WIR DIE WÄLDER RETTEN, DIE WIR NOCH HABEN?

◇◇◇

Wie man Naturschutz fördert: Mission Green

Einen tropischen Regenwald oder andere artenreiche Ökosysteme zerstören, um Profit zu machen, ist, als würde man alle Gemälde im Louvre verbrennen, um Abendessen zu kochen.

E. O. Wilson

Nach den furchtbaren Bränden, die im Jahr 2020 Millionen Quadratmeter im Amazonas-Gebiet, in Australien, Indonesien, Kalifornien und anderen Ländern zerstörten, wurde ich von der BBC interviewt. Sie stellten mir nur eine Frage: Was passiert, wenn alle Wälder dieser Erde verschwinden? Meine Antwort war einfach, aber unmissverständlich: Das wird die Menschheit nicht überleben. Punkt.

Bäume haben grundlegende Funktionen, die für uns lebenswichtig sind, und ohne diese grünen Maschinen mit ihren Trillionen hocheffizienten Kraftwerken (den Blättern) würde kein Leben auf der Erde existieren. Als Arbornautin höre ich nicht auf zu predigen, wie wichtig Bäume sind, wie sie den Planeten und die gesamte Menschheit erhalten. Und ganz besonders gilt das für große Bäume! Hier eine vereinfachte Liste mit zehn Ökosystem-

Dienstleistungen, die Bäume für uns erbringen – und das sogar, während wir schlafen:

Trinkwasser
Klimakontrolle
Medikamente
Baumaterial
Kohlenstoffspeicherung
Energieproduktion
Nahrung
genetische Datenbank von Millionen Arten
Erosionsschutz
Spirituelle Stätte

Der Mensch kann nicht auf einem Planeten überleben, wo Erosion den Boden in die Wasserläufe spült, weil ihn keine Baumwurzeln festhalten; wo das Trinkwasser nicht von Blättern gereinigt und in einem Kreislauf gehalten wird, weil die Kronendächer verschwunden sind; wo über die Hälfte der landbewohnenden Arten keinen Lebensraum mehr findet; wo die größten Kohlenstoffspeicher abgeholzt wurden und Baumkronen keinen Schatten, keine Kühle und kein Obdach mehr bieten. Die katastrophalen Waldbrände in Australien haben 2020 unsere Farm zerstört – nach sechs Generationen in der Familie. Geschätzt eine Milliarde Tiere kam in den Flammen um, Opfer von unübertroffener Hitze und Trockenheit in dem einst »glücklichen Land« – ein Fluch, den Wissenschaftler:innen direkt mit menschlichen Aktivitäten in Verbindung bringen, die unseren Planeten erwärmen. Nach diesen Bränden wird es länger dauern als ein paar Jahre, in denen wir zur Wiederaufforstung der australischen Ökosysteme ein paar Sämlinge pflanzen, und wahrscheinlich werden eher einhundert Jahre vergehen, bis wieder genügend Bäume da sind, um Koalas, Würgerkrähen und Kängurus als Lebensgrundlage zu dienen.

Der Zehnjahres-Wettbewerb der Royal Statistical Society – ein Preis für den statistischen Wert, der 2010 bis 2019 die weltweit dringlichste Problematik beschreibt – zeichnete diesmal einen markanten Vorboten für das Schicksal der globalen Wälder aus: Die zweifelhafte Ehre ging an »8,4 Millionen Fußballfelder Entwaldung im Amazonas-Gebiet innerhalb der vergangenen zehn Jahre« (das entspricht 62000 Quadratkilometern). Trotz aller gut gemeinten Bemühungen der Royal Statistical Society, diesen Horror an die Öffentlichkeit zu bringen, nimmt das Tempo der Abholzung zu. Die drei bedeutendsten primären Regenwälder in Südostasien, am Amazonas und im Kongobecken schrumpfen schnell und durch Menschenhand. Außerdem kommt es in wichtigen Waldgebieten in den gemäßigten Regionen von Sibirien, China und Kanada in letzter Zeit zu katastrophalen Bränden und exzessivem Kahlschlag. Dabei geht es nicht nur um Flächenzahlen, sondern auch um Artenvielfalt und Alter, Umfang und Höhe der Bäume, denn die großen Gebiete mit primärem oder altem Wald sind nun einmal die wertvollsten. Ich wiederhole mich: Retten wir große Kronendächer! Unser Planet ist die Heimat von etwa 60065 Baumarten, mehr als die Hälfte davon wächst in nur einem Land, diese Spezies sind also endemisch und vom Aussterben bedroht, wenn ihr Verbreitungsgebiet entwaldet wird. Von allen Reichen der Biologie haben Pflanzen die größte Biomasse – sie bringen es auf 450 Gigatonnen Kohlenstoff, gegen lediglich 1 Gigatonne für Arthropoden, 0,06 Gigatonnen beim Menschen und nur 0,002 für wild lebende Vögel. (Ernüchternd ist auch die Tatsache, dass wild lebende Säugetiere 0,007 Gigatonnen auf die Waage bringen, Zuchtvieh dagegen das 14-Fache.) Auf die genannten 450 Gigatonnen halbierte sich die Gesamtbiomasse der Pflanzen, seit der Mensch den Planeten dominiert und Wälder immer weiter gerodet werden. Blätter absorbieren den CO_2-Überschuss, den Menschen in die Atmosphäre pusten, und Holz besteht überwiegend aus gebundenem Kohlenstoff – große Bäume sind also exzellente Kohlenstoffspeicher. Unsere erhaltenen Fragmente von tropischem Regenwald binden heute weniger Kohlenstoff als noch vor zwanzig Jahren, unter anderem, weil wir die Altbestände abholzen und in den so entstandenen heißen, trockenen Landschaften bestenfalls junge Sämlinge nachpflanzen. In den 1990er-Jahren absorbierten die Wälder am Amazonas noch 46 Milliarden Tonnen CO_2; in den 2010er-Jahren sank diese Zahl auf 25 Milliarden Tonnen. Mit zunehmendem menschlichem Einfluss auf den Klimawandel, der Brände, Dürren, Hitzewellen und massenhaftes Auftreten von Insekten mit sich bringt, prognostizieren Klimaforscher inzwischen, dass der Amazonas-Wald ab 2035 eher zum CO_2-Emittenten wird, statt als Speicher zu wirken – zumindest wenn seine Degradierung im derzeitigen Tempo weiter fortschreitet.

Diese großen Bäume speichern aber nicht nur Kohlenstoff, sondern beschatten auch den Boden und senken damit global die Temperaturen. Für eine in der Zeitschrift *PLOS One* veröffentlichte Studie (2020) holzten brasilianische Forscher unterschiedlich große Teilstücke des brasilianischen Atlantikregenwalds ab. Sie belegten, dass die Lufttemperatur nach einem Kahlschlag um ganze vier Grad Celsius anstieg und nach 25 Prozent Teilhieb immer noch um ein Grad. In subtropischen Wäldern in China wiesen Forscher nach, dass Bestände mit höherer Artenvielfalt resistenter gegen Dürre sind als Bestände mit niedriger Artenvielfalt. Wenn man bedenkt, dass nach Schätzungen im Jahr 2050 bis zu 66 Prozent der Menschheit in Städten leben, müssen auch Stadtbäume als wertvolle Dienstleister in den Vordergrund rücken. Nach Berechnungen der US-Forstbehörde erbringt der Baumbestand in Austin, Texas, jährlich Ökosystemdienstleistungen im ökonomischen Wert von 34 Millionen Dollar. Doch die durchschnittliche Lebensspanne eines Stadtbaums verkürzt sich: Im Schnitt wird er nach nur neun Jahren gefällt, weil er dem Ansturm von breiteren Straßen oder Neubauten weichen muss.

Tropische Wälder dienen nicht nur als Klimakontrollinstanzen für den gesamten Planeten, indem sie still und wirksam Gasaustausch und Niederschlagsmuster beeinflussen, sie beherbergen auch die größte Artenvielfalt – geschätzt zwei Drittel der landbewohnenden Spezies leben auf zehn Prozent der Erdoberfläche. Ich habe den größten Teil meiner Laufbahn der Erforschung der Biodiversität in tropischen Baumkronen gewidmet, und Arbornaut:innen schätzen, dass 50 Prozent unserer landbewohnenden Arten in den oberen Bereichen der Bäume leben, dass aber 90 Prozent davon wissenschaftlich bisher nicht beschrieben sind. Das heißt also, dass wir Arten zerstören, noch bevor wir sie entdecken, darunter auch Pflanzen, die gegen Krankheiten resistent machen können, einzigartige Bestäuber für Feigen, aber auch Bäume, die am besten an zeitweilige Hitze- und Dürreperioden angepasst sind. In seinem Buch *Die Hälfte der Erde* setzt sich der renommierte Harvard-Biologe E. O. Wilson dafür ein, die Hälfte unseres Planeten für 99 Prozent der Biodiversität zu reservieren und die andere Hälfte für nur eine Art, den *Homo sapiens.* Wilson erstellt eine Liste mit den 17 wichtigsten Wäldern, die im Umweltschutz Priorität haben müssen, sie umfasst auch meine wichtigsten Forschungsprojekte: die Kirchenwälder Äthiopiens, die indischen Westghats, die kalifornischen Küsten-Mammutbäume, Südostasien und das Amazonas-Becken. Auf der Grundlage seiner gut recherchierten Liste habe ich unter dem Namen Mission Green ein neues Projekt angestoßen, dessen Priorität darin besteht, die Kronendächer mit der höchsten Artenvielfalt der Erde zu retten. Mit Unterstützung meiner Kollegin, der vielfach ausgezeichneten Ozeanografin Sylvia A. Earle, und ihrer Organisation Mission Blue eifere ich ihrem Ziel nach, »hope spots« in den Meeren ausfindig zu machen, nach ihrer Definition Gebiete mit gesundem Wasser und hoher Diversität. Meine »hot spots« der Artenvielfalt werde ich also in den Baumkronen der Welt ausfindig machen und dort Walkways errichten, die als ökonomischer Anreiz die einheimische Bevölkerung dazu bringen soll, nachhaltiges Einkommen durch Ökotourismus zu generieren, statt ihre Wälder abzuholzen. Mission Green ist bereits fast zur Hälfte vollendet und finanziert, Laufstege stehen bereits in Malaysia, Florida, im peruanischen Amazonas-Wald und in Ruanda, weitere sind in Mosambik und in den kalifornischen Küsten-Mammutbäumen in Bau. Doch noch weitere Wälder brauchen dringend Walkways, um zum Umweltschutz anzuregen, bevor zu viel kaputt ist: auf Madagaskar, in den indischen Westghats, in Papua-Neuguinea und im Kongo. Nach der Finanzierung von Laufstegen, die Einheimischen (ganz besonders Frauen) ein Einkommen sichern, möchte meine kleine Stiftung, die Tree Foundation, jetzt Stipendien für Studierende finanzieren, die die Biodiversität an diesen Baum-Hotspots untersuchen und an der Dokumentation der zu 90 Prozent unbekannten Lebewesen über unseren Köpfen weiterarbeiten.

Der einzige Silberstreif, den die jüngsten Brände und die exzessive Entwaldung erkennen lassen, besteht darin, dass solche Katastrophen die Welt darauf aufmerksam machen, welch riesige Flächen und wie viele Bäume da zerstört werden, und das bringt viele Millionen Menschen dazu, mit anzupacken und dabei zu helfen, den Planeten zu renaturieren. Äthiopien schaffte es 2019 in die Guinness World Records, indem es innerhalb von zwölf Stunden mehr als 352 Millionen Sämlinge setzte. Weniger als einen Monat später wurden in Uttar Pradesh an einem Tag 220 Millionen Sämlinge gepflanzt – ungefähr einer für jeden Einwohner des indischen Bundesstaats. An diesen riesigen Pflanzaktionen beteiligten sich die Bürger beider Länder mit Spaten und Gießkanne. Die ETH Zürich publizierte eine Studie, der zufolge weitere 0,9 Milliarden Hektar Land aufgeforstet werden könnten, wo bisher entweder zu wenige Bäume stehen oder wo bestehender Wald gerodet wurde. Weiter berechneten sie, dass nach wenigen Jahrzehnten Wachstum diese neu bepflanzten Flächen etwa zwei Drittel der geschätzt 300 Milliarden Tonnen Kohlenstoff speichern könnten, die die Menschheit seit der industriellen Revolution in die Atmosphäre freigesetzt hat. Und mithilfe von Luftbildern wurden sämtliche Bäume auf der Erde gezählt – das ergab, dass die Erde immer noch etwa drei Billionen (in Ziffern 3 000 000 000 000!) Bäume besitzt –, an erster Stelle liegt Russland mit etwa 642 Milliarden Stämmen, gefolgt von Kanada und Brasilien sowie den USA, mit 228 Milliarden auf Platz 4. Zwar bezweifeln einige Forscher die genauen Zahlen in diesen Studien und Pflanzaktionen, aber es besteht große Einigkeit darüber, dass die Bewaldung eine Grundvoraussetzung für die Gesundheit der Erde ist. Große Bäume zu retten, ist und bleibt die beste Option für den Umgang mit natürlichen Ressourcen, die Pflanzung neuer Sämlinge ist, mit einigem Abstand, die zweitbeste. Schließlich sind Jungpflanzen erheblichen Risiken ausgesetzt – wie alle Lebewesen müssen sie sich immer gegen die Konkurrenz durchsetzen, um nicht zertrampelt zu werden, um an genügend Sonnenlicht und Wasser zu kommen, um Räubern zu entwischen, dazu kommen die vom Menschen angefachten Risiken von Feuer, Dürre, weltweit steigenden Temperaturen und großflächiger Abholzung. Die Wahrscheinlichkeit, dass auch nur die robustesten Sämlinge es schaffen, bis ins adulte Stadium durchzuhalten, ist verschwindend gering, doch erst wenn sie es schaffen, über Jahrzehnte heranzureifen, können sie der Biodiversität Lebensaum bieten, tonnenweise Kohlenstoff speichern und ein gesundes Waldökosystem bilden. Und dahinter steht wiederum ein großes Fragezeichen, sollte bis dahin ein Großteil der ursprünglichen Biodiversität längst ausgestorben sein.

Wir haben viel Wald und pflanzen noch mehr, aber jedes Jahr werden auch über 15 Milliarden Bäume gefällt. (Mit der Zahl der gepflanzten Bäume lässt sich das nicht vergleichen – sie variiert von Jahr zu Jahr erheblich, und an den ökologischen und ökonomischen Wert reifer Bäume reichen sie ohnehin nicht annähernd heran.) Seit der Geburt der Babyboomer wurde geschätzt die Hälfte der primären (also ursprünglichen oder alten) Wälder vollständig zerstört. Natürlich enthielten diese Altbestände einen Großteil des globalen Kohlenstoffs und erheblich mehr als das, was Sämlinge speichern können, die in den kargen Böden Äthiopiens oder Indiens ums Überleben kämpfen. Es ist nicht in Ordnung, große Bäume zu fällen und dafür ein paar kleine zu pflanzen. Unsere Reaktion auf den Klimawandel kann nicht in einfachen Modellen für die Kohlenstoffspeicherung bestehen, vielmehr müssen wir an Langzeitlösungen arbeiten, um die CO_2-Verschmutzung zu reduzieren. Noch einmal: Große Bäume sind ein kolossaler globaler Vermögenswert. Vor zweihundert Jahren holzten die USA über 95 Prozent der ursprünglichen Bewaldung ab, doch Böden in der gemäßigten Klimazone sind leichter zu renaturieren als tropische, und die blühende amerikanische Wirtschaft könnte die Kosten der Wiederaufforstung leicht stemmen. Anders ist das in Brasilien, Madagaskar und im Kongo, wo es Jahrhunderte dauern und sehr viel mehr kosten wird als in den gemäßigten Zonen Europas oder Nordamerikas, einen komplexen heimischen Wald wieder ganz herzustellen.

Was also ist zu tun, um Wälder zu schützen, die wir als einen der größten Vermögenswerte der Erde erkannt haben?

Erstens müssen wir dafür sorgen, dass alle Menschen die Chance haben, dem Ehrfurcht gebietenden Wunder der Bäume zu begegnen. Ich fordere alle Eltern auf, mit ihren Kindern einen Baumwipfelpfad zu besuchen und nicht nur den Vergnügungspark. Wer die Baumkronen erlebt, lernt etwas über die unglaubliche Komplexität und den Zauber dieses grünen Schatzes und wird eher motiviert sein, sie zu schützen.

Zweitens müssen wir auf unsere Ausgaben achten und darauf, wie wir (vielleicht ungewollt) zum Verlust der Bäume beitragen. Wir müssen die Kaufkraft der Industrieländer neu ausrichten. Die Entwaldung im Amazonas-Gebiet wird zu großen Teilen von Verbrauchern in den gemäßigten Zonen angetrieben, die Tropenholz kaufen (häufig aus illegalem Import), aber auch Soja, tropische Früchte, Rindfleisch und Palmöl. Würden die Menschen mit der größten Kaufkraft darauf bestehen, dass in ihren Ländern die Produkte mit dem Herkunftsort ihres Kaffees oder Sojas beschriftet werden, könnten unsere Portemonnaies über die Implementierung eines erfolgreichen Umweltschutzes mitbestimmen. Bitte verlangen Sie Kaffee aus dem Schattenbau, der unter dem

Kronendach des Regenwalds geerntet wird, und kaufen Sie keinen Kaffee, der auf kahl geschlagenen, offenen Feldern angebaut wird. Kaufen Sie bewusst Produkte ohne Palmöl (und bleiben Sie wachsam, weil einige Hersteller bis zu zwanzig andere Namen für Palmöl verwenden, um die Verbraucher in die Irre zu führen). Kaufen Sie kein Holz, Soja oder Rindfleisch aus tropischen Ländern und haken Sie bei Ihrem Lebensmittelhändler nach, damit er die Lieferketten genau ausweist. Schreiben Sie an Ihre politischen Vertreter:innen und fordern Sie die Kennzeichnung des energetischen Fußabdrucks, der entsteht, bis ein Produkt in Ihre Hände gelangt, und seiner geografischen Herkunft.

Drittens können Sie sich als Citizen Scientist betätigen. Gehen Sie mit Earthwatch auf eine Expedition, beteiligen Sie sich an einem lokalen BioBlitz oder einem Monitoring der Stadtbäume, um unser Wissen über die Bäume zu erweitern. Feldbiolog:innen wie ich freuen sich über die Hilfe beim Zählen von Käfern oder der Vermessung von Blättern, und je mehr Augen und Hände dabei sind, desto genauer werden die Ergebnisse. Sie könnten sich auch mit anderen Familien zusammentun und in Ihrem Garten oder im Park nebenan einen eigenen BioBlitz veranstalten. Die Kinder werden es lieben, und vielleicht kann Ihre Stadtverwaltung oder Ihre regionale Arbornautengruppe die Daten gebrauchen. Und Viertens: Lesen Sie alles, was Sie über Wälder finden können, und geben Sie Ihr Wissen weiter an Familie, Kirchengemeinde, Sportverein, Nachbarschaftsverbände, Freund:innen und Lehrende. Oder Sie werden zum Laienexperten für Dendrologie und helfen anderen beim Einstieg ins Thema? Wer nichts über Wälder weiß, ist auch weniger motiviert, sie zu schützen.

Fünftens: Werden Sie zum Paten für große Bäume, vor allem da Bäume (wie Dr. Seuss in *Der Lorax* sagt) keine Stimme haben. Setzen Sie sich in Ihrer Gemeinde für sie ein und lassen Sie nicht zu, dass durch den Bau von Einkaufszentren, Hochhäusern oder Straßen Ihre alten grünen Riesen ermordet werden und dem »Fortschritt« zum Opfer fallen. Wenn die Menschen vor vielen

Hundert Jahren die Pyramiden von Machu Picchu bauen konnten, dann können die Stadtentwickler von heute unsere fortschrittliche Technik sicher so nutzen, dass zwischen unseren Betonwüsten ein paar große Bäume stehen bleiben. Sämlinge oder gar Jungbäume zu pflanzen, ist wunderbar, aber nichts ersetzt eine große, reife Baumkrone in Sachen Wasserfilterung und Sauerstoffproduktion. Und alle Lebewesen in Ihrer Stadt werden so dankbar sein, dass Sie ihren Lebensraum erhalten. Große Bäume sind eine Lebensversicherung für die nächste Generation.

In diesem Buch habe ich das Leben einer Naturwissenschaftlerin beschrieben, genauer gesagt einer Feldbiologin, die die Biodiversität erforscht. Am Anfang stand die prägende Erfahrung, als Kind im Freien zu spielen. Die althergebrachte Gebrauchsanweisung für Feldbiolog:innen lautet: Lesen. Beobachten. Fragen stellen. Ein Tagebuch führen. Geländeforschung betreiben. Mit Laborexperimenten fortführen. Statistisch korrekte Proben nehmen. Riesige Datenbanken anlegen. Veröffentlichen. Rezensieren. Manuskripte wieder und wieder einreichen. Perfekte Experimente designen, jede äußere Variable beherrschen. Veröffentlichen. Förderanträge schreiben. Förderanträge umschreiben. Die Datengrundlage erweitern. Sich auf Professuren bewerben. Noch mehr Förderanträge schreiben. Noch mehr Daten sammeln.

Das Mantra *Publish or perish* galt lange als Schlüssel zu einer erfolgreichen Karriere in der naturwissenschaftlichen Forschung. Mein Weg aber nahm auf halber Strecke eine Kurve und folgte einem neuen Aktionsplan, der dringend gebraucht wird, wenn wir genau die Wälder, die wir Biolog:innen erforschen, retten wollen: Kindern etwas über Bäume beibringen. Dem Publikum Ökologie erklären. Verschiedene Akteure einbinden. Für populäre Medien schreiben, nicht nur für Fachzeitschriften. Aktionen zum unmittelbaren Umweltschutz organisieren. Laut darüber reden. Die nächste Generation von Umweltschutzbiolog:innen ausbilden. Frauen als Umweltpaten gewinnen. Bündnisse mit Priestern, Unternehmen und anderen öffentlichen Akteuren schließen. Von

Ökosystemen erzählen. Mädchen in MINT-Fächern betreuen. Daten sammeln. Mit Citizen Scientists zusammenarbeiten. Walkways bauen, um Wälder zu retten. Darüber schreiben. Wälder erforschen, für die noch nie jemand Studien finanziert hat. Einheimischen Kindern Bücher über Bäume schenken. Studierende zu Arbornaut:innen ausbilden. Darüber reden. Sich mit jedem austauschen, der zuhört. Letztendlich werden meine Enkel meine Armada von Fachpublikationen oder meine 25-seitige Publikationsliste vielleicht nicht lesen, geschweige denn wertschätzen. Aber ich hoffe inständig, dass sie die heimischen Wälder Äthiopiens wertschätzen werden oder dass ihnen die Augen übergehen, wenn sie von einem Laufsteg in einer Kronenschicht in Florida, Vermont, Australien oder Malaysia den Blick schweifen lassen.

Fast sechs Jahrzehnte habe ich inzwischen meiner andauernden Liebe zu den Pflanzen gewidmet. Ich war ein Fan von *pistils,* nicht von *pistols,* und von Käfern mit sechs Beinen und nicht mit vier Rädern. Ich erzähle meine Geschichte von Blättern und Schleudern in der Hoffnung, dass sie vielleicht Resonanz findet bei einem jungen Menschen, der als Naturfreak abgestempelt wird, weil er lieber eine Nachtigall singen hört als Computerspiele zockt. Vielleicht ermutigen meine Missgeschicke Leser:innen jeden Alters, anders auf Baumkronen zu schauen und sich bewusst zu machen, nach welch komplexen Protokollen Feldbiolog:innen sie untersuchen. Selbst als Erwachsene bin ich bei meiner Hausbank noch die exzentrische Kundin, die, wenn ein Hurricane droht, ihre Käfersammlung ins Schließfach bringt, während alle anderen Schlange stehen, um ihre Juwelen in Sicherheit zu bringen. Meine Kinder ziehen mich damit auf, dass ich mich von einer Arbonautin in eine Arboraut-Irre verwandelt hätte, weil die Welt des Waldschutzes so deprimierend und revoltierend ist. Doch die Macht des Einzelnen sollte man nie unterschätzen. Ich bin nur eine einsame Arboraut-Irre, und meine Möglichkeiten sind begrenzt. Was ich weiß, ist, dass die Welt mehr Citizen Scientists braucht, denen angesichts dessen, was der

Wald leistet, die Augen übergehen, mehr Städte und Gemeinden, die große Bäume als ihre wertvollsten Anwohner erhalten, mehr Arbornaut:innen, die ihr Wissen an unerforschte Orte tragen, und mehr Zusammenschluss all der unterschiedlichen Stimmen, die nach mehr Umweltschutz rufen. Wenn ich recht habe, kann mit harter Arbeit, einer Portion Glück und dem Glauben daran, dass wir alle gemeinsam in einem Boot sitzen, eine einzelne Arbornautin einen Wald aus Citizen Scientists säen, die bereit sind, für ihre geliebten Bäume einzustehen.

Und vielleicht das Wichtigste: Bringen wir jedem Kind bei, wie die Wälder uns am Leben halten. Wie wäre es, wenn wir dafür zuerst einmal auf einen Baum klettern?

GLOSSAR

Apex – Spreiten- oder Blattspitze

Arbornaut:in – Bio- oder Ökolog:in, der/die Baumwipfelforschung betreibt

Art – Gruppe von Organismen, die sich genetisch und morphologisch ähnlicher sind als anderen Organismen; benannt mit einem zweiteiligen wissenschaftlichen Artnamen (Gattung und Artepitheton)

BioBlitz – Gemeinschaftsaktion zur Erfassung der Biodiversität in einem begrenzten Zeitraum

Biodiversität – Artenvielfalt in einem gegebenen Ökosystem oder Lebensraum

Biomasse – Gesamtgewicht aller Lebewesen oder einer Art, eines Individuums oder einer Gesellschaft

Blattminierer – Insekt, das zwischen Blattober- und -unterfläche lebt und sich von den dortigen Zellen ernährt

Brettwurzel – brettartige, sternförmig angeordnete Struktur an der Stammbasis als Teil des Wurzelsystems mit Stützfunktion

Bromelie – tropische oder subtropische Pflanze mit Rosetten aus steifen, manchmal bestachelten Blättern; einige wachsen als Epiphyten

Calyx – Blütenkelch aus mehreren Kelchblättern unterhalb der Blütenkrone

Cay – kleine flache Insel aus Korallen- und Sandablagerungen

Chlorophyll – grüner Farbstoff in allen Grünpflanzen, liefert durch die Absorption von Licht die Energie für die Fotosynthese

Chloroplast – Chlorophyll-haltige Zelle, in der Fotosynthese stattfindet

Citizen Science – wissenschaftliches Forschungsprojekt mit Beteiligung ehrenamtlicher Laien

Corolla – besteht aus wirteligen Blütenblättern, die die meist farbige Krone einer Blüte oberhalb des Calyx bilden

endemisch – ausschließliches Vorkommen einer Pflanzen- oder Tierart in einem begrenzten Gebiet

Entomologie – Insektenkunde, befasst sich auch mit verwandten Arten wie Spinnen, Zecken und Milben

epikorme Triebe – kleine Äste, die aus der Basis oder dem Stamm eines Baums wachsen, manchmal als Stressreaktion auf ein Ereignis, das die gesunde Blattbildung stört

Epiphyllos – Mikroflora-Schicht auf der Oberfläche eines Blatts, meist Moose oder Flechten

Epiphyt – Aufsitzerpflanze, die auf einer anderen Pflanze wächst, sie aber nicht parasitiert

Exhaustor – Gerät zum Ansaugen beim Sammeln kleiner Insekten wie Taufliegen, Springschwänze, Ameisen und Zwergzikaden

extraflorale Nektarien – Drüsen, die Nektar ausscheiden, aber außerhalb der Blüte sitzen, etwa auf der Blattscheide; sie sollen Ameisen anlocken, die das Laub wiederum vor Fraßfeinden schützen

Extremophile – Mikroorganismen, die in extremen Umweltbedingungen leben (Temperatur, niedrige und hohe pH-Werte, Druck oder chemische Konzentration)

Feldbiologie – wissenschaftliche Forschung unter den komplexen Bedingungen des Geländes im Gegensatz zur kontrollierten Arbeitsweise im Labor

Fruchtknoten – Teil der Blüte, aus dem sich die Frucht entwickelt

Fotosynthese – Produktion von Zucker (CH_2O) und Sauerstoff (O2) aus Kohlendioxid (CO_2) und Wasser (H_2O) unter Nutzung der Energie aus dem Sonnenlicht

Galle – Anomalie im Pflanzenwachstum als Reaktion auf Gallerreger, etwa Insektenlarven, Milben oder Pilze

Gattung – erster Teil eines wissenschaftlichen Artennamens, steht für eine Gruppe von miteinander verwandten Arten

Gefäßpflanze – Pflanze mit Leitbündeln zum Transport von Wasser und Nährstoffen, etwa Farne, Bedecktsamer und Nacktsamer, nicht aber Moose

glauk – stumpf graugrün bis bläulich gefärbt

Ground-Truth-Daten – direkt durch Geländeerkundung am Boden aufgenommene Informationen (Bodenproben, Fotos, Vegetationsbestimmung etc.) zur Überprüfung von Fernerkundungsdaten

Habitat – Lebensraum einer Art

handförmig – geteiltes Blatt mit normalerweise fünf bis sieben fingerartigen Blättchen, die an einem Punkt entspringen

Hemiepiphyt – Pflanze, die die Hälfte ihrer Lebenszeit als Epiphyt verbringt und die andere Hälfte im Boden wurzelt

Herbarium – Sammlung gepresster, getrockneter Pflanzenbelege mit Name sowie Sammelort und -datum

Hexaploidie – Vorhandensein von sechs homologen Chromosomenpaaren im Zellkern

Hypothese – Erklärungsansatz auf der Grundlage unvollständiger Datenlage als Ausgangspunkt für weitere Erforschung

immergrün – Eigenschaft von Pflanzen, die das ganze Jahr über Blätter tragen
invasive Art – nicht heimische Art, die heimische Arten verdrängt und/ oder ein natürliches Ökosystem stört
Kauliflorie – Stammblütigkeit: Blüten und Früchte entwickeln sich am Stamm oder an verholzten Ästen statt, wie üblich, an den Astspitzen
Kronblatt – farbiger Teil einer Blütenhülle, meist innerhalb des Kelches
Kronendach – Kronenraum einer Pflanze oder Kronenschicht eines Ökosystems mit einer Ausdehnung von 2 Zentimetern bei Moos bis zu 100 Metern bei einigen tropischen Baumarten
lanzettlich – speerförmig mit bogigen Seitenrändern und Spitzen an beiden Enden (Blattform)
Laub – Blattwerk jeder Pflanze, auch von Nadelbäumen
Lidar – Abkürzung für englisch: Light detection and ranging, laserbasierte Methode zur Erstellung hochauflösender digitaler Höhenmodelle
Lignotuber – Wurzel- oder Stammknolle, die erhebliche Wasser- und Nährstoffvorräte speichern kann
männliche Blüte – Blüte mit Staubblättern, aber ohne Stempel
Mast – sehr variable Fruchtbildung bei Bäumen mit massiver Fruktifikation in Intervallen von bis zu zehn Jahren
Monodominanz – Vorherrschen einer einzigen Baumart in einem Wald
monözisch – mit männlichen und weiblichen Blüten auf derselben Pflanze
Mykorrhiza – Symbiose zwischen den Wurzeln einer Gefäßpflanze und unterirdischen Pilzen; sie bietet einen Evolutionsvorteil, weil die Pflanze mehr Wasser und Nährstoffe aus dem Boden aufnehmen kann
Narbe – klebriger Teil des Stempels, an dem der Pollen hängen bleibt und zur Befruchtung in den Stempel eindringt
Ökosystem – Gemeinschaft von Lebewesen in ihrer physischen Umwelt
Ökotourismus – sanfter, nachhaltiger Tourismus in unberührten oder geschützten Gebieten
Ornithologie – Vogelkunde
Phloem – Siebteil im Leitbündel, durch das Pflanzen Zucker und andere Stoffwechselprodukte von den Blättern in die Wurzeln transportieren
Phytophagie – Pflanzen- bzw. Blattfraß (Phytophagen ernähren sich ausschließlich von Pflanzenmaterial)
Primärwald – ursprünglicher, von menschlicher Einflussnahme weitgehend unberührter Urwald
Raupe – Larvenzustand von Schmetterlingen und Nachtfaltern
Sekundärwachstum – Vegetation, die die primäre ersetzt
Sepal – Kelchblatt am unteren Teil des Blütenkelchs, meist grün
sommergrün – laubabwerfend wie viele Bäume und Sträucher
sommergrüner Laubwald – Wald in gemäßigten, häufig von Jahreszeiten geprägten Klimazonen zwischen tropischen und borealen Regionen

Sonnenfleck – kleines Bündel Sonnenlicht, das durch das Kronendach dringt und die tieferen Blätter oder den Boden bescheint
Spreite – flacher, grüner Teil eines Blatts, Blattfläche
Spross – Trieb auf der Grundlage von älterem Wuchs
Sprossachse – Stängel oder Stamm eines Pflanzensprosses
Staubblatt – männlicher Teil einer Blüte aus Staubfäden und Staubbeutel, wo der Pollen produziert wird
Steigklemme – Klammer an einem Kletterseil, das blockiert, wenn Gewicht daran hängt, und sich öffnet, wenn das Gewicht weggenommen wird
Stempel – Geschlechtsorgane der Pflanze, normalerweise hervorstehend und mit einer klebrigen Narbe, an der der Pollen haften bleibt, der für die geschlechtliche Reproduktion der Pflanze nötig ist
Stoma (Plural: Stomata) – Spaltöffnung in der Blattoberfläche zur Steuerung des Gasaustauschs
Strauch- und Krautschicht – untere Vegetationsschicht unter dem Kronendach eines Waldes
Sukzession – allmähliche Ersetzung einer Lebensgemeinschaft durch eine andere
Tannine – Gerbstoffe, die in der Rinde und anderem Pflanzengewebe produziert werden und Insektenangriffe abwehren können
Taxon (Plural: Taxa) – Gruppe verwandter Arten, etwa Familien, Gattungen, Arten
Taxonomie – Wissenschaft der Klassifizierung und Benennung von Organismen
terrestrisch – landbewohnend, im Gegensatz zu aquatischen Organismen, die im Wasser leben
tropischer Regenwald – feuchter Laubwald in Äquatornähe mit großen Regenmengen und meist, aber nicht immer, großer Artenvielfalt
Überhälter – einzelner Baum, dessen Krone sich deutlich über die umgebenden Bäume erhebt
wirtsspezifisch – Eigenschaft eines Insekts, das sich auf eine bestimmte Pflanzenart spezialisiert hat
Xylem – Gefäßteil der Leitbündel, durch das Pflanzen Wasser und aufgelöste Nährstoffe von den Wurzeln zu den Blättern transportieren

DANK

Wie die meisten internationalen Naturschutzprojekte keimte auch dieses Buch auf dem Nährboden einer globalen Community und ganz sicher nicht in mir allein. Daher schulde ich sehr vielen Menschen Dank, und außerdem noch Tausenden großen Bäumen! Ich bin in meinem Leben in 46 Länder gereist und habe dort gearbeitet, und mein Dank gilt unendlich vielen Menschen vor Ort und draußen in der Welt, deren Expertise und Freundschaft immer ein wesentlicher Teil meiner Reisen war. Ich kann unmöglich auf einer Seite alle aufzählen, aber ihr sollt wissen, dass ich euch alle mit großer Dankbarkeit im Herzen, in der Seele und im Bewusstsein trage. Ein paar Einzelne stehen dabei ganz oben: Lebenslange Schulfreundinnen und Lehrer von der Hoffman Elementary School und der Elmira Free Academy in Elmira, New York; das Williams College in Massachusetts; die University of Aberdeen in Schottland; und in Australien die Sydney University und die University of New England. Besonders danke ich drei Kindergartenfreundinnen: Betsy Hilfiger, Mimi Welliver und Maxine Parker. Eine Frauenriege im australischen Outback wurde zu unserer fantastischen Schwesternschaft, als wir gemeinsam unsere Kinder zur Welt brachten. In den USA hatte ich ein paar großartige Vorbilder, die mich berieten und mir den Rücken stärkten, als ich Familie und Job vereinbaren musste: Tom Lovejoy, Peter Raven, Sylvia A. Earle, Betsy Bennett, Kristin und John Replogle, Ed Wilson, John und Lee Trott, Hal Heatwole, Carol und Bob Bilbro, Dan Solomon, Jeff Braden, Hugh Caffey, Brian Rosborough und Cy Spurlino.

In Äthiopien danke ich meinem Seelenverwandten im Kirchenwaldschutz, Alemayehu Wassie Eshete, sowie den Priestern um Bahir Dar, die mich immer mit offenen Armen empfingen und unsere Zusammenarbeit bereicherten. In Malaysia waren die Familie Cockrell, Alan Tan und die Fakultät an der Universiti Sains Malaysia die Rockstars, die vor Ort unseren gemeinsamen Erfolg beim Schutz des Regenwalds von Penang sicherten. Soubadra Devy, T Ganesh und Sinu Pallaty sind Freunde fürs Leben und Anstoßgeber für die Baumkronenforschung in Indien. Randy »Water Bear« Miller ist ein unglaublicher Bärtierchen-Taxonom, und gemeinsam gaben wir unsere Expertise an Studierende mit eingeschränkter Mobilität weiter. Meine Guides im peruanischen Amazonas-Gebiet brachten mir in fünfundzwanzig Jahren so viel über die lokale Nutzung von Pflanzen bei und bescherten mir alle möglichen Einsichten in die Natur des Menschen: Guillermo, Ricardo, Willie und Juan, um nur ein paar von ihnen zu nennen. Meine neueste Initiative, Mission Green, ist mit einem fabelhaften wissenschaftlichen Beirat gesegnet, dessen Mitglieder sich einig sind, dass die Kronenschicht der Wälder ein integraler Bestandteil der globalen Umweltschutzbemühungen sein müssen: Sylvia A. Earle, Patricia Wright, Wade Davis, Peter und Pat Raven und Alemayehu Wassie. Es war ein Glück für mich, mit hervorragenden Mitarbeitern verschiedener Einrichtungen zusammenarbeiten zu dürfen: *National Geographic,* das New College of Florida, das Williams College, die Marie Selby Botanical Gardens, das North Carolina Museum of Natural Sciences, die California Academy of Sciences, die National University of Singapore, Rolex SA und der Explorers Club. Dulce Martinez war meine Schwester in Sarasota und Jean Thompson Black eine brillante Mentorin, die mehrere meiner früheren Veröffentlichungen bei der Yale University Press betreute.

Dem Münchener Rachel Carson Center for Environment and Society verdanke ich eine inspirierende Residenz für das Buchprojekt, und Mitarbeiter und Vorstand der TREE Foundation regen mich seit zwanzig Jahre zum Geschichtenerzählen an. Ein spezielles »Küchenkabinett« aus verschiedenen Amazonas-Reisenden – Deb Heineman, Bob Woods, Mary Mountcastle, Cyndie Spencer, Harland Chun, Susan Walker und Jim Follett – leistete Geburtshilfe für Mission Green, ebenso meine irdische Schwester, Elizabeth Moore, die erste freigebige Sponsorin für den Start dieser Initiative. Meine Literaturagentin Jessica Papin von Dystel, Goderich & Bourret LLC, ist selbst eine Naturkraft, die mit ihrem Enthusiasmus und ihrem Einfluss dieses Buch tatsächlich mit zur Welt gebracht hat. Das Team bei Farrar, Straus and Giroux leistete brillante Unterstützung, unter der Ägide meiner lieben Lektorin Jenna Johnson, deren freundliche Kritik viele holperige Sätze glättete, und der immer hilfsbereiten Lydia Zoells. Mein Dank gilt auch der Lizenzabteilung bei FSG: Devon Mazzone, Flora Esterly, Pauline Post und Anaka Allen; den Mitarbeitern in der Herstellung, der Grafik und bei den Rechten: Debra Helfand, Nancy Elgin, Nina Frieman, Abby Kagan, Barbara Cohen, Susan VanHecke und Na Kim (von der die hübschen Illustrationen stammen); und an die Mitarbeiter in der Werbung, beim Marketing und im Vertrieb: Steve Weil, Sarita Varma, Nikki Barnhart, Hillary Tisman, Daniel Del Valle, Carina Imbornone und Spenser Lee.

Meine Söhne Eddie und James Burgess waren eine Inspiration bei jedem Abenteuer rund um die Welt, genau wie meine Eltern, Alice und John Lowman, die sich während meiner weitesten Expeditionen immer von ganzem Herzen um die Jungs kümmerten. Und bald will ich die nächste Generation, meine Enkel Lyla Louise und Everett Ely Burgess, zur Forschung auf die Wipfel der Welt mitnehmen. Meine entferntere Familie – dazu gehören meine Lagerfreunde aus dem Burgundy Center for Wildlife Studies und die Doktoranden- und Professorenkolleg:innen – brachten mir im Lauf meiner lebenslangen Blätterreise so viel bei: angefangen von der Technik des Schmeißfliegenerschlagens über sichere Fangmethoden für eine riesige Python bis hin zur effizienten Analyse von Datenbergen. Eine dicke Umarmung an Vic von Klemperer, der zur Fahnenkorrektur so köstlich kochte, und an alle Freunde in Sarasota, die bei den verschiedensten Entwürfen als Berater gedient haben. Ihr wisst, dass ihr gemeint seid!

Viele Arbornaut:innen rund um die Welt haben mit ihrem Wissen, ihrer Inspiration und ihrem Schweiß zu meinen Baumgeschichten beigetragen. Ich kann euch allen nie genug danken für eure Hingabe an die Blätterriesen unserer Erde.